职业教育应用化工类专业教材系列

化工生产技术

（修订版）

吴雨龙 主编

张桃先 李方桥 副主编

科学出版社

北京

内 容 提 要

本书以有机化工产品烃类热裂解（乙烯、丙烯）、甲醇、醋酸、氯乙烯、丙烯腈、苯乙烯和无机化工产品氯碱、硫酸、合成氨、化学肥料的生产工艺为素材，以项目化形式整合序化为教材内容，共分十个学习型教学项目。书中所选产品的工艺过程典型、生产原理、反应技术、主要设备、过程控制涵盖化工生产必需的基本知识和操作技术，有利于培养学生的专业核心能力；所选的产品也是我国各个区域内的大化工企业普遍生产的化工产品，有利于各个高等院校化工类专业在教学过程中与区域内的化工企业直接对接；在内容的组织上也注意引导学生建立规范操作、团结协作、安全生产、节能环保的职业意识。

本书作为高等院校化工技术类专业及相关专业教材，也可供从事化工技术工作的人员参考。

图书在版编目（CIP）数据

化工生产技术/吴雨龙主编. —北京：科学出版社，2012.3
（职业教育应用化工类专业教材系列）
ISBN 978-7-03-033755-9

Ⅰ. ①化… Ⅱ. ①吴… Ⅲ. ①化工过程－高等学校－教材 Ⅳ. ①TQ02

中国版本图书馆 CIP 数据核字（2012）第 037081 号

责任编辑：沈力匀 / 责任校对：耿　耘
责任印制：吕春珉 / 封面设计：耕者设计工作室

科 学 出 版 社 出版
北京东黄城根北街 16 号
邮政编码：100717
http：//www.sciencep.com
铭浩彩色印装有限公司印刷
科学出版社发行　　各地新华书店经销

*

2012 年 3 月第　一　版　　开本：787×1092　1/16
2020 年 9 月修　订　版　　印张：21 1/2
2020 年 9 月第三次印刷　　字数：507 000

定价：59.00 元

（如有印装质量问题，我社负责调换〈铭浩〉）
销售部电话 010-62136131　编辑部电话 010-62137026（VP04）

前　言

本书选取了有机化工产品烃类热裂解（乙烯、丙烯）、甲醇、醋酸、氯乙烯、丙烯腈、苯乙烯和无机化工产品氯碱、硫酸、合成氨、化学肥料（磷酸及其S-NPK复合肥）等产品的生产作为主要内容，以生产过程为主线、任务驱动为形式重构序化为十个项目化教学内容。书中所选产品的工艺过程典型，涵盖化工生产中各类反应器、催化剂、工艺条件、分离设备、控制技术、三废处理等基础理论和技术应用，通用性强；在教材内容组织上突出了产品生产工艺的分析说明，做到理论与实际相结合，强调化学工程技术的应用性和化工岗位操作技能的训练，注重对学生分析问题和解决生产实际问题的能力培养。

本书由武汉工程大学王存文教授主审，由武汉软件工程职业学院吴雨龙副教授主编和统稿，武汉软件工程职业学院张桃先副教授担任第一副主编，三峡职业技术学院李方桥高级工程师担任第二副主编。本书编写分工为：武汉软件工程职业学院吴雨龙编写绪论、项目一、三、四、八及各项目的操作链接部分，黄岗职业技术学院李伟编写项目五，昆明冶金高等专科学校叶文淳编写绪论（任务二）及项目六，安徽职业技术学院宣凤琴编写项目七，武汉软件工程职业学院张桃先编写项目九，三峡职业技术学院李方桥编写项目二、十。

本书在编写过程中得到教育部高等学校高职高专轻化工教学指导委员会及科学出版社的大力支持和帮助，湖北新洋丰肥业股份有限公司合成氨厂、硫酸厂、S-NPK厂及武汉有机实业有限公司等校企合作单位和技术人员给予了大量的生产技术支持，在此表示衷心感谢。

本书由于编者水平所限，加之时间仓促，难免有不妥之处，敬请同仁和读者批评指正。

目　录

绪　论

☞ 知识目标

(1) 了解化工工业的分类。

(2) 掌握煤、石油、天然气的化工利用方法和基本的产品种类。

(3) 掌握转化率、选择性、收率、消耗定额的基本概念和计算方法。

(4) 掌握流程图的种类和带控制点的工艺流程图的绘制要求。

(5) 理解工艺影响因素在化工生产中的重要影响。

☞ 能力目标

(1) 会根据产品特点确定基本的原料路线。

(2) 能依据产品生产原理和工艺要求分析工艺影响因素。

(3) 能进行基本的转化率、收率、选择性、消耗定额的计算。

(4) 能根据产品的化学反应特性设计基本的生产工艺流程。

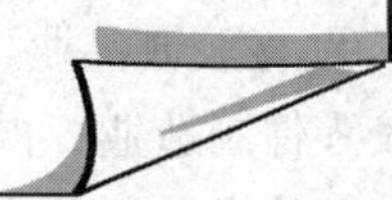

任务一　化学工业的认识

一、化学工业的分类

化学工业既是原材料工业，又是加工工业，不仅包括生产资料的生产，还包括生活资料的生产，是一个多行业、多品种的产业。

(1) 按化学工业使用的原料来划分有：煤化工、石油化工、天然气化工、海洋化工、矿产化工、生物化工、林产化工、核化工、电化工等。

(2) 按产品的用途和产品形态等分为：国防化工（军事化工）、环境化工、食品化工、日用化工、农用化工、能源化工、信息化工、材料化工、皮革化工、冶金化工、药物化工、硅酸盐化工、建筑化工等。

(3) 按产品大类分为：无机化工、有机化工、高分子材料化工、精细化工等。

(4) 按行业管理分工包括下列范围：

① 化学矿采选业，分为 5 种：硫矿采选业、磷矿采选业、天然钾盐采选业、硼矿采选业、其他化学矿采选业。

② 基本化学原料制造业，分为 5 种：无机酸制造业、烧碱制造业、纯碱制造业、

无机盐制造业；其他基本化学原料制造业（包括氧化物单质、工业气体等的生产）。

③ 化学肥料制造业，分为 6 种：氮肥制造业、磷肥制造业、钾肥制造业、复合肥料制造业、微量元素制造业、其他化学肥料制造业（包括腐殖酸肥、磷矿粉肥及混合肥料的生产）。

④ 化学农药制造业（包括防治农作物病虫害的杀虫剂和清洁卫生用的杀虫剂、杀菌剂及除草剂、植物生长调节剂、微生物农药、杀鼠剂等的生产），分为两种：化学原药制造业、农药制剂加工业。

⑤ 有机化学产品制造业，分为 5 种：有机化工原料制造业、涂料制造业、颜料制造业、染料制造业、其他有机化学产品制造业。

⑥ 合成材料制造业，分为 7 种：热固性树脂及塑料制造业、工程塑料制造业、功能高分子制造业、有机硅氟材料制造业、合成写橡胶制造业、合成纤维单（聚合）体制造业、其他合成材料制造业。

⑦ 专用化学产品制造业，分为 3 种：化学试剂、助剂制造业（包括试剂、催化剂、塑料助剂、印染助剂、炭黑及其他化学助剂的生产）；专项化学用品制造业（黏合剂、水处理化学品、造纸化学品、皮革化学品、油田化学品、食品添加剂、饲料添加剂、生物工程化工、表面活性剂、碳纤维、化学陶瓷纤维等特种纤维及高功能化工产品生产）；信息化学品制造业（包括感光材料、磁记录材料、电子材料、光纤维通信用辅助材料等，如感光胶片、磁带、磁盘、荧光粉、液晶材料等的生产）。

⑧ 橡胶制品业，分为 9 种：轮胎制造业、力胎制造业、橡胶板（管、带）制造业、橡胶零件制造业、再生橡胶制造业、橡胶鞋制造业、日用橡胶制品业、橡胶制品翻修业、其他橡胶制品业（如胶乳制品、橡胶密封制品、医用和食品用橡胶制品等）。

⑨ 专用设备制造业，分为 3 种：化学工业专用设备制造业、橡胶工业专用设备制造业、塑料工业专用设备制造业。

二、化学工业的行业特点

现代化学工业生产过程有很多区别于其他工业部门的特点，主要体现在以下几个方面。

1. 投资较高、企业规模大型化

化学工业的发展在很大程度上要依靠科研和新技术开发的成果，而科研、开发的经费很高；引进技术和专利也需要资金；工艺流程长，生产设备多；使用昂贵的特殊材料和自动化程度很高的装置，所以投资较高。装置规模适当扩大，可开展综合利用，有利于降低产品成本。

2. 高度机械化、自动化、连续化

现代化工企业生产过程高度连续性，要求有理想的自动控制系统来保证产品质量，因此不仅要有化工工艺的工程技术人员，而且要有电气、仪表、电脑、机械设备、分析的工程技术人员，还要有众多具有一定文化技术素质、较强的现代化工艺操作能力、能熟练进行化工岗位操作的操作工人。

3. 综合性强

化学工业是原料种类多、生产方法多和产品品种多的工业部门。许多化工生产过程之间存在着各种不同形式的纵向联系和横向联系。同样的生产线、同样的设备变换用不同的原料可生产出不同的产品。

4. 能源消耗大，综合利用潜力大

大化工产品的生产多以煤、石油为原料、燃料和动力，现代化工是燃料和电力的最大用户之一。化学反应过程也是能量转移的过程，反应过程中释放的热量是一种有价值的能源，综合利用化学反应热，是化工生产技术进步的一个重要内容。一般在化工生产过程中，参加化学反应的物质除了生成主产品外，还有一些副产物和废水、废气、废渣，造成能源和资源的很大浪费。化工生产过程中排放的“三废”种类繁多，排放量大，一般多是有害的、甚至是剧毒物质。因此，化工企业加强“三废”综合治理十分重要，不仅可以变废为宝，节约资源和能源，而且对于保护环境、造福人类意义更大。

5. 安全生产要求严格

化工生产具有易燃、易爆、易中毒，高温、高压、腐蚀性强等特点，工艺过程多变，因此不安全因素很多，不严格按照工艺规程和岗位操作法生产，就容易发生事故，但是只要化工生产过程严格执行安全生产规程，事故是可以避免的。尤其是连续性的大型化工生产装置，要想充分发挥现代化工业生产的优越性，保证高效、经济地生产，就必须高度重视安全，确保装置长期、连续地安全运转。

三、学习“化工生产技术”课程的意义和任务

“化工生产技术”是化工技术类专业学生的必修课。

通过本课程的学习，了解化工生产原料及主要化工产品，了解不同类型的化工生产技术的特点；熟悉典型化学品的特性、合成原理和生产方法，理解化工工艺流程、工艺条件对生产的影响、典型化学反应器的基本结构和基本操作方法；掌握化工生产技术的共性，包括基本概念、基本原理和基本工艺计算，具有化工生产的基本技能、分析和处理一般的工艺问题的基本能力；学会如何把一个化学反应通过工艺向工程的飞跃，变成一个由具体生产设备组成的生产流程。在课程学习中，强调理论联系实际，重视化工生产技术基本知识、基本原理和基本技能的培养；重视分析和解决实际问题能力的培养；注重安全生产意识、经济技术观点、环境生态意识和创新意识的培养，为将来从事化工生产奠定良好的化工职业素质基础。

任务二　化工生产原料利用

一、化学工业的原料

化工原料指用于生产化工产品的起始物料，有基础原料和基本原料之分。

1. 化工基础原料

化工基础原料指一些可以用来加工生产化工基本原料或产品的、在自然界天然存在的资源。通常指石油、天然气、煤和生物质以及空气、水、盐、矿物质、金属矿等自然资源。

这些天然资源来源丰富，价格低廉，但经过一系列化学加工或物理加工后，就可以得到很多、很有价值的、更方便利用的化工基本原料和化工产品。石油、天然气、煤都是矿物能源，对化学工业而言具有双重意义，它们既是重要的化工原料，又是重要的化工能源。

2. 化工基本原料

化工基本原料是指自然界不存在，需经过一定加工才能得到的化工原料，通常指一些低碳原子的烷烃、烯烃、炔烃、芳香烃和合成气、三酸两碱无机盐等。例如，通常用到的乙烯、丙烯、丁烯、丁二烯、苯、甲苯、二甲苯、乙炔、甲烷、一氧化碳、氢气、氯气、氨气等，这些原料都是通过石油、天然气、煤等基础原料经过一定的加工途径生产而来的。

化工生产过程中，除了使用一些必须参与消耗的原料之外，还会消耗一些辅助材料，它们可能参与化学反应或不参与化学反应，但最终不进入产品的物料，如生产中常用的催化剂、熔剂、添加剂或助剂等，在化工生产中也起着非常重要的作用。

二、煤及其化工利用

1. 煤的组成及加工途径

煤是自然界蕴藏量最丰富的资源，在世界能源总储量中，煤占 79%左右，石油和天然气只占 12%。从能源消耗构成来看，石油和天然气的总消耗量约为煤消耗量的两倍，这就是说目前全世界能源需求量的 2/3 是靠石油和天然气来提供。按照 2009 年世界已探明的煤炭资源量和生产量来计算，煤炭资源可利用年限在 200 年以上，而石油和天然气仅够使用几十年。所以从长远观点看，发展煤炭综合利用，合理使用煤炭资源和研究新的煤炭加工技术有广阔的发展前途。

煤的品种虽然很多，但它们都是由有机物和无机物两部分组成，无机物主要是水及矿物质，有机物主要由碳、氢与少量氮、硫、磷等元素组成。各种煤所含的主要元素组成见表 0.1。

表 0.1　煤的元素组成

煤的种类		泥煤/%	褐煤/%	烟煤/%	无烟煤/%
元素分析	C	60～70	70～80	80～90	90～98
	H	5～6	5～6	4～5	1～3
	O	25～35	15～25	5～15	1～3

煤的结构很复杂，是以芳香烃结构为主，具有烷基侧链和含氧、含氮、含硫基团的高分子混合物。故以煤为原料，可加工得到许多石油、天然气化工较难得到的产品，如萘、蒽、菲、酚类、喹啉、吡啶、咔唑等。长期以来煤在中国主要作为燃料，其结果是大量的煤由于燃烧不完全，变成黑烟跑掉或残留于灰渣中，使很多宝贵的化学产品被烧掉而造成很大的浪费，既不经济还造成环境污染。开展煤的经济、清洁利用，使其为化工提供有价值的原料，意义重大。

以煤为原料，经过化学加工生产化工产品的工业，称为煤化学工业（简称煤化工）。煤的化工综合利用途径很多，主要是以煤为原料经过气化、液化、焦化生产合成气、城市煤气、工业用原料气、液化烃、焦炉气、煤焦油等产品，进一步加工转化可为农业提供化肥、农药、塑料、蛋白饲料、液体燃料等；可为轻工业提供三大合成材料（化纤、塑料、合成橡胶）、医药原料、染料、涂料、溶剂、助剂、增塑剂、洗涤剂、煤气等以及其他冶金化工建筑用原材料。从煤获取的化工基本原料的途径如图 0.1 所示。

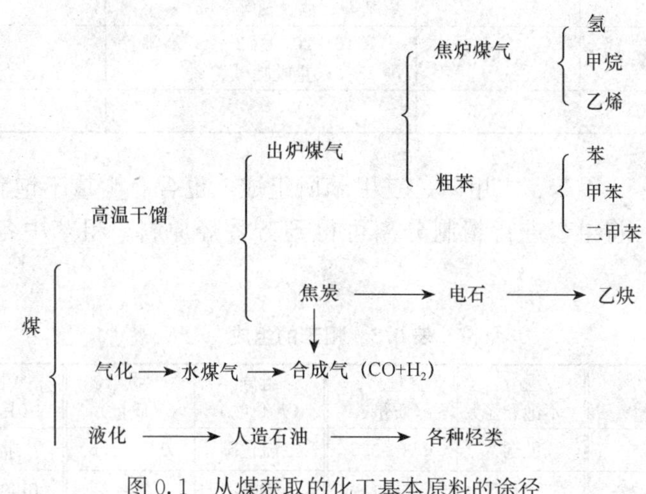

图 0.1 从煤获取的化工基本原料的途径

2. 煤的干馏

煤的干馏是将煤隔绝空气加强热，随着温度的上升，煤中的有机物逐渐分解，使其中挥发性产物呈气态逸出，残留的不挥发性产物就是焦炭，此过程也称炼焦。煤的炼焦过程，由于加热的温度不同，发生的变化各异，得到的产品也有所不同。一般加热到1000～1200℃为高温炼焦（或称焦化）；700～800℃为中温焦化；500～600℃为半焦化（亦称低温焦化）。高温炼焦与化学工业最为密切，因高温炼焦是在密闭的炼焦炉内进行，焦化分解产物是出炉煤气和固体焦炭。出炉煤气经冷却、吸收、分离等方法处理后，可得到焦炉煤气（氢、甲烷、乙烯）、粗苯（苯、甲苯、二甲苯）、煤焦油（酚类、吡啶、萘及甲基萘、吲哚、喹啉、蒽、菲、咔唑和电极沥青）等。焦炭可用于冶金工业炼铁或用来生产电石。

煤焦油是褐色黏稠的油状液体，组成十分复杂，主要含有芳香烃（苯、甲苯、二甲苯、萘、蒽、菲等）、含氧有机物（酚类）和含氮有机物（吡啶、吡啶碱、喹啉、咔唑等），用精馏方法可将其分成若干馏分，再从各馏分中，分离出有机原料苯、甲苯、二甲苯、萘等芳香烃。实际证明，能从煤焦油中得到很多石油加工得不到的有价值的成分，因分离困难，目前只能分离出几十种至一百多种不等。一般煤焦油分离得到馏分的主要组成如表 0.2。

表 0.2 煤焦油精馏所得各馏分的主要组成

馏分	沸点范围/℃	含量/%（质量）	主要组分/%（质量）	可获产品
轻油	<170	0.4～0.8	苯族烃	苯、甲苯、二甲苯
酚油	180～210	1.0～2.5	酚和甲酚 20～30；萘 5～20；吡啶碱类 4～6	苯酚、甲酚、吡啶
萘油	210～230	10～13	萘 70～80；酚、甲酚、二甲酚 4～6；重吡啶碱类 3～4	萘、二甲酚、喹啉
洗油	230～300	4.5～6.5	甲酚、二甲酚及高沸点酚 3～5；重吡啶碱类 4～5；萘<15；甲基萘、苊、芴等	萘、喹啉
蒽油	300～360	20～28	蒽 16～20；萘 2～4；高沸点酚 1～3；重吡啶碱类 2～4	粗蒽
沥青	>360	54～56	—	—

粗苯主要由苯、甲苯、二甲苯、三甲苯所组成，也含有少量不饱和化合物、硫化物、酚类和吡啶。将粗苯进行精制分离可得到芳香烃原料。粗苯中各组分的组成见表 0.3。

表 0.3 粗苯的组成

组分（芳烃）	含量/%（质量）	组分（不饱和烃）	含量/%（质量）	组分（硫化物）	含量/%（质量）	组分（其他）	含量/%（质量）
苯	55～80	戊烯	0.3～0.5	二硫化碳	0.3～1.5	吡啶	0.1～0.5
甲苯	12～22	环戊二烯	0.5～1.0	噻吩	0.3～1.2	甲基吡啶	
二甲苯	3～5	C_6～C_8烯烃	～0.6	甲基噻吩		酚	0.1～0.6
乙苯	0.5～1.0	苯乙烯	0.5～1.0	二甲基噻吩		苯	0.5～2.0
三甲苯	0.4～0.9	茚	1.5～2.5	硫化氢	0.1～0.2	—	—

焦炉煤气是热值很高的气体燃料，同时也是宝贵的化工原料。焦炉煤气的组成见表 0.4，用吸附分离方法分离焦炉煤气可得到纯度达 99.999%的氢气，也可分离出甲烷馏分（含甲烷 75%～85%）和乙烯馏分（含乙烯 40%～50%）。

表 0.4 焦炉煤气的组成

组分	含量/%（体积）	组分	含量/%（体积）
氢	54～59	一氧化碳	5.5～7
甲烷	24～28	二氧化碳	1～3
C_nH_m（乙烯等）	2～3	氮	3～5

低温干馏产品：焦炉煤气、低温煤焦油（酚类、烷烃、环烷烃、吡啶、石蜡等）、

半焦。

3. 煤的气化

煤的气化过程是煤炭的一个热化学加工过程。它是以煤或煤焦为原料，以氧气（空气、富氧或工业纯氧）、水蒸气作为气化剂，在高温高压下通过化学反应将煤或焦炭中的可燃部分转化为可燃性气体的工艺过程。气化时所得的可燃气体称为煤气，对于做化工原料用的煤气一般称为合成气（合成气除了以煤炭为原料外，还可以采用天然气、重质石油组分等为原料），进行气化的设备称为煤气发生炉或气化炉。煤的气化是获得基本化工原料——合成气（$CO+H_2$）的重要途径，另煤气也可作高效清洁的燃料，故广泛用于钢铁工业、化学工业以及商业和民用。

1）煤的气化原理

煤在煤气发生炉内高温条件下受热分解，放出低分子质量碳氢化合物，煤本身逐渐焦化，可近似看成是炭。炭再与气化剂发生一系列的化学反应，生成气体产物。

以水蒸气为气化剂，发生如下反应而转化成合成气。

上述反应均为吸热反应，若连续通入水蒸气，将使煤层温度迅速下降，为了维持煤层的高温反应条件，必须交替地通入水蒸气和空气。当向炉内通入空气时，主要进行煤的燃烧反应，加热煤层，此时主要的反应是：

$$C+O_2 = CO_2 \qquad \Delta H^0 = -409.489 kJ/mol$$

$$2C+O_2 = 2CO \qquad \Delta H^0 = -124.354 kJ/mol$$

$$2C+O_2 = 2CO \qquad \Delta H^0 = -124.354 kJ/mol$$

$$C+CO_2 = 2CO \qquad \Delta H^0 = 160.781 kJ/mol$$

另外，生成的产物还可以继续发生如下反应：

$$C+H_2O = CO+H_2 \qquad \Delta H^0 = 118.073 kJ/mol$$

$$C+2H_2O = CO+2H_2 \qquad \Delta H^0 = 74.947 kJ/mol$$

$$CO+H_2O = CO_2+H_2 \qquad \Delta H^0 = -43.268 kJ/mol$$

反应温度愈高，煤的分解反应愈完全。

2）煤气组成及精制

工业煤气的组分取决于燃料组成、气化剂的种类和气化条件，常见的煤气有如表0.5所示四种。

工业煤气在使用前还须经过精制处理，其精制过程是：清除煤气中的机械杂质；烃类冷凝物（焦油）的脱除；硫化物和二氧化碳的脱除；一氧化碳的变换。

表 0.5　各种工业煤气的组成/%（体积）（无烟煤为原料时）

成分	空气煤气	水煤气	混合煤气	半水煤气
H_2	0.5～0.9	47～52	12～15	37～39
CO	32～33	35～40	25～30	28～30
CO_2	0.5～1.5	5～7	5～9	6～12
N_2	64～66	2～6	52～56	20～33

续表

成分	空气煤气	水煤气	混合煤气	半水煤气
CH_4	—	0.3～0.6	1.5～3	0.3～0.5
O_2	—	0.1～0.2	0.1～0.3	0.2
H_2S	—	0.2	—	0.2
气化剂	空气	水蒸气	空气＋水蒸气	空气、水蒸气
用途	燃料气 合成氨（N_2）	合成甲醇 合成氨（H_2）	燃料气	合成甲（$CO+H_2$） 合成氨（N_2+H_2）

4. 煤液化

煤液化是把固体煤炭通过化学加工过程，使其转化成为液体燃料、化工原料和产品的先进洁净煤技术。根据不同的加工路线，煤炭液化可分为直接液化和间接液化两大类。

1）煤的直接液化

直接液化是在高温（400℃以上）、高压（10MPa 以上），在催化剂和溶剂作用下使煤的分子进行裂解加氢，直接转化成液体燃料，再进一步加工精制成汽油、柴油等燃料油，又称加氢液化。

煤直接液化粗油中石脑油馏分约占 15％～30％，且芳烃含量较高，加氢后的石脑油馏分经过较缓和的重整即可得到高辛烷值汽油和丰富的芳烃原料，汽油产品的辛烷值、芳烃含量等主要指标均符合相关标准（GB 17930—1999），且硫含量大大低于标准值（≤0.08％），是合格的优质洁净燃料。中油约占全部直接液化油的 50％～60％，芳烃含量高达 70％以上，经深度加氢后可获得合格柴油。重油馏分一般占液化粗油的 10％～20％，有的工艺该馏分很少，由于杂原子、沥青烯含量较高，加工较困难，可以作为燃料油使用。煤液化中油和重油混合经加氢裂化可以制取汽油。

2）煤的间接液化

间接液化技术是先将煤全部气化成合成气，然后以煤基合成气（一氧化碳和氢气）为原料，在一定温度和压力下，将其催化合成为烃类燃料油及化工原料和产品的工艺，包括煤炭气化制取合成气、气体净化与交换、催化合成烃类产品以及产品分离和改制加工等过程。

煤间接液化可分为高温合成与低温合成两类工艺。高温合成得到的主要产品有石脑油、丙烯、α-烯烃和 C_{14}～C_{18}烷烃等，这些产品可以用做生产石化替代产品的原料，如石脑油馏分制取乙烯、α-烯烃制取高级洗涤剂等，也可以加工成汽油、柴油等优质发动机燃料。低温合成的主要产品是柴油、航空煤油、蜡等。煤间接液化制得的柴油十六烷值可高达 70，是优质的柴油调兑产品。

煤间接液化制油工艺主要有 Sasol 工艺、Shell 的 SMDS 工艺、Syntroleum 技术、Exxon 的 AGC-21 技术、Rentech 技术。已工业化的有南非的 Sasol 的浆态床、流化床、固定床工艺和Shell的固定床工艺。国际上南非Sasol和Shell马来西亚合成油工厂已有长期运行经验。

三、石油及其化工利用

1. 石油的组成与分类

石油是一种比水稍轻，不溶于水，有特殊气味，无固定沸点的黑色或深棕色黏稠液体，常伴有绿色或蓝色荧光。石油不是一种单纯的化学物质，而是由众多碳氢化合物所组成的混合物，成分非常复杂，且随产地不同而不同。石油所含的基本元素是碳和氢，两种元素的总含量平均为97%～98%（也有达99%的），同时还含有少量硫、氧、氮等，主要是由各种烷烃、环烷烃和芳香烃组成的混合物。一般石油不含烯烃，大部分是液态烃，同时在液态烃里溶有气态烃和固态烃。依据所含烃类的主要成分，可把原油分为三大类：烷基石油（石蜡基石油）、环烷基石油（沥青基石油）和混合基石油。由上述分析可知：石油组成极其复杂，利用极为不方便，为此必须对石油进行加工。

原油在进行加工前一般要先进行脱盐、脱水的预处理，使其含盐量不大于0.05kg/m^3，含水量不超过0.2%。盐分高会影响原油加工时造成蒸馏装置严重腐蚀和炉管结垢，使加热炉迅速降低传热效果；而水分含量高，则会使装置消耗大量额外燃料和冷却水用量，并使装置处理原油的能力大幅下降。若加工的是含硫原油，还应在炼制过程中加入适当的碱性中和剂和缓蚀剂，以减轻对设备的腐蚀。

中国石油资源主要分布在东部、西部和近海。截至2005年底，中国累计探明陆域和近海115个盆地石油远景资源量1086亿t，其中陆地934亿t，近海152亿t。

2. 石油炼制

从地下开采出来未经处理的石油为原油，须经加工处理制成各类石油产品才能加以利用。将石油加工成各种石油产品的过程成为石油炼制。石油炼制的目的是依据石油中各组分的沸点不同，将其按不同沸程分离得到不同质量的油品，作为不同性质和用途的燃料油；或通过一定的加工方法（如化学法），提高油品的质量，即提高高质量油品的产量。加工的主要目的产品：乙烯、丙烯、丁二烯；苯、甲苯、二甲苯；各类油品。

依据不同的需要，对油品划分略有不同，一般分为：轻汽油（50～140℃）、汽油（140～200℃）、航空煤油（145～230℃）、煤油（180～310℃）、柴油（260～350℃）、润滑油（350～520℃）、重油或渣油（>520℃）等。各炼油厂依据不同的要求拟定不同的炼油工艺方案。在石油炼制各种方案中，与化学工业关系较大的是常减压蒸馏、裂化（包括热裂解、焦化、催化裂化、加氢裂化）和催化重整。

1）常减压蒸馏

常减压蒸馏是石油加工方法中最简单也是历史上使用时间最长的方法。通常是先用常压蒸馏，再采用减压蒸馏的方法将原油粗分为若干不同馏程的馏分。

常压蒸馏是在常压和 300～400℃条件下进行的，再在常压蒸馏塔的不同高度分别取出汽油、煤油、柴油等油品，塔底蒸余部分即为常压重油。常压重油中含有重柴油、润滑油、沥青等高沸点组分，若要在常压下继续蒸出这些油品，则必须采用更高的温度，但在 350～400℃以上时，这些组分就会发生炭化分解而被破坏，严重影响油品质量，此时只有减低压力，以降低这些物质的沸点，使之在较低温度（380～400℃）下进行减压蒸馏，这样不仅能防止油品炭化结焦，还降低了热能消耗，加快了蒸馏速度。

石油常压分馏得溶剂油、汽油（包括轻汽油和重汽油）、煤油、柴油、重油。减压分馏得重柴油、润滑油、凡士林、石蜡、沥青。

常压轻汽油因含乙烷、丙烷、丁烷及少量 C_5 以上组分，一般用做燃料或作生产乙烯的原料；常压轻汽油和重汽油是催化重整装置生产芳烃的原料，也是裂解生产乙烯的很好原料；常压煤油和柴油亦是重要的裂解原料；而减压柴油可作裂解或催化裂化的原料；减压渣油作锅炉燃料或用于生产石油焦、石油沥青。

2）裂化

原油经过常减压蒸馏得到的只是原油中一部分油品，而且主要是直链烷烃，其辛烷值低，质量差，根本不能满足对燃料油品的要求，裂化是将不能作为轻质燃料的常减压馏分油经过化学加工生产出辛烷值较高的汽油等轻质燃料。裂化是一化学过程，即是在一定条件下，把相对分子质量大、沸点高的烃断裂为相对分子质量小、沸点低的烃的过程。裂化有热裂化、焦化和催化裂化、加氢裂化之分。

（1）热裂化。不使用催化剂，在 500℃、20～30atm（1atm＝1.013×10^3 Pa）下进行的裂化过程，可将重油变成轻质油（主要是汽油），但因裂化产品质量较差，开工周期短而被催化裂化所取代。焦化实际上是深度裂化，它是重油加热裂化并伴有聚合反应而生成轻质油、中间馏分油、焦、炭，同时生成大量气体产品的石油炼制过程。焦化产生的气体中含有大量的甲烷、乙烷可作燃料或有机合成的原料，含有的乙烯、丙烯、丁烯可回收作化工基本原料。

（2）催化裂化。使用催化剂，在低于热裂化温度下进行，使大分子变成小分子，而小分子则可发生异构化、芳构化、环构化等化学反应，从而得到质量较高的汽油。催化裂化的气体产品有：炼厂气（甲烷、乙烷、丙烷、丁烷、戊烷）；液体产品：汽油、柴油等。催化裂化是以石油常压蒸馏产品重柴油为原料。

催化加氢裂化是有氢存在下的催化裂化反应，所用催化剂有贵重金属（Pt、Pd）和非贵重金属（Ni、Mo、W）两类，多以固体酸（如硅酸铝分子筛）为载体，加氢裂化主要以减压柴油或重油为原料，生产航空煤油、柴油为主，同时还有汽油或重整原料油（石脑油）等。加氢裂化是利用减压蒸馏产品（减压馏分油、减压渣油）经加氢裂化得到加氢加压油（生产乙烯裂解原料）和正丁烷、异丁烷（生产顺酐、合成橡胶、抗氧剂、乙烯、丙烯、表面活性剂、甲基丙烯酸甲酯）。此法因由重质油生产质量好、收率高的油品而得到推广。

3）催化重整

催化重整是使石油馏分经过化学加工转变成芳烃的重要方法之一。催化重整是将适当的石油馏分在贵金属（Pt、Rh、Re、Ir）催化剂的作用下，进行碳架结构的重新调整，使环烷烃和烷烃发生脱氢芳构化反应而形成芳烃．此外也有正构烷烃的异构化、加氢裂化等反应同时发生。所谓“重整”就是把汽油里直链烃类的分子的结构重新进行调整使它们转化为芳香烃或具有支链的烷烃异构体，目的是提高汽油质量或获得芳香烃。

催化重整通常采用沸程 60～200℃的汽油馏分作为原料油，经重整后得到的重整油含有 30%～60%的芳烃，还含有少量烷烃和环烷烃，此重整油经分离得芳烃后，余油可作商品油，也可作裂解制乙烯原料。

3. 从石油获得基本有机化工原料

从石油炼制的气体产物和液体产物出发，经过加工处理可以得到基本有机化工原料，而一般作化工利用的总是选用价格低廉的炼厂气、轻质油（所含低分子烃较多，沸点较低，如抽余油、常压汽油、煤油、柴油等）及重质油（含大分子烃类较多，沸点较高，如重油、渣油，甚至原油）。

石油炼制过程中各种加工方法副产的气体以及各种塔顶气体总称为炼厂气。炼厂气主要含比 C_4 轻的烯烃和烷烃、氢气和其他杂质气体，其组成因炼厂的产品和工艺不同而不同。炼厂气是裂解制取低级烯烃的重要原料之一。如常压蒸馏获得的塔顶气，约含 2%～4%的乙烷，30%的 C_3，50%的 C_4，16%～18%C_5 及少量 C_5 以上的馏分，是裂解的优质原料。

常用做化工原料的液体石油产品主要有三类。

(1) 常压汽油。因常压汽油用作汽车或飞机燃料时，性能不好，故常用作生产基本有机化工产品的原料，特别是沸点在 40～150℃之间的汽油馏分（一般称石脑油）。一些不产石油和天然气的西欧国家主要依靠石脑油作原料生产化工产品。

(2) 重整油。因重整油中含有大量的芳烃，而芳烃作为化工原料比用作燃料更合理，故重整油目前是提供芳烃的主要来源；提取芳烃后的抽余油，可混入商品汽油或作为石油化工厂的裂解原料。

(3) 重油、渣油和原油。石油炼制过程中的重油和渣油，一般用做锅炉燃料，也可用于生产化工产品。为避免化学工业对炼油工业的依赖，有时直接采用原油作为化工原料。

以石油和天然气为原料的化学工业称为石油化学工业（简称石油化工）。天然气（和油田气）、炼厂气、液体石油馏分三者被看成石油化工的三大起始原料。将它们进行蒸馏分离、裂解、裂化或重整等操作，可得到各种烷烃、烯烃、二烯烃、乙炔、芳香烃等重要的有机化工原料。由石油开采经过加工获取化工基本原料的途径如图 0.2 所示。

四、天然气的化工利用

1. 天然气的组成与分类

天然气是存在于地下岩石储集层中以烃为主体的混合气体的统称，包括油田气、气

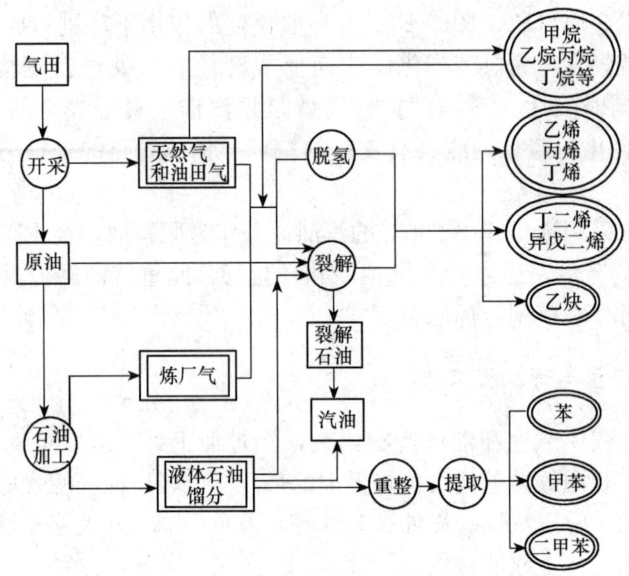

图 0.2 石油为原料加工获得化工基本原料的途径

田气、煤层气、泥火山气和生物生成气等，主要成分为甲烷，通常占 85%～95%；其次为乙烷、丙烷、丁烷等，此外还含有硫化氢、氮气、氨气、二氧化碳等气体。它是优质燃料和化工原料。

依据天然气中甲烷和其他烷烃含量的不同，通常将天然气分为干气和湿气两种。干气也称贫气，主要成分是甲烷，其他烷烃很少，多由开采气田得到，个别气田的甲烷含量高达 99.8%。湿气也称富气，除含甲烷外还含有相当数量的其他低级烷烃，湿气往往和石油产地连在一起，油田气就是开采石油析出含烷烃的气体，亦可称油田伴生气或多油天然气。故天然气的成分随产地不同而异，同时开采时间和气候条件也会影响其组成的。

天然气因含硫化氢等杂质而有臭味，与空气或氧气可组成爆炸性混合物，在空气中的爆炸极限（体积）约为 5%～16%。

天然气的化学性质较为稳定，高温下才分解。湿气中丙烷、丁烷能以“液化气体”的形式分离出来（即液化石油气），C_5 以上烷烃能以“气体汽油”的形式分离出来（凝析油）。

2. 天然气的化工利用途径

天然气的利用主要有两个方面，即用做燃料和化工原料。天然气用作化工原料主要有三个途径。

（1）经转化制合成气（$CO+H_2$）或含氢很高的气体，然后进一步合成甲醇、高级醇、合成氨等。

（2）经部分氧化（裂解）制乙炔，发展乙炔化学工业。

（3）直接用于生产各种化工产品，例如，生产氢氰酸、各种氯化甲烷、硝基甲烷、甲醇、甲醛等。天然气的加工途径及方向如图 0.3 所示。

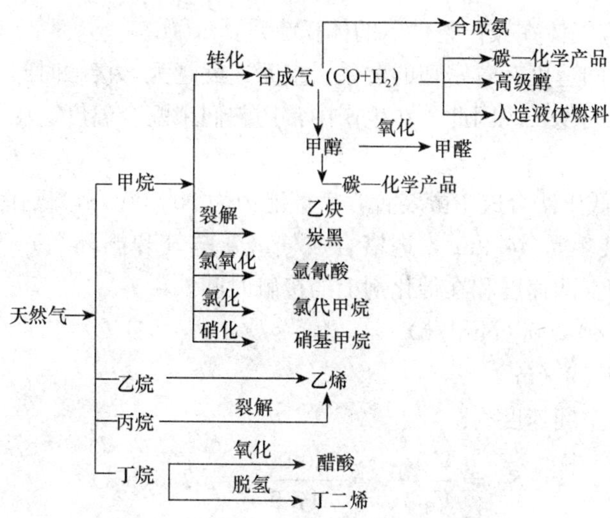

图 0.3　天然气的化工加工途径及利用方向

任务三　化工生产常用指标

一、反应时间和操作周期

1. 反应时间

在化学工程上，反应时间不同于停留时间或接触时间，对于气固相或液固相催化反应，用原料气在反应条件下的空间速度的倒数来表示。

1）空间速度

空间速度指在单位时间内，每单位体积的催化剂上所通过的反应物的体积流量（在标准状态下），单位为标准米^3/米^{3}催化剂·小时，简写成 $[h]^{-1}$。

空间速度简称空速，常用 S_V 表示，其计算式为

$$S_V = \frac{V_{反应气}}{V_{催化剂}}$$

式中　$V_{反应气}$——反应气体在标准状态下的体积流量，m^3/h；

$V_{催化剂}$——催化剂的体积，m^3。

空速不仅影响反应的完全程度和副反应的进行，而且也决定着生产能力，生产中必须注意选择适宜的空速。

2）接触时间

接触时间是指反应物料（蒸汽或气体）在催化剂上的停留时间又称为停留时间。常用 τ 表示，单位为秒（s），可用下式计算：

$$\tau = \frac{V_{催化剂}}{V_{气}} \times 3600(s)$$

式中　$V_{催化剂}$——催化剂的体积，m^3；

$V_{气}$——反应气体在操作条件下的体积流量，m^3/h。

接触时间与空间速度有着密切的关系。空间速度越大，接触时间越短；反之，空间速度越小，接触时间越长。因此，在生产中常用它们来配合温度、压力等反应条件进行工艺控制。

【例 0.1】 某低压法合成甲醇装置，生产能力为 95 000t/a，操作压力 5MPa，温度 523K，铜基触媒装填量 44.9m³，进塔合成气（新鲜气和循环气）为 280 000Nm³/h。计算通入合成气的空间速度和在催化剂上的接触时间。

解： $V_{反应气}=280\ 000\ (Nm^3/h)$

$V_{催化剂}=44.9\ (m^3)$

通入合成气的空间速度为

$$S_V=\frac{V_{反应气}}{V_{催化剂}}=\frac{280\ 000}{44.9}=6236(h^{-1})$$

在操作条件下，即 $p=5MPa$，$T=523K$，

合成气的体积流量为

$$V_{气}=280\ 000\times\frac{p_0}{p}\times\frac{T}{T_0}=280\ 000\times\frac{0.1}{5}\times\frac{523}{273}=10\ 728(m^3/h)$$

接触时间 $$\tau=\frac{V_{催化剂}}{V_{气}}\times 3600=\frac{44.9}{10\ 728}\times 3600=15.07\ (s)$$

2. 操作周期

在化工生产中，一种产品从原料准备、投料升温、各步单元反应，直到出料，所有操作时间之和为操作周期，也叫生产周期。

二、生产能力与生产强度

生产能力与生产强度是评价化工生产效果的重要指标之一。

1. 生产能力

生产能力是指一台设备、一套装置或是一个工厂，在单位时间内生产的产品量或处理的原料量，表示为 kg/h、t/d、kt/a 或万 t/a。例如，一台管式裂解炉一年可生产乙烯产品 5 万 t，即 50kt/(年·台)；年产 5 000t 聚乙烯醇的生产装置，表示该装置一年可以生产 5 000t 的聚乙烯醇产品；又如，年产 30 万 t 合成氨的工厂，指的是该厂一年能生产 30 万 t 的合成氨产品。

原料处理量也称为加工能力。如处理原油为 500 万 t/a 的炼油厂，是指每年可将 500 万 t 原油加工炼制成各种油品。

生产能力有设计能力、核定能力和现有能力之分。设计能力是设备或装置在最佳条件下可达到最大的生产能力，即设计任务书规定的生产能力。核定能力是在现有条件的基础上结合实现各种技术、管理措施确定的生产能力。现有能力也称做计划能力，是根据现有生产技术条件和计划年度内能够实现的实际生产效果，按计划产品方案计算确定

的生产能力。

设计能力和核定能力是编制企业长远规划的依据，而现有生产能力则是编制年度生产计算的重要依据。

2. 生产强度

生产强度指单位容积或单位面积（或底面积）的设备在单位时间内生产的产品量或加工的原料量，其单位是 $kg/(h \cdot m^3)$、$t/(h \cdot m^3)$。

具有相同化学或物理过程的设备（装置），可用生产强度指标比较其优劣。设备内进行的过程速率越快，该设备的生产强度就越高，设备生产能力也就越大。例如，催化反应装置的生产强度，常用时空收率表示。

时空收率是指单位时间内、单位体积（质量）催化剂所能获得的产品量，记做 $kg/(h \cdot m^3$ 催化剂) 或 kg/(h · kg 催化剂)。

例如，醋酸乙烯酯的合成，乙炔气相法的时空收率为 1～2t/(d · m^3 催化剂)；乙烯气相法为 6～7t/(d · m^3 催化剂)。显然，乙烯气相法设备的生产强度比较高。

三、反应转化率、选择性和收率

衡量化学反应进行的程度及其效率，常用转化率、选择性及收率等指标。它们是化学反应工程的几个专门名词，它们和物料衡算有密切关系。

1. 转化率

转化率是某种反应物转化掉的量占投入该反应物总量的百分数，反映了原料通过反应器之后发生化学变化的程度。

$$\text{转化率} = \frac{\text{参加反应的反应物量}}{\text{通入系统的反应物量}} \times 100\%$$

转化率愈高说明发生化学变化的原料在总投料量中所占比例愈大。一般情况下，通入系统的每一种原料都不大可能全部参加化学反应，也就是说，转化率通常小于 100%。

工业生产中有单程转化率和总转化率，它们的区别在于系统划分的不同，单程转化率以生产过程中的反应器为系统，其表达式为

$$\text{单程转化率} = \frac{\text{输入反应器的反应物量} - \text{从反应器输出的未反应的反应物量}}{\text{输入反应器的反应物量}} \times 100\%$$

总转化率是以整个生产过程为系统，其表达式为

$$\text{总转化率} = \frac{\text{输入过程的反应物量} - \text{从过程输出的反应物量}}{\text{输入过程的反应物量}} \times 100\%$$

对于可逆平衡反应，当反应达到平衡时的转化率为平衡转化率，其表达式为

$$\text{平衡转化率} = \frac{\text{平衡时反应掉的反应物量}}{\text{通入的反应物量}} \times 100\%$$

平衡转化率是在一定条件下，某种原料参加某一化学反应的最高转化率，作为一个理论值虽然不能反映实际生产过程中反应的效果，但是由于它表示了一定条件下的最高

转化率，因此，这一理论值可以作为一个参考标准，通过和实际单程转化率数值进行比较，看到它们之间的差距，帮助我们认识实际反应的转化情况，看到反应的差距和潜力，作为提高实际转化率、改进生产过程与条件的依据。

【例 0.2】 乙炔与醋酸催化合成醋酸乙烯酯工艺流程如图 0.4 所示。

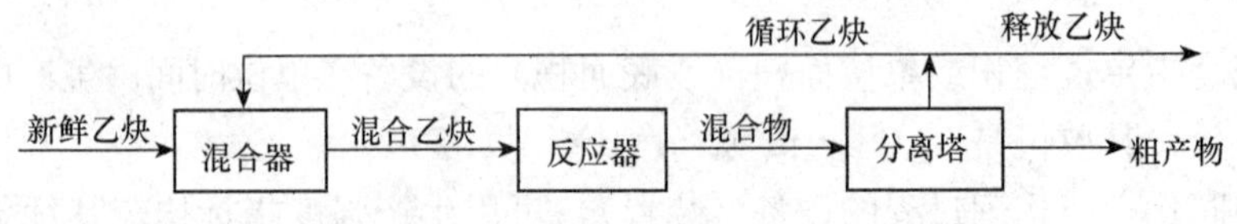

图 0.4　乙炔与醋酸合成醋酸乙烯酯流程

已知新鲜乙炔的流量为 600kg/h，混合乙炔的流量为 5000kg/h，反应后乙炔的流量为 4450kg/h，循环乙炔的流量为 4400kg/h，释放乙炔的流量为 50kg/h，计算乙炔的单程转化率和全程转化率。

解：

$$\text{乙炔单程转化率} = \frac{5000-4450}{5000} \times 100\% = 11\%$$

$$\text{乙炔全程转化率} = \frac{600-50}{600} \times 100\% = 91.67\%$$

在以上计算中，以反应器为反应体系，我们计算出原料乙炔的转化率即单程转化率为 11%。若以包括循环系统在内的反应器、分离器和混合器为反应体系，乙炔的总转化率为 91.67%。

显然，在原料乙炔进行了循环利用后，乙炔在反应器中进行的反应过程并没有变化，转化率依然是 11%，但原料的总转化率提高到了 91.67%，乙炔的利用率大大提高。因此，在实际生产中，尤其对低单程转化率反应过程，采用循环的方法，是提高原料利用率最主要、最有效的方法。从计算数据也可看出，如果减少放出乙炔的量，增加循环乙炔的量，总转化率还可以提高，可是循环系统中惰性气体的含量会随循环次数的增加而逐步积累，所以放出乙炔的量不能过少，应保证循环系统中惰性气体浓度维持一定。若将放出乙炔再经过处理，使其中的惰性气体等杂质分离出去，提高纯度后返回精乙炔中重复使用，又可以减少新鲜乙炔的原料消耗量，同时也就再一次提高了乙炔的总转化率。实际生产中不仅如此回收乙炔，而且溶解在液体粗产物中的乙炔也是要回收使用的，这也减少了放空尾气中有害气体对环境的污染。上述原料回收循环使用的最终结果，可以使原料乙炔最终的利用率接近 100%。

2. 选择性

在化学反应过程中，往往有许多化学反应同时存在，不仅有目的产物的主反应，还有生成副产物的副反应，所以转化了的原料中，只有一定比例的原料生成目的产物。在实际生产中，常采用选择性评价反应过程效率的高低，针对某一个既定反应产物来说，生成它所消耗的原料量在全部转化了的原料量中所占比率称为选择性，即目的产物的产出率或原料的利用率，表示了参加反应的反应物实际转化为目的产物的比例。

对于由某反应物生成的目的产物，其选择性可表示为 S，即

$$S=\frac{\text{转化为目的产物的某反应物量}}{\text{某反应物的转化总量}}\times 100\%$$

也可以以目的产物的实际产量与理论产量的比值表示，即

$$S=\frac{\text{目的产物的实际产量}}{\text{按某反应物的转化总量计算所得的目的产物的理论产量}}\times 100\%$$

从选择性可以看出在各种主副反应中主反应所占的百分比，当人们提高转化率的时候，必须考虑到选择性变化的趋势，如果选择性变差（副产物增加过多）会使原料消耗定额升高而目的产物的产量减少，因此一般要求选择性愈高愈好。

在化工生产中，仅仅是选择性高并不意味着过程就一定经济合理，因为它只能说明过程的副反应很少。如果通过反应器的原料只有很少一部分进行反应，则设备的利用率即单位时间的生产能力大大降低，显然只有综合考虑转化率和选择性，才有助于确定合理的工艺指标。

【例 0.3】 一套年产 1500t 苯乙烯的乙苯脱氢装置，以每千克乙苯加 2.6kg 水蒸气的配比进料，在 650℃的操作温度下，苯乙烯的产率为 90%，收率为 40%，其余产物的产率为：苯 3%，甲苯 5%，焦炭 2%，装置年生产时间为 7200h，已知原料乙苯的纯度为 98%（质量分数），其余为甲苯，试计算每小时进出装置的物料量。

解：化学反应方程式为

$$C_6H_5C_2H_5 \longrightarrow C_6H_5C_2H_3 + H_2$$

$$C_6H_5C_2H_5 + H_2 \longrightarrow C_6H_5CH_3 + CH_4$$

$$C_6H_5C_2H_5 \longrightarrow C_6H_6 + C_2H_4$$

$$C_6H_5C_2H_5 \longrightarrow 7C + 3H_2 + CH_4$$

苯乙烯产量： $\frac{1500\times 1000}{7200\times 104}=2\ (\text{kmol}\cdot\text{h}^{-1})=208\ (\text{kg}\cdot\text{h}^{-1})$

反应所需乙苯量： $\frac{2}{0.4}=5\ (\text{kmol}\cdot\text{h}^{-1})=530\ (\text{kg}\cdot\text{h}^{-1})$

其中反应的乙苯量： $\frac{2}{0.9}=2.22\ (\text{kmol}\cdot\text{h}^{-1})=235.32\ (\text{kg}\cdot\text{h}^{-1})$

未反应的乙苯量： $5-2.22=2.78\ (\text{kmol}\cdot\text{h}^{-1})=294.68\ (\text{kg}\cdot\text{h}^{-1})$

水蒸气进料量： $530\times 2.6=1378\ (\text{kg}\cdot\text{h}^{-1})$

原料乙苯进料量： $\frac{530}{0.98}=540.8\ (\text{kg}\cdot\text{h}^{-1})$

$=5.102\ (\text{kmol}\cdot\text{h}^{-1})$

原料中甲苯量： $540-530=5.102\ (\text{kmol}\cdot\text{h}^{-1})=540.8\ (\text{kg}\cdot\text{h}^{-1})$

产物中各组分的量： $540.8-530=10.8\ (\text{kg}\cdot\text{h}^{-1})=0.117\ (\text{kmol}\cdot\text{h}^{-1})$

苯乙烯 $2\text{kmol}\cdot\text{h}^{-1}=208\text{kg}\cdot\text{h}^{-1}$

甲苯 $2.22\times 0.05+0.117=0.228\ (\text{kmol}\cdot\text{h}^{-1})=21.01\ (\text{kg}\cdot\text{h}^{-1})$

苯　　$2.22\times0.03=0.067$（$kmol\cdot h^{-1}$）$=5.23$（$kg\cdot h^{-1}$）

焦炭　$2.22\times0.02\times7=0.311$（$kmol\cdot h^{-1}$）$=3.73$（$kg\cdot h^{-1}$）

乙苯　$2.78kmol\cdot h^{-1}=294.68kg\cdot h^{-1}$

乙烯　$0.067kmol\cdot h^{-1}=1.61kg\cdot h^{-1}$

甲烷　$0.111+2.22\times0.02=0.1554$（$kmol\cdot h^{-1}$）$=2.49$（$kg\cdot h^{-1}$）

氢　$2+2.22\times0.02\times3-0.111=2.022$（$kmol\cdot h^{-1}$）$=4.04$（$kg\cdot h^{-1}$）

3. 收率

收率，是生成目的产物所转化的某反应物的量占投入某反应物的量的百分数。

$$收率=\frac{转化为目的产物的某反应物量}{某反应物的投入量}\times100\%$$

与转化率相同，收率也有单程收率和总收率之分。单程收率是指某反应物通过反应成为目的产物的原料量占一次性投入到反应器该原料总量的百分比。

$$单程收率=\frac{转化为目的产物的某反应物量}{输入到反应器的某反应物量}\times100\%$$

单程收率高，反映反应器生产能力大，意味着未反应原料回收量减少，并减少了水、电、汽等能源消耗，标志着过程既经济又合理。

在实际生产中，当反应原料是难以确定的混合物，而反应过程又极为复杂，各种组分难以通过分析手段来确定时，可以直接采用以混合原料质量为基准的收率来表示反应效果。以原料质量为基准的收率称为质量收率。

$$质量收率=\frac{生成的目的产物的质量}{混合原料的质量}\times100\%$$

质量收率的数值是有可能大于100%的，因为混合原料的质量有时并不能包括所有参加反应的物质，如空气中的氧参与反应时，氧的质量就无法计入。

【例 0.4】 苯和乙烯烷基化反应制取乙苯，每小时得到烷基化液500kg，质量组成为苯45%，乙苯40%，二乙苯15%。假定原料苯和乙烯均为纯物质，控制苯和乙烯在反应器进口的摩尔比为1∶0.6。试求：

(1) 进料和出料各组分的量。

(2) 假定苯不循环，乙烯的转化率和乙苯的收率。

(3) 假定离开反应器的苯有90%可以循环使用，此时乙苯的总收率。

解： 基准 1h

化学反应方程式　$C_6H_6+C_2H_4\longrightarrow C_6H_4C_2H_5$

$C_6H_6+2C_2H_4\longrightarrow C_6H_4(C_2H_5)_2$

(1) 烷基化液中　苯　$500\times0.45=225$（kg）

乙苯　$500\times0.40=200$（kg）

二乙苯　$500\times0.15=75$（kg）

生成乙苯和二乙苯所需消耗的苯量：

$$\left(\frac{200}{106}+\frac{75}{134}\right)\times78=(1.8868+0.5597)\times78=190.83(kg)$$

苯的进料量　190.83＋225＝415.83（kg）＝5.931（kmol）

乙烯进料量　5.331×0.6＝8.1986（kmol）＝89.56（kg）

（2）乙烯的消耗量：　(1.8868＋2×0.5597)×28＝84.17（kg）

乙烯的转化率

$$\frac{84.17}{89.56}\times 100\% = 94\%$$

乙苯的收率

$$\frac{1.8868}{5.331}\times 100\% = 35.4\%$$

（3）循环苯的量：　225×0.9＝202.5（kg）

新鲜苯的需要量　415.38－202.5＝213.33（kg）＝2.735（kmol）

乙苯的总收率

$$\frac{1.8868}{2.735}\times 100\% = 69.0\%$$

4. 转化率、选择性和单程收率的相互关系

转化率、选择性和单程收率都是百分数，三者之中有两个是独立的，当它们都用摩尔单位时，其相互依赖关系可用下式表示：

转化率×选择性＝单程收率

此关系式应用时需注意单程收率和单程转化率、总收率和总转化率所具有的对应关系。

影响反应收率和转化率的因素一般有原料组成、催化剂、反应温度和压力、反应区域中的停留时间、设备的材料和结构等。

不同的原料有不同的转化率、选择性和单程收率，当反应原料不止一种时，应着重考虑最昂贵的原料。另外，反应产物一般也不只一种，其中最重视的是目的产物的选择性和单程收率，但有时也要相应计算副产物选择性和单程收率，要根据具体需要来确定。

单程转化率和选择性都只是从某一个方面说明化学反应进行的程度。转化率愈高，说明反应进行得愈彻底，未反应原料量的减少可以减轻分离、精制和原料循环的负担，一定程度上可以降低设备投资和操作费用，同时也提高了设备的生产能力，但是随着单程转化率的升高，原料浓度下降，主反应推动力下降，反应速度会减慢，若再提高转化率，所需时间会过长，随之副反应也会增多，致使选择性下降，所以单纯的转化率高，反应效果不一定就好。选择性越高，说明消耗于副反应的原料量越少，原料的有效利用率越高，反应效果好。但如果仅仅是选择性高而经过反应器后的原料参加反应的量太少，则设备的利用率太低，生产能力也不高，故也不经济合理，所以必须综合考虑单程转化率和选择性，二者都比较适宜时，才能求得较好的反应效果，才能作为确定合理的工艺控制指标的依据。

四、消耗定额

消耗定额是在实现产品产量和质量的前提下，为降低消耗而确定的工艺技术经济指标，即生产单位产品所消耗各种原材料的量，例如，原料、水、燃料、电力和蒸汽量。

消耗定额越低、生产过程越经济、产品的单位成本也就越低，但是消耗定额低到某一水平后，就难以或不可能再降低，此时的标准就是最佳状态。

在消耗定额的各个内容中，水、电、汽和各种辅助材料、燃料等的消耗均影响产品成本，应努力减少消耗，然而最重要的是原料的消耗定额，因为原料成本在大部分化学过程中占产品成本的60%～70%，所以降低产品的成本，原料通常是最关键的因素之一。

1. 原料消耗定额

$$消耗定额 = \frac{原料量}{产品量}$$

如果原料量是按原料转化为产品时的化学反应方程式以化学计量为基础计算出来的，该消耗定额称为理论消耗定额 $A_{理}$，它表示原料消耗的最小值，因此实际过程的原料消耗量绝不可能低于理论消耗定额。

在实际生产过程中，由于有副反应发生，会多消耗一部分原料，在所有各个加工环节中也免不了损失一些物料（如随废气、废液、废渣带走的物料，设备及阀门等跑、冒、滴、漏损失的物料，由于生产工艺不合理而未能回收的物料以及由于操作事故而造成的物料损失等），因此，由于各种化学的和物理的损耗，原料消耗量将大于理论量，如果将原料损耗均计算在内，得出的原料消耗定额称为实际消耗定额 $A_{实}$。理论消耗定额与实际消耗定额之比即为原料的利用率。

$$\frac{A_{理}}{A_{实}} \times 100\% = 原料利用率 = 1 - 原料损失率$$

生产一种目的产品，若有两种以上的原料，则每一种原料都有各自不同的消耗定额数据。对某一种原料，有时因为初始原料的组成情况不同，其消耗定额也不等，差别可能还会比较大。因此，在选择原料品种时，还要考虑原料的运输费用以及不同类型原料的消耗定额的估算等，计算消耗定额时，每一种原料应分别计算各自的消耗定额。选择一个最经济的方案。

制定消耗定额应具有先进性和现实性两条标准，消耗定额低说明原料利用得充分，收率高而成本低，也说明了副反应少，三废少，管理水平高，损耗少。反之，消耗定额高势必增加产品成本，加重三废治理的负担，所以消耗定额是反映生产技术水平和管理水平的一项重要经济指标，同时也是企业管理的基础数据之一。

2. 公用工程的消耗定额

公用工程指的是化工厂必不可少的供水、供热、冷冻、供电和供气等条件。公用工程消耗定额，是指生产单位产品所消耗的水、蒸汽、电以及燃料的量。

工艺技术管理工作的目标除了保证完成目的产品的产量和质量，还要努力降低消耗，因此各化工企业都根据产品设计数据和本企业的条件在工艺技术规程中规定了各种原材料的消耗定额，作为本企业的工艺技术经济指标。如果超过了规定指标，必须查找原因，降低消耗以达到生产强度大、产品质量高、单位产品成本低的目的。

【例 0.5】 用氟石（含 96% CaF_2 和 4% SiO_2）为原料，与 93% H_2SO_4。反应制造氟

化氢，其反应式为　$CaF_2+H_2SO_4 \longrightarrow CaSO_4+2HF$

副反应为　$SiO_2+6HF \longrightarrow H_2SiF_6+2H_2O$

氟石分解度为95%，每千克氟石实际消耗93% H_2SO_4 1.42kg。求：

(1) 每生产1000kg HF消耗的氟石量。

(2) H_2SO_4的过量百分数。

解：基准100kg氟石。

各物相对分子质量如表0.6所示。

表0.6　各物相对分子质量表

物质	CaF_2	HF	SiO_2	H_2SO_4
相对分子质量	78	20	60	98

(1) 生成HF量：

$$100\times96\%\times95\%\times2\times\frac{20}{78}=46.77\ (\text{kg})$$

副反应消耗量：

$$100\times4\%\times95\%\times6\times\frac{20}{60}=7.6\ (\text{kg})$$

实际得到HF量：　$46.77-7.6=39.17\ (\text{kg})$

每生产1000kgHF的氟石消耗量：　$\frac{100}{39.17}\times1000=2553\ (\text{kg})$

(2) 93% H_2SO_4实际消耗量为1.42kg·(kg氟石)$^{-1}$。

100kg氟石实际消耗H_2SO_4：

$$100\times1.42\times93\%=132.06\ (\text{kg})$$

100kg氟石完全分解需要H_2SO_4的理论量：

$$\frac{100}{78}\times96\%\times98=120.61\ (\text{kg})$$

100kgH_2SO_4过量百分数：

$$\frac{132.06-120.61}{120.61}\times100\%=9.49\%$$

任务四　化工生产影响因素

一、设备因素

一套装置能否发挥潜力，达到最大的生产能力和很多方面的因素有关，有设备的因素、人为的因素和化学反应进行的状况等。

设备因素主要是关键设备的大小和设备结构是否合理以及设备的套数。每一台设备的生产能力都比较大，能发挥比较好的效果，总的生产能力就能提高。另一个重要的因素是在整个流程中，各个设备的生产能力相互之间是否匹配也很关键，否则关键设备中只要有一个生产能力跟不上（辅助设备也应该能满足生产能力的要求），其他设备的生产能力也将受到限制，而使企业生产能力降低。

人为的因素主要是指生产技术的组织管理水平和操作人员的操作水平。生产管理水平高一些，对生产过程的调配、协调能力就强一些，生产能够持续平稳、正常地进行。在连续生产中，只要因某种事故开、停车一次，不仅物料浪费很大，也浪费了时间，产量必将受到很大的影响，因而只有在不得已的情况下才能做出停车的决定（计划之内的大、小检修属正常范围）。技术管理搞得好，能够保持在最佳的条件下生产，而且还能不断改进工艺，提高产量。操作人员的操作水平主要体现在能按照管理部门提出的工艺指标进行平稳的操作以及及时发现生产中出现的事故隐患并通过正确地处理，防止事故的发生。平稳的操作不仅指各种参数控制在适宜范围之内，而且指参数的变化小和缓慢，这样才能保证产品质量稳定，催化剂也才能发挥最好的效果。

二、化学反应过程因素

化工生产过程的中心环节是化学反应过程，只有通过化学反应过程，原料才能变成目的产品，然而对某一个产品生产的化学反应过程而言，往往除了生成目的产物的主反应以外，也还有多种副反应（平行反应和连串反应）。原料几乎不可能全部参加反应，生产上经常将反应物的转化控制在一定的限度之内，再把未转化的反应物分离出来回收利用。若要实现消耗最少的原料而得到更多的目的产品，首先就要了解通过控制哪些基本因素可以保证实现化工产品工业化的最佳效果，明确这些外界条件对化学反应过程的影响规律，从而找出最佳工艺条件范围并实现最佳控制。为了达到上述目的，首先要搞清楚的问题就是化工生产反应过程优化控制的目标是什么。

连串反应是化学工业中最常见也是最重要的复杂反应之一，以此为例来进行分析。连串反应可以用下面的通式表示：

$$A \xrightarrow{k_1} R \xrightarrow{k_2} Y$$

以中间产物 R 为目的产物的生产工艺称为连串反应工艺，Y 是 R 的产物进一步反应生成的副产物。使消耗的原料 A 尽可能多地得到中间产物 R（即目的产物）是连串反应工艺优化的基本目标。

对连串一级反应的动力学方程进行数学处理，可以得到各组分浓度随时间变化的关系如图 0.5 所示。

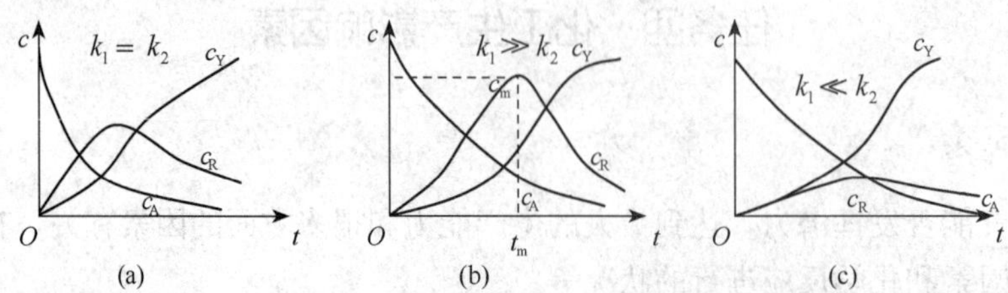

图 0.5　连串反应的 $c \sim t$ 关系图

由图中曲线（b）（工业生产中常见反应情况）变化可见，中间产物 R（目的产物）的浓度存在极大值［c_{R_m}］，在极大值之前，R 的生成速度大于消失速度，随着反应时间的延长，R 的浓度增大到极大值 $[c_{R_m}]$，此后 R 的生成速度小于消失速度，且随反应时间的延长，R 的浓度越来越低，副产物 Y 的浓度则越来越大。一般把 R 浓度的极大点 $[c_{R_m}]$ 作为连串反应工艺中的最佳点，对应的时间 t_m 称为最佳反应时间，对应反应物 A 的转化深度 $\left[\frac{c_{A0}-c_{Am}}{c_{A0}}\right]$ 称为最佳转化深度。若将反应过程中因副反应造成的损失称为化学损失，则这种以 R 浓度最大（即化学损失最小）为优化目标的最佳点称为化学上的最佳点。

在工业生产中，为了使原料得到充分利用，反应器之后总有一个配套的分离回收系统，在分离回收过程中未反应的 A 不可能无损失地全部回收。这种分离回收过程中的物料损失称为物理损失。工艺生产中如果原料 A 的转化率过高，则目的产物 R 转化为副产物 Y 的量就太大，化学损失会很大；然而如果反应物 A 的转化率太低，在工艺系统中循环的原料 A 量就会增大，由分离回收而造成的物理损失也随之增大。上述两种情况下，R 的收率都不可能很高，所以，必然存在一个 R 总收率最大，即化学损失和物理损失两项的总损失最小的最佳点，这就是工艺上 R 总收率最大的操作点。以目的产物 R 总收率最大为优化目标的最佳点称为工艺上的最佳点。

此外，当未反应的 A 在系统中的循环量增大时，分离设备体积也要增大，设备折旧费和能耗都要相应增加。因此，R 总收率最大的最佳点还不是成本最低的最佳点。以目的产物 R 成本最低为优化目标的最佳点称为设计中的最佳点。

以上三种最佳点分别以目的产物不同的标准为优化的目标，各有其不同的含义。从经济观点讲，成本最低应是最终目标，而在已有的装置中分析影响反应过程的基本因素时，以目的产物 R 总收率最大为优化目标（即工艺上的最佳点）来寻求反应过程的最佳工艺条件就能符合工艺管理的要求。

影响反应过程能否达到工艺上最佳点的因素很多，如设备的结构、催化剂的性能和用量、反应过程的工艺参数（温度、压力、原料配比、停留时间）以及原料的纯度等。虽然各个化工产品的反应过程各有自己的特点，工艺过程差别很大，但总的说来，每一个工艺因素，不论是温度、压力、原料配比以及停留时间，对化学反应的影响都有一些共同之处。

三、温度因素

1. 温度对化学反应的影响

反应温度是反应工艺的十分重要的参数，确定反应温度，一般考虑下述因素。

（1）反应方程和化学平衡。依据 Vant Hoff 方程，化工生产中对放热反应可在反应初期离平衡点较远时，采用高温以提高反应速度。到反应中后期接近平衡时，应降低温度以提高平衡转化率，实际上，许多反应进行很快，对于放热反应来说，反应过程的温度控制是及时移出反应热，以使反应在一个适量温度范围内进行。相对来说，需要加热的反应好控制一些。

吸热反应温度升高使平衡常数增大，平衡转化率提高，应始终保持高温，但亦受到其他因素的制约。

(2) 反应特性。Arrhenius 方程表达了反应速度与温度之间的定量关系，即温度越高，反应速度越快，但是工业上经常遇见的反应大多数伴有各种平行、串联或平串联副反应，这时，就不能片面追求高温反应速率大，而要根据主、副反应活化能的相对大小来选择温度。自由基聚合反应则以引发剂的活化温度为反应温度。

(3) 温度的限制条件。对于一些反应过程，温度越高越有利，或者温度越低越有利。例如，对主反应是可逆吸热反应，且主反应的活化能高于副反应的活化能的过程，温度越高越有利。相反，若主反应是可逆放热反应，且主反应活化能低于副反应的活化能，则应尽可能采用低温，这时适宜的温度就处于某种限制条件的边界处。

限制条件可能是：催化剂使用温度范围的限制；材质使用温度范围的限制；反应物自分解，或物态变化温度的限制；反应压力的限制；加热和吸热工艺方案的限制以及设备使用的条件等。

温度不能直接测量，只能借助于冷热不同物体之间的热交换，以及物体的某些物理性质冷热程度不同而变化的特性来加以间接测量。按工作原理分，测温仪表可分为膨胀式温度计、压力式温度计、热电偶温度计、热电阻温度计和辐射高温计。化工生产中，使用最多的是热电偶和热电阻两种感温元件来测量温度。

2. 温度对化学反应过程的影响规律

任何一种化工生产过程都伴随着物质的物理和化学性质的改变，都必然有能量的交换和转化，其中最普遍的交换形式是热交换。化学反应的速度都与温度密切相关，很多化学反应的速度，每升温 10℃，就要加快 1 倍。温度的变化同时影响其他工艺参数，如压力、转化率等，直接影响产品质量甚至发生恶性事故。从小试到中试直到大工业生产，工艺操作温度都是十分重要的，有时，同样的反应使用不同的催化剂，需要控制的温度也不同。因此，温度的测量与控制是保证化工生产过程正常进行与安全运行的重要环节。

温度对化学反应影响的一般规律可以从下述几方面分析：

从平衡常数与温度的关系式（Vant Hoff 方程）$\frac{\mathrm{d}\ln K^{\theta}}{\mathrm{d}T}=\frac{\Delta H^{\theta}}{RT^{2}}$可以看出。对于吸热反应，$\Delta H^{\theta}>0$，$\frac{\mathrm{d}\ln K^{\theta}}{\mathrm{d}T}>0$，则平衡常数值 K_p 随温度的上升而增大；反之，对于放热反应 $\Delta H^{\theta}<0$，$\frac{\mathrm{d}\ln K^{\theta}}{\mathrm{d}T}<0$，则平衡常数 K^{θ} 值随温度的上升而减小。所以从化学平衡的角度看，升温有利于提高吸热反应的平衡产率，降温则有利于提高放热反应的平衡产率，其实际意义说明了应该如何改变温度条件去提高反应的限度。

从温度与化学反应速度的关系分析可知，提高温度可以加快化学反应的速度，在同一反应系统中，不论主、副反应皆符合这一规律，但温度的升高相对地更有利于活化能高的反应。由于催化剂的存在，相比之下主反应一定是活化能最低的，因此，温度升得越高，从相对速度看，越有利于副反应的进行，所以在实际生产上，用升温的方法来提高化学反应的速度应有一定的限度，只能在有限的适宜范围内使用。

另外，从温度变化对催化剂性能和使用的影响来看，对某产品的生产过程，只有在其催化剂能正常发挥活性的起始温度以上使用催化剂才是有效的。因此，适宜的反应温度必须在催化剂活性的起始温度以上。此时，若温度提高，催化剂活性也上升，但催化剂的中毒系数也增大，若温度过高，中毒系数会急剧上升，致使催化剂的生产能力即空时收率急速下降。当温度继续上升，达到催化剂使用的终极温度时，催化剂会完全失去活性，主反应难以进行，反应失去控制，而生产也无法进行，有的反应还甚至出现爆炸等危险。因而操作温度不仅不能超过终极温度，而且应在低于终极温度的安全范围内进行操作。

再从温度对反应效果的影响来看，在催化剂适宜的温度范围内，当温度较低时，由于反应速度慢，原料转化率比较低，但选择性比较高；随着温度的升高，反应速度加快，可以提高原料的转化率。然而由于副反应速度也随温度的升高而加快，选择性下降，且温度越高，下降越快；导致单程收率下降。由此看，升温对提高反应效果有好处，但不宜升得过高，否则反应效果反而变坏，而且选择性的下降还会使原料消耗量增加。

适宜温度范围的选择首先是根据催化剂的使用条件，在其活性起始温度和终极温度之间。结合操作压力、空间速度、原料配比和安全生产的要求以及反应的效果等项，综合选择，并经过实验和生产实际的验证最后确定。

四、压力因素

化工生产中，压力的测量仪表有液柱式压力计、弹性式压力计、电器式压力计、活塞式压力计等。

对于反应压力的选择，一般考虑下述因素。

(1) 反应方程和化学平衡。对于分子数增加的反应，压力增加将使平衡转化率下降，而对于分子数减少的反应，压力增加将使平衡转化率增加。

例如，对理想气体的气相反应

$$b\mathrm{B}+d\mathrm{D}\rightleftharpoons g\mathrm{G}+h\mathrm{H}$$

若气体总压为 p，任一反应组分的分压 $p_i=y_ip$，则平衡常数 K^θ 的表达式为

$$K^\theta=\prod\left(\frac{p}{p^\theta}\right)^{V_i}=\left(\frac{p}{p^\theta}\right)^{\sum_i V_i}\cdot\prod y_i^{V_i}=K_y\cdot\left(\frac{p}{p^\theta}\right)^{\sum_i V_i}$$

其中 $K_y=\dfrac{y_G^g y_H^h}{y_i^b y_D^d}$，从热力学可知，气体反应 K^θ 值只与温度有关。与压力无关，当反应温度一定时，K^θ 为常数。对 $\sum_i V_i>0$（即体积增大）的反应，当总压 p 下降时，$\left(\dfrac{p}{p^\theta}\right)^{\sum_i V_i}$ 也下降。为维持 K^θ 不变，必然 K_y 要增大，其结果是化学平衡向产物生成的方向移动；对于 $\sum_i V_i<0$（即体积减小）的反应。当总压 p 下降时 $\left(\dfrac{p}{p^\theta}\right)^{\sum_i V_i}$ 增大，要使 K^θ 不变，则 K_y 一定下降。结果是化学平衡向逆反应即向反应物的方向移动，对于

$\sum_i V_i=0$（体积不变）的反应，因为 $\left(\frac{p}{p^{\theta}}\right)^{\sum_i V_i}=1$，所以 $K^{\theta}=K_y$，即压力变化对平衡移动无影响。所以，从化学平衡的角度看，增大压力对分子数减少的反应是有利的，而降低压力有利于分子数增加的反应。

由于液体的可压缩性太小，所以压力对液相反应的影响不大，液相反应都在常压下进行。对某些气液相反应，为了维持反应在液相中进行，才在与之平衡的气相空间略加一点有限的压力，也属于常压反应。气体可压缩性很大，因此压力对气相反应的影响比较大。

（2）反应速度。压力对反应速度的影响是通过压力改变反应物浓度而形成的，一般情况下，增大反应压力，也就相应地提高了反应物的分压（即浓度增大）。除零级反应外，反应速度均随反应物浓度的增加而加快，所以一定条件下，增大压力，间接地加快了化学反应速度。

（3）后续分离系统的要求。例如，当反应器出口物料进入分离系统后，第一个分离步骤常是将其冷却，产生气液两相后加以分离。若单纯冷却不足以使其产生气液两相就要考虑加压。有时连续的分离过程，有一系列压降，考虑能克服它则应在反应器出口有一定压力等。

（4）压力的限制因素。主要是设备的费用，运行的可靠性和安全性，还有压力对反应温度的影响，对原料和产物的影响等。

随着反应压力的提高，一是对设备的材质和耐压强度要求也高，设备造价、投资自然要增加；二是对反应气体加压，需要增加压缩机，能量消耗增加很多。此外，压力提高后，对有爆炸危险的原料气体，其爆炸极限范围将会扩大。压力高，生产过程的危险性也增加，因此，安全条件要求也就更高。

适宜的压力条件应根据该反应使用催化剂的性能要求以及化学平衡和化学反应速度随压力变化的规律来确定。若反应有必要进行加压，多高压力适当，要结合必要条件和加压的利弊做经济效果的比较，还要考虑物料体系有无爆炸危险，最后确认生产是在安全确有保证的条件下进行，即为适宜。

五、原料配比的影响

化工生产中，为了有效地进行生产操作和控制，经常需要测量生产过程中各种介质（液体、气体和蒸汽等）的流量。一般所讲的流量大小是指单位时间内流过管道某一截面的流体数量的大小，即瞬时流量。某一时间、某一条件下，各种原料的瞬时流量的比例，就是原料配比。原料配比一般多用原料摩尔配比表示。

化工生产中原料配比的控制常常是通过流量的测量实现的，常用的流量计有：差压式流量计、转子流量计、涡轮流量计等。

在提高某种原料配比时，应注意到该种原料的转化率会下降，因为化学反应是严格按照反应式的化学计量比例关系进行的，因而随反应的进行，该种过量的原料随反应进行程度的加深，它过量的倍数就越大，所以过量多少为宜还须从反应效果和经济效果综合分析确定。

例如，乙炔加成氯化氢的反应：

$$CH\equiv CH + HCl \longrightarrow CH_2=CHCl$$

从产物氯乙烯中分离除去 HCl 很容易（水洗或碱洗），而氯乙烯中混有乙炔分离除去很困难，并且乙炔的成本较氯化氢高，因此，实际生产中采用很高的氯化氢乙炔比以提高乙炔的转化率。

例如，两种以上的原料混合物属爆炸性混合物，则首要考虑的问题是其百分比浓度应在爆炸范围之外，以保证生产的安全进行，同时还应该有必要的各种安全措施。

适宜的原料配比范围应根据反应物的性能、反应的热力学和动力学特征以及催化剂性能、反应效果，经济衡算结果等综合分析后予以确定。

六、停留时间对化学反应过程的影响规律

停留时间指的是原料在反应区或在催化剂层的停留时间，也称接触时间。停留时间和空间速度有密切的关系，空间速度越大，停留时间越短；空间速度越小，停留时间越长，但不是简单的倒数关系。

从化学平衡看，接触时间越长（空间速度越小），反应越接近于平衡，单程转化率越高，循环原料量可减少，能量消耗也少一些，但停留时间太长也是不适宜的。首先是反应时间太长，会有相当一部分与主反应平行进行的和由产物连串进行的副反应发生，尤其是有机物的聚合和分解反应出现的可能性要增加，使催化剂的中毒系数增大，缩短了催化剂的寿命，选择性也随之下降，结果使产物的收率反而下降。另一方面，停留时间太长，单位时间内通过的原料气量太少，大大降低了设备的生产能力，但空速过大，原料气与催化剂接触时间太短，原料尚未来得及反应或反应甚少便离开了反应区，从而使原料转化率很低。正确地控制适宜的空速，才会得到理想的转化率和满意的产物收率。

对每一个具体的化学反应，适宜的停留时间（或空间速度）应根据反应达到适当高的转化率（选择性等指标也较高）所需的时间以及催化剂的性能来确定。

反应器的功能是生产产品，一般希望增加反应停留时间以求有较高的转化率，但转化率并非越高越好。对于非零级的化学反应，随着转化率的提高，单位产品所需的反应器体积急剧增加，以一级反应为例，若转化率从 90%提高到 99%，产量提高 9%，但反应器所需体积 1 倍；更重要的是对于有串联副反应的反应系统，转化率提高将使选择性下降，因此不能盲目选择过高的转化率，但低的转化率则将增加原料消耗费用，或者增加原料和产品的分离和将其循环回反应器进口的费用。下列因素和数据是必要的。

（1）转化率和所需反应时间的关系。

（2）各种转化率下的产品分布。

（3）计算产品和原料分离回收利用所需的各种物性数据。

（4）各种物料主、副产品和公用工程的价格。

（5）反应系统和分离系统的设备价格。

（6）反应时间和化学平衡的关系。

（7）反应时间和反应速度的关系。

（8）回收的物能消耗。

根据综合评价的方法确定反应的停留时间和转化率。

七、催化剂的影响

催化剂也可视为投入的物料，催化剂的品种不同可直接影响到选择性、转化率、产率和反应周期（寿命）等，其投入量与催化剂本身的时空收率（每千克催化剂每小时生产千克产品）有关。催化剂的投入量与放热量、反应温度、反应速度和原料配比息息相关，因此通常把催化剂看成一种重要的工艺控制参数。

任务五　化工生产流程组织

一、化工生产工序

化工生产是将若干个单元反应过程、若干个化工单元操作，按照一定的规律组成生产系统，这个系统包括化学、物理的加工工序。

（1）化学工序：即以化学的方法改变物料化学性质的过程，也称单元反应过程。化学反应千差万别，按其共同特点和规律可分为若干个单元反应过程。例如，磺化、硝化、氯化、酰化、烷基化、氧化、还原、裂解、缩合、水解等。

（2）物理工序：只改变物料的物理性质而不改变其化学性质的操作过程，也称化工单元操作。例如，流体的输送、传热、蒸馏、蒸发、干燥、结晶、萃取、吸收、吸附、过滤、破碎等加工过程。

二、化工生产过程

化工产品种类繁多，性质各异。不同的化学产品，其生产过程不尽相同；同一产品，原料路线和加工方法不同，其生产过程也不尽相同。但是，一个化工生产过程，一般都包括：原料的净化和预处理、化学反应过程、产品的分离与提纯、三废处理及综合利用等。

1. 生产原料的准备（原料工序）

生产原料的准备（原料工序）包括反应所需的各种原、辅料的贮存、净化、干燥、加压和配制等操作。

2. 反应过程（反应工序）

以化学反应为主，同时还包括反应条件的准备，例如，原料的混合、预热、气化，产物的冷凝或冷却以及输送等操作。

3. 产品的分离与提纯（分离工序）

反应后的物料是由主、副产物和未反应的原料形成的混合物，该工序是将未反应的原料、溶剂、主副产物分离，对目的产物进行提纯精制。

4. 综合利用（回收工序）

对反应生成的副产物、未反应的原料、溶剂、催化剂等进行分离提纯、精制处理以利回收使用。

5. 三废处理（辅助工序）

化工生产过程中产生的废气、废水和废渣的处理、废热的回收利用等。

化工生产过程的组成如图 0.6 所示。

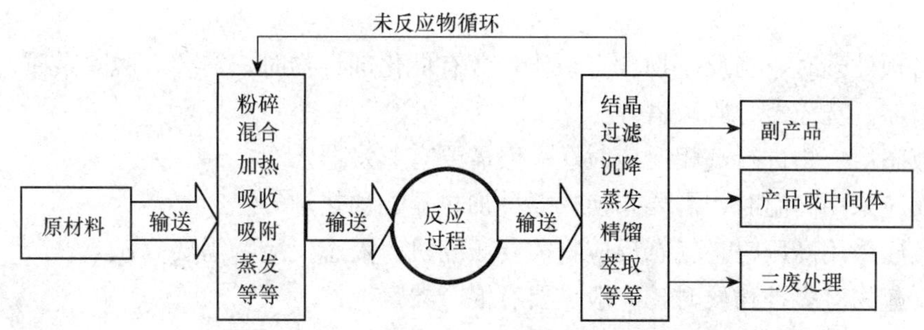

图 0.6 化工生产过程的组成

为保证化工生产的正常运行，还需要动力供给、机械维修、仪器仪表、分析检验、安全和环境保护、管理等保障和辅助系统。

三、化工生产工艺流程组织

（一）化工生产原料预处理

1. 原料预处理原则

原料预处理或原料准备过程是工艺流程的一个组成部分，因此原料预处理应符合以下原则：

（1）必须满足工艺要求。主要是满足反应的要求，例如，通常气固相反应，为了增大接触面积，固相的粒度应尽量小，但太小可能夹带严重，所以在工程上要寻找一个最佳的范围以满足工艺要求。

（2）简便可靠的预处理工艺。通常对于原料的某一种预处理要求，有不止一种可供选用的方案，一般不主张搞得太繁杂，步骤不宜多，应简练实用可靠，不主张使用复杂的大型的化工单元过程。因为毕竟是原料的预处理，不必小题大作。

（3）充分利用反应和分离过程的余热及能量。许多反应往往是放热的，一般分离过程常有精馏，塔顶冷凝器需要换热冷却，这些能量的充分利用，是原料预处理的一个可资利用的环节。

（4）尽量不要产生新的污染，不要造成损失。原料预处理，有的可能出现一些废弃物，在方案研究时，应尽量减少在原料过程中的“三废”，一旦有不可避免的“三废”应研究处理方案，不要留尾巴，并防止泄漏，防止被破坏，防止不必要的损失。

（5）尽量研究和采用先进技术。任何原料能不处理而直接使用当然最好，在研究中，应尽量采用先进技术，淘汰落后的处理工艺，提高处理能力。

（6）投资节省，设备维护简便。原料处理的设备台件数应尽量少，流程应尽量短，在满足工艺要求的前提下，设备应尽量简化，通用化，落实到装置的投资上，要尽量节省。

(7) 尽量分工由生产厂家精制。原料对于生产原料的厂家来说，就是他们的产品，产品在生产过程中加以精制、净化。大多数情况下，生产原料的厂家可以从源头上和过程中加以控制，比使用厂家另砌炉灶进行精制净化要省事。

2. 原料预处理常用设备

原料预处理时，当反应物含有杂质，含有催化剂毒物时，需要有脱除杂质、毒物的旋风分离器、洗涤器、脱硫塔等。

当液态反应物进行气相反应时，一般需要有蒸发器。

当反应采用高温时，需要有换热器、加热器、加热炉等。

当反应采用高压时，气态反应物需要压缩机，液态反应物需要高压泵。

当反应物有多种物质时，一般需要有混合器。

3. 制定原料预处理方案

了解反应对原料的物理的和化学的要求，提出相应具体的指标是确定原料预处理方案的依据，原料预处理方案确定的另一个重要资料是原料本身的情况。如果供应厂商提供的原料指标已经合乎反应要求，那么剩下的问题只有储存输送和投料的问题，无需做更多的处理，但这种情况下，可能原料价格较贵，因此要比较各种原料情况，制定需要处理哪些问题的方案。通常如果要处理的问题头绪比较多的话，往往先解决化学上纯度的问题，用物理的方法或化学的方法率先制成在化学上即纯度杂质含量上合乎要求的物料，再去解决其他问题，既可以节省能量，又可以减少所含杂质在流程中的循环时间，减少一些副作用。况且脱除杂质可能是用一些化学反应来实现，就有可能产生水或其他需要物理方法处理的物质。原料路线方案方框图如图 0.7 所示。

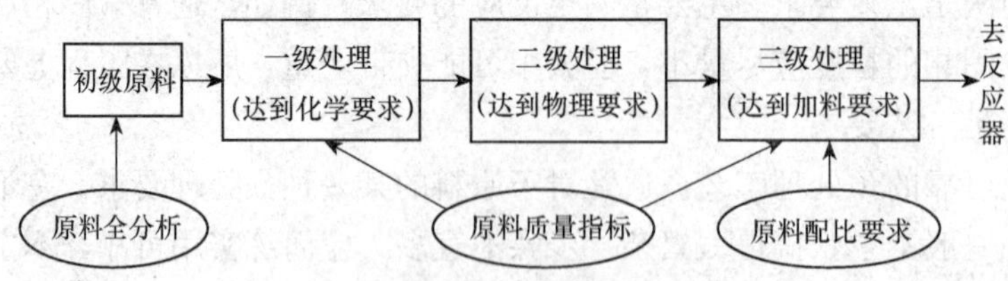

图 0.7 原料路线方案方框图

催化剂是反应过程中一类特殊的“原料”。现代的许多大型化工生产，如合成氨、石油裂解、高分子材料的合成、油脂加氯、脱氧、药物的合成等无不使用催化剂，因而在原料准备过程中催化剂准备过程是必不可少的。

(二) 实施化学反应

化工生产过程包括物理过程和化学反应过程，其中化学反应过程往往是生产过程的关键。反应过程进行的条件对原料的预处理提出了一定的要求，反应进行的结果决定了反应产物的分离与提纯任务和未反应物的回收利用。一个产品的反应过程的改变将引起整个生产流程的改变，因此，反应过程是化工生产全局中起关键作用的部分。

1. 反应器的选择

反应器是用来完成化学反应过程的设备，各类化学反应过程大多数是在催化剂作用下进行的，但实现过程的具体条件却有许多差别，这些差别对反应器的结构型式有一定影响。因此，应该根据所要完成的化学反应过程的特点，分析过程具体条件对工艺提出的要求来选择反应器。一般情况下，可以从下述几方面的工艺要求来选择反应器。

（1）反应动力学要求。化学反应在动力学方面的要求主要体现在要保证原料经化学反应要达到一定的转化率和有适宜的反应时间。由此可根据应达到的生产能力来确定反应器的容积以及各项工艺尺寸。此外，动力学要求还对设备的选型、操作方式的确定和设备的台数等有重要影响。

（2）热量传递的要求。化学反应过程都是伴随有热效应的，必须及时移出放热反应放出的反应热或及时供给吸热反应所需足够的反应热，所以，必须有传热装置和适宜的传热方式问题，同时辅以可靠的温度测量控制系统，以使反应温度实施有效的检测和控制。

（3）质量传递过程与流体动力学过程的要求。为了使反应和传热能正常地进行，反应系统的物料流动应满足流动形态（如湍动）等既定要求。例如，物料的引入要采用加料泵来调节流量和流速；釜式反应器内要设置搅拌；一些气体物料进入设备要设置气体分布装置使之分布均匀等。

（4）工程控制的要求。化工工艺过程很重要的一条是一定要保证稳定、可靠、安全地进行生产。反应器除应有必要的物料进出口接管外，为便于操作和检修还要有临时接管、人孔、手孔或视镜灯、备用接管口、液位计等。另外有时偶然的操作失误或者意外的故障都会导致重大损失，因此对反应器的选型必须十分重视安全操作和尽可能采用自动控制方案。例如，在反应器上设置防爆膜、安全阀、自动排料阀，在反应器外设置阻火器，为快速终止反应而设置必要的事故处理用工艺接管、氮气保压管以及一些辅助设施（如流化床反应器更换催化剂的加入卸出槽）等均需要仔细考虑。此外尽量采用自动控制以使操作更稳定、可靠。目前，很多重要的化工反应器都已采用计算机控制，实现化工过程的全面自动化生产。

（5）机械工程的要求。对反应器在机械工程方面的要求一是要保证反应设备在操作条件下有足够的强度和传热面积，同时便于制造。二是要求设备所用的材料必须对反应介质具有稳定性，不参与反应，不污染物料，也不被物料所腐蚀。

（6）技术经济管理的要求。反应器的选型是否合理，最终体现在经济效益上。设备结构要简单、便于安装和检修，有利于工艺条件的控制，最终能达到设备投资少、保证工艺生产符合优质、高产、低耗的要求。

总之，反应设备的选择应结合各种反应器的性能、特点，根据具体产品生产工艺的需要，综合上述各条要求来选择确定。

2. 确定反应器的附属设备

反应过程中反应器是主要设备，也是工艺流程的中心设备。反应器一般为单台，当单台反应器生产能力低时，可采用多台并联。当催化剂活性低，反应物转化率低时，可采用双台串联。反应物料先经过装有旧催化剂的反应器，后经过装有新催化剂的反应器。

当反应放热时，一般采用液态载热体移除反应放热，需要有载热体贮槽、输送设备、冷却器、调温设备等。

当反应吸热时，一般需要有供热设备，如加热炉等。

对于催化反应，需要有催化剂的制备、回收、再生设备；流化床反应器需要有补加新催化剂的设备；当催化剂使用时间很短时，则反应器与再生器可组成一个整体。

（三）确定分离方案及流程

产物是指从反应器中出来的物料。大多数反应产物都是混合物，它包括未反应掉的原料和反应生成物。气相反应器和气固相反应器的产物主要是气体产物和夹带的催化剂粉尘；液相反应器的产物主要是液体产物与液固混合物；气液相和气液固三相反应器的产物则有气体产物、液体产物和液固混合物。

产物的分离和提纯是化工生产中的重要环节，它不仅可以由产物中分离出所需要的产品，并进一步提纯至一定产品的规格，还可以使未反应的物料得以循环利用。因此，产物的分离和提纯操作对保证产品质量和生产过程的经济效益起着重要作用。

1. 产物分离过程主要设备

反应后的产物分离过程中，若反应产物中含有酸性杂质或其他腐蚀性杂质时，一般采用中和器等，先将产物中的腐蚀性杂质除去，以降低产物对后续设备的腐蚀。

气态反应物和固体催化剂，需要有过滤分离等设备。

产物气温度高且在高温下易发生深度副反应时，则应该设有急冷器，以急速降温。当产物气温度较高，但化学性质较稳定时，则宜经过废热锅炉产生副产蒸汽回收热量或经过换热器预热反应气，合理地做好能量回收和综合利用。

气态反应产物经过上述处理后，需要有冷却、冷凝设备，得到液态产物。未冷凝的产物气进一步吸收、解吸。液态产物经过多塔精馏（有时还有萃取等分离设备）得到合格产品，同时得到副产品。

当反应物转化率低时，未反应的反应物，需要经过输送设备返回反应物加工系统循环使用。

反应过程和生产过程产生的废气、废液、废渣要尽量回收，综合利用；对于暂时无法回收利用的需要进行妥善处理，处理后的剩余物达到国家规定排放标准后方可排放。

根据对若干具体的、特殊的实际工艺流程的分析、概括、总结出工艺流程一般包括的设备。

① 反应物输送设备：鼓风机、离心泵、输送带等。

② 反应物清净设备：除尘器、洗涤塔等。

③ 反应物混合设备：混合器。

④ 将反应物预处理到反应条件的设备：预热器、压缩机、高压泵等。

⑤ 反应物进行反应的设备：反应器。

⑥ 反应产物的分离设备：冷凝器、气液分离器、旋风分离器、蒸发器、蒸馏塔、吸收塔、解吸塔等。

⑦ 主反应产物的精制设备：精馏塔、干燥塔等。

⑧ 反应副产物回收处理设备。

⑨ 催化剂处理设备。

⑩ 反应物、主产物、副产物、催化剂等贮存设备。

2. 确定可行的分离方法

在化工产品分离系统设计中，首先要确定产品的质量指标、纯度要求、对杂质含量的要求等。一般而言，产品纯度是根据产品的使用目的来确定的，而回收率或产品总收率则在很大程度上决定着分离过程的经济性，所以经济性最佳就成为确定回收率的主要依据。要充分了解被分离混合物中各组分在物理、化学以及生物学方面的性质，避免在分离过程中产物的分解、聚合、变质和被污染；选择合适的分离方法；热敏的产物不能过热；易聚合还要添加阻聚剂；万不得已不要在分离流程中逗留太长太久，然后选择可以进行分离并且是最为经济的分离方法。

在选择分离方法时，还需要考虑分离规模和能量的消耗。一般来说，建设工厂的投资与其规模的0.6次方成正比，但这只适用于大型工厂。当规模小于某种程度后，与规模相关的投资就成为定值。这是因为工艺过程所必需的管道、仪表、泵类、贮罐等的投资与规模大小无关，而这些却占据着工厂投资的较大部分，此外，规模小与规模大同样要使用很多操作人员，规模变小所投入的劳动力却不会相应减少。因此，对于较小规模，要尽量选择操作简单的、能够实现自动化操作的分离方法。

分析分离所需的能量消耗，最好能够利用自然的能量。当规模比较大时，首先要考虑能否利用热能。相对挥发度（分离系数）大于1.05，就应毫不犹豫地选择蒸馏法。若相对挥发度小于1.05，则可采用萃取法等其他分离法与蒸馏法相互组合而构成的分离过程。在热能无法利用时就只能选择速率差分离法。

3. 确定分离流程经验规则和注意事项

(1) 反应产物有固体物的，不论它们是目的产物还是废弃物，一般要率先分离出来，以免使管道设备堵塞，流程不顺。

(2) 反应产物中对目的产物尤其有害的物质必须首先除去，甚至不管能量的利用合理与否，这是工艺的要求。通常产品的收率在经济上是最重的砝码，因为最终的产品利润最大。不能因为考虑能量的“合理”，而牺牲了产品的收率。

(3) 反应产物中对后续工艺有害的物质，首先分离。比如精馏过程，从能量上考虑应当由挥发度从低到高逐级取出，但有时高沸点物质会聚合，会凝絮甚或较黑较脏，也要先把它分出，然后再降温从低沸物到高沸物地分离。这第一步似乎浪费了能量，但对流程和工艺有利。

(4) 尽量优先把产物中未反应原料分出来，循环使用，如果原料宝贵更应如此。

(5) 把最难分离的组分或要求特高的产物应从分离系统中先取出粗产物，再设计精制分离方案。不要希望过早地拿出来，更不主张一次分离就得到高纯产物。

(6) 尽量选用简单的分离方法，能用机械分离的先用机械法。一般是机械法—物理法—物理化学法—化学法的顺序，无论从操作和能量上都是合理的。

(7) 一般情况下或者先取出最少的组分，或者先取出最多的组分。

(8) 一般情况下分离的流程先易后难，容易除去的先除去，容易拿到的先拿到。

(9) 尽量把多种杂质一次性除去，再研究从杂质中回收有用副产物。

(10) 能用精馏的地方尽量采用简单精馏，除非有充分理由，不主张率先考虑萃取精馏、反应精馏、共沸精馏等。精馏过程仍是先易后难，最难分离的组分最后精馏。

(11) 尽量利用热源，节省能量。

(12) 尽量采用先进技术和先进设备。

四、化工生产工艺流程图

工艺流程图是以图解的形式表示化工生产过程。即将生产过程中物料经过的设备按其形状画出示意图，并画出设备之间的物料管线及其流向。以几何图形和必要的文字解释，表示设备及设备之间的相互关系，全部原料、中间体、半成品、成品以及副产物的名称和流向等，工艺流程图按其用途分为生产工艺流程图、物料流程图、带控制点的工艺流程图等。

1. 工艺流程图

工艺流程图是以设备形状示意图或框图，分别表示化工单元操作和单元反应过程，以箭头表示物料和载能介质的流向，并辅以文字说明。图 0.8 为复合肥喷浆造粒流程。

2. 物料流程图

物料流程图是用工艺流程简图与表格相结合的方式，表示所加工物料的数量关系和物料衡算结果的一种图样。物料流程图由框图、图例和经过各工序（或设备）的物料名称及数量组成，每个框表示出过程的名称、流程序号以及物料组成和数量。

3. 带控制点的工艺流程图

带控制点的工艺流程图是组织、实施和指挥生产的技术文件，也称施工流程图。常常是生产厂家的经典流程图。有时生产单位将其简化后复制到控制室内，供操作人员熟悉和参观。其主要内容一般是设备图形、管线、控制点和必要数据、图例、标题等，如图 0.8 所示。

带控制点的工艺流程图表示了全部工艺设备及其纵向关系，物料和管路及其流向，冷却水、加热蒸汽、真空、压缩空气和冷冻盐水等辅助管路及其流向，阀门与管件，计量—控制仪表及其测量—控制点和控制方案，地面及厂房各层标高。图 0.9 是脱丙烷塔带控制点工艺流程图，工艺流程图管道物料代号见表 0.7。

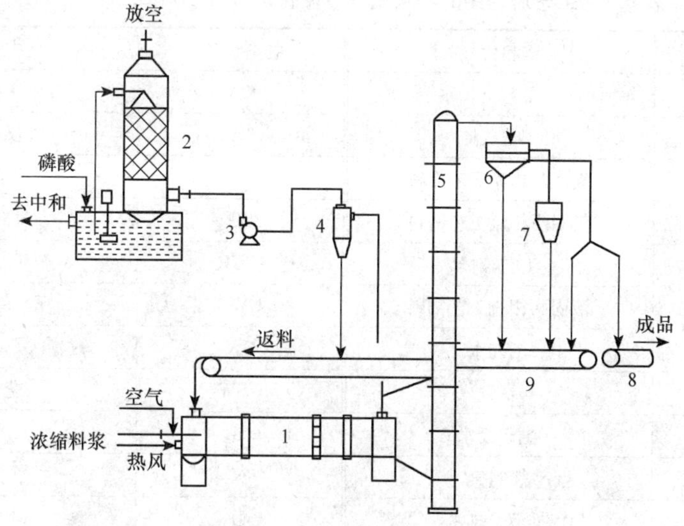

图 0.8 复合肥喷浆造粒流程

1. 喷浆造粒干燥机；2. 洗涤塔；3. 尾气风机；4. 旋风分离器；
5. 斗式提升机；6. 振动筛；7. 破碎机；8. 成品皮带运输机；9. 返料皮带运输机

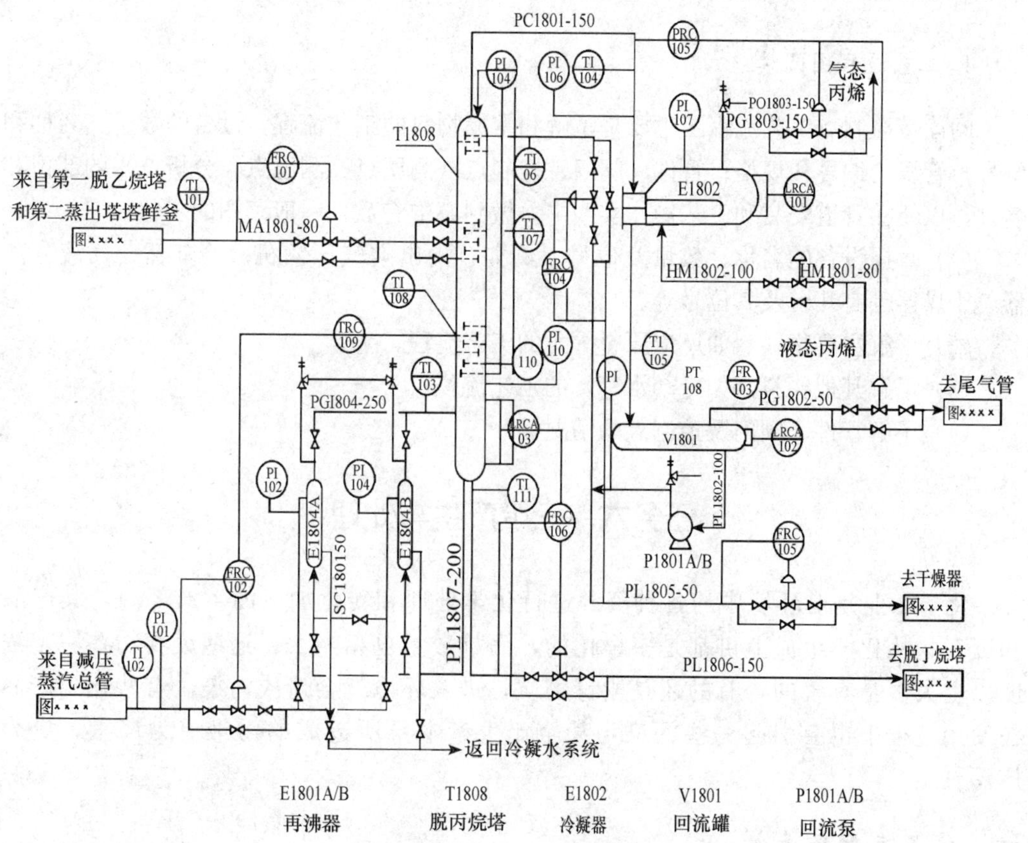

图 0.9 脱丙烷塔带控制点工艺流程图

表 0.7 工艺流程图的物料代号（摘自 HG/T 20519.36—1992）

物料名称	物料代号	物料名称	物料代号
PA	工艺空气	CA	压缩空气
PG	工艺气体	IA	仪表空气
PGL	气液两相流工艺物料	HS	高压蒸汽
PGS	气固两相流工艺物料	SC	蒸汽冷凝水
PL	工艺液体	CWR	循环冷却水回水
PLS	液固两相流工艺物料	CWS	循环冷却水上水
PW	工艺水	SW	软水
AR	空气	CSW	化学污水
WW	生产废水	AL	液氨
FG	燃料气	N	氮
DR	排液、排水	O	氧
H	氢	VE	真空排放气
DW	生活用水	VT	放空
RW	原水、新鲜水	—	—

4. 工艺流程图阅读

阅读带控制点工艺流程图主要是了解和掌握物料的工艺流程，设备的数量、名称和编号；管线的编号和规格；管件、阀门、控制点（测压点、测温点、分析点）的部位和名称，以便在管道安装和工艺操作实践中，做到心中有数，一般读图的步骤如下：

(1) 掌握设备的名称、数量及位号。例如，指出空气压缩机、冷却器、气液分离器、干燥器等有几台及其位号等。

(2) 了解主要物料（如反应原料等）的工艺流程。

(3) 了解其他物料（如冷却水等）的工艺流程。

(4) 了解管件、阀门及控制点的情况。

任务六 三废产生与处理

化学工业是对环境中的各种资源进行化学处理和转化加工的生产部门，其产品和废弃物从化学组成上讲都是多样化的，而且数量也相当大。这些废弃物在一定浓度以上大多是有害的，有的还是剧毒物质，进入环境就会造成污染。有些化工产品在使用过程中也会引起一些污染，甚至比生产本身所造成的污染更为严重、更为广泛。

一、化工三废的来源

化工生产中废弃的污染物一般随废水、废气排出，或以废渣的形式排放（即所谓的

“三废”)。虽然产生化工污染物的原因和污染物进入环境的途径有多种多样，但概括地讲，化工污染物的主要来源大致可分为以下两个方面。

1. 化工生产的原料、中间体、半成品及成品

(1) 化学反应不完全的原料。未反应的原料，因回收不完全或不可回收而被排放掉，排放后会对环境造成污染。

(2) 不纯的原料。原料有时本身纯度不够，其中含有杂质，这些杂质因不需要参加反应，在原料净化过程中或反应之后，最终也要排放掉。

(3) 跑、冒、滴、漏的物料。由于生产设备、管道等封闭不严密，或者由于操作和管理的不善，物料在储存、运输以及生产过程中，往往造成泄漏，习惯称之为跑、冒、滴、漏现象。这一现象的出现不仅要造成经济损失，而且也造成环境污染。

2. 化工生产过程中排放出的废弃物

(1) 燃料燃烧过排放物。化工供热和化工炉在燃烧过程中，不可避免要有大量的烟气排出。烟气中除含有粉尘之外，还含有其他有害物质，对环境危害极大。

(2) 冷却水。化工生产过程中常常需要大量的冷却水，而当采用直接冷却时，冷却水直接与被冷却的物料接触，很容易使水中含有化工原料，而成为污染物质。另外在冷却水中往往要加防腐剂、杀藻剂等化学物质。同时，大量热废水排入水域，导致水体温度上升，造成水中溶解氧的减少，降低水体自净能力，使得一些毒物如氰化物、重金属离子的毒性加剧。热废水污染还可以加速细菌繁殖。

(3) 副反应产物。化工生产中，在进行主反应的同时，经常还伴随着一些人们所不需要的副反应。副反应产物（副产物）虽然有的经过回收之后，可以成为有用的物质，但是往往由于副产物数量不大，而成分比较复杂，要进行回收必将会带有许多困难，经济上需要耗用一定的经费，所以往往在产物的分离过程中以高低沸物、滤饼、尾气等形式作为废料排弃而引起环境污染。

(4) 反应的转化物和添加物。许多化工生产过程中，反应的转化物有时形成“炉渣”或“釜渣”不被利用。有时在化工生产过程中，还需要加入一些不参加反应的物质，如各种溶剂、催化剂等，这些物质随着废弃物排放，同样也会造成环境污染。

(5) 分离过程中产生的物质。分离过程是化工生产中几乎必不可少的过程，不仅分离掉副产物、未反应物和杂质，有时由于分离效率的限制，原料和产品也会出现在分离的废弃物中，如精馏塔釜下脚料、过滤器的残渣、旋风分离器的尾气等。

二、化工三废的监控

对化工三废的监控，实际上就是对排放化工三废的工业污染源进行监控。通过对工业污染源的监控，可以有效地控制污染物的排放量，减少对环境的污染；随时掌握污染物的性质和数量，了解污染物对环境要素和生态系统的影响程度，预测环境质量的变化趋势，并借以调整企业生产排污情况，满足环境保护的需要，同时为后续的三废治理提供科学的依据。

要对污染源进行有效监控，应将整个企业作为一个有机整体，综合考虑建立有效的综合控制管理体系，在化工设计中，要设计自动监控系统。当发现系统有故障，会自动启动废气焚烧系统。此外，对已经实现治理的三废，也要加强监控，如同一个企业的质量保障体系一样，如监控污水处理装置，监控废气收集和焚烧装置等。

除了现场采样之外，还可以采用“生物监控”，例如，在有废气排放地点养鸟、在处理过的污水中养鱼等。

三、化工三废治理原则

对于化工三废的防治，在进行工艺设计和工程设计时，要把三废治理作为重要环节，做到“三同时”，即同时设计、同时施工、同时投产。对于已经投产的企业，如果三废不加治理时，可以指令限期治理，不然可以令其停产。治理三废的积极的思路就是改造工艺，使其不产生无法治理或难以治理的三废；其次是“三废”资源化，回收利用或生产出新的产品（过去称综合利用产品），万不得已则使之无害化。这是总的原则。

四、化工三废处理方法

1. 废气的净化处理

化学工业产生的废气不经处理排入大气，会造成大气污染，使人体健康受到危害、农作物减产，甚至使植物枯死，给人类的生存造成很大的危害。

在大气污染中二氧化硫、硫化氢、氮氧化合物、氨、一氧化碳、氯气、氯化氢和多环芳烃等物质的危害最大。例如，硫酸生产的吸收过程中，其尾气中仍有二氧化硫和三氧化硫的酸雾；生产丙烯腈过程中产生的副产物乙腈、氢氰酸、乙醛是有毒的，虽经回收，仍有少量排出；催化剂的制造过程中产生汞、镉、锰、锌、镍等金属及其化合物，这些金属或其化合物以粉尘的形式排入大气。

工业上处理有害废气的方法主要有化学法、吸收控制法、吸附控制法以及稀释控制法等。例如，二氧化硫常采用石灰乳或是苛性钠与纯碱的混合物反应除去；氮氧化合物可采用碱溶液吸收除去；二氧化碳和氯化氢可用乙醇胺或用水吸收，效果都很好。

碳氢化合物的蒸气、有害的臭气、硫化氢以及硫化碳酰物等气体，可采用吸附控制法，常用的吸附剂有活性炭、活性氧化铝、硅胶以及分子筛等。

碳氢化合物也常用热燃烧、催化燃烧和火炬等化学控制法除去。例如，在铂催化剂存在下，通入空气将含有丙烯腈和氢氰酸尾气中的腈及氰化物除去，从而达到排放标准。

在废气的处理与排放中要防止二次污染的发生。

2. 废水的净化处理

地球表面70%以上的是水面积，但是可供使用的淡水仅占总水量的0.3%，水是宝贵的。水在化工生产中的应用非常普遍，其用量和废水排放量都比较大。废水不经处理而排放，不仅浪费水资源，而且污染环境。净化处理废水，提高水的利用率，节约和保护淡水资源，具有十分重要的意义。

不同的生产过程，其废水的性质和排放量不同。废水成分复杂多变，有害物质主要是各种有机物以及汞、镉、铬等金属，危害很大。一般根据废水的性质、数量以及要求的排放标准，采用多种方法综合处理。废水处理的程度分为一级、二级和三级。

（1）一级处理。主要除去粒径在 0.1mm 以上的大颗粒悬浮固体、胶体和悬浮油类减轻废水的腐化程度。一级处理过程是由筛滤、重力沉降和浮选等物理过程串联组成，一级处理的废水，一般达不到排放标准，还要进行二级处理。

（2）二级处理。主要采用生物法以及某些化学法分解或氧化降解有机物以及部分胶体污染物。二级处理是污水处理的主体部分。经过二级处理的废水，其中有机污染物大幅度地降低，一般可达到向水体排放的标准。

（3）三级处理。属于深度处理，进一步除去二级处理未能除去的污染物，例如，微生物未能降解的有机物、磷、氮等营养性物质以及可溶性的无机物。常采用的方法如化学法沉淀、氧化还原法、生物脱氮、膜分离以及离子交换法等。

（4）生物处理。即利用细菌的作用，将废水中的有机物氧化分解为无害物质。根据细菌对氧气的需求，生物处理法分为好氧、厌氧生物处理法，其中的活性污泥法是好氧生物处理法的一种。

3. 废渣的净化处理

废渣不仅占用大量的土地，而且造成地表水、土壤和大气环境的污染，必须净化处理。

化工废渣主要有炉灰渣、电石渣、页岩渣、无机酸渣；含油、含碳及其他可燃性物质，如罐底泥、白渣土等；报废的催化剂、活性炭以及其他添加剂；污水处理的剩余活性污泥等。

废渣处理方法主要有化学与生物处理、脱水法、焚烧法和填埋法等。

废渣处理的原则：

（1）采用新工艺、新技术、新设备，最大限度地利用原料资源，使生产过程中不产生废渣。

（2）采取积极的回收和综合利用措施，就地处理并避免二次污染。

（3）无法处理的废渣，采用焚烧、填埋等无害化处理方法，以避免和减少废渣的污染。

废渣也是二次再生资源，根据废渣的种类、性质回收其中的有用物质和能量，实现综合利用。例如，从石油化工的固体废弃物中回收有机物、盐类；从含贵重金属的废催化剂中回收贵重金属；从含酚类废渣中回收酚类化合物；硫酸生产的产生的酸渣，经焙烧可循环使用；含有难以回收的可燃性物质的固体废渣，可通过燃烧回收其中的能量；含有土壤所需元素的废渣，处理后可生产土壤改良剂、调节剂等；污水处理厂剩余的活性污泥，可生产有机肥料；将有用物质回收、有害物质除去之后的废渣，如炉渣、电石渣等可作为建筑、道路和填筑材料。

操作链接

装置操作规程的编制

一、化工生产操作规程

为使一个化工装置能够顺利正常地运行以及安全地生产出符合质量标准的产品，且产量又能达到设计规模，在装置投运开工之前，必须编写一个该装置的操作规程。

1. 操作规程的意义及作用

操作规程是指导生产、组织生产、管理生产的基本法规，是全装置生产及管理人员借以搞好生产的基本依据。操作规程一经编制、审核、批准、颁发实施后，就具有一定的法律效力，任何人都无权随意地变更操作规程。对违反操作规程而造成生产事故的责任人，无论是生产管理人员还是操作技术人员，都要追究其责任，并根据情节及事故所造成的经济损失，给予一定的行政处分；对造成事故情节恶劣、经济损失严重的责任人，还要追究其法律责任。

操作规程也是一个装置在生产、管理、安全等方面的经验总结。每个操作人员及生产管理人员都必须学好操作规程，了解装置全貌以及装置内各岗位构成，了解本岗位在整个装置中的作用，从而严格地执行操作规程，按操作规程办事，强化管理，精心操作，安全、稳定、长周期、满负荷、优品质地完成生产任务。

在化工生产中，由于违反操作规程而造成跑料、灼烧、爆炸、失火、人员伤亡的事故屡见不鲜。例如，四川某化工厂，操作人员严重违反操作规程，在合成塔未卸压的情况下，便带压拆卸顶盖，结果高压气流冲出，造成在场5人死亡的重大事故。

2. 操作规程的内容

作为化工装置生产与管理的基本法规，操作规程的内容一般包括：

(1) 有关装置及产品基本情况的说明。主要内容包括：装置的生产能力；产品的名称、物理化学性质、质量标准以及它的主要用途；本装置和外部公用辅助装置的联系，包括原料、辅助原料的来源，水、电、气等公用工程的供给以及产品的去向等。

(2) 装置的构成、岗位的设置以及主要操作程序。主要内容包括：一个装置分成几个车间或工段，并应按工艺流程顺序列出每个工段的名称、作用及所管辖的范围；按工段列出每个工段所属的岗位以及每个岗位的所管范围、职责和岗位的分工；列出装置开、停车程序以及异常情况处理等内容。

(3) 工艺技术方面的主要内容。一般包括：原料及辅助原料的性质及规格；生产方法、生产原理、反应机理及化学反应方程式；流程叙述、工艺流程图及设备一览表；工艺控制指标（如反应温度、反应压力、配料比、停留时间、回流比等）；每吨产品的物耗及能耗等。

(4) 环境保护方面的内容。列出“三废”的排放点、排放量以及其组成；介绍“三废”处理措施，列出“三废”处理一览表。

(5) 安全生产原则及安全注意事项。应结合装置特点，列出本装置安全生产有关规定、安全技术有关知识、安全生产注意事项等。对有毒、有害装置及易燃、易爆装置更应详细地列出有关安全及工业卫生方面的具体要求。

(6) 成品包装、运输及贮存方面的规定。列出包装容器的规格、重量，包装、运输方式，产品贮存中有关注意事项，批量采样的有关规定等。

对于具体的生产装置，可以根据装置特点及产品性能针对上述6个方面内容，给予适当的简化或细化。

3. 操作规程的通用目录

常见的化工装置操作规程编写的有关章节目录如下。

(1) 装置概况。

(2) 产品说明。

(3) 原料、辅助原料及中间体的规格。

(4) 岗位设置及开停工程序。

(5) 工艺技术规程。

(6) 工艺操作控制指标。

(7) 安全生产规程。

(8) 工业卫生及环境保护。

(9) 主要原料、辅助原料的消耗及能耗。

(10) 产品包装、运输及贮存规则。

4. 规程的编制、批准和修订

操作规程对于化工生产关系重大、意义深远，必须有专门的负责人员及部门严格执行其编写、校核、审核、审定、审批及批准等程序。

1) 操作规程的编制与审批

对于一套新建化工生产装置，其最初版本的操作规程一般应由车间工艺技术人员编写初稿。编写操作规程的车间工艺技术人员首先必须学习和熟悉装置的设计说明书和初步设计等有关资料，了解工艺意图及主要设备的性能，并配合设计人员，在编写试车方案的基础上，着手编写工艺操作规程。编写好的初稿应广泛征求有关生产管理人员及岗位操作人员的意见，在汇总各方面意见的基础上，完成修改稿（校核稿）。完成好的修改稿交由车间主任初审，经过车间领导初审后的修订稿（审核稿）上报给工厂生产技术部门，经技术部门审查后（审定稿）报请工厂总工程师审定（审批稿）并由厂长批准方可下达实施。

另有一种方式是由工艺技术人员牵头，组织有关人员向国内或国外有同类装置的生产厂收集该厂的操作规程等有关资料，并派出操作人员到具有同类装置的工厂进行岗位培训；在培训人员及收集资料的基础上，以同类装置的操作规程为蓝本，结合本装置的实际加以修改补充，使之更适合本装置的工艺及管理要求，并组织参加岗位培训的操作人员进行讨论、修改完成初稿。再经上述同样程序进行报审和批准。

也有的操作规程是将上述两种编写方式结合起来进行编制的。

总之，无论采用何种方式编写，都要求能满足装置生产及管理的需要，具有科学性及先进性，但又不能照抄照搬，一定要结合本装置的特点及本车间的管理体制，并应在实践中结合岗位操作人员的创造、发明、合理化建议不断地予以修改、补充及完善。

2）操作规程的修订

化工装置在生产一个阶段以后（一般为 3 年，最长的 5 年），由于科学技术的进步、市场的变化以及工厂的发展，需要对原有装置进行工艺改造或技术更新。有的需要扩大生产能力，有的需要改革原有的工艺过程。这样原有的工艺流程、主要设备及控制手段都要作修改。所以，必须对原有的操作规程进行及时修订，然后才能开工生产。

修订的操作规程必须按照上述同样的报批程序进行上报及批准。即使不进行扩建及技术改造，一般情况下，在装置使用 2～3 年后也要对原有的操作规程进行修订或补充。由于经过 2～3 年的生产实践，操作工人和技术管理人员在实践中积累了很多宝贵的经验，发现了原设计中一些缺陷及薄弱环节，因此，有必要将这些经验及改进措施补充到原定的操作规程中去，使之更加完善。这必将更有利于工厂的安、稳、专、满、优生产。上述修订工作仍应由车间工艺技术人员牵头组织编写，并报上级批准下达，修订稿一经批准下达，原有的操作规程即宣告失效。

思考题

1. 化学工业的基础原料和基本原料有哪些？

2. 按生产原料及产品划分，化学工业分为哪些行业？

3. 现代化学工业有何特点？

4. 什么是化工生产技术？本课程的主要内容与学习要求是什么？

5. 试述单程转化率、总转化率及平衡转化率的含义与区别，它们在化工生产中各有何意义？

6. 选择性和单程收率两个指标在化工生产中各有什么意义？

7. 如何用转化率、产率的指标来衡量化学反应的效果？

8. 什么是原材料消耗定额？降低消耗定额在化工生产中有何意义？

9. 化工厂常用的公用工程包括哪些？

10. 影响装置生产能力的因素有哪些？

11. 影响化学反应速度的因素有哪些？温度影响化学反应速度有何规律？

12. 反应过程工艺条件优化的最佳点选择的各种方式有何不同含意？用哪种方式作为分析最佳工艺条件的优化目标比较符合实际？

13. 温度、压力、空间速度（停留时间）、原料配比对化学反应过程的影响各有什么共同的规律？应根据什么原则来选择温度、压力、空间速度和原料配比的最佳控制范围？

14. 原料预处理的原则是什么？

15. 原料预过程流程需考虑哪些方面问题?

16. 反应过程在化工生产中的重要性如何?

17. 确定产物分离流程的经验规则有哪些?

18. 在组织工艺流程时，应根据哪些要求来选择化学反应器和分离设备?

19. 化工生产工艺流程图有哪些种类? 带控制点工艺流程图包括哪些内容?

20. 查阅并绘制一个物料流程图。

项目一　烃类热裂解

☞ 知识目标

(1) 掌握不同烃类热裂解的产物组成；一次反应和二次反应的条件和相互关系。

(2) 掌握烃类热裂解反应的反应机理，会进行热力学和动力学分析。

(3) 掌握管式裂解炉的结构和热裂解的主要设备、工艺过程。

(4) 了解裂解气的组成，理解裂解气的危害和净化要求。

(5) 熟悉冷箱作用，热泵流程和工作原理；乙烯-丙烯复叠制冷的流程和工作原理。

(6) 理解深冷分离的三种典型流程的特点和工艺设备的布置要求。

(7) 理解热裂解中能量有效利用方法和途径。

☞ 能力目标

(1) 能应用热力学和动力学方法分析烃类热裂解的最佳工艺条件。

(2) 能依据烯烃生产原理，调控操作条件，独立完成管式炉裂解 DCS 工艺操作。

(3) 能针对裂解气的组成制定裂解气的净化与分离操作设备。

(4) 能设计出一个热泵流程。

(5) 能设计出乙烯-丙烯复叠制冷的基本工作原理流程。

(6) 能根据裂解气的组成和性质制定出一种深冷分离乙烯、丙烯的工艺流程。

任务一　乙烯工业认识

乙烯被称为“石化工业之母”，乙烯产量常作为衡量一个国家基本有机化学工业的发展水平的标志。美国、西欧、日本等发达国家和一些发展中国家和地区，在经济起飞阶段，无不把石油化工工业作为支柱产业加快发展。

从 20 世纪 70 年代中期，中国第一套大型乙烯项目——北京燕山 30 万吨乙烯工程建成投产，到 80 年代，中国大庆、齐鲁、扬子、上海、茂名等 30 万吨乙烯工程相继崛起。到目前为止，中国石化已在长江三角洲、珠江三角洲和环渤海湾地区建成了一批大型炼油化工一体化企业，形成了上海、南京、茂名三个百万吨级和燕山、齐鲁两个 80 万 t 级的乙烯生产基地。同时，福建炼化、镇海炼化、天津石化、武汉石化等一体化基地也在建设之中，已建成的基地不仅在规模上达到了国际水平，也在技术上站在了世界前沿。到 2010 年乙烯生产能力已经突破 1000 万 t，跃居世界第二位（仅次于美国），装置规模也趋向大型化和规模化，实现了历史性的跨越。

乙烯作为基本的有机化工原料可广泛地带动有机化工、高分子材料、精细化工等下游产品的生产和开发，它对经济的带动作用非常巨大。例如，武汉 80 万 t/a 乙烯项目共包括 9 大装置。其中，核心厂区以 80 万 t/a 乙烯装置为龙头，下游工艺装置包括 55 万 t/a 裂解汽油加氢装置、13 万 t/a 丁二烯抽提装置、35 万 t/a 芳烃抽提装置、30 万 t/a 高密度聚乙烯装置（HDPE）、30 万 t/a 线性低密度聚乙烯装置（LLDPE）、40 万 t/a 聚丙烯装置（两条生产线分别采用 ST 技术和 JPP 技术）、15 万 t/a 环氧乙烷和 28 万 t/a 乙二醇装置、8 万 a/t MTBE 和 3 万 a/t 丁烯-1 装置。以 80 万 t 乙烯项目为龙头，打造环氧乙烷、碳 5、碳 9 三大产业链，构筑石油化工产业、化工物流产业、装备制造业、现代服务业，形成一个过千亿元产业的板块。

在中国乙烯工业发展壮大的历史进程中，中国亦成为世界最大的石化产品消费市场和增长最快的市场。2005 年，中国乙烯当量消费高达 1 842 万 t，而国内乙烯产量只能满足需求的 41%。专家预测，到 2015 年乙烯当量消费将达到 3 700 万 t，中国乙烯工业仍然任重道远。

任务二　烃类热裂解的热力学和动力学分析

乙烯、丙烯和丁二烯等低级烯烃分子中具有双键，化学性质活泼，能与许多物质发生加成、共聚或自聚等反应，生成一系列重要的产物，是化学工业的重要原料。工业上获得低级烯烃的主要方法是将烃类热裂解。烃类热裂解是将烃类原料（天然气、炼厂气、石脑油、轻油、柴油、重油等）经高温（750℃以上）、低压（无催化剂）作用，使烃类分子发生碳链断裂或脱氢反应，生成相对分子质量较小的烯烃、烷烃和其他相对分子质量不同的轻质和重质烃类。

烃类热裂解非常复杂，具体体现在：

（1）原料复杂：烃类热裂解的原料包括天然气、炼厂气、石脑油、轻油、柴油、重油甚至是原油、渣油等。

（2）反应复杂：烃类热裂解的反应除了断链或脱氢主反应外，还包括环化、异构、烷基化、脱烷基化、缩合、聚合、生焦、生碳等副反应。

（3）产物复杂：即使采用最简单的原料乙烷，其产物中除了 H_2、CH_4、C_2H_4、C_2H_6，另外还有 C_3、C_4 等低级烷烃和 C_5 以上的液态烃。

一、热裂解过程的化学反应

（一）烃类热裂解的反应规律

1. 烷烃的裂解反应

（1）正构烷烃。正构烷烃的裂解反应主要有脱氢反应和断链反应。对于 C_5 以上的烷烃还可能发生环化脱氢反应。

脱氢反应是C—H键断裂的反应，生成碳原子数相同的烯烃和氢，其通式为

$$C_nH_{2n+2} \rightleftharpoons C_nH_{2n} + H_2$$

C_5以上的正构烷烃可发生环化脱氢反应生成环烷烃。如正己烷脱氢生成环己烷。

$$\begin{array}{c} \diagup CH_3 \\ CH_2 \quad\quad CH_3 \\ | \quad\quad\quad | \\ CH_2 \quad\quad CH_2 \\ \diagdown CH_2 \diagup \end{array} \longrightarrow \begin{array}{c} \diagup CH_2 \diagdown \\ CH_2 \quad\quad CH_2 \\ | \quad\quad\quad | \\ CH_2 \quad\quad CH_2 \\ \diagdown CH_2 \diagup \end{array} + H_2$$

断链反应是C—C键断裂的反应，反应产物是碳原子数较少的烷烃和烯烃，其通式为

$$C_nH_{2n+2} \longrightarrow C_mH_{2m} + C_kH_{2k+2} \quad m+k=n$$

相同烷烃脱氢和断链的难易，可以从分子结构中碳氢键和碳碳键的键能数值的大小来判断。表1.1给出了正、异构烷烃的键能数据。

表1.1　各种键能比较

碳氢键	键能/(kJ/mol)	碳碳键	键能/(kJ/mol)
$H_3C—H$	426.8	$CH_3—CH_3$	346
$CH_3CH_2—H$	405.8	$CH_3—CH_2—CH_3$	343.1
$CH_3CH_2CH_2—H$	397.5	$CH_3CH_2—CH_2CH_3$	338.9
$(CH_3)_2CH—H$	384.9	$CH_3CH_2CH_2—CH_3$	341.8
$CH_3CH_2CH_2CH_2—H$	393.2	$H_3C—C(CH_3)_2—CH_3$	314.6
$CH_3CH_2CH(CH_3)—H$	376.6	$CH_3CH_2CH_2—CH_2CH_2CH_3$	325.1
$(CH_3)_3C—H$	364	$CH_3CH(CH_3)—CH(CH_3)CH_3$	310.9
C—H(一般)	378.7	—	—

由表1.1的数据看出如下规律：

① 同碳原子数的烷烃C—H键能大于C—C键能，断链比脱氢容易。

② 随着碳链的增长，其键能数据下降，表明热稳定性下降，碳链越长裂解反应越易进行。

由热力学知道，反应标准自由焓的变化$\Delta G_T^\ominus$可作为反应进行的难易及深度的判据。表1.2给出了C_6以下正构烷烃在1000K下进行脱氢或断链反应的$\Delta G^\ominus$值和$\Delta H^\ominus$值。

表1.2　正构烷烃于1000K裂解时一次反应的$\Delta G^\ominus$和$\Delta H^\ominus$

	反　应 $C_nH_{2n+2} \rightleftharpoons C_nH_{2n} + H_2$	$\Delta G^\ominus$ (1000K)/(kJ/mol)	$\Delta H^\ominus$ (1000K)/(kJ/mol)
脱氢	$C_2H_6 \rightleftharpoons C_2H_4 + H_2$　(1)	8.87	144.4
	$C_3H_8 \rightleftharpoons C_3H_6 + H_2$	−9.54	129.5
	$C_4H_{10} \rightleftharpoons C_4H_8 + H_2$	−5.94	131.0
	$C_5H_{12} \rightleftharpoons C_5H_{10} + H_2$	−8.08	130.8
	$C_6H_{14} \rightleftharpoons C_6H_{12} + H_2$	−7.41	130.8

续表

	反　应	$\Delta G^{\ominus}$ (1000K)/(kJ/mol)	$\Delta H^{\ominus}$ (1000K)/(kJ/mol)
	$C_{m+n}H_{2(m+n)+2} \longrightarrow C_nH_{2n}+C_mH_{2m+2}$		
断链	$C_3H_8 \longrightarrow C_2H_4+CH_4$	−53.89	78.3
	$C_4H_{10} \longrightarrow C_3H_6+CH_4$　(2)	−68.99	66.5
	$C_4H_{10} \longrightarrow C_2H_4+C_2H_6$　(3)	−42.34	88.6
	$C_5H_{12} \longrightarrow C_4H_8+CH_4$	−69.08	65.4
	$C_5H_{12} \longrightarrow C_3H_6+C_2H_6$	−61.13	75.2
	$C_5H_{12} \longrightarrow C_2H_4+C_3H_8$	−42.72	90.1
	$C_6H_{14} \longrightarrow C_5H_{10}+CH_4$　(4)	−70.08	66.6
	$C_6H_{14} \longrightarrow C_4H_8+C_2H_6$	−60.08	75.5
	$C_6H_{14} \longrightarrow C_3H_6+C_3H_8$　(5)	−60.38	77.0
	$C_6H_{14} \longrightarrow C_2H_4+C_4H_{10}$	−45.27	88.8

由表 1.2 数值，可以说明下列规律：

① 烷烃裂解（脱氢或断链）是强吸热反应，脱氢反应比断链反应吸热值更高，这是由于 C—H 键能高于 C—C 键能所致。

② 断链反应的 $\Delta G^{\ominus}$ 有较大负值，是不可逆过程，而脱氢反应的 $\Delta G^{\ominus}$ 是正值或为绝对值较小的负值，是可逆过程，受化学平衡限制。

③ 断链反应，从热力学分析 C—C 键断裂，在分子两端的优势比断裂在分子中央要大；随着烷烃链的增长，在分子中央断裂的可能性有所加强。

④ 乙烷不发生断链反应，只发生脱氢反应，生成乙烯，甲烷在一般裂解温度下不发生变化。

总之，不论是从键能还是从 $\Delta G^{\ominus}$ 和 $\Delta H^{\ominus}$ 都说明断链比脱氢容易。

（2）异构烷烃的裂解反应。异构烷烃结构各异，其裂解反应差异较大，与正构烷烃相比有如下特点：

① C—C 键或 C—H 键的键能较正构烷烃的低，故容易裂解或脱氢。

② 脱氢能力与分子结构有关，难易顺序为伯碳氢＞仲碳氢＞叔碳氢。

③ 异构烷烃裂解所得乙烯、丙烯收率远较正构烷裂解所得收率低，而氢、甲烷、C_4 及 C_4 以上烯烃收率较高。

④ 随着碳原子数的增加，异构烷烃与正构烷烃裂解所得乙烯和丙烯收率的差异减小。

2. 烯烃的裂解反应

由于烯烃的化学活泼性，自然界石油系原料中，基本不含烯烃。但在炼厂气中和二次加工油品中含一定量烯烃，作为裂解过程中的目的产物，烯烃也有可能进一步发生反应，所以为了能控制反应按人们所需的方向进行，必须了解烯烃在裂解过程中的反应规律，烯烃可能发生的主要反应有以下几种。

（1）断链反应。较大分子的烯烃裂解可断链生成两个较小的烯烃分子，其通式为

$$C_{n+m}H_{2(n+m)} \longrightarrow C_nH_{2n}+C_mH_{2m}$$

例如，$CH_2=\overset{\alpha}{C}H-\overset{\beta}{C}H_2-CH_2-CH_3 \longrightarrow CH_2=CH-CH_3+CH_2=CH_2$

(2) 脱氢反应。烯烃可进一步脱氢生成二烯烃和炔烃。例如，

$$C_4H_8 \longrightarrow C_4H_6+H_2$$
$$C_2H_4 \longrightarrow C_2H_2+H_2$$

(3) 歧化反应。两个同一分子烯烃可歧化为两个不同烃分子。例如，

$$2C_3H_6 \longrightarrow C_2H_4+C_4H_8$$
$$2C_3H_6 \longrightarrow C_2H_6+C_4H_6$$
$$2C_3H_6 \longrightarrow C_5H_8+CH_4$$

(4) 双烯合成反应。二烯烃与烯烃进行双烯合成而生成环烯烃，进一步脱氢生成芳烃，通式为

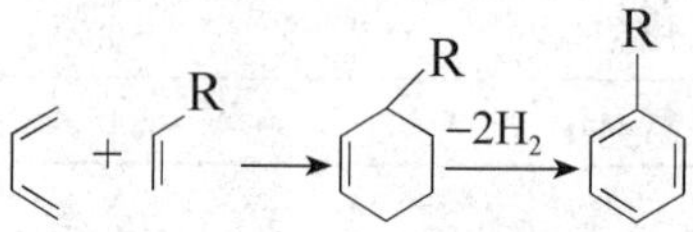

R —$-2H_2$→ R

例如，

$CH_2=CH-CH=CH_2 + CH_2=CH_2 \longrightarrow$ 环己烯 $\xrightarrow{-2H_2}$ 苯

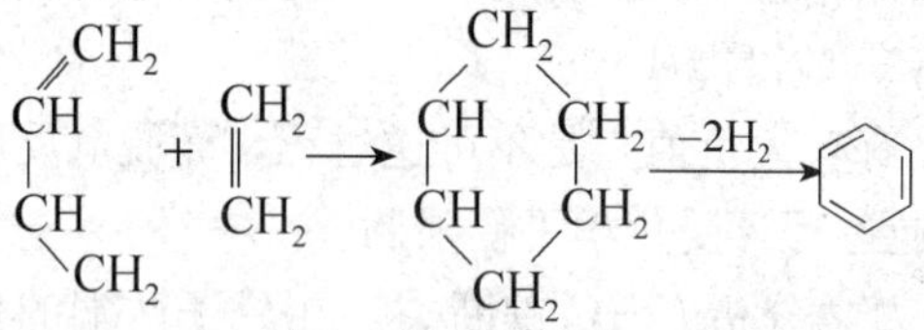

(5) 芳构化反应。六个或更多碳原子数的烯烃，可以发生芳构化反应生成芳烃，通式加下：

R —$-H_2$→ R

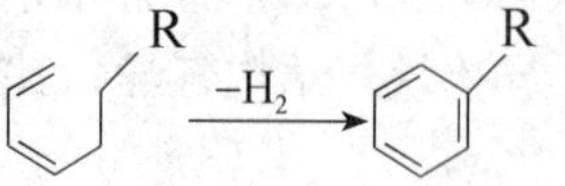

3. 环烷烃的裂解反应

环烷烃较相应的链烷烃稳定。在一般裂解条件下可发生断链开环反应、脱氢反应、侧链断裂及开环脱氢反应，由此生成乙烯、丙烯、丁二烯、丁烯、芳烃、环烷烃、单环烯烃、单环二烯烃和氢气等产物。例如，环己烷：

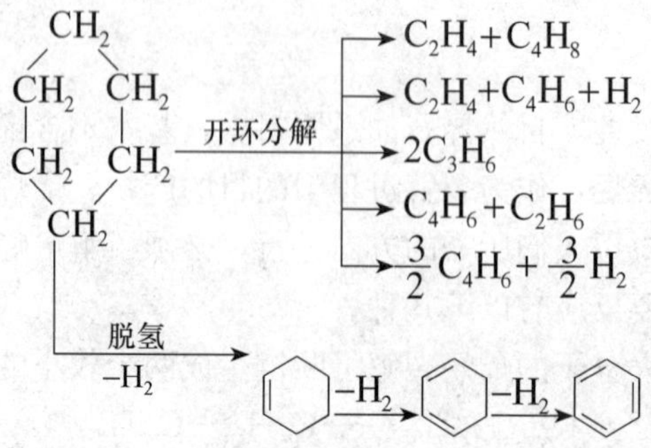

环己烷 $\xrightarrow{\text{开环分解}}$
$C_2H_4+C_4H_8$
$C_2H_4+C_4H_6+H_2$
$2C_3H_6$
$C_4H_6+C_2H_6$
$\frac{3}{2}C_4H_6+\frac{3}{2}H_2$

环己烷 $\xrightarrow[-H_2]{\text{脱氢}}$ 环己烯 $\xrightarrow{-H_2}$ 环己二烯 $\xrightarrow{-H_2}$ 苯

乙基环戊烷：

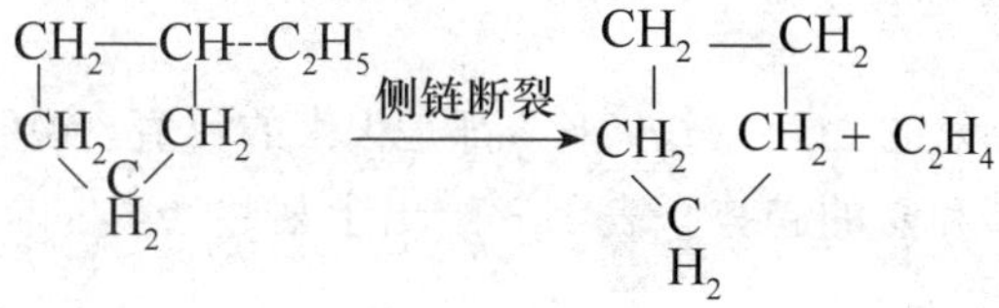

$$\begin{array}{l} CH_2\text{—}CH\text{—}C_2H_5 \\ | \qquad\quad | \\ CH_2 \quad CH_2 \\ \quad \diagdown C \diagup \\ \quad\; H_2 \end{array} \xrightarrow{\text{侧链断裂}} \begin{array}{l} CH_2\text{—}CH_2 \\ | \qquad\quad | \\ CH_2 \quad CH_2 \\ \quad \diagdown C \diagup \\ \quad\; H_2 \end{array} + C_2H_4$$

环烷烃裂解有如下规律：

① 侧链烷基比烃环易于断裂，长侧链的断裂反应一般从中部开始，而离环近的碳键不易断裂；带侧链环烷烃比无侧链环烷烃裂解所得烯烃收率高。

② 环烷烃脱氢生成芳烃的反应优于开环生成烯烃的反应。

③ 五碳环烷烃比六碳环烷烃难于裂解。

④ 环烷烃比链烷烃更易于生成焦油，产生结焦。

4. 芳烃的裂解反应

芳烃由于芳环的稳定性不易发主裂开芳环的反应，而主要发生烷基芳烃的侧链断裂和脱氢反应以及芳烃缩合生成多环芳烃，进一步成焦的反应。所以，含芳烃多的原料油不仅烯烃收率低，而且结焦严重，不是理想的裂解原料。

(1) 烷基芳烃的裂解侧链脱烷基或断键反应：

$$Ar\text{—}C_mH_{2n+1} \begin{cases} \longrightarrow ArH + C_nH_{2n} \\ \longrightarrow Ar\text{—}C_nH_{2n+1} + C_{2n}H_{2m} \end{cases}$$

$$Ar\text{—}C_nH_{2n+1} \longrightarrow Ar\text{—}C_nH_{2n-1} + H_2$$

式中　Ar——芳基，$n=k+m$。

(2) 环烷基芳烃的裂解脱氢和异构脱氢反应：

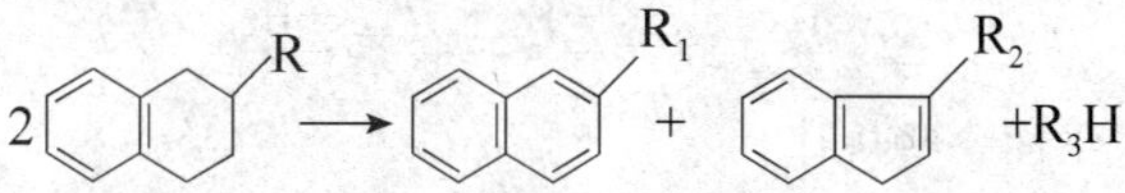

2（R-四氢萘） ⟶ （R_1-萘） + （R_2-茚） $+R_3H$

缩合脱氢反应：

（R_1-四氢萘，H） + （R_2-四氢萘，H） ⟶ （R_3-多环芳烃） $+R_4H$

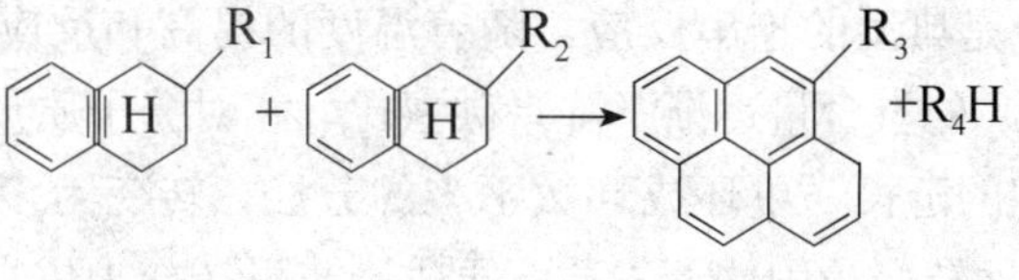

(3) 芳烃的缩合反应：

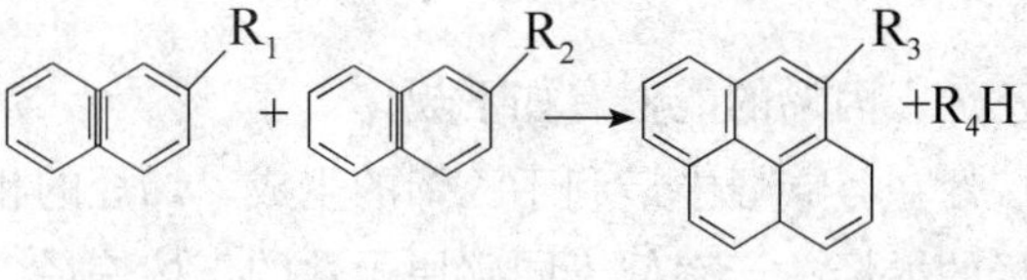

（R_1-萘） + （R_2-萘） ⟶ （R_3-多环芳烃） $+R_4H$

5. 裂解过程中结焦生炭反应

各种烃分解为碳和氢的 $\Delta G_f^{\ominus}$（1000K）都是很大的负值，说明它们在高温下都是不稳定的，都有分解为碳和氢的趋势。表 1.3 给出了某些烃类完全分解的反应产物及其 $\Delta G_f^{\ominus}$（1000K）。

表 1.3　常见烃的完全分解反应和 $\Delta G_f^{\ominus}$

烃	烃分解为氢和碳的反应	反应的标准自由焓 $\Delta G_f^{\ominus}$（1000K）/（kJ/mol）
甲烷	$CH_4 \longrightarrow C+2H_2$	−19.18
乙炔	$C_2H_2 \longrightarrow 2C+H_2$	−170.03
乙烯	$C_2H_4 \longrightarrow 2C+2H_2$	−118.28
乙烷	$C_2H_6 \longrightarrow 2C+3H_2$	−109.40
丙烯	$C_3H_6 \longrightarrow 3C+3H_2$	−181.38
丙烷	$C_3H_8 \longrightarrow 3C+4H_2$	−191.38
苯	$C_6H_6 \longrightarrow 6C+3H_2$	−260.71
环己烷	$C_6H_{12} \longrightarrow 6C+6H_2$	−436.64

（1）烯烃经过炔烃中间阶段而生碳。裂解过程中生成的乙烯在 900～1000℃或更高的温度下经过乙炔阶段而生碳。

$$CH_2{=}CH_2 \xrightarrow{-H} CH_2{=}CH\cdot \xrightarrow{-H} CH{\equiv}CH \xrightarrow{-H} CH{\equiv}C\cdot \xrightarrow{-H} \cdot C{\equiv}C\cdot$$

$$CH{\equiv}C\cdot \xrightarrow{-H} C_n \longleftarrow \cdot C{\equiv}C\cdot$$

（2）芳烃经过中间阶段而结焦。高沸点稠环芳烃是馏分油裂解结焦的主要母体，裂解焦油中含大量稠环芳烃，裂解生成的焦油越多，裂解过程中结焦越严重。

$$\text{萘} \xrightarrow{-H} \text{二联萘} \xrightarrow{-H} \text{三联萘} \xrightarrow{-H} \text{焦}$$

生碳结焦反应有下面一些规律：

① 在不同温度条件下，生碳结焦反应经历着不同的途径；在 900～1100℃以上主要是通过生成乙炔的中间阶段，而在 500～900℃主要是通过生成芳烃的中间阶段。

② 生碳结焦反应是典型的连串反应，随着温度的提高和反应时间的延长，不断释放出氢，残物（焦油）的氢含量逐渐下降，碳氢比、相对分子质量和密度逐渐增大。

③ 随着反应时间的延长，单环或环数不多的芳烃，转变为多环芳烃，进而转变为稠环芳烃，由液体焦油转变为固体沥青质，再进一步可转变为焦炭。

6. 各族烃的裂解反应规律

各族烃裂解生成乙烯、丙烯的能力有如下规律：

（1）烷烃：正构烷烃在各族烃中最利于乙烯的生成。烯烃的相对分子质量愈小，其总产率愈高，异构烷烃的烯烃总产率低于同碳原子数的正构烷烃，但随着相对分子质量的增大，这种差别减小，但丙烯产率大于同碳原子数的正构烷烃。

（2）烯烃：大分子烯烃裂解为乙烯和丙烯，烯烃能脱氢生成炔烃、二烯烃，进而生成芳烃。

（3）环烷烃：在通常裂解条件下环烷烃生成芳烃的反应优于生成单烯烃的反应。相对于正烷烃来说，含环烷烃较多的原料丁二烯、芳烃的收率较高，而乙烯的收率较低。

（4）芳烃：无烷基的芳烃基本上不易裂解为烯烃，有烷基的芳烃，主要是烷基发生断碳键和脱氢反应，而芳环保持不裂开，可脱氢缩合为多环芳烃，从而有结焦的倾向。

各族烃的裂解难易程度有下列顺序。

正烷烃＞异烷烃＞环烷烃（六碳环＞五碳环）＞芳烃

随着分子中碳原子数的增多，各族烃分于结构上的差别反映到裂解速度上的差异就逐渐减弱。

（二）烃类热裂解的反应机理

烃类热裂解反应机理研究表明裂解时发生的基元反应大部分为自由基反应。

1. 烃类热裂解的自由基反应机理

大部分烃类热裂解过程包括链引发反应、链增长反应和链终止反应三个阶段。链引发反应是自由基的产生过程；链增长反应是自由基的转变过程，在这个过程中一种自由基的消失伴随着另一种自由基的产生，反应前后均保持着自由基的存在；链终止是自由基消亡生成分子的过程。

下面以乙烷为例，说明自由基机理的 3 个阶段：

（1）链的引发：

$$C_2H_6 \longrightarrow \cdot CH_3 + \cdot CH_3$$

$$\cdot CH_3 + C_2H_6 \longrightarrow CH_4 + \cdot C_2H_5$$

（2）链的增长：

$$\cdot C_2H_5 \longrightarrow C_2H_4 + \cdot H$$

$$\cdot H + C_2H_6 \longrightarrow H_2 + \cdot C_2H_5$$

（3）链的终止：

$$\cdot C_2H_5 + \cdot H \longrightarrow C_2H_6$$

$$\cdot H + \cdot H \longrightarrow H_2$$

$$\cdot C_2H_5 + \cdot C_2H_5 \longrightarrow C_4H_{10}$$

2. 一次反应和二次反应

原料烃在裂解过程中所发生的反应是复杂的，一种烃可以平行地发主很多种反应，又可以连串地发生许多后继反应，所以裂解系统是一个平行反应和连串反应交叉的反应系统。从整个反应进程来看，属于比较典型的连串反应。

随着反应的进行，不断分解出气态烃（小分子烷烃、烯烃）和氢来；而液体产物的氢含量则逐渐下降，相对分子质量逐渐增大，以至结焦。

对于这样一个复杂系统，现在广泛应用一次反应和二次反应的概念来处理。

一次反应是指原料烃在裂解过程中首先发生的原料烃的裂解反应，二次反应则是指一次反应产物继续发生的后继反应。从裂解反应的实际反应历程看，一次反应和二次反应并没有严格的分界线，不同研究者对一次反应和二次反应的划分也不尽相同。图 1.1

给出了日本平户瑞穗的数学模型中对轻柴油裂解时一次反应和二次反应的划分情况。

（1）一次反应：由原料经高温裂解生成目的产物乙烯、丙烯的反应（主要指脱氢和断链反应），这是希望发生的反应，在确定工艺条件、设计和生产操作中要千方百计设法促使一次反应的充分进行。

（2）二次反应：由一次反应生成的产物乙烯、丙烯出发进一步反应，直至生成焦碳的反应，消耗目的产物乙烯、丙烯，不希望发生。

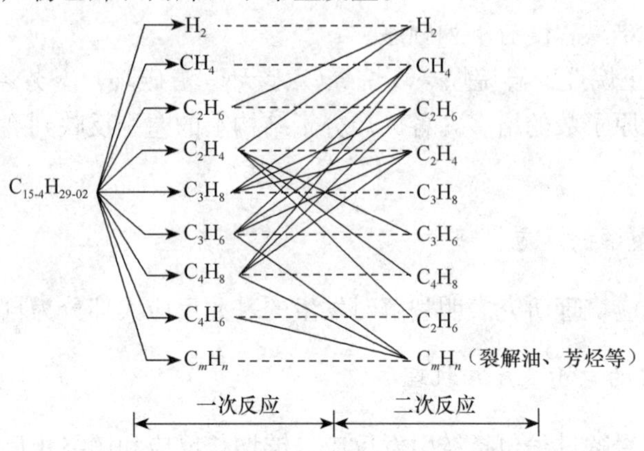

图 1.1 轻柴油裂解一次和二次反应

——表示发生反应生成的；----表示未发生反应而遗留下来的

二次反应的危害：不仅多消耗了原料，降低烯烃收率；增加各种阻力；严重时阻塞设备、管道，造成停工停产，对裂解操作和稳定生产都带来极不利的影响，所以要千方百计设法抑制其进行。

（三）裂解原料的性质及评价

由于烃类热裂解反应使用的原料是组成性质有很大差异的混合物，因此原料的特性无疑对裂解效果起着重要的决定作用，它是决定反应效果的内因，而工艺条件的调整、优化仅是其外部条件。

1. 族组成 PONA

裂解原料油中各种烃，按其结构可以分为四大族，即链烷烃族（P）、烯烃族（O）、环烷烃族（N）和芳香族（A）。这四大族的族组成以 PONA 值来表示，其含义如下。

P—烷烃（Paraffin）　　N—环烷烃（Naphtene）

O—烯烃（Olefin）　　A—芳烃（Aromatics）

根据 PONA 值可以定性评价液体燃料的裂解性能，也可以根据族组成通过简化的反应动力学模型对裂解反应进行定量描述，因此 PONA 值是一个表征各种液体原料裂解性能的有实用价值的参数。

一般原料中：链烷烃族（P）越大，乙烯收率越高；

芳香族（A）越大，乙烯收率越越低。

乙烯收率：P＞N＞A

2. 氢含量和碳氢比

氢含量可以用裂解原料中所含氢的质量分数 w_{H_2} 表示，也可以用裂解原料中 C 与 H 的质量比（称为碳氢比）表示。对纯组分氢含量 w_{H_2} 可表示为

$$w_{H_2}=\frac{H}{12C+H}\times 100$$

碳氢比

$$C/H=\frac{12C}{H}$$

式中，H、C 分别为原料烃中氢原子数和碳原子数。

氢含量顺序 P>N>A。

研究表明，当裂解原料氢含量低于 13%时，可能达到的乙烯收率将低于 20%，如图 1.2 所示。这样的馏分油作为裂解原料是不经济的。

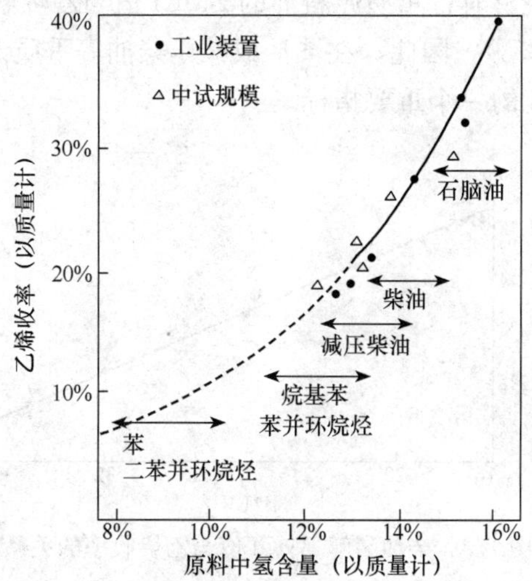

图 1.2　原料氢含量与乙烯收率的关系

3. 特性因数 K

特性因数 K 是表示烃类和石油馏分化学性质的一种参数，可表示如下。

$$K=\frac{1.216(T_B)^{1/3}}{d_{15.6}^{15.6}}$$

$$T_B=\left(\sum_{i=1}^{n}\varphi_i T_i^{1/3}\right)^3$$

式中　T_B——立方平均沸点，K；

$d_{15.6}^{15.5}$——相对密度；

φ_i——i 组分的体积分数；

T_i——i 组分的沸点，K。

K 值以烷烃最高，环烷烃次之，芳烃最低，它反映了烃的氢饱和程度。乙烯和丙烯总体收率大体上随裂解原料特性因数的增大而增加。

4. 关联指数（BMCI 值）

馏分油的关联指数（BMCI 值）是表示油品芳烃的含量。关联指数愈大，则油品的芳烃含量愈高。

$$\mathrm{BMCI}=\frac{48640}{T_V}+473\times d_{15.6}^{15.6}-456.8$$

式中　T_V——体积平均沸点，K；

$d_{15.6}^{15.6}$——相对密度。

烃类化合物的芳香性按下列顺序递增：正构链烷烃＜带支链烷烃＜烷基单环烷烃＜无烷基单环烷烃＜双环烷烃＜烷基单环芳烃＜无烷基单环芳烃（苯）＜双环芳烃＜三环芳烃＜多环芳烃。烃类化合物的芳香性愈强，则 BMCI 值愈大。

试验表明：在深度裂解时，重质原料油的 BMCI 值与乙烯收率和燃料油收率之间存在良好的线性关系（图 1.3）。因此，在柴油或减压柴油等重质馏分油裂解时，BMCI 值成为评价重质馏分油性能的一个重要指标。

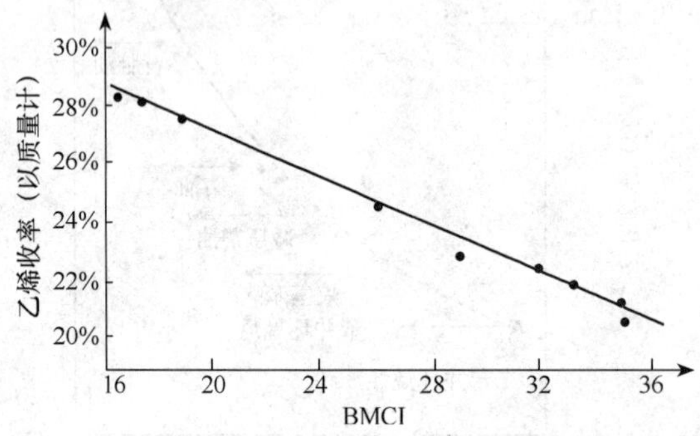

图 1.3　柴油裂解 BMCI 值与乙烯收率的关系

5. 原料烃的氢饱和度 Z

将原料烃表示为 C_nH_{2n+z}，其中的 Z 表示原料烃的氢饱和度，Z 越大，氢含量越高，乙烯收率越高。

二、热裂解反应的化学热力学和动力学

1. 热裂解反应的热效应

化学反应是化学工艺的核心，反应热效应的大小，不仅决定反应器的传热方式、能量消耗和热量利用方案，而且对工艺流程和生产组织也起着极重要的作用。由于裂解反应主要是烃分子在高温下分裂为较小分子的过程，所以是个强吸热过程。工业上实现裂解反应，有多少原料发生裂解，必须知道需对它供多少热，为此要计算裂解反应的热效应。在管式炉中进行的裂解反应的热效应与传热的要求密切相关，影响到沿管长的温度分布及产品分布；从而影响裂解气分离的工艺流程和技术经济指标。

裂解反应通常可作为等压过程处理，根据热力学第一定律，可将反应温度 t 下的裂解反应的等压反应热效应 Q_{pt} 表示为

$$Q_{pt} = \Delta H_t = \sum (\Delta H_f^\ominus)_{产物} - \sum (\Delta H_f^\ominus)_{原料}$$

已有的生成热数据大多以 298K 或 1100K 为基础，因此，在实际计算中大多以 298K 或 1100K 为基准温度计算反应热。按基尔霍夫公式，在反应温度 t_1 之下的反应热效应 ΔH_{t_1} 与反应温度 t_2 之下的反应热效应 ΔH_{t_2} 之间关系如下

$$\Delta H_{t_2} = \Delta H_{t_1} + \int_{t_2}^{t_2} \Delta c_p \mathrm{d}t$$

$$\Delta c_p = \left(\sum_V \gamma_V c_{pV}\right)_{产物} - \left(\sum_V \gamma_V c_{pV}\right)_{原料}$$

式中，c_p 为等压比热容。这样便可以根据裂解炉实际进出口温度计算裂解炉热负荷。

2. 热裂解反应系统的化学平衡

裂解反应系统包括的反应较多，尤其是重质原料，由于组成多，可能进行的反应十分复杂，往往不能确切写出各个反应式，故对于重质原料的裂解反应系统还难于用一般计算联立反应平衡组成的方法处理。为了说明化学平衡的计算方法，现以简化的乙烷裂解反应系统为例进行平衡组成的计算，并进一步讨论裂解反应系统的规律。

乙烷裂解过程主要由以下四个反应组成

$$C_2H_6 \xrightleftharpoons{K_{p_1}} C_2H_4 + H_2$$

$$C_2H_6 \xrightleftharpoons{K_{p_{t0}}} \frac{1}{2}C_2H_4 + CH_4$$

$$C_2H_4 \xrightleftharpoons{K_{p_2}} C_2H_2 + H_2$$

$$C_2H_2 \xrightleftharpoons{K_{p_3}} 2C + H_2$$

化学平衡常数 K_p 可由标准生成自由焓 $\Delta G^\ominus$ 计算，也可由反应的自由焓 Φ 函数计算。

$$\Delta G^\ominus = -RT\ln K_p$$

$$K_p = \exp\left[\frac{1}{R}\left(\Delta\Phi - \frac{\Delta H_0^\ominus}{T}\right)\right]$$

式中　Φ——自由焓函数，$\Phi = -\dfrac{G_0^\ominus - H_0^\ominus}{T}$；

$H_0^\ominus$、$G_0^\ominus$——分别为物质在 0K 时的标准生成自由焓。

3. 烃类热裂解反应动力学

烃类裂解时的主反应可按一级反应处理

$$\frac{-\mathrm{d}C}{\mathrm{d}t} = kC$$

$$-\int_{C_0}^{C} \frac{\mathrm{d}C}{C} = \int_0^t k\mathrm{d}t$$

$$kt = \ln \frac{C_0}{C}$$

设$C=C_0$（$1-x$），上式即转为

$$kt = \ln \frac{C_0}{C_1(1-X)} = \ln \frac{1}{1-X}$$

式中 C_0、C——反应前后的原料烃浓度，mlo/L；

X——原料烃转化率；

t——原料烃在反应系统中的停留时间，s；

k——原料烃的反应速率常数，s^{-1}。

烃裂解过程除发生一次反应外还伴随大量的二次反应，因此按一级反应处理不能反映出实际裂解过程，二次反应大于一级反应。二次反应的反应速度基本上可做二级反应动力学处理：

$$r=-dc/dt=kc^2$$

式中 k——速度常数，1/mol/s。

任务三 烃类管式炉裂解的工艺条件确定

一、烃类管式炉裂解的工艺条件的确定

1. 裂解温度

从自由基反应机理分析，在一定温度内，提高裂解温度有利于提高一次反应所得乙烯和丙烯的收率。理论计算 600℃和 1000℃下正戊烷和异戊烷一次反应的产品收率如表 1.4 所示。

表 1.4 温度对一次裂解反应影响

裂解产物组分	收率（以质量计）			
	正戊烷		异戊烷	
	600℃	1000℃	600℃	1000℃
H_2	1.2%	1.1%	0.7%	1.0%
CH_4	12.3%	13.1%	16.4%	14.5%
C_2H_4	43.2%	46.0%	10.1%	12.6%
C_2H_6	26.0%	23.9%	15.2%	20.3%
其他	17.3%	15.9%	57.6%	50.6%
总计	100.0	100.0	100.0	100.0

从裂解反应的化学平衡也可以看出，提高裂解温度有利于生成乙烯的反应，并相对减少乙烯消失的反应，因而有利于提高裂解的选择性。

从裂解反应的化学平衡同样可以看出，裂解反应进行到反应平衡，烯烃收率甚微，裂解产物将主要为氢和碳。因此，裂解生成烯烃的反应必须控制在一定的裂解深度范围内。

根据裂解反应动力学，为使裂解反应控制在一定裂解深度范围内，就是使转化率控

制在一定范围内。由于不同裂解原料的反应速率常数大不相同，因此，在相同停留时间的条件下，不同裂解原料所需裂解温度也不相同。裂解原料相对分子质量越小，其活化能和频率因子越高，反应活性越低，所需裂解温度越高。

在控制一定裂解深度条件下，可以有各种不同的裂解温度——停留时间组合。因此，对于生产烯烃的裂解反应而言，裂解温度与停留时间是一组相互关联不可分割的参数。而高温、短停留时间则是改善裂解反应产品收率的关键。

在某一停留时间下，存在一个最佳裂解温度，在此温度下，乙烯收率最高。

2. 停留时间

管式裂解炉中物料的停留时间是裂解原料经过辐射盘管的时间。由于裂解管中裂解反应是在非等温变容的条件下进行，很难计算其真实停留时间。工程中常用如下几种方式计算裂解反应的停留时间。

（1）表观停留时间。表观停留时间 t_B定义如下

$$t_B = \frac{V_R}{V} = \frac{SL}{V}$$

式中　V_R、S、L——分别为反应器容积，裂解管截面积及管长；

V——单位时间通过裂解炉的气体体积。

表观停留时间表述了裂解管内所有物料（包括稀释蒸气）在管中的停留时间。

（2）平均停留时间。平均停留时间 t_A定义如下

$$t_A = \int_0^{V_R} \frac{dV}{\alpha_V V}$$

式中　α_V——体积增大率，是转化率、温度、压力的函数；

V——原料气的体积流量。

近似计算

$$t_A = \frac{V_R}{\alpha'_V V'}$$

式中　V'——原料气在平均反应温度和平均反应压力下的体积流量；

α'_V——最终体积增大率。

在某一裂解温度下，存在一最佳停留时间，在此停留时间下，乙烯收率最高。

3. 温度-停留时间效应

（1）温应-停留时间对裂解产品收率的影响。从裂解反应动力学可以看出，对给定原料而言，裂解深度（转化率）取决于裂解温度和停留时间。然而，在相同转化率下可以有各种不同的温度-停留时间组合。因此，相同裂解原料在相同转化率下，由于温度-停留时间不同，所得产品收率并不相同。

图 1.4 为石脑油裂解时，乙烯收率与温度和停留时间的关系。由图 1.5 可见，为保持一定的乙烯收率，如缩短停留时间，则需要相应提高裂解温度。

温度-停留时间对产品收率的影响可以概括如下。

① 高温裂解条件有利于裂解反应中一次反应的进行，而短停留时间又可抑制二次反应的进行。因此，对给定裂解原料而言，在相同裂解深度条件下，高温-短停留时间的操作条件可以获得较高的烯烃收率，并减少结焦。

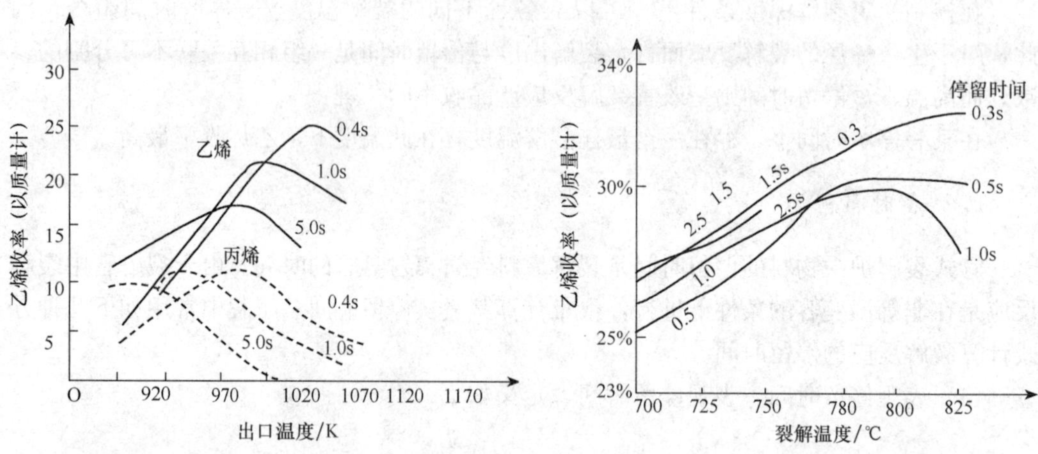

图 1.4　温度对乙烯、丙烯收率的影响　　图 1.5　不同温度下乙烯收率随停留时间的变化

② 高温-短停留时间的操作条件可以抑制芳烃生成的反应，对给定裂解原料而言，在相同裂解深度下以高温-短停留时间操作条件所得裂解汽油的收率相对较低。

③ 对给定裂解原料，在相同裂解深度下，高温-短停留时间的操作将使裂解产品中炔烃收率明显增加，并使乙烯/丙烯比及 C_4 中的双烯烃/单烯烃的比增大。

(2) 裂解温度-停留时间的限制。

① 裂解深度对温度-停留时间的限定。为达到较满意的产品收率，需要达到较高的裂解深度，而过高的裂解深度又会因结焦严重而使清焦周期急剧缩短。工程中常以 C_5 和 C_5 以上液相产品氢含量不低于 8%为裂解深度的限度，由此，根据裂解原料性质可以选定合理的裂解深度。在裂解深度确定后，选定了停留时间则可相应确定裂解温度。反之，选定了裂解温度也可相应确定所需的停留时间。

② 温度限制。对于管式炉中进行的裂解反应，为提高裂解温度就必须相应提高炉管管壁温度。炉管管壁温度受炉管材质限制。当使用 $Cr_{25}Ni_{20}$ 耐热合金钢时，其极限使用温度低于 1100℃。当使用 $Cr_{25}Ni_{35}$ 耐热合金钢时，其极限使用温度可提高到 1150℃。由于受炉管耐热程度的限制，管式裂解炉出口温度一般均限制在 950℃以下。

③ 热强度限制。炉管管壁温度不仅取决于裂解温度，也取决于热强度。在给定裂解温度下，随着停留时间的缩短，炉管热通量增加，热强度增大，管壁温度进一步上升。因此，在给定裂解温度下，热强度对停留时间是很大的限制。

4. 烃分压

(1) 从化学平衡角度分析

$$K_x = p^{-\Delta n} \cdot K_p$$

式中　K_x——以组分摩尔分数表示的平衡常数；

K_p——以组分分压表示的平衡常数；

p——反应压力。

$$\Delta n = \sum n_{产物} - \sum n_{原料}$$

$$\ln K_x = -\Delta n \ln p + \ln K_p$$

$$\left(\frac{\partial \ln K_x}{\partial p}\right)_T = \frac{-\Delta n}{p}$$

$\Delta n < 0$ 时，增大反应压力，K_x上升，平衡向生成产物方向移动。

$\Delta n > 0$ 时，增大反应压力，K_x下降，平衡向原料方向移动。

烃裂解的一次反应是分子数增多的过程，对于脱氢可逆反应，降低压力对提高乙烯平衡组成有利（断链反应因是不可逆反应，压力无影响）。烃聚合缩合的二次反应是分子数减少的过程，降低压力对提高二次反应产物的平衡组成不利，可抑制结焦过程。

（2）从反应速率来分析。烃裂解的一次反应多是一级反应或可按拟一级反应处理，其反应速率方程式为

$$r_{裂} = k_{裂}\, c$$

烃类聚合和缩合的二次反应多是高于一级的反应，其反应速率方程式为

$$r_{聚} = k_{聚}\, c^n$$

$$r_{缩} = k_{缩}\, c_A c_B$$

压力不能改变反应速率常数 k，但降低压力能降低反应物浓度 c，所以对一次反应、二次反应都不利，但反应的级数不同影响有所下同，压力对高于一级的反应的影响比对一级反应的影响要大得多，也就是说降低压力可增大一次反应对于二次反应的相对速率，提高一次反应选择性。其比较列于表 1.5。

表 1.5　压力对裂解过程中一次反应和二次反应的影响

反应	化学热力学因素		化学动力学因素		
	反应后体积的变化	减小压力对提高平衡转化率是否有利	反应级数	减小压力对加快反应速率是否有利	减小压力对于增大一次反应与二次反应的相对速率是否有利
一次反应	增大	有利（对断链反应无影响）	一级反应	不利	有利
二次反应	缩小	不利	高于一级反应	更不利	不利

所以降低压力可以促进生成乙烯的一次反应，抑制发生聚合的二次反应，从而减轻结焦的程度。试验测试表明：在一定裂解深度范围内，对相同裂解深度而言，烃分压的对数值与乙烯收率呈线性关系，见图 1.6。

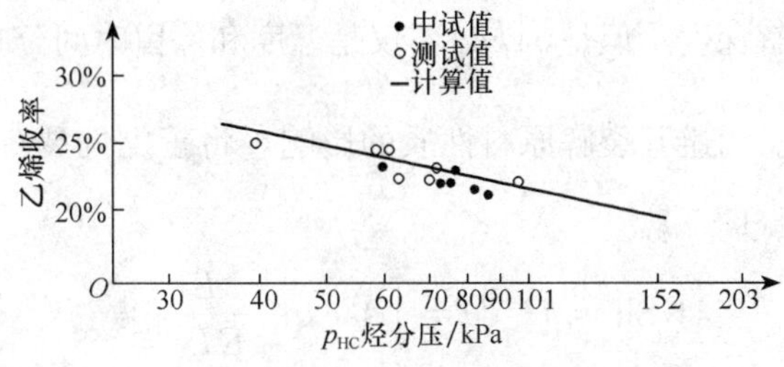

图 1.6　烃分压 p_{HC}与乙烯收率的关系

5. 稀释剂

由于裂解是在高温下操作的，不宜于用抽真空减压的方法降低烃分压，这是因为高温密封不易，一旦空气漏入负压操作的裂解系统，与烃气体形成爆炸混合物就有爆炸的危险。而且减压操作对以后分离工序的压缩操作也不利，要增加能量消耗，所以，采取添加稀释剂以降低烃分压是一个较好的方法。这样，设备仍可在常压或正压操作，而烃分压则可降低。稀释剂理论上讲可用水蒸气、氢或任一种惰性气体，但目前较为成熟的裂解方法，均采用水蒸气作稀释剂，其原因如下。

（1）裂解反应后通过急冷即可实现稀释剂与裂解气的分离，不会增加裂解气的分离负荷和困难。使用其他情性气体为稀释剂时反应后均与裂解气混为一体，增加了分离困难。

（2）水蒸气热容量大，使系统有较大热惯性，当操作供热不平稳时，可以起到稳定温度的作用，保护炉管防止过热。

（3）抑制裂解原料所含硫对镍铬合金炉管的腐蚀，保护炉管。这是因为高温水蒸气具有氧化性，能将炉管内壁氧化成一层保护膜，这样一来即防止了裂解原料中硫对镍铬合金炉管的腐蚀，又防止了炉管中铁、镍对生碳的催化作用。

（4）脱除结碳，水蒸气对已生成的碳有一定的脱除作用。

$$H_2O + C \rightleftharpoons CO + H_2$$

（5）减少炉管内结焦。

（6）其他如廉价、易得、无毒等。

稀释剂用量用稀释度 q 表示。稀释度 q 为稀释剂重量与原料烃的重量之比。

水蒸气的稀释度 q 不宜过大，因为它使裂解炉生产能力下降，能耗增加，急冷负荷加大。

6. 动力学裂解深度函数

如果将原料的裂解反应作为一级反应处理，则原料转化率 X 和反应速率常数 k 及停留时间 θ 之间存在如下关系：

$$\int k\mathrm{d}\theta = \ln \frac{1}{1-X}$$

$\int k\mathrm{d}\theta$ 表示温度分布和停留时间分布对裂解原料转化率或裂解深度的影响，在一定程度可以定量表示裂解深度，但是，$\int k\mathrm{d}\theta$ 不仅是温度和停留时间分布的函数，同时也是裂解原料性质的函数。为避开裂解原料性质的影响，将正戊烷裂解所得的 $\int k\mathrm{d}\theta$ 定义为动力学裂解深度函数（KSF）：

$$\mathrm{KSF} = \int k_5 \mathrm{d}\theta = \int A_5 \exp\left(\frac{-E_5}{RT}\right)\mathrm{d}\theta$$

式中　k_5——正戊烷裂解反应的反应速率常数；

A_5——正戊烷裂解反应的频率因子；

E_5——正戊烷裂解反应的活化能。

动力学裂解深度函数 KSF 是与原料性质无关的参数，它反映了裂解温度分布和停留时间对裂解深度的影响。此法之所以选定正戊烷作为衡量裂解深度的当量组分，是因为在任何轻质油中，均有正戊烷，且在裂解过程中正戊烷含量只会减少，不会增加，选它作当量组分，足以衡量裂解深度。

用动力学裂解深度函数衡量裂解深度较全面地考虑了温度和停留时间的影响，但对实际生产而言，调节裂解炉出口温度却是控制裂解深度的主要手段，因此，建立动力学裂解深度函数与炉出口温度 T_{out} 的关系具有实际意义。

如以炉出口温度 T_{out} 为参考温度，在此温度下的反应速率常数为 k_T，则可定义一个当量停留时间 θ_T。

$$\mathrm{KSF} = \int k\mathrm{d}\theta = k_T\theta_T$$

由于
$$\ln k_T = B - \frac{C}{T_{out}}$$

因此
$$\ln\mathrm{KSF} = B - \frac{C}{T_{out}} + \ln\theta_T$$

式中 B、C 为与频率因子和活化能有关的常数，由阿累尼乌斯方程求出。由上式看出，若当量停留时间不变，InKSF 与 $1/T$ 成正比。在不同的恒定当量停留时间条件下，动力学裂解深度函数 KSF 与裂解炉出口温度的关系如图 1.7 所示。

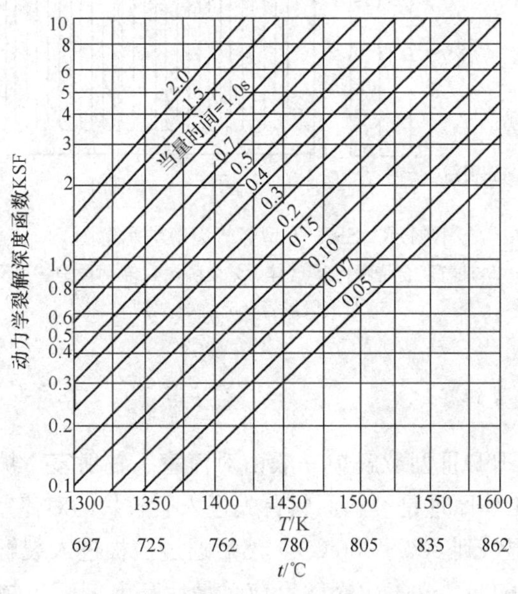

图 1.7 裂解深度与炉出口温度和停留时间的关系

二、主要设备的选用

早在 20 世纪 30 年代就开始研究用管式裂解炉高温法裂解石油烃。20 世纪 40 年代美国首先建立管式裂解炉裂解乙烯的工业装置。进入 20 世纪 50 年代后，由于石油化工的发展，世界各国竞相研究提高乙烯生产水平的工艺技术，并找到了通过高温短停留时间的技术措施可以大幅度提高乙烯收率。20 世纪 60 年代初期，美国 Lummus 公司开发成功能够实现高温短停留时间的 SRT-Ⅰ型炉（Short Residence Time），见图 1.8。耐高温的铬镍合金钢管可使管壁温度高达 1050℃，从而奠定了实现高温短停留时间的工艺基础。以石脑油为原料，SRT-Ⅰ型炉可使裂解出口温度提高到 800～860℃，停留时间减少到 0.25～0.60s，乙烯产率得到了显著的提高。应用 Lummus 公司 SRT 型炉生产乙烯的总产量约占全世界的一半左右。20 世纪 60 年代末期以来，各国著名的公司如 Stone&Webster、Lnde-Selas、Kellogg、Foster-Wheeler、三菱油化等都相继提出了自己开发的新型管式裂解炉。现在 90％以上都是采用管式裂解炉，也是间接传热的裂解炉。

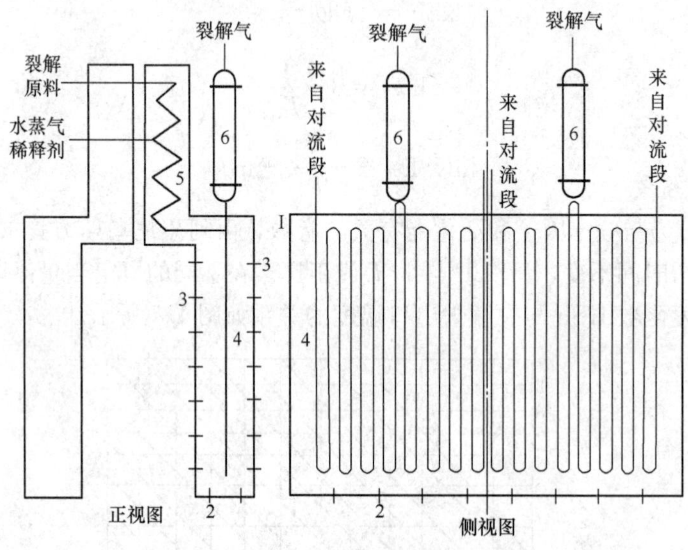

图 1.8　SRT-Ⅰ型竖管裂解炉示意图

1. 炉体；2. 油气联合烧嘴；3. 气体无焰烧嘴；4. 辐射段炉管（反应管）；5. 对流段炉管；6. 急冷锅炉

1. SRT-Ⅲ型管式裂解炉

Lummus 公司的 SRT-Ⅲ型裂解炉一般由对流室、辐射室、炉管、烧嘴、烟囱、挡板等组成。裂解炉的工作原理是裂解原料首先进入裂解炉的对流室升温，到一定温度后与稀释剂混合继续升温（到 600～650℃），然后通过挡板进入裂解炉的辐射室继续升温到反应温度（800～850℃），并发生裂解反应，最后高温裂解产物通过急冷换热器降温后，到后续分馏塔。

（1）炉型。此炉为单排双辐射立管式裂解炉，已从早期的 SRT-Ⅰ型发展为近期采用的 SRT-Ⅳ型。SRT 型裂解炉的对流段设置在辐射室上部的一侧，对流段顶部设置烟道和引风机。对流段内设置进料、稀释蒸汽和锅炉给水的预热。从 SRT-Ⅲ型裂解炉开始，对流段设置高压蒸汽过热，取消了高压蒸汽过热炉。在对流段预热原料和稀释蒸汽过程中，一般采用一次注入的方式将稀释的蒸汽注入裂解原料。当裂解炉需要裂解重质原料时，也采用二次注入稀释蒸汽的方案。

早期 SRT 型裂解炉多采用侧壁无焰烧嘴，为适应裂解炉烧油的需要，目前多采用侧壁烧嘴和底部烧嘴联合的烧嘴布置方案。通常，底部烧嘴最大供热量可占总热负荷的 70%。

(2) 盘管结构。为进一步缩短停留时间并相应提高裂解温度，Lummus 公司在 20 世纪 80 年代相继开发了 SRT-IV 型和 SRT-V 型裂解炉，其辐射盘管为多分支变径管。管长进一步缩短。其高生产能力盘管（HC 型）为 4 程盘管，而高选择性盘管（HS 型）则为双程盘钦 SRT-V 型与 SRT-Ⅳ型裂解炉辐射盘管的排列和结构相同，SRT-IV 型为光管，而 SRT-V 型裂解炉的辐射盘管则为带内翅片的炉管。内翅片可以增加管内给热系数，降低管内传热的热阻，由此相应将低管壁温度延长清焦周期。

采用双程辐射盘管可以将管长缩短到亚 22m 左右，其停留时间可缩短到 0.2S，裂解选择性进一步得到改善。不同辐射盘管裂解工艺性能见表 1.7。

表 1.6　SRT 型裂解炉辐射盘管

项目	SRT-Ⅰ	SRT-Ⅱ	SRT-Ⅲ	SRT-Ⅳ　SRT-Ⅴ	SRT-Ⅵ
炉管排列					
程数	gp	6P33	4R40	2 程 (16—2)	2 程 (8—2)
管长/m	80—90	60.6	51.8	21.9	约 21
管径/mm	75～133	64　96　152	64　89　146	41.6　116	>50　>100
		1 程　2 程　3～6 程	1 程　2 程　3～4 程	1 程　2 程	1 程　2 程
表现停留时间/s	0.6—0.7	0.47	0.38	0.21～0.3	0.2～0.3

表 1.7　不同辐射盘管裂解工艺性能

盘　管	盘管 1（等径盘管）	盘管 2（分支变径管）
烃进料/(kg/h)	700	3190
出口气体温度/℃	875	833
初期最高裂解温度/℃	972	972
平均停留时间/s	0.09	0.16
压力降/kPa	15	12
平均烃分压/kPa	94	86

续表

盘　管	盘管 1（等径盘管）	盘管 2（分支变径管）
出口流速/(m/s)	277	227
出口质量流速/[kg/m² · s]	80	70
测流速周期/天	45	60

从表 1.6 中可看出，为了适应高温-短停留时间，Lummus 的 SRT 裂解炉裂的炉管做了如下变革（炉管发展趋势）。

SRT 型裂解炉炉管由长变短、分支变径、先细后粗（均管径变异管径）、程数变少、圆管变椭圆管（其他炉）、炉管排列变化、管材变化（耐温越来越高）等。

(3) SRT 型裂解炉的优化及改进措施。裂解炉设计开发的根本思路是提高过程选择性和设备的生产能力，根据烃类热裂解的热力学和动力学分析，提高反应温度、缩短停留时间和降低烃分压是提高过程选择性的主要途径。自然短停留时间和适宜的烃分压以及高选择性而来的清焦周期的加长则是提高设备生产效率的关键所在。

在众多改进措施中辐射盘管的设计是决定裂解选择性提高烯烃收率，提高对裂解原料适应性的关键。改进辐射盘管的结构，成为管式裂解炉技术发展中最核心的部分。早期的管式裂解炉采用相同管径的多程盘管。其管径一般均在 100mm 以上，管程多为 8 程以上，管长近 100m，相应平均停留时间大约 0.6～0.7s。

对一定直径和长度的辐射盘管而言，提高裂解温度和缩短停留时间均增大福射盘管的热强度，使管壁温度随之升高。换言之，裂解温度和停留时间均受辐射盘管耐热程度的限制。改进辐射盘管金属材质是适应高温-短停留时间的有效措施之一。目前，广泛采用$_{25}Cr_{35}Ni$ 系列的合金钢代替$_{25}Cr_{20}Ni$ 系列的合金钢，其耐热温度从 1050～1080℃提高到 1100～1150℃。这对提高裂解温度、缩短停留时间起到一定作用。

提高裂解温度并缩短停留时间的另一重要途径是改进辐射盘管的结构。20 多年来，相继出现了单排分支变径管、混排分支变径管、不分支变径管。单程等径管等不同结构的辐射盘管。辐射盘管结构尺寸的改进均着眼于改善沿盘管的温度分布和热强度分布，提高盘管的平均热强度，由此达到高温-短停留时间的操作条件。

根据反应前期和反应后期的不同特征，采用变径管，使入口端（反应前期）管径小于出口端（反应后期），这样可以比等径管的停留时间缩短，传热强度、处理能力和生产能力有所提高。表 1.8 和表 1.9 给出了相应的分析和比较。

表 1.8　变径管的分析

项目	反应前期	反应后期
管径	较小	较大
压力降	反应前期由于反应转化率尚低，管内流体体积增大不多，以致转速度增大不多，由于管径小而引起压力降不严重，不致严重影响平均径分压的增大	此时转化率较高，管内流体体积增大较多，以致转速度增大较多，由于管径小而引起压力降较严重，故采用较大管径为主
热温度	由于原料升温，转化率增长快，大量吸热，所以要求热强度大，管径小可使比表面积增大，可满足此要求	转化率已较高，增长幅度不大了，对热强度要求不高了，管径大一些，对传热的影响不显著

续表

项目	反应前期	反应后期
管径	较小	较大
结焦趋势	转化率降低，二次反应尚不致发生，不致给热，允许管径小一些	转化率已较高，二次反应已在发生，结焦可能性较大，用较大管径可延长操作周期
主要矛盾	加大热幅度是主要矛盾，压力降和结焦是次要矛盾，故管径小是首位	避免压力降过大，防止结焦延长操作周期是主要矛盾，传热是次要矛盾，故用较大直径

表 1.9　裂解炉不变径和变径反应管的比较①

反应管型式	每组管处理能力/(t/H)	管出口温度/℃	停留时间/s	热温度/[MJ/(m²·h)]	每组管增大生产能力（乙烯）/(t/a)	每台炉最大生产能力（乙烯）/(t/a)
SRT Ⅰ型（不变径）	2.75	835	0.6～0.7	251.2	5700	22800
SRT ⅡHC（变径）	6.0	830	0.4～0.5	293～377	12500	50000

① 相同条件：裂解原料为全沸程，乙烯最大产率（以质量计）为 27%（单程）和 30%：6%（乙烷循环）

2. Stone&Webster（USC 超选择性炉）

这种炉子采用单排双面辐射多组变径炉管的管式炉结构。新构型可使烃类在较高的选择性下操作故称为超选择性裂解炉。USC 炉的基本结构及炉管概况如图 1.9 及图 1.10所示。每组炉管呈 W 型由四根管径各异的炉管组成，每台炉内装有 16、24 或 32 组炉管，每组炉管前两根为 HK-40 管，后两根是 HP-40 管，均系离心浇铸内壁经机械加工。每组炉管的出口处和在线换热器 USX 直接相连接。裂解产物在 USX 中被骤冷以防止发生二次反应。USX 所发生的高压水蒸气经过热后作为装置的动力及热源。每台炉子的乙烯生产能力约为 $4X10^4$ t/a。

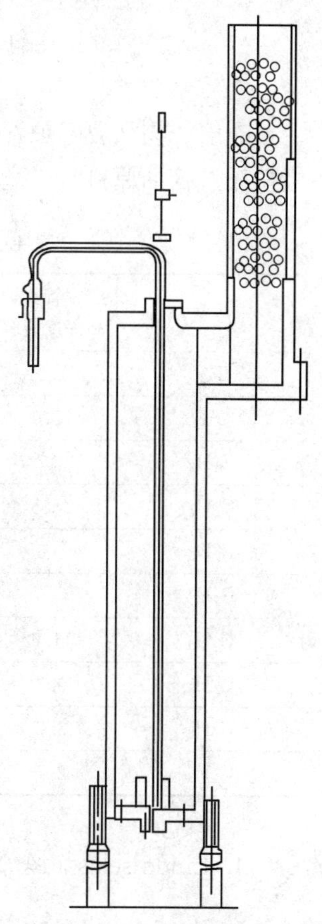

图 1.9　USC 炉的基本结构

3. 毫秒炉（USRT 炉）

Kellogg 公司和日本出光石油化学公司共同致力于开发一种新型的裂解炉，简称为毫秒炉或超短停留时间炉（USRT 炉）。毫秒炉采用直径较小的单程直管，不设弯头以减少压降。一台年产 2.5 万吨乙烯的裂解炉有 7 组炉管，每组由 12 根并联的管子组成，管内径为 25mm，长约 10m。炉管单排垂直吊在炉膛中央，采用底部烧嘴双面加热，可以全部烧油或烧燃料气。烃原料由下部进入，上部排出，由于管径小，热强度增大，因此可以在 100ms 左右的超短停留时间内实现裂解反应，故选择性高。据称乙烯、丙烯的收率比传统炉高 10%，甲烷及燃料油收率则降低。USRT 炉的基本结构如图 1.11 所示。

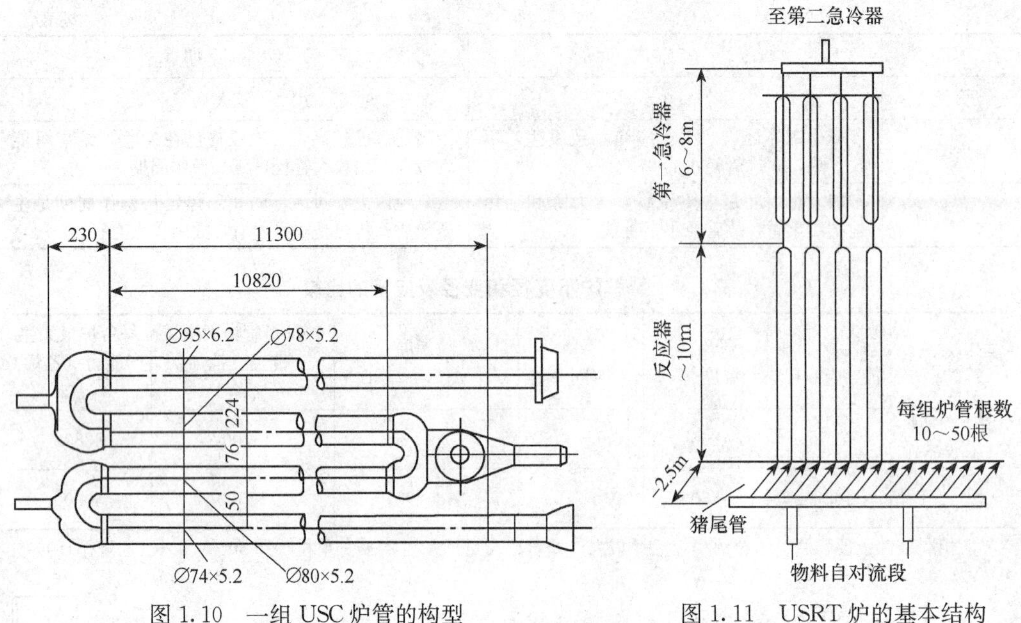

图 1.10　一组 USC 炉管的构型

图 1.11　USRT 炉的基本结构

裂解产物从裂解炉管排出后迅速进入相接的在线换热器进行骤冷并发生高压蒸汽。当使用石脑油原料时，毫秒炉与传统管式炉的产品分布情况如表 1.10 所示。

表 1.10　裂解石脑油时毫秒炉与传统炉产品分布比较

产品	传统管式炉高深度裂解	毫秒炉中深度裂解	毫秒炉低深度裂解	产品	传统管式炉高深度裂解	毫秒炉中深度裂解	毫秒炉低深度裂解
H_2	1.0	1.0	1.2	C_4H_{10}	0.2	0.2	—
CH_4	17.0	12.8	15.2	C_5^+	29.9	26.8	27.7
C_2H_2	0.7	0.7	1.3	合计	100.0	100.0	100.0
C_2H_4	28.5	29.0	31.8	H/C 比（C_5^+）	1.0	1.16	1.0
C_2H_6	3.8	3.2	2.8	H_2+CH_4/C_2H_4	0.631	0.476	0.516
C_3H_4	0.6	1.0	1.2	C_3H_6/C_2H_4	0.407	0.517	0.365
C_3H_6	11.6	15.0	11.6	C_4H_6/C_2H_4	0.130	0.186	0.148
C_2H_8	0.3	0.4	0.3	$C_2H_4+C_3H_6+C_4H_6$	43.8	49.4	48.1
C_4H_6	3.7	5.4	4.7	乙烯总收率（乙烷循环）	32.2%	32.2%	35.2%
C_4H_8	2.7	4.5	2.2				

4. Linde-selas 混合管裂解炉（LSCC）

Linde-selas 公司应用低烃分压-短停留时间的概念开发了一种单双排混合型变径炉管裂解炉。采用 3 种规格的管，入口处为较小直径管。呈双排双面辐射加热以强化初期升温速度，出口部分有 5 根炉管，改为单排双面辐射。每台炉有 4 组炉管，乙烯生产能力约为 3 万 t/a，其简要结构如图 1.12 及图 1.13 所示。

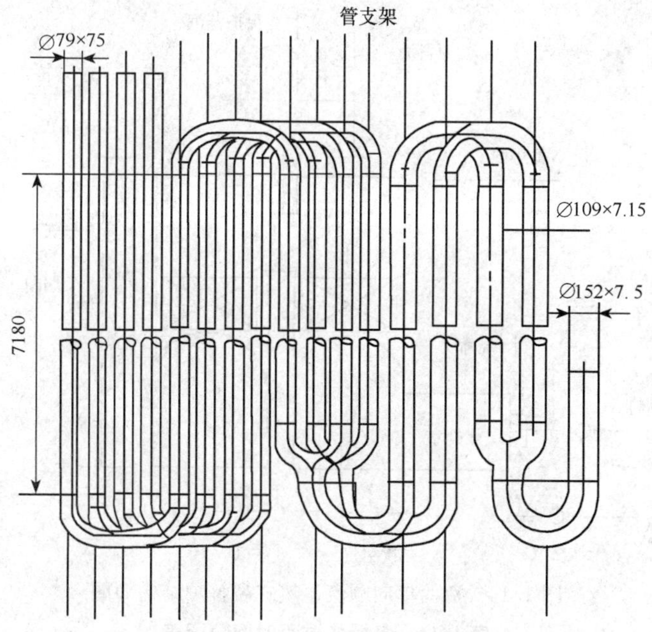

图 1.12　LSCC 炉炉管系统图

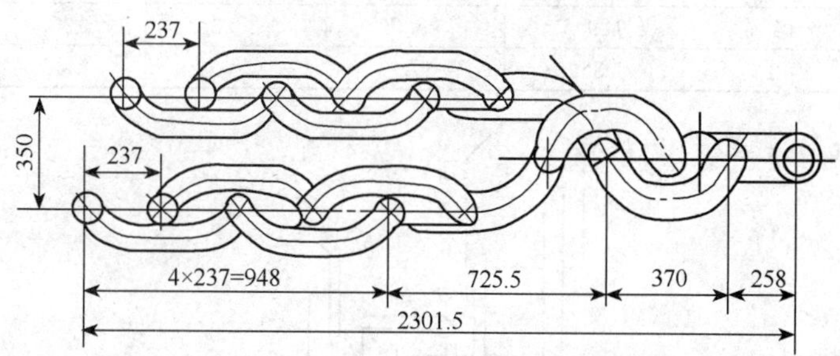

图 1.13　LSOC 炉管的构型及排列图

管式炉裂解法的优缺点：

优点：结构简单，操作容易，乙烯、丙烯收率较高等。

缺点：(1) 对重质原料的适应性差。

(2) 需要耐高温的合金管材和铸管技术。

5. 蓄热式炉

蓄热式炉该裂解炉的结构如图 1.14 所示，其工作原理由六个过程组成。

加热过程、烧焦过程、二次吹扫过程、制气过程、三次吹扫过程、一次吹扫过程。

各个操作过程时间的分配是根据炉子结构和工艺要求而确定的，下面是一个例子。周期＝6min＝360s，各个操作过程时间的分配如表 1.11 所示。

6. 砂子炉

砂子炉的结构如图 1.15 所示。

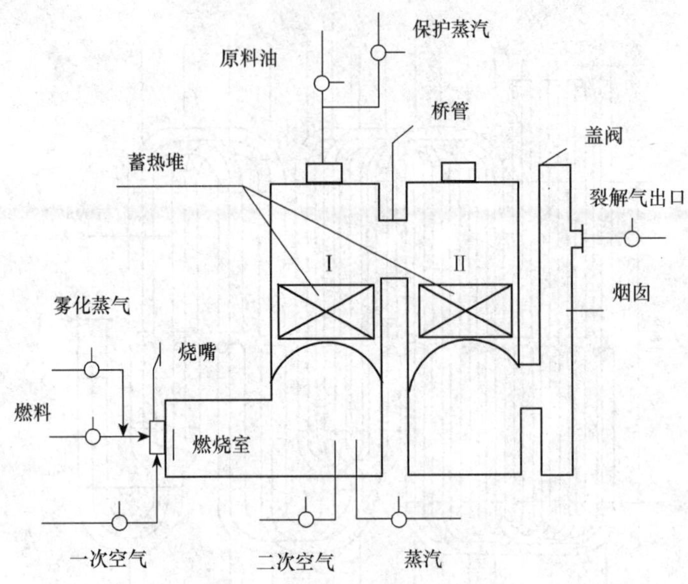

图 1.14　双筒单向顺流蓄热式裂解炉结构简图

表 1.11　各操作过程时间分配表

	加热过程	烧焦过程	二次吹扫过程	制气过程	三次吹扫过程	一次吹扫过程
时间/s	14.4	129.6	25.2	28.8	129.6	32.4
时间分配比例/%	4	36	7	8	36	9

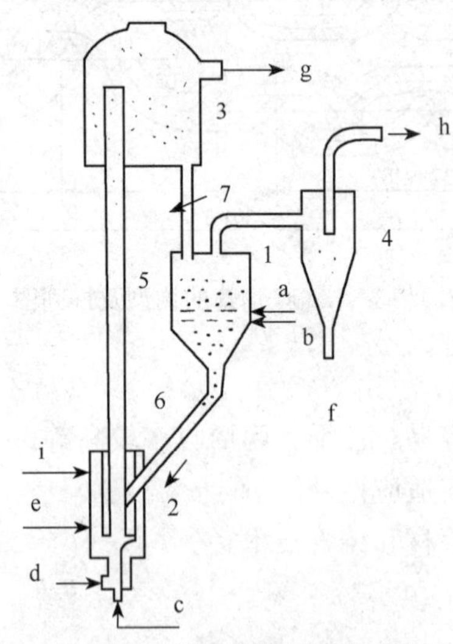

图 1.15　砂子裂解炉结构简图

1. 反应器；2. 燃烧室；3. 贮砂箱；4. 气固旋风分离器；5. 砂子提升管；6，7. 自控砂阀

a. 原料油气；b. 稀释水蒸气；c. 染料油；d. 一次空气；e. 二次空气；f. 废细砂；g. 烟气；h. 裂解气；i. 新鲜砂

任务四　烃类管式炉裂解的工艺流程组织

一、主要工艺技术

为了获得较高的乙烯产率，理论和实践均已证明，裂解反应的技术要点是高温、短

停留时间、低的烃分压。通常反应温度高达1073～1173K，反应停留时间很短，一般为0.01～0.7s。因此，设备要有很高的热强度，也就是在短时间内能把原料加热到反应温度并提供给反应所必需的热量，同时也能迅速地降低裂解产物的温度，以便终止反应。

为了满足上述反应的技术要求，工业上设置了裂解炉、急冷、急冷器与之配套的其他设备。其中裂解炉是裂解系统的核心，它提供裂解反应所需的热量，并使反应在确定的高温下进行。

1. 急冷

裂解炉出口的高温裂解气在出口高温条件下将继续进行裂解反应，由于停留时间的增长二次反应增加，烯烃损失随之增多。为此，需要将裂解炉出口高温裂解气尽快冷却，通过急冷以终止其裂解反应。当裂解气温度降至650℃以下时裂解反应基本终止。急冷有间接急冷和直接急冷之分。

(1) 间接急冷。裂解炉出来的高温裂解气温度在800～900℃左右，在急冷的降温过程中要释放出大量热，是一个可加利用的热源，为此可用换热器进行间接急冷，回收这部分热量发生蒸汽，以提高裂解炉的热效率，降低产品成本，用于此目的的换热器称为急冷换热器。急冷换热器与汽包所构成的发生蒸汽的系统称为急冷锅炉，也有将急冷换热器称为急冷锅炉或废热锅炉的，使用急冷锅炉有两个主要目的：一是终止裂解反应；二是回收废热。

(2) 直接急冷。直接急冷的方法是在高温裂解气中直接喷入冷却介质，冷却介质被高温裂解气加热而部分汽化，由此吸收裂解气的热量，使高温裂解气迅速冷却。根据冷却介质的不同，直接急冷可分为水直接急冷和油直接急冷。

(3) 急冷方式的比较。直接急冷设备费少，操作简单，系统阻力小。由于是冷却介质直接与裂解气接触，传热效果较好，但形成大量含油污水，油水分离困难，且难以利用回收的热量，而间接急冷对能量利用较合理，可回收裂解气被急冷时所释放的热量，经济性较好，且无污水产生，故工业上多用间接急冷。

2. 急冷换热器

急冷换热器是裂解气和高压水（8.7～12MP）经列管式换热器间接换热使裂解气骤冷的重要设备。它使裂解气在极短的时间（0.01～0.1s）内，温度由约800℃下降到露点左右。急冷换热器的运转周期应不低于裂解炉的运转周期，为减少结焦发生应采取如下措施：一是增大裂解气在急冷换热器中的线速度，以避免返混而使停留时间拉长造成二次反应；二是必须控制急冷换热器出口温度，要求裂解气在急冷换热器中冷却温度不低于其露点。如果冷到露点以下，裂解气中较重组分就要冷凝下来，在急冷换热器管壁上形成缓慢流动的液膜，既影响传热又因停留时间过长发生二次反应而结焦。

裂解原料的氢含量的高低，决定了裂解气露点的高低。对于体积平均沸点在130～400℃的裂解原料油，其出口温度可按下列的经验公式计算。

$$t_{出} = 0.56 t_{B} + \alpha$$

式中　$t_{出}$——裂解所在急冷换热器的出口温度，一般在450～600℃范围内；

α——其数值在340～420℃范围内变动，因裂解深度而异，裂解深度较深时 α 取较大值；

t_B——裂解原料的体积平均沸点。

$$t_B = \frac{1}{5}(t_{10} + t_{30} + t_{50} + t_{70} + t_{90})$$

式中　t_{10}、t_{30}、t_{50}、t_{70}、t_{90}——对应的馏出液体积分数为10%，30%，50%，70%，90%时的馏出温度。

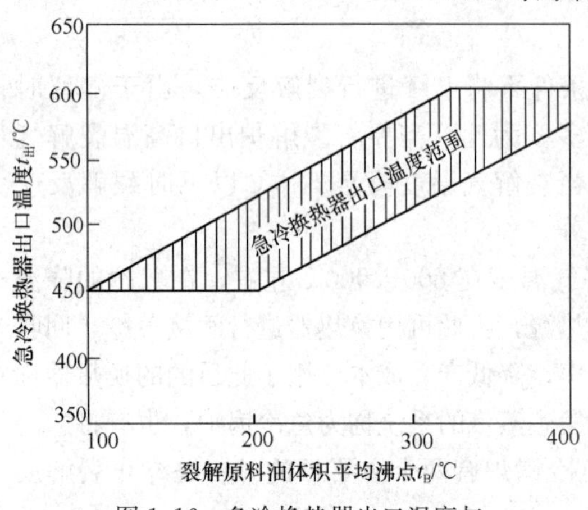

图1.16　急冷换热器出口温度与原料体积平均沸点的关系

从上式的关系可用图1.16表示。

图1.16中画有斜线的部分是急冷换热器出口温度范围，此带有一定宽度是表示不同裂解深度的影响，即上式中 a 值大小的影响。

3. 裂解炉和急冷换热器的清焦

（1）裂解炉和急冷换热器的结焦判据。管式裂解炉辐射盘管和急冷换热器换热管在运转过程中有焦垢生成，必须定期进行清焦。对管式裂解炉而言，如下任一情况出现均应停止进料，进行清焦。

① 裂解炉辐射盘管管壁温度超过设计规定值（升高）。

② 裂解炉辐射段入口压力增加值超过设计值。

③ 燃料用量增加。

④ 出口乙烯收率下降。

⑤ 炉出口温度下降。

⑥ 炉管局部过热（外表面颜色不均匀）等。

对于急冷换热器而言，如下任一情况出现均应对急冷换热器进行清焦。

① 急冷换热器出口温度超过设计值。

② 急冷换热器进出口压差超过设计值。

（2）裂解炉和急冷换热器清焦的方法。裂解炉辐射管的焦垢均用蒸汽烧焦法、空气烧焦法或蒸汽-空气清焦法进行清理。这些清焦方法的原理是利用蒸汽或空气中的氧与焦垢反应气化而达到清焦的目的。

$$C + O_2 \longrightarrow CO_2 + Q$$

$$2C + O_2 \longrightarrow 2CO + Q$$

$$C + H_2O \longrightarrow CO + H_2 - Q$$

蒸汽-空气烧焦法是在裂解炉停止烃进料后，加入空气，对炉出口气分析；逐步加大空气量，当出口干气中 $CO+CO_2$ 含量低于0.2%～0.5%（体积分数）后，清焦结束。

近来，越来越多的乙烯工厂采用空气烧焦法。此法除在蒸汽-空气烧焦法的基础上提高烧焦空气量和炉出口温度外，逐步将稀释蒸汽量降为零，主要烧焦过程为纯空气烧焦。此法不仅可以进一步改善裂解炉辐射管清焦效果，而且可使急冷换热器在保持锅炉给水的操作条件下获得明显的在线洁焦效果。采用这种空气清焦方法，可以使急冷换热器水力清焦或机械清焦的周期延长到半年以上。

(3) 结焦的机理。

① 金属催化结焦：炉管 Fe、Ni 催化生焦、生碳。

② 非催化结焦：烯烃聚合、缩合、环化等生焦。

③ 自由基结焦：上述生成的焦碳为母体，其表面自由基与烯烃等反应生成焦。

(4) 抑焦技术。

① 改变工艺条件。

② 加氢热裂解。

③ 原料预处理。

④ 炉管表面预处理。

⑤ 混合烃裂解。

⑥ 加结焦抑制剂等。

(5) 结焦抑制剂的种类和作用。

结焦抑制剂的种类：有含硫、含磷、含硅、含氮化合物等。

结焦抑制剂的作用：

① 钝化金属表面。

② 改变自由基历程。

③ 催化水煤气反应。

④ 改变焦的形态等。

二、Lummus 裂解工艺流程

裂解工艺流程包括原料油供给和预热系统、热裂解和高压水蒸气系统、急冷油和燃料油系统以及急冷水和稀释水蒸气系统。图 1.17 所示为轻柴油裂解工艺流程。

1. 原料油供给和预热系统

原料油从储罐 1 经预热器 3 和 4 与过热的急冷水和急冷油热交换后，再进入裂解炉的第二预热段预热段。原料油的供给必须保持连续、稳定，否则直接影响裂解操作的稳定性，甚至有毁坏炉管的危险。因此，原料油泵有备用及自动切换装置。

2. 裂解和高压蒸汽装置

预热过的原料进入对流段，经初步预热后与稀释水蒸气混合，再进入裂解炉的第二预热段预热到一定的温度，然后进入裂解炉的辐射室进行裂解。炉管出口的高温裂解气迅速进入急冷换热器 6，很快终止裂解反应后依次进入油急冷器 8 和油洗塔 9（汽油初分馏塔）。

急冷换热器的给水先在对流段预热并局部汽化后送入高压汽包 7，靠自然对流流入急冷换热器 6 中，产生 11MPa 的高压水蒸气去过热炉。

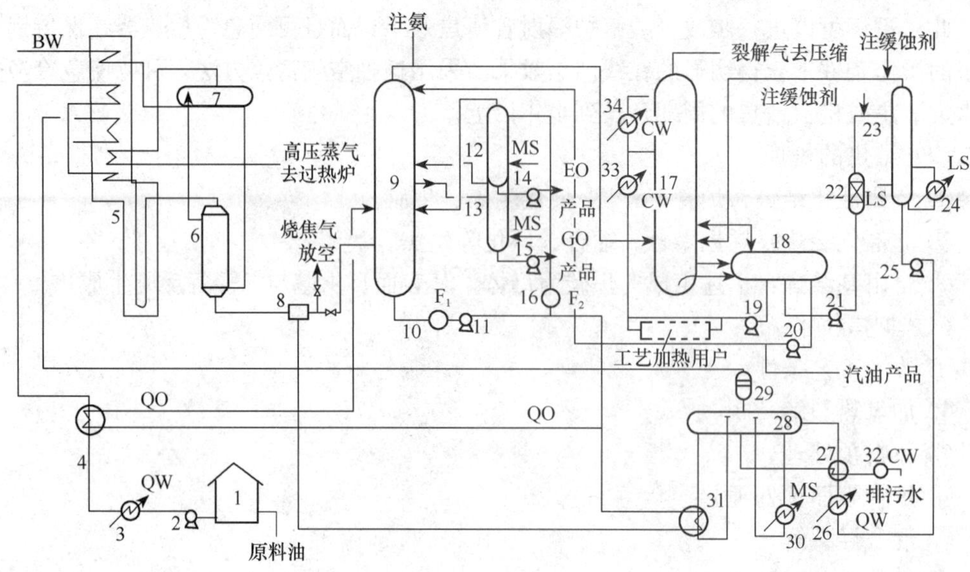

图 1.17　轻柴油裂解生产工艺流程图

1. 原料储罐；2. 原料油泵；3，4. 原料油预热泵；5. 裂解炉；6. 急冷换热器；7. 汽包；8. 急冷器；9. 油洗塔；10. 急冷油过滤器；11. 急冷油循环泵；12. 燃料油汽提塔；13. 裂解轻柴油汽提塔；14. 燃料油输送泵；15. 裂解轻柴油输送泵；16. 燃料油过滤器；17. 水洗塔；18. 油水分离器；19. 急冷水循环泵；20. 气油回流泵；21. 工艺水泵；22. 工艺水过滤器；23. 工艺水气提塔；24. 再沸器；25. 稀释蒸汽发生器给水泵；26，27. 预热器；28. 稀释蒸汽发生汽包；29. 分离器；30. 中压蒸汽加热器；31. 急冷油加热器；32. 排污水冷却器；33，34. 急冷水冷却器

QW. 急冷水；CW. 冷却水；MS. 中压水蒸气；LS. 低压水蒸气；QO. 急冷油；BW. 锅炉给水

3. 急冷油系统和燃料油系统

裂解气在油急冷器 8 中用急冷油直接喷淋冷却，然后与急冷油一起进入油洗塔 9，塔顶出来的裂解气为氢，气态烃和裂解汽油以及稀释蒸汽和酸性气体。

裂解轻柴油从油洗塔 9 的侧线采用，经汽提塔 13 汽提其中的轻组分后，作为裂解轻柴油产品。裂解轻柴油含有大量的烷基萘，是制备萘的好原料，称为制萘馏分。塔釜为重质燃料油。

自油洗塔出来塔釜采出的重质燃料油一部分经汽提塔 12 提出其中的轻组分后，作为重质燃料油产品送出，大部分作为循环急冷油。循环急冷油分两股进行冷却，一股用来预热轻原料柴油后返回油洗塔的中段回流，另一股用来发生低压稀释蒸汽，急冷油本身冷却后则送入急冷器作为急冷介质，对裂解气进行冷却。

急冷油的黏度与油洗塔釜的温度有关，也与裂解深度有关，为了保证急冷油系统的稳定操作，一般要求急冷油 323K 以下的运动黏度控制在（4.5～5.0）×10m^2/s。急冷油系统常会出现结焦堵塞现象而危及装置的运行。产生结焦的原因有二：一是急冷油与裂解气接触后超过 573K 时性质不稳定，会逐步缩聚成易于结焦的聚合物；二是不可避免地由裂解管、急冷换热器带来焦粒。因此，在急冷油系统内设置有 6mm 过滤网的过滤器 10，并在急冷器喷油嘴前设较大孔径的过滤网和燃料油过滤器 16。

4. 急冷水和稀释水蒸气系统

在油洗塔9中脱除重质燃料油和裂解轻柴油后的裂解气，由塔顶采出进入水洗塔17，塔顶和中段用急冷水喷淋，使裂解气冷却，其中一部分稀释水蒸气和裂解汽油冷凝下来。冷凝下来的油水混合物由塔釜引至油水分离器18，分离出的水一部分供给工艺加热用，冷却后的水再经急冷水冷却器33和34冷却后，分别作为水洗塔17的塔顶和中段回流。此部分的水称为急冷循环水。另一部分相当于稀释水蒸气的水量，油工艺水泵21经过过滤器22送入气提塔23，将工艺水中的轻烃汽提后回水洗塔17，保证塔釜水中含油少于10^{-4}，此工艺水由稀释水蒸气发生器给水泵25送入稀释水蒸气发生器气包28（先经急冷水预热器26和排污水预热器27预热）。再分别由中压水蒸气加热器30和急冷加热器31加热汽化产生稀释水蒸气，经汽液分离后再送入裂解炉。这种稀释水蒸气循环使用，既节约了新鲜的锅炉给水，又减少了污水的排放量，以年产300kt乙烯装置为例，污水排放量从120t/h减少至7～8t/h。

油水分离槽18分离的汽油，一部分由泵20送入油洗塔9作为塔顶回流循环使用，另一部分作为裂解汽油产品送出口。

经脱除绝大部分水蒸气和小部分汽油的裂解气，温度约为313K，送至压缩系统。裂解气逐渐步冷却时，其中含有的酸性气体也逐步溶解于冷凝水中，形成腐蚀性酸性溶液。为了防止这种酸性腐蚀，在相应的部位注入缓蚀剂。常用的缓蚀剂有氨、碱液等碱性物质。

任务五　裂解气的净化与分离

裂解炉出口的高温裂解气经急冷换热器的冷却，再经油急冷器进一步冷却后，温度可以降到200～300℃之间、将急冷后的裂解气进一步冷却至常温，此时的裂解气是一个含有乙烯、丙烯等多种烃以及氢气和其他杂质的混合物，如表1.12所示为某轻柴油热裂解的裂解气组成。

表1.12　轻柴油裂解气的组成

成分	摩尔组成/%	成分	摩尔组成/%	成分	摩尔组成/%
H_2	13.1828	C_3H_8	0.3558	二甲苯+乙苯	0.3578
CO	0.1751	1，3-丁二烯	2.4194	苯乙烯	0.2192
CH_4	21.2589	异丁烯	2.7085	C_9以上	0.2397
C_2H_2	0.3688	正丁烷	0.0754	CO_2	0.0578
C_2H_4	29.0363	C_6	0.5147	硫化物	0.0272
C_2H_6	7.7953	C_6～C_4非芳烃	0.6941	水	5.04
丙二烯+丙烯	0.5419	苯	2.1398	—	—
C_3H_6	11.4757	甲苯	0.9296	—	—

对于这样一个组成复杂，乙烯和丙烯等有用组分含量较低的混合物，在工业上没有直接的使用价值，必须进行净化和分离精制，以最大限度地发挥各个有用组分的经济价值。净化与分离的根本任务就是除去裂解气中含有的硫化物、CO_2、H_2O、C_2H_2、C_3H_4、CO等气体杂质。因为，这些杂质的含量虽不大，但对深冷分离过程是有害的，而且这些杂

质不脱除，进入乙烯，丙烯产品，使产品达不到规定的标准，尤其是生产聚合级乙烯、丙烯，其杂质含量的控制是很严格的，为了达到产品所要求的规格，必须脱除这些杂质，对裂解气进行净化。

一、裂解气的净化

1. 酸性气体的脱除

(1) 酸性气体杂质的来源。裂解气中的酸性气体主要是 H_2S、CO_2 和其他气态硫化物。它们主要来自以下几个方面。

① 气体裂解原料带入的气体硫化物和 CO_2。

② 液体裂解原料中所含的硫化物（如硫醇、硫醚、噻吩、二硫化物等）在高温下与氢和水蒸气反应生成的 H_2S、CO_2，例如，

$$RSH + H_2 \longrightarrow RH + H_2S$$

$$RSR' + 2H_2 \longrightarrow RH + R'H + H_2S$$

$$R-S-S-R' + 3H_2 \longrightarrow RH + R'H + 2H_2S$$

$$\text{(噻吩)} + 4H_2 \longrightarrow C_4H_{10} + H_2S$$

$$\text{(苯并噻吩)} + 3H_2 \longrightarrow C_6H_5C_2H_5 + H_2S$$

$$CS_2 + 2H_2 \longrightarrow C + 2H_2S$$

$$COS + H_2 \longrightarrow CO + H_2S$$

$$CS_2 + 2H_2O \longrightarrow CO_2 + 2H_2S$$

$$COS + H_2O \longrightarrow CO_2 + H_2S$$

③ 裂解原料烃和炉管中的结炭与水蒸气反应可生成 CO、CO_2。

$$C + H_2O \longrightarrow CO + H_2$$

$$CH_4 + 2H_2O \longrightarrow CO_2 + 4H_2$$

④ 当裂解炉中有氧进入时，氧与烃类反应生成 CO_2。

$$C_nH_m + \left(n + \frac{m}{4}\right)O_2 \longrightarrow nCO_2 + \frac{m}{2}H_2O$$

(2) 酸性气体杂质的危害。裂解气中含有的酸性气体对裂解气分离装置以及乙烯和丙烯衍生物加工装置都会有很大危害。对裂解气分离装置而言，CO_2 会在低温下结成干冰，造成深冷分离系统设备和管道堵塞；H_2S 将造成设备腐蚀，使加氢脱炔催化剂和甲烷化催化剂中毒，对于下游加工装置而言，当氢气，乙烯、丙烯产品中的酸性气体含量不合格时，可使下游加工装置的聚合过程或催化反应过程的催化剂中毒，也可能严重影响产品质量。因此，在裂解气精馏分离之前，需将裂解气中的酸性气体脱除干净。

裂解气压缩机入口裂解气中的酸性气体摩尔分数含量约 0.2%～0.4%，一般要求将裂解气中的 H_2S、CO_2 的摩尔分数含量分别脱除至 1×10^{-6} 以下。

(3) 酸性气体杂质的脱除方法。

① 碱洗法脱除酸性气体。碱洗法是用 NaOH 为吸收剂，通过化学吸收使 NaOH 与

裂解气中的酸性气体发生化学反应，以达到脱除酸性气体的目的。其反应如下：

$$CO_2 + 2NaOH \longrightarrow Na_2CO_3 + H_2O$$

$$H_2S + 2NaOH \longrightarrow Na_2S + 2H_2O$$

上述两个反应的化学平衡常数很大，在平衡产物中 H_2S、CO_2 的分压几乎可降到零，因此可使裂解气中的 H_2S、CO_2 的摩尔分数含量降到 1×10^{-6} 以下，但是，NaOH 吸收剂不可再生。此外，为保证酸性气体的精细净化，碱洗塔釜液中应保持 NaOH 含量约 2%左右，因此，碱耗量较高。碱洗可以采用一段碱洗，也可以采用多段碱洗。为提高碱液利用率，目前乙烯装置大多采用多段（两段或三段）碱洗。即使是在常温操作条件下，在有碱液存在时，裂解气中的不饱和烃仍会发生聚合，生成的聚合物将聚集于塔釜。这些聚合物为液体，但与空气接触易形成黄色固态，通常称为“黄油”。“黄油”的生成可能造成碱洗塔釜和废碱罐的堵塞，而且也为废碱液的处理造成麻烦。由于“黄油”可溶于富含芳烃的裂解汽油，因此，常常采用注入裂解汽油的方法，分离碱液池中的“黄油”。

图 1.18 为两段碱洗。如图所示，裂解气压缩机三段出口裂解气经冷却并分离凝液后，再由 37℃预热至 42℃，进入碱洗塔，该塔分三段，Ⅰ段水洗塔为泡罩塔板，Ⅱ段和Ⅲ段为碱洗段（填料层），裂解气经两段碱洗后，再经水洗段水洗后进入压缩机四段吸入罐。补充新鲜碱液含量为 18%～20%，保证Ⅱ段循环碱液 NaOH 含量约为 5%～7%；部分Ⅱ段循环碱液补充到Ⅲ段循环碱液中，以平衡塔釜排出的废碱。Ⅲ段循环碱液 NaOH 含量为 2%～3%。

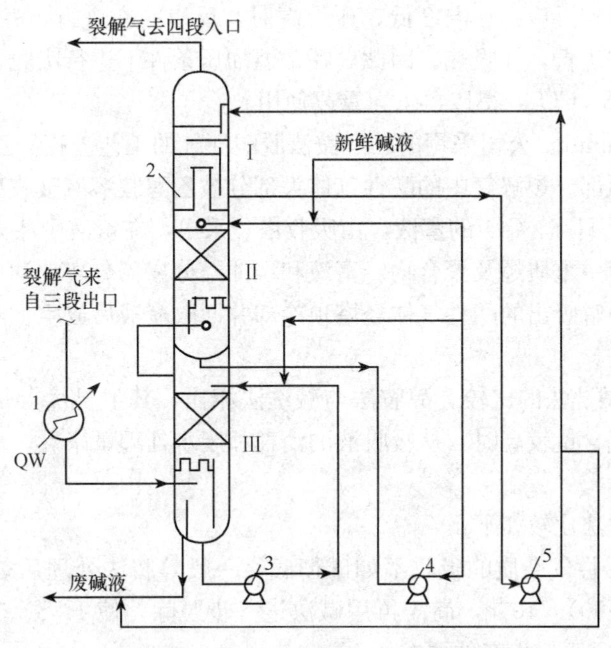

图 1.18　两段碱洗工艺流程

1. 加热器；2. 碱洗塔；3，4. 碱液循环泵；5. 水洗循环泵

碱洗塔操作条件：

a. 温度常温（30～40℃）：温度升高，裂解气中酸性气体平衡分压增加，脱除不净；温度降低，反应速度降低，碱液黏度增加，且生成的盐在废碱中的溶解度下降，流

动阻力增加，结晶，造成阻塞，操作费用增加，故选常温。

b. 压力中压（1MPa 左右）：压力升高，裂解气中酸性气体分压增加，溶解度增加，脱除彻底；但压力太高，设备材质要求升高，能耗增加，会有部分重组分脱除，且生成的盐在废碱中的溶解度下降，结晶，造成阻塞，故选中压。

c. 碱液浓度（18%～20%）：太小酸性气体脱不净，太高浪费且碱液黏度增加，生成的盐在废碱中的溶解度下降，结晶，造成阻塞，故选 18%～20%。

② 乙醇胺法脱除酸性气体。用乙醇胺做吸收剂除去裂解气中的 H_2S、CO_2 是一种物理吸收和化学吸收相结合的方法，所用的吸收剂主要是一乙醇胺（MEA）和二乙醇胺（DEA）。在使用过程中一般将这两（或三种加三乙醇胺）种乙醇胺混合物（不分离）配成 30%左右的水溶液（乙醇胺溶液，因为乙醇胺中含有羟基官能团，溶于水）使用。

以一乙醇胺为例，在吸收过程中它能与 H_2S、CO_2 发生如下反应。

$$2HOC_2H_4-NH_2 \underset{-H_2S}{\overset{H_2S}{\rightleftharpoons}} (HOC_2H_4-NH_3)_2S \underset{-H_2S}{\overset{H_2S}{\rightleftharpoons}} 2HOC_2H_4NH_3HS$$

$$2HOC_2H_4-NH_2 \underset{-CO_2+H_2O}{\overset{CO_2+H_2O}{\rightleftharpoons}} (HOC_2H_4NH_3)_2CO_3$$

$$(HOC_2H_4NH_3)_2CO_3 \underset{-CO_2+H_2O}{\overset{CO_2+H_2O}{\rightleftharpoons}} 2HOC_2H_4NH_3HCO_3$$

$$2HOC_2H_4-NH_2+CO_2 \rightleftharpoons HOC_2H_4-NHCOONH_3-C_2H_4OH$$

以上反应是可逆反应，在温度低，压力高时，反应向右进行，并放热；在温度高，压力低时反应向左进行，并吸热。因此，在常温加压条件下进行吸收，吸收液在低压下加热，释放出 H_2S、CO_2，得以再生，重复使用。

图 1.19 是 Lummus 公司采用的乙醇胺法脱酸性气的工艺流程。乙醇胺加热至 45℃后送入吸收塔的顶部。裂解气中的酸性气体大部分被乙醇胺溶液吸收后，送入碱洗塔进一步净化。吸收了 H_2S、CO_2 的富液，由吸收塔釜采出，在富液中注入少量洗油（裂解汽油）以溶解富液中重质烃及聚合物。富液和洗油经分离器分离洗油后，送到气提塔进行解吸。气提塔中解吸出的酸性气体经塔顶冷却并回收凝液后放空。解吸后的贫液再返回吸收塔进行吸收。

③ 醇胺法与碱洗法的比较。醇胺法与碱洗法相比，其主要优点是吸收剂可再生循环使用，当酸性气含量较高时，从吸收液的消耗和废水处理量来看，醇胺法明显优于碱洗法。

醇胺法与碱洗法比较如下：

a. 醇胺法对酸性气杂质的吸收不如碱彻底，一般醇胺法处理后裂解气中酸性气体积分数仍达 $(30\sim50)\times10^{-6}$，尚需再用碱法进一步脱除，使 H_2S、CO_2 体积分数均低于 1×10^{-6}，以满足乙烯生产的要求。

b. 醇胺虽可再生循环使用，但由于挥发和降解，仍有一定损耗。由于醇胺与羰基硫、二硫化碳反应是不可逆的，当这些硫化物含量高时，吸收剂损失很大。

c. 醇胺水溶液呈碱性，但当有酸性气体存在时，溶液 pH 急剧下降，从而对碳钢设备产生腐蚀，尤其在酸性气浓度高而且温度也高的部位（如换热器、汽提塔及再沸

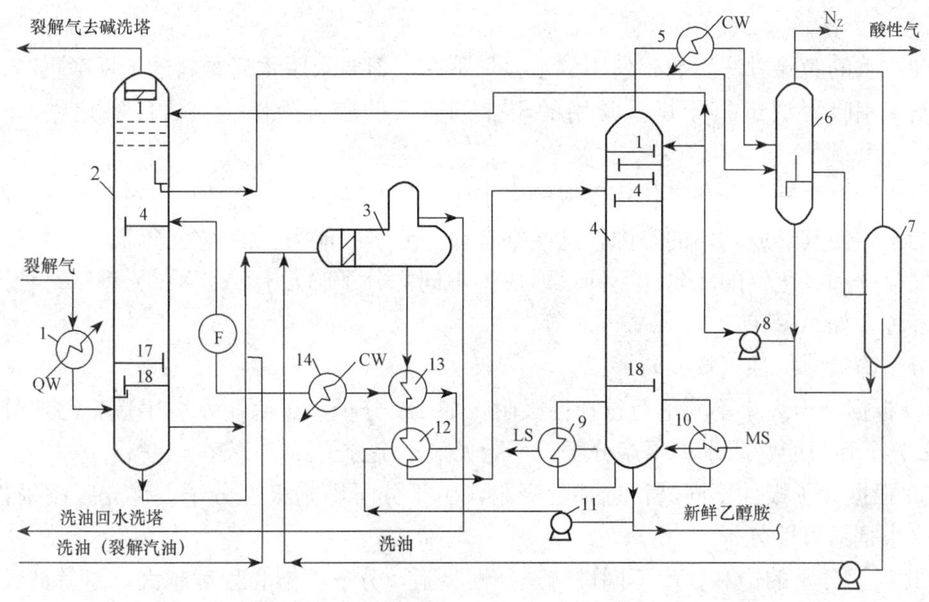

图 1.19　乙醇胺脱除酸性气工艺流程

1. 加热器；2. 吸收塔；3. 汽油-胺分离器；4. 气提塔；5. 冷却器；6，7. 分离罐；8. 回流泵；9，10. 再沸器；11. 胺液泵；12，13. 换热器；14. 冷却器

器）腐蚀更为严重。因此，醇胺法对设备材质要求高，投资相应较大。

d. 醇胺溶液可吸收丁二烯和其他双烯烃，吸收双烯烃的吸收剂在高温下再生时易生成聚合物，由此既造成系统结垢，又损失了丁二烯。

因此，一般情况下乙烯装置均采用碱法脱除裂解气中的酸性气体，只有当酸性气体含量较高（例如，裂解原料硫体积分数超过 0.2%）时，为减少碱耗量以降低生产成本，可考虑采用醇胺法预脱裂解气中的酸性气体，但仍需要碱洗法进一步做精细脱除。

2. 脱水

(1) 水的来源。主要来源有：稀释剂、水洗塔、脱酸性气体过程。

(2) 水的危害。裂解气经预分馏处理后进入裂解气压缩机，在压缩机入口裂解气中的水分为入口温度和压力条件下的饱和水含量。在裂解气压缩过程中，随着压力的升高，可在段间冷凝过程中分离出部分水分。通常，裂解气压缩机出口压力约 3.5～3.7MPa，经冷却至 15℃左右即送入低温分离系统，此时，裂解气中饱和水含量约 $(600\sim700)\times10^{-6}$。

这些水分带入低温分离系统会造成设备和管道的堵塞，除水分在低温下结冰造成冻堵外在加压和低温条件下，水分尚可与烃类生成白色结晶的水合物，如 $CH_4\cdot6H_2O$、$C_2H_6\cdot7H_2O$、$C_3H_8\cdot8H_2O$。这些水合物也会在设备和管道内积累而造成堵塞现象，因而需要进行干燥脱水处理。为避免低温系统冻堵，通常要求将裂解气中水含量（质量分数）降至 1×10^{-6} 以下，即进入低温分离系统的裂解气露点在 -70℃

以下。

（3）水的脱除方法。裂解气中的水含量不高，但要求脱水后物料的干燥度很高，因而，均采用吸附法进行干燥。常用的干燥剂有：硅胶、活性碳、活性氧化铝、分子筛等。

分子筛：由氧化硅和氧化铝形成的多水化合物的结晶体，在使用时将其活化，脱去结合的水，使其形成均匀的空隙，这些空有筛分分子的能力，故称分子筛。

氧化硅和氧化铝的摩尔比不同，形成了不同的分子筛，有 A、X、Y 型，每种又包括很多种，如 A 型有 3A、4A、5A 等。

分子筛吸附特性（规律）：

① 根据分子大小不同进行选择性吸附，如 4A 分子筛可吸附水、甲烷、乙烷分子，而 3A 分子筛只能吸附水、甲烷分子，不能吸附乙烷分子。

② 根据分子极性不同进行选择性吸附，由于分子筛是极性分子，优先吸附极性分子水（水是强极性分子）。

③ 根据分子的饱和程度不同进行选择性吸附，分子不饱和程度越大，越易被吸附，如分子筛吸附能力：乙炔＞乙烯＞乙烷。

④ 根据分子的沸点不同进行选择性吸附，一般沸点越高，越易被吸附。

图 1.20 和图 1.21 为活性氧化铝和 3A 分子筛吸附水分的等温吸附曲线和等压吸附曲线。分子筛是典型的平缓接近饱和值的郎格缪尔型等温吸附曲线，在相对湿度达 20%以上时，其平衡吸附量接近饱和值，但即使在很低的相对湿度下，仍有较大的吸附能力。而活性氧化铝的吸附容量随相对湿度变化很大，在相对湿度超过 60%时，其吸附容量高于分子筛。随着相对湿度的降低，其吸附容量远低于分子筛。由等压吸附曲线可见，在低于 100℃的范围内，分子筛吸附容量受温度的影响较小，而活性氧化铝的吸附量受温度的影响较大。

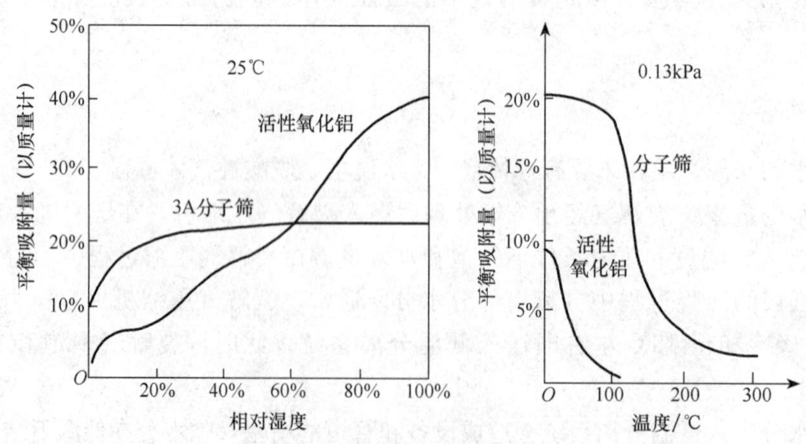

图 1.20　活性氧化铝和分子筛的等温吸附曲线和等压吸附曲线

3A 分子筛是离子型极性吸附剂，对极性分子特别是水有极大的亲和性，易于吸附；而对 H_2、CH_4、C_3以上烃类均不易吸附，因而，用于裂解气和烃类干燥时，不仅烃的损失少，也可减少高温再生时形成聚合物或结焦而使吸附剂性能劣化。反之，活性氧化铝可吸附C_4不饱和烃，不仅造成C_4烯烃损失，影响操作周期，而且再生时易生成聚合物或结焦而使吸附剂性能劣化。3A 分子筛劣化的主要原因是由于细孔内钾离子的入口被堵塞所致，循环初期劣化速度较快，以后慢慢趋向一个定值。其劣化度约为初始吸附量的30%左右，较活性氧化铝为优。目前，裂解气干燥脱水均采用3A 分子筛，一般设置两个干燥剂罐，轮流进行干燥和再生，经干燥后裂解气露点低于－70℃（图1.21）。

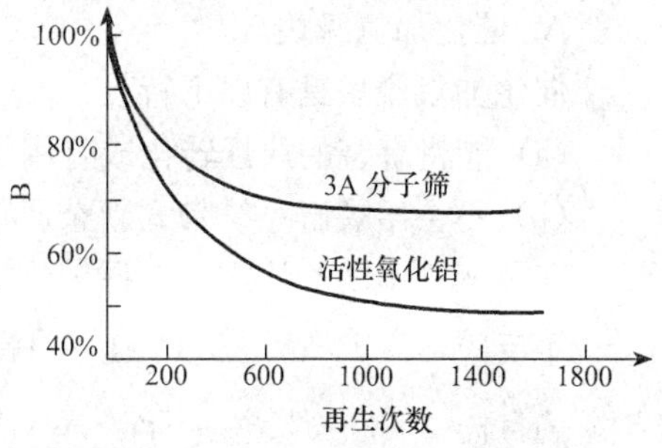

图1.21　裂解气干燥吸附剂劣化情况
（B＝劣化后吸附量/初期吸附量）

3. 炔烃脱除和脱CO

（1）炔烃和CO来源。裂解气中的炔烃主要是裂解过程中生成的，CO主要是生成的焦碳通过水煤气反应转化生成。裂解气中的乙炔将富集于C_2馏分中，甲基乙炔和丙二烯将富集于C_3馏分中。通常C_2馏分中乙炔的摩尔分数约为0.3%～1.2%，甲基乙炔和丙二烯在C_3馏分中的摩尔分数约为1%～5%。在Kellogg毫秒炉高温超短停留时间的裂解条件下，C_2馏分中乙炔摩尔分数可高达2%～2.5%，C_3馏分中的甲基乙炔和丙二烯的摩尔分数可达5%～7%。

（2）炔烃和CO的危害。乙烯和丙烯产品中所含炔烃对乙烯和丙烯衍生物生产过程带来麻烦。它们可能影响催化剂寿命，恶化产品质量，使聚合过程复杂化，产生不希望的副产品，形成不安全因素，积累爆炸等。因此，大多数乙烯和丙烯衍生物的生产均对原料乙烯和丙烯中的炔烃含量提出较严格的要求，通常，要求乙烯产品中的乙炔摩尔分数低于5×10^{-6}。而对丙烯产品而言，则要求甲基乙炔摩尔分数低于5×10^{-6}，丙二烯摩尔分数低于1×10^{-5}。CO会使加氢脱炔催化剂中毒，要求CO在乙烯产品摩尔分数低于5×10^{-6}。

（3）炔烃和CO的脱除方法。

① 甲烷化法脱CO。

在250～300℃、3MPa、Ni催化剂条件下，加氢使CO转化成甲烷和水并放出大量的热。首先脱除CO（使加氢脱炔催化剂中毒）。

$$CO+3H_2 \longrightarrow CH_4+H_2O+Q$$

② 催化加氢脱炔。乙烯生产中常采用脱除乙炔的方法是溶剂吸收法和催化加氢法。溶剂吸收法是使用溶剂吸收裂解气中的乙炔以达到净化目的，同时也回收一定量的乙炔。催化加氢法是将裂解气中乙炔加氢成为乙烯或乙烷，由此达到脱除乙炔的目的、溶剂吸收法和催化加氢法各有优缺点。目前，在不需要回收乙炔时，一般采用催化加氢法。当需要回收乙炔时，则采用溶剂吸收法。实际生产装置中，建有回收乙炔的溶剂吸收系统的工厂，往往同时设有催化加氢脱炔系统。两个系统并联，以具有一定的灵活性。

A. 催化加氢脱炔。

催化加氢脱炔具有以下特点：

(a) 能将有害的炔烃转化成有用的烯烃。

(b) 不会给裂解系统带入新杂质。

在裂解气中的乙炔进行选择催化加氢时有如下反应发生。

主反应 $$C_2H_2 + H_2 \xrightarrow{K_1} C_2H_4 + \Delta H_1$$

副反应 $$C_2H_2 + 2H_2 \xrightarrow{K_2} C_2H_6 + \Delta H_2$$

$$C_2H_4 + H_2 \longrightarrow C_2H_6 + (\Delta H_2 - \Delta H_1)$$

$$mC_2H_2 + nC_2H_4 \longrightarrow \text{低聚物(绿油)}$$

当反应温度升高到一定程度时，还可能发生生成C、H_2和CH_4的裂解反应。

乙炔加氢转化为乙烯和乙炔加氢转化为乙烷的反应热力学数据如表1.13所示。根据化学平衡常数可以着出，乙炔加氢转化为乙烷的反应比乙炔加氢转化为乙烯的反应更为可能。此外，试验表明：当乙炔加氢转化为乙烯和乙烯加氢转化为乙烷的反应各自单独进行时，乙烯加氢转化为乙烷的反应速度比乙炔加氢转化力乙烯的反应速度快10～100倍。因此，在乙炔催化加氢过程中，催化剂的选样性将是影响加氢脱炔效果的重要指标。

表1.13 乙炔加氢反应热效应和平衡数据

温度/K	反应热效应 ΔH/(kJ/mol)		化学平衡常数	
	$C_2H_2+H_2 \longrightarrow C_2H_4$	$C_2H_2+2H_2 \longrightarrow C_2H_6$	$C_2H_2+H_2 \xrightarrow{K_1} C_2H_4$ $K_1=\frac{[C_2H_4]}{[C_2H_2][H_2]}$	$C_2H_2+2H_2 \xrightarrow{K_2} C_2H_6$ $K_2=\frac{[C_2H_6]}{[C_2H_2][H_2]^2}$
300	−174.636	−311.711	3.37×10^{24}	1.19×10^{42}
400	−177.386	−316.325	7.63×10^{16}	2.65×10^{28}
500	−179.660	−320.227	1.65×10^{12}	1.31×10^{20}
600	−181.334	−323.267	1.19×10^{9}	3.31×10^{14}
700	−182.733	−325.595	6.5×10^{6}	3.10×10^{10}

要求催化剂具有下列性质：

(a) 对乙炔的吸附能力要远大于对乙烯的吸附能力。

(b) 能使吸附的乙炔迅速发生加氢成乙烯的反应。

(c) 生成乙烯的脱附速度远大于进一步加氢成乙烷的速度。

对裂解气中的甲基乙炔和丙二烯进行选择性催化加氢时反应如下。

主反应： $$CH_3—C\equiv CH + H_2 \longrightarrow C_3H_6 + 165\text{kJ/mol}$$

$$CH_2=C=CH_2 + H_2 \longrightarrow C_3H_6 + 173\text{kJ/mol}$$

副反应： $$C_3H_6 + H_2 \longrightarrow C_3H_8 + 124\text{kJ/mol}$$

$$nC_3H_4 \longrightarrow (C_3H_4)_n \text{ 低聚物(绿油)}$$

从反应热力学来看，在C_3馏分中炔烃加氢转化为丙烯的反应比丙烯加氢转化为丙烷的反应更为可能。因此，碳三炔烃加氢时比乙炔加氢更易获得较高的选择性。但是，随着温度的升高，丙烯加氢转化为丙烷的反应以及低聚物（绿油）生成的反应将加快，丙烯损失相应增加。

B. 前加氢和后加氢。

前加氢是在脱甲烷塔之前，利用裂解气中的氢对炔烃进行选择性加氢，以脱除其中炔烃。所以又称为自给氢催化加氢过程。

前加氢催化剂分钯系和非钯系两类，用非钯催化剂脱炔时，对进料中杂质（硫，CO，重质烃）的含量限制不很严，但其反应温度高，加氢选择性不理想。加氢后残余乙炔一般高于 1×10^{-5}，乙烯损失达 1%～3%。钯系催化剂对原料中杂质含量限制很严，通常要求硫含量低于 51×10^{-6}。钯系催化剂反应温度较低，乙烯损失可降至 0.2%～0.5%，加氢后残余乙炔可低于 5×10^{-5}。

后加氢是指是在脱甲烷塔之后，将裂解气中 C_2 馏分和 C_3 馏分分开，再分别对 C_2 和 C_3 馏分进行催化加氢，以脱除乙炔、甲基乙炔和丙二烯。

前加氢与后加氢对比如下：

前加氢：设在脱甲烷塔前进行加氢脱炔的叫做前加氢又叫做自给加氢；加氢对象为裂解气全馏分；内含氢气，不需外加；流程简单；能量利用合理；但乙烯损失较大；不能保证丙炔和丙二烯脱净，且当催化剂性能较差时，副反应剧烈，选择性差，不仅造成乙烯和丙烯损失，严重时还会导致反应温度失控，床层飞温，威胁生产安全。

后加氢：设在脱甲烷塔后，将 C_2、C_3 分开分别进行加氢；需外加氢气，可按需加入；加氢选择性好；催化剂寿命长；产品纯度高；乙烯几乎不损失；不易发生飞温的问题；但能量利用和流程布局均不如前加氢；需一套氢气净化和供给系统。目前后加氢催化剂，对于脱乙炔过程主要使用钯系催化剂，

C. 加氢工艺流程。

以加氢过程为例，进料中乙炔的摩尔分数高于 0.7%，一般采用多段绝热床或等温反应器。图 1.22 为 Lummus 公司采用的双段绝热床加氢的工艺流程。图中，脱乙烷塔塔顶回流罐中未冷凝 C_2 馏分经预热并配注氢之后进入第一段加氢反应器，反应后的气体经段间冷却后进入第二段加氢反应器。反应后的气体经冷却后送入滤油塔，在此用乙烯塔抽出的 C_2 馏分吸收滤油。脱除滤油后的 C_2 馏分经干燥后送入乙烯精馏塔。

两段绝热反应器设计时，通常在运转初期在第一段转化乙炔 80%；其余 20%在第二段转化，而在运转后期。随着第一段加氢反应器内催化剂的活性的降低，逐步过渡到第一段转化 20%，第二段转化 80%。

③ 溶剂吸收法脱除乙炔。溶剂吸收法使用选择性溶剂将 C_2 馏分中的少量乙炔选择性地吸收到溶剂中，从而实现脱除乙炔的目的。由于使用选择性吸收乙炔的溶剂，可以在一定条件下再把乙炔解吸出来，因此，溶剂吸收法脱除乙炔的同时，可回收到高纯度的乙炔。

溶剂吸收法在早期曾是乙烯装置脱除乙炔的主要方法，随着加氢脱炔技术的发展，逐

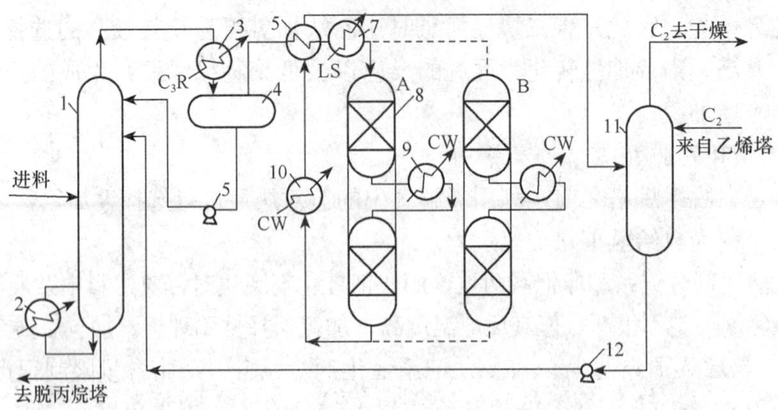

图 1.22 两段绝热床加氢工艺流程

1. 脱乙烷塔；2. 再沸器；3. 冷凝器；4. 回流罐；5. 回流泵；6. 换热器；7. 加热器；8. 加氢反应器；9. 段间冷却器；10. 冷却器；11. 绿油吸收塔；12. 滤油泵

渐被加氢脱炔法取代。然而，随着乙烯装置的大型化，尤其随着裂解技术向高温短停留时间发展，裂解副产乙炔量相当可观，乙炔回收更具吸引力。因而，溶剂吸收法在近年又广泛引起重视，不少已建有加氢脱炔的乙烯装置，也纷纷建设溶剂吸收装置以回收乙炔。以 300kt/a 乙烯装置为例，以石脑油为原料时，在高深度裂解条件下，常规裂解每年可回收乙炔量约 6700t，毫秒炉裂解时每年可回收乙炔量可达 11500t。

选择性溶剂应对乙炔有较高的溶解度，而对其他组分溶解度较低，常用的溶剂有二甲基甲酰胺（DMF），*N*-甲基吡咯烷酮（NMP）和丙酮。除溶剂吸收能力和选择性外，溶剂的沸点和熔点也是选择溶剂的重要指标。低沸点溶剂较易解吸，但损耗大，且易污染产品。高沸点溶剂解吸时需低压高温条件，但溶剂损耗小，且获得较高纯度的产品。

图 1.23 给出了 Lummus 公司 DMF 溶剂吸收法脱乙炔的工艺流程。本法乙炔纯度可达 99.9%以上，脱炔后乙烯产品中乙炔含量低达 1×10^{-6}，产品回收率 98%。

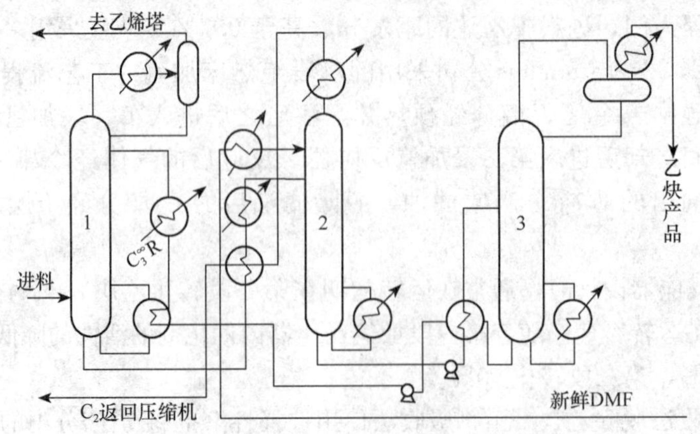

图 1.23 DMF 溶剂吸收法脱乙炔工艺流程（Lummus）

1. 乙炔吸收塔；2. 稳定塔；3. 汽提塔

溶剂吸收法与催化加氢法相比，投资大体相同，公用工程消耗也相当，因此，在需用乙炔产品时，则选用溶剂吸收法；当不需要乙炔产品时，则选用催化加氢法。

二、裂解气深冷分离的工艺流程组织

1. 分离方法简介

（1）油吸收精馏分离。利用 C_3（丙烯、丙烷）、C_4（丁烯、丁烷）作为吸收剂，将裂解气中除了 H_2、CH_4 以外的其他组分全部吸收下来，然后再根据各组分相对挥发度不同，将其一一分开。此法得到的裂解气中烯烃纯度低，操作费用高（动力消耗大），一般适用小规模，操作温度高（－70℃左右），可节省大量的耐低温钢材和冷量。

（2）深冷分离。工业上一般将冷冻温度在－100℃以下的叫深冷，冷冻温度在－100℃与－50℃之间的操作叫中冷，冷冻温度在－50℃以上的叫浅冷。深冷分离是将裂解气冷却到－100℃以下，此时裂解气中除了 H_2、CH_4 以外的其他组分全部被冷凝下来，然后再根据各组分相对挥发度不同，将其一一分开。

（3）中冷分离：在－100℃与－50℃之间进行分离。

（4）浅冷分离：在－50℃以上进行分离。

（5）分子吸附分离：利用吸附的方法（将烯烃吸附）。

（6）络合分离：将烯烃形成络合物。

（7）半透膜分离：利用膜分离。

2. 深冷分离的主要设备

（1）脱甲烷塔：将 H_2、CH_4 与 C_2 及比 C_2 更重的组分分开的塔。

（2）脱乙烷塔：将 C_2 及比 C_2 更轻的组分与 C_3 及比 C_3 更重的组分分开的塔。

（3）脱丙烷塔：将 C_3 及比 C_3 更轻的组分与 C_4 及比 C_4 更重的组分分开的塔。

（4）脱丁烷塔：将 C_4 及比 C_4 更轻的组分与 C_5 及比 C_5 更重的组分分开的塔。

（5）乙烯精馏塔：将乙烯与乙烷分开的塔。

（6）丙烯精馏塔：将丙烯与丙烷分开的塔。

3. 冷箱

在脱甲烷系统中，有些换热器、冷凝器、节流阀等温度很低，为了防止散冷，减少与环境接触的表面积，将这些冷设备集装成箱，此箱即为冷箱。

前冷工艺（流程）：冷箱在脱甲烷塔之前的工艺（流程），也叫前脱氢工艺（流程）。

后冷工艺（流程）：冷箱在脱甲烷塔之后的工艺（流程），也叫后脱氢工艺（流程）。

4. 深冷分离工艺流程

在裂解气这样一个多组分系统的精馏分离过程中，如何合理地组织好分离工艺流程，对于建设投资、能量消耗、操作费用、运转周期、产品的产量和质量、生产安全等关系极大。

裂解气深冷分离工艺流程、包括裂解气深冷分离中的每一个操作单元。不同的净化和精馏分离方案组成不同类型的裂解气分离流程，如图 1.24 所示。其中，三大代表性流程是顺序分离流程、前脱乙烷分离流程和前脱丙烷分离流程。三大代表性流程各有特点。一套乙烯装置采用哪种流程，主要取决于流程对需要处理裂解气的适应性、能量消耗、运转周期及稳定性、装置投资、产品成本以及安全生产等几个方面。

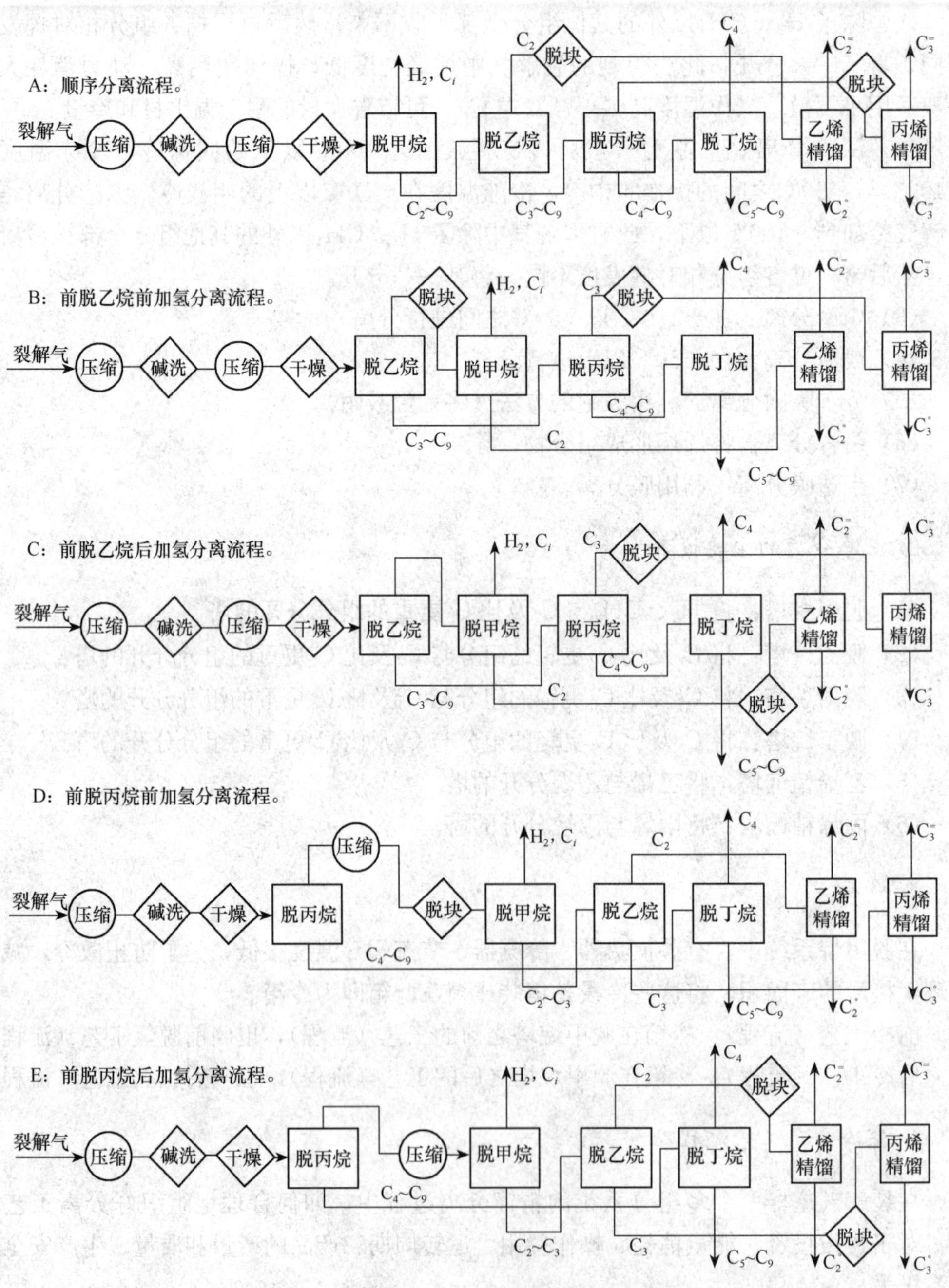

图 1.24　裂解气深冷分离流程分类示意

注：C上角的符号“°”代表烷烃，“=”代表烯烃，“≡”代表炔烃

(1) 顺序深冷分离流程 (123)。

如图 1.25 所示裂解气经过离心式压缩机一、二、三段压缩，压力达到 1.0MPa，送入碱洗塔，脱去 H_2S、CO_2 等酸性气体。碱洗后裂解气经过压缩机的四、五段压缩，压力达到 3.7MPa，经过冷却至 288K，去干燥器用 3A 分子筛脱水，使裂解气的露点温度达到 203K 左右。

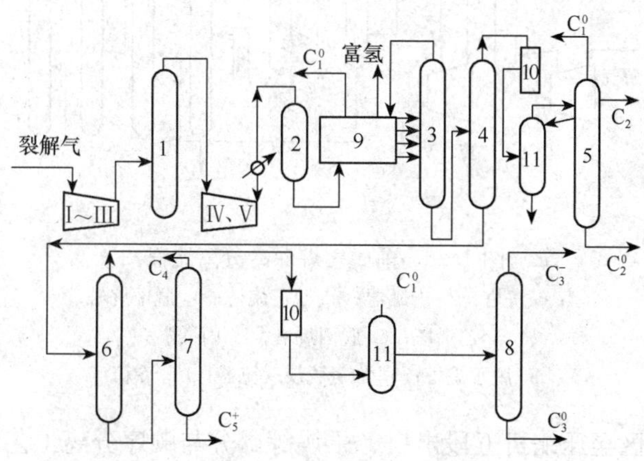

图 1.25　顺序深冷分离流程

1. 碱洗塔；2. 干燥塔；3. 脱甲烷塔；4. 脱乙烷塔；
5. 乙烯塔；6. 脱丙烷塔；7. 脱丁烷塔；8. 丙烯塔；
9. 冷箱；10. 加氢脱炔反应器；11. 滤油塔

干燥后的裂解气经过一系列冷却冷凝，在前冷箱中分出富氢和四股馏分，富氢经过甲烷化，作为加氢用氢气；四股馏分进入脱甲烷塔的不同塔板，轻馏分温度低，进入上层塔板，重馏分的温度高，进入下层塔板，脱甲烷塔塔顶脱去甲烷馏分。塔釜液是 C_2 以上的馏分，进入脱乙烷塔，塔顶分出 C_2 馏分，塔釜液为 C_3 以上馏分。由脱乙烷塔塔顶来的 C_2 馏分经过换热升温，进行气相加氢脱乙炔，在绿油塔用乙烯塔来的侧线馏分洗去绿油，再经过 3A 分子筛干燥，然后送去乙烯塔。在乙烯塔的上部的第八块塔板侧线引出纯度 99.9%的乙烯产品。塔釜液为乙烷馏分，送回裂解炉做裂解原料，塔顶脱甲烷、氢（在加氢脱乙炔时带入，也可在乙烯塔前设置第二脱甲烷塔，脱去甲烷，氢后再进入乙烯塔分离）。

脱乙烷塔釜液进入脱丙烷塔，塔顶分出 C_3 馏分，塔釜液为 C_4 以上的馏分含有二烯烃，易聚合结焦，故塔釜温度不宜超过 373K，并须加入阻聚剂。为了防止结焦堵塞，此塔一般有两个再沸器，以供轮换检修使用。

由脱丙烷蒸出的 C_3 馏分经过加氢脱丙炔和丙二烯，然后在绿油塔脱去绿油和加氢时带入的甲烷、氢、再带入丙烯塔进行精馏，塔顶蒸出纯度为 99.9%丙烯产品，塔釜液为丙烷馏分。

脱丙烷的塔釜液，在脱丁烷塔分成 C_4 馏分和 C_5 馏分，C_4 和 C_5 的馏分分别送往下一步工序，以便进一步分离和利用。

(2) 前脱乙烷深冷分离流程 (213)。前脱乙烷流程与顺序分离流程相比，前脱乙烷流程中脱乙烷塔放在脱甲烷系统之前，C_3、C_4馏分不进入脱甲烷塔，冷量的利用较合理，并可节省耐低温合金钢用量，典型的工艺流程如图 1.26 所示。

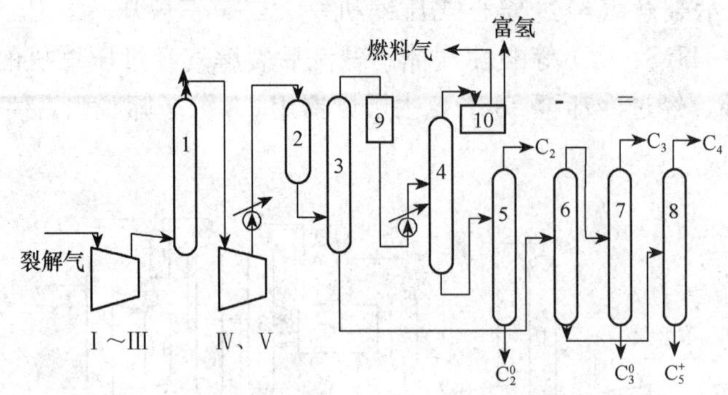

图 1.26 前脱乙烷深冷分离流程

1. 碱洗塔；2. 干燥器；3. 脱乙烷塔；4. 脱甲烷塔；
5. 乙烯塔；6. 脱丙烷塔；7. 丙烯塔；
8. 脱丁烷塔；9. 加氢脱炔反应器；10. 冷箱

该流程中从炉区至压缩机五段出口、干燥等部分与顺序分离工艺流程相同。不同的是氢、甲烷干燥后的气体首先经过脱乙烷塔把 C_2及其轻组分与重组分分开。从脱乙烷塔顶分出甲烷、氢和 C_2馏分，塔釜得到 C_3及其更重组分。塔顶馏分经冷箱、脱甲烷塔分出甲烷、氢后进入乙烯精馏塔系统。脱乙烷塔塔釜液送入脱丙烷塔，分出 C_3馏分和 C_4及其更重组分。前加氢除乙炔在脱甲烷前进行，利用裂解气混合气中的氢气进行加氢，具有流程短，操作简化，投资低、运转费用少等特点（省去了氢气提纯、净化过程），其缺点是对不同组成裂解气适应范围窄，只适应处理含有较大 C_3及以上的馏分，而丁二烯含量低的裂解气，目前还无十分理想的催化剂。后加氢脱除乙炔的工艺流程与顺序分离的工艺流程相同，但前脱乙烷后加氢工艺流程的热量消耗较多。

（3）前脱丙烷深冷分离流程（312）。典型的前脱丙烷流程如图 1.27 所示。该流程中脱丙烷塔居首，C_4及更重组分不进入脱甲烷系统。裂解气经三段压缩后，在脱丙烷

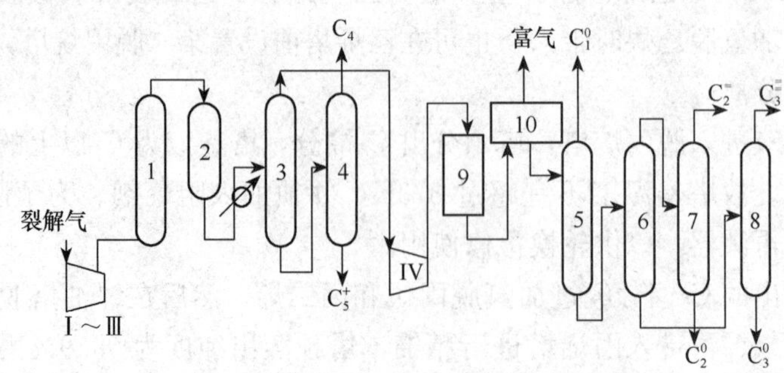

图 1.27 前脱丙烷深冷分离流程

1. 碱洗塔；2. 干燥塔；3. 脱丙烷塔；4. 脱丁烷塔；
5. 脱甲烷塔；6. 脱乙烷塔；7. 乙烯塔；8. 丙烯塔；
9. 加氢脱炔反应器；10. 冷箱

塔中首先将 C_3 及更轻组分与 C_4 及更重组分分开，然后 C_3 及更轻组分进入压缩机高压段继续压缩后进入精馏系统，再按照 C_1、C_2、C_3 的顺序先后分离出甲烷、氢、乙烯、丙烯等产品。由于该流程在较低的压力下脱去 C_4 及更重组分，因此避免了前脱乙烷工艺流程中对丁二烯等组分的严格要求，适宜处理含重组分较多的裂解气（尤其是 C_4 组分多的裂解气），冷量利用比较合理，工艺技术成熟。此流程脱除炔烃也有前加氢和后加氢工艺流程之分。采用前加氢工艺不但可以脱除乙炔，而且能除去丙炔、丙二烯，可以不设 C_3 加氢装置，残存的丙炔、丙二烯可用精馏法除去，使流程更加简化，但前加氢工艺还不够成熟，也可以在脱乙烷塔后分别对 C_2、C_3 加氢。

三种典型流程的异同点：

(1) 相同点：均采用了先易后难的分离顺序，即先分开不同碳原子数的烃（相对挥发度大），再分开相同碳原子数的烷烃和烯烃（乙烯与乙烷的相对挥发度较小，丙烯与丙烷的相对挥发度很小，难于分离）；产品塔（乙烯塔、丙烯塔）均并联置于流程最后，这样物料中组分接近二元系统，物料简单，可确保这两个主要产品纯度，同时也可减少分离损失，提高烯烃收率。

(2) 不同点：加氢脱炔位置不同；流程排列顺序不同；冷箱位置不同。

对于上述三种代表性流程的比较列于表 1.14。

表 1.14　深冷分离三大代表性流程的比较

比较项目	顺序分离流程	前脱乙烷流程	前脱丙烷流程
操作中的问题	脱甲烷塔居首，釜温低，不易堵再沸器	脱乙烷塔居首，压力高，釜温高，如 C_4 以上烃含量多，二烯烃在再沸器聚合，影响操作且损失丁二烯	脱丙烷塔居首，置于压缩机段间除去 C_4 以上烃，再送入脱甲烷塔、脱乙烷塔，可防止二烯烃聚合
对原料的适应性	不论裂解气是轻、是重，都能适应	不能处理含丁二烯多的裂解气，最适合含 C_3、C_4 烃较多，但丁二烯少的气体，如炼厂气分离后裂解的裂解气	因脱丙烷塔居首，可先除去 C_4 及更重的烃，故可处理较重裂解气，对含 C_4 烃较多的裂解气，此流程更能体现出其优点
冷量消耗	全馏分进入甲烷塔，加重甲烷塔冷冻负荷，消耗高能位的冷量多，冷量利用不够合理	C_3、C_4 烃不在甲烷塔冷凝，而在脱乙烷塔冷凝，消耗低能位的冷量，冷量利用合理	C_4 烃在脱丙烷塔冷凝，冷量利用比较合理
分子筛干燥负荷	分子筛干燥是放在流程中压力较高温度较低的位置，吸附有利，容易保证裂解气的露点，负荷小	情况同左	由于脱丙烷塔移在压缩机三段出口，分子筛干燥只能放在压力较低的位置，且三段出口 C_3 以上重烃不能较多冷凝下来，影响分子筛吸附性能，所以负荷大，费用大
塔径大小	因全馏分进入甲烷塔，负荷大，深冷塔直径大，耐低温合金钢耗用多	因脱乙烷塔已除 C_3 以上烃、甲烷塔负荷轻，直径小，耐低温合金钢可节省。而脱乙烷塔因压力高提馏段液体表面张力小，脱乙烷塔直径大	情况介乎前两流程之间
设备多少	流程长，设备多	视采用加氢方案不同而异	采用前加氢时，设备较少

任务六 热裂解过程的能量有效利用

一、压缩系统

裂解气中许多组分在常压下都是气体，其沸点很低，常压下进行各组分精馏分离，则分离温度很低，需要大量冷量和耐低温钢材。为了使分离温度不太低，可适当提高分离压力，裂解气分离中温度最低部位是甲烷和氢气的分离，即脱甲烷塔塔顶，它的分离温度与压力的关系有如下数据：

分离压力/MPa	甲烷塔顶温度/℃
3.0～4.0	−96
0.6～1.0	−130
0.15～0.3	−140

(1) 压力升高：各组分沸点升高，操作温度升高，耗冷量减少，需耐低温钢材减少，同时可脱除部分重组分和水，有利。

(2) 压力太高：对设备要求升高，压缩功增加，各组分相对挥发度减小，难分，塔釜温度升高，二烯烃聚合，不利。

(3) 综合结果采用 3～4MPa 大气压。

(4) 压力升高，压缩机内温度升高（近似绝热），二烯烃聚合，沉积在汽缸上，磨损等，同时，压缩机内温度升高，使润滑油黏度下降，使压缩机缩短寿命，为了克服这种矛盾，工程上采用多段压缩，段与段间并须设置中间冷却器。

由上述数据可见分离压力高时，分离温度也高；反之分离压力低时，分离温度也低。分离操作压力高，多耗压缩功，少耗冷量；分离操作压力低时，则相反。此外压力高时，精馏塔塔釜温度升高，易引起重组分聚合，并使烃类的相对挥发度降低，增加分离困难。低压下则相反，塔釜温度低不易发生聚合，烃类相对挥发度大，分离较容易。两种方法各有利弊，都有采用。工业上已有的深冷分离装置以高压法居多，通常采用 3.6MPa 左右。

裂解气压缩基本上是一个绝热过程，气体压力升高后，温度也上升，经压缩后的温度可由气体绝热方程式算出。

$$T_2 = T_1\left(\frac{p_2}{p_1}\right)^{(k-1)/k}$$

式中 T_1，T_2——压缩前后的温度，K；

p_1，p_2——压缩前后的压力，MPa；

k——绝热指数，$k=c_p/c_V$。

随压力升高，压缩机内裂解气温度也升高，会使二烯烃在压缩机内聚合，聚合物沉积在气缸上造成磨损，还会使压缩机内润滑油黏度下降，润滑效果变差，为了克服以上矛盾，工程上采用多级压缩与段间冷却相结合的方法。一般采用 3～5 级压缩。多级压缩：

① 节约压缩功耗。压缩机压缩过程接近绝热压缩，功耗大于等温压缩，若把压缩

分为多段进行，段间冷却移热，则可节省部分压缩功，段数越多，越接近等温压缩。图 1.28 以四段压缩为例与单段压缩进行了比较。由图可见，单段压缩时气体的 pV 沿线 BC 变化，而四段压缩时，则沿线 B 1234567 进行，后者比较接近等温压缩线 BC，所以节省的功相当图中斜线所示面积。

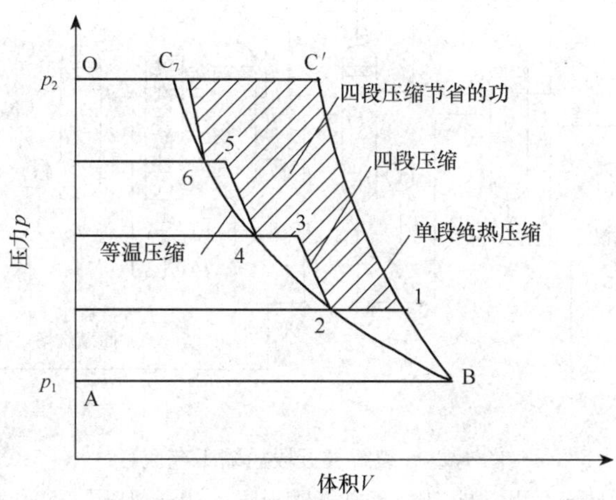

图 1.28　单段压缩与多段压缩在 p-V 图上的比较

② 降低出口温度。裂解气重组分中的二烯烃易发生聚合，生成的聚合物沉积在压缩机内，严重危及操作的正常进行，而二烯烃的聚合速度与温度有关，温度越高，聚合速度越快。为了避免聚合现象的发生，必须控制每段压缩后气体温度不高于 100℃。

③ 段间净化分离。裂解气经压缩后段间冷凝可除去其中大部分的水，减少干燥器体积和干燥剂用量，延长再生周期。同时还从裂解气中分凝部分水、C_3 及 C_3 以上的重组分，减少进入深冷系统的负荷，相应节约了冷量。

根据工艺要求可在压缩机各段间安排各种操作，如酸性气体的脱除，前脱丙烷工艺流程中的脱丙烷塔等。图 1.29 所示为 Kellogg 公司在某大型乙烯装置（68 万 t/a）采用的五段压缩工艺流程，表 1.15 给出了相应的工艺参数。

表 1.15　裂解气五段压缩工艺参数实例

裂解原料：轻烃和石脑油　　乙烯生产能力：68 万 t/a

段数		Ⅰ	Ⅱ	Ⅲ	Ⅳ	Ⅴ
进口条件	温度/℃	38	34	36	37.2	38
	压力/MPa	0.13	0.245	0.492	0.998	2.028
出口条件	温度/℃	87.8	85.6	90.6	92.2	92.2
	压力/MPa	0.260	0.509	1.019	2.108	4.125
	压缩比	2.0	2.08	1.99	2.11	2.04

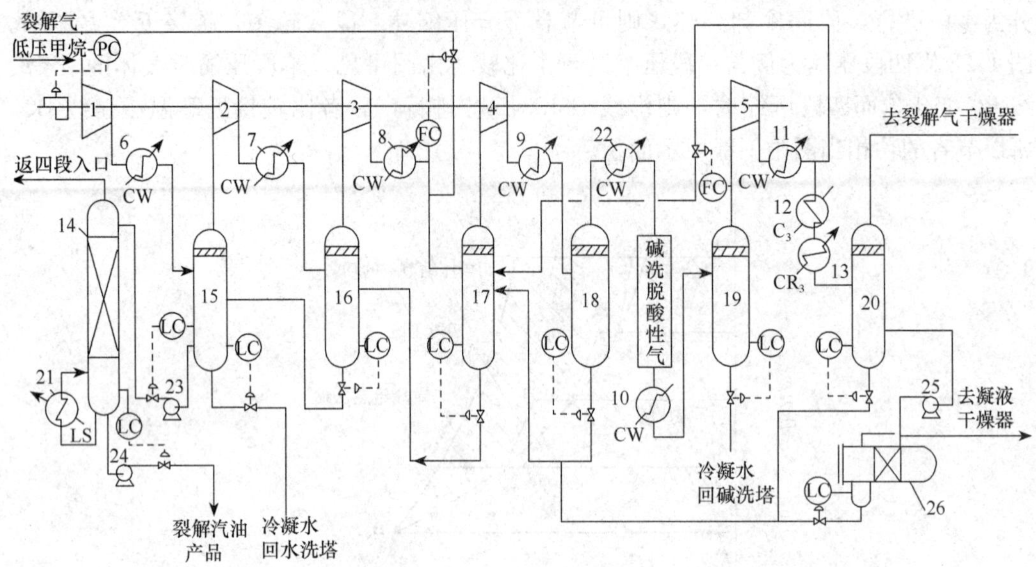

图 1.29 裂解气五段压缩工艺流程

1. 压缩机一段；2. 压缩机二段；3. 压缩机三段；4. 压缩机四段；5. 压缩机五段；6～13. 冷却器；14. 汽油汽提塔；15. 二段吸入罐；16. 三段吸入罐；17. 四段吸入罐；18. 四段出口分离罐；19. 五段吸入罐；20. 五段出口分离罐；21. 汽油气提塔再沸器；22. 急冷水加热器；23. 凝液泵；24. 裂解汽油泵；25. 五段凝液泵；26. 凝液水分离器

二、裂解装置中的制冷系统

深冷分离过程需要制冷。制冷是利用制冷剂压缩和冷凝得到制冷剂液体，再在不同压力下蒸发，则获得不同温度级位的冷冻过程（或说获得冷量的过程）。

1. 制冷剂的选择

常用的制冷剂见表 1.16。表中的制冷剂都是易燃易爆的，为了安全起见，不应在制冷系统中漏入空气，即制冷循环应在正压下进行。这样各制冷剂的常压沸点就决定了它的最低蒸发温度。原则上沸点为低温的物质都可以用做制冷剂，而实际选用时，则需选用可以降低制冷装置投资、运转效率高、来源丰富、毒性小的制冷剂。对乙烯装置而言，装置产品为乙烯、丙烯，且乙烯和丙烯具有良好的热力学特性，因而均选用丙烯、乙烯作为乙烯装置制冷系统的制冷剂。在装置开工初期尚无乙烯产品时，可用混合 C_2 馏分暂时代替乙烯作为制冷剂。待生产合格乙烯后再逐步置换为乙烯。

表 1.16 制冷剂的性质

制冷剂	分子式	沸点/℃	凝固点/℃	蒸发潜热/(kJ/kg)	临界温度/℃	临界压力/MPa	与空气的爆炸极限	
							下限	上限
氨	NH_3	−33.4	−77.7	1373	132.4	11.292	15.5%	27%
丙烷	C_3H_8	−42.07	−187.7	426	96.81	4.257	2.1%	9.5%
丙烯	C_3H_6	−47.7	−185.25	437.9	91.89	4.600	2.0%	11.1%

续表

制冷剂	分子式	沸点/℃	凝固点/℃	蒸发潜热/(kJ/kg)	临界温度/℃	临界压力/MPa	与空气的爆炸极限	
							下限	上限
乙烷	C_2H_6	−88.6	−183.3	490	32.27	4.883	3.22%	12.45%
乙烯	C_2H_4	−103.7	−169.15	482.6	9.5	5.116	3.5%	28.6%
甲烷	CH_4	−161.5	−182.48	510	−82.5	4.641	5.0%	15.0%
氢	H_2	−252.8	−259.2	454	−239.9	1.297	4.1%	74.2%

丙烯常压沸点为−47.7℃，可作为−40℃温度级的制冷剂。乙烯常压沸点−103.7℃，可作为−100℃温度级的制冷剂。采用低压脱甲烷分离流程时，可能需要更低的制冷温度，此时常采用甲烷制冷。甲烷常压沸点为−161.49℃，可作为−160～−120℃温度级的制冷剂。

2. 节流膨胀制冷

高压低温的气体迅速通过节流阀泄压膨胀，由于过程进行的非常快，来不及与外界进行热交换，膨胀所需要的能量只有取自气体本身（内能），这样就使其温度下降，这种过程就叫节流膨胀制冷，温度下降值叫节流效应。液体节流必须有部分气化。节流前温度越低、压力越高，节流效果越好。

一般气体在常温、或低温及中等压力下节流均可降温，而氢气只有在193K以下节流才降温，而在193K以上节流不仅不降温，反而升温，此温度叫氢气的倒转温度。每种气体都有一个倒转温度。

3. 冷冻循环制冷

(1) 氨冷冻循环制冷，包括液氨的蒸发、气态氨的压缩、气态氨的冷凝、液氨的节流四个过程，能获得−30℃左右的低温。

(2) 乙烯-丙烯复叠制冷。在乙烯装置中广泛采用复叠制冷循环实现深冷制冷循环。以丙烯为制冷剂构成的蒸气压缩制冷循环中，其冷凝温度可采用38～42℃的环境温度（冷却水冷却或空冷）。但是，在维持蒸发压力不低于常压的条件下，其蒸发温度受丙烯沸点的限制而只能达到−45℃左右的低温条件。换言之，丙烯制冷循环难于获得更低的温度。

以乙烯为制冷剂构成的蒸气压缩制冷循环中，在维持蒸发压力不低于常压的条件下，其蒸发温度可降至−102℃左右。换言之，乙烯制冷剂可以获得−102℃的低温。但是，在压缩—冷凝—节流—蒸发的蒸气压缩制冷循环中，由于受乙烯临界点的限制，乙烯制冷剂不可能在环境温度下冷凝，其冷凝温度必须低于其临界温度（9.9℃）。为此，乙烯蒸气压缩制冷循环中的冷凝器需要使用制冷剂进行冷却。此时，如果采用丙烯制冷循环为乙烯制冷循环的冷凝器提供冷量，则构成图1.30中所示的可制取−102℃低温冷量的乙烯-丙烯复叠制冷循环。

(3) 甲烷-乙烯-丙烯复叠制冷。在维持蒸发压力不低于常压条件下，乙烯制冷剂不能达到−102℃以下的制冷温度。为制取更低温度级的冷量，尚需选用沸点更低的制冷剂。例如，选用甲烷为制冷剂时，由于其常压沸点低达−161.5℃，因而可能制取－160℃温度级的冷量。但是，随着常压沸点的降低，其临界温度也降低。甲烷的临界温度为－82.5℃，因而以甲烷力制冷剂时，则其冷凝温度必须低于－82.5℃。此时，如以乙烯制冷剂为其冷凝器提供冷量，则构成图 1.31 所示甲烷-乙烯-丙烯三元复叠制冷循环。

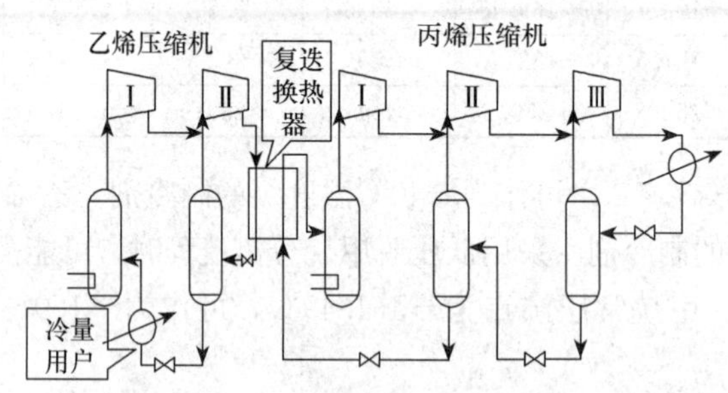

图 1.30 乙烯—丙烯复叠制冷循环

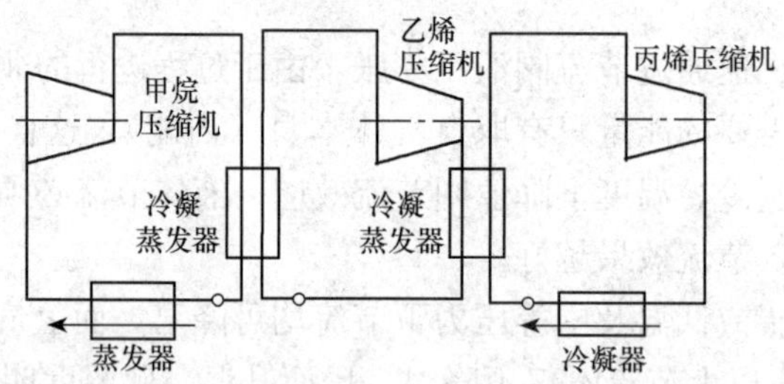

图 1.31 甲烷-乙烯-丙烯复叠制冷系统

复叠式制冷循环是能耗较低的深冷制冷循环，复叠制冷循环的主要缺陷是制冷机组多，又需有贮存制冷剂的设施，相应投资较大，操作较复杂，而在乙烯装置中，所需制冷温度的等级多，所需制冷剂又是乙烯装置的产品。贮存设施完善，加上复叠制冷循环能耗低，因此，在乙烯装置中仍广泛采用复叠制冷循环。

通常，乙烯装置多采用乙烯-丙烯复叠制冷系统提供－102℃以上各温度级的冷量，而少量低于－102℃温度级的冷量，则通过甲烷-氢馏分的节流膨胀或等熵膨胀而获得。当低温分离系统所需－102℃以下温度级冷量较大时（如采用低压脱甲烷工艺流程），可采用甲烷-乙烯-丙烯三元复叠制冷系统补充低温冷量。

4. 多级蒸汽压缩制冷循环

(1) 多级压缩多级节流蒸发。单级蒸汽压缩制冷循环只能提供一种温度的冷量，即蒸发器的蒸发温度，这样不利于冷量的合理利用。为降低冷量的消耗，制冷系统应提供多个温度级别的冷量，以适应不同冷却深度的要求。在需要提供几个温度级的冷量时，可在多级节流多级压缩制冷循环的基础上，在不同压力等级设置蒸发器，形成多级节流多级压缩多级蒸发的制冷循环，以一个压缩机组同时提供几种不同温度级的冷量，从而降低投资。图 1.32 为制取四个温度级别制冷量的丙烯制冷系统典型工艺流程。该流程中的丙烯冷剂从冷凝压力（约 1.6MPa）逐级节流到 0.9MPa、0.5MPa、0.26MPa、0.14MPa，并相应制取 16℃、－5℃、－24℃、－40℃四个不同温度级的冷量。

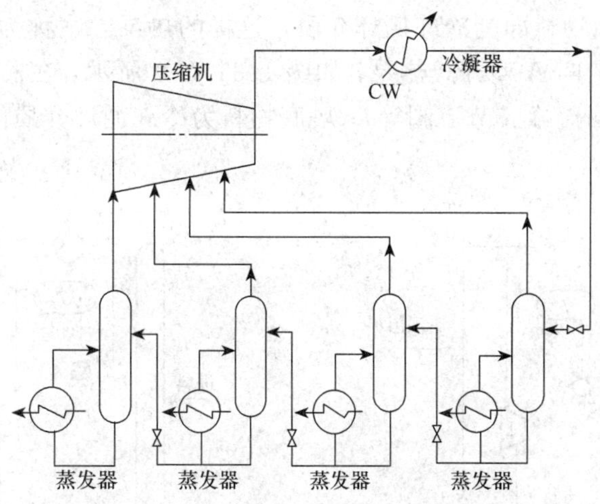

图 1.32　不同温度级的丙烯制冷系统

(2) 热泵。所谓“热泵”是通过做功将低温热源的热最传送给高温热源的供热系统(或说将精馏塔顶移出的热量传到精馏塔底设备。显然，热泵也是采用制冷循环，利用制冷循环在制取冷量的同时进行供热。

在单级蒸汽压缩制冷循环中，通过压缩机作功将低温热源（蒸发器）的热量传送到高温热源（冷凝器)，此时，如仅以制取冷量为目的，则称为制冷机。如果在此循环中将冷凝器作为加热器使用，利用制冷剂供热则可称此制冷循环为热泵。

在裂解气低温分离系统中，有些部位需要在低温下进行加热，例如：低温分馏塔的再沸器和中间再沸器、乙烯产品气化等。此时，例如，利用制冷循环中气相冷剂进行加热，则可以节省相当的能耗。以多级丙烯制冷系统为例，例如，在压缩机中间各段设置适当的加热器（图 1.33)，用气相冷剂进行加热，不仅节省了压缩功，而且相应减少冷凝器热负荷，这种热泵方案在能量利用方面是合理的。

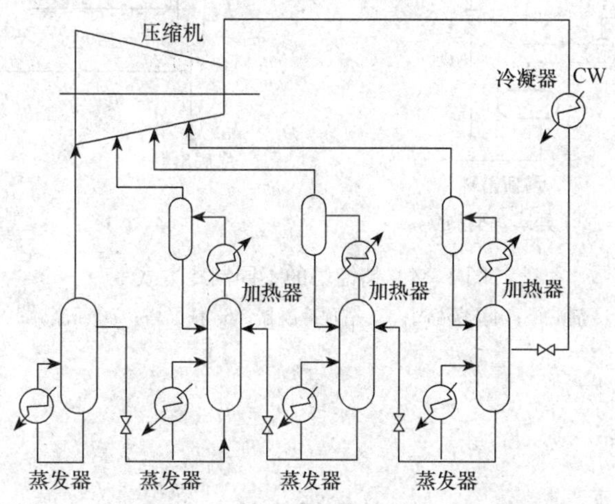

图 1.33　丙烯制冷系统的热泵方案

闭式热泵：冷冻循环介质与塔中物料自成系统，没有物料上的接触与勾通，这样的热泵方案称为闭式热泵，如图 1.34（a)、(b）所示。

开式热泵：塔中物料即为冷冻循环介质，这样的热泵方案称为开式热泵。塔顶物料为冷冻循环介质的叫 A 型开式热泵，如图 1.34（c）所示，在乙烯厂中常用（节省了低温的冷凝器、回流罐、节流阀等）；塔底物料为冷冻循环介质的叫 B 型开式热泵，如图 1.34（d）所示。

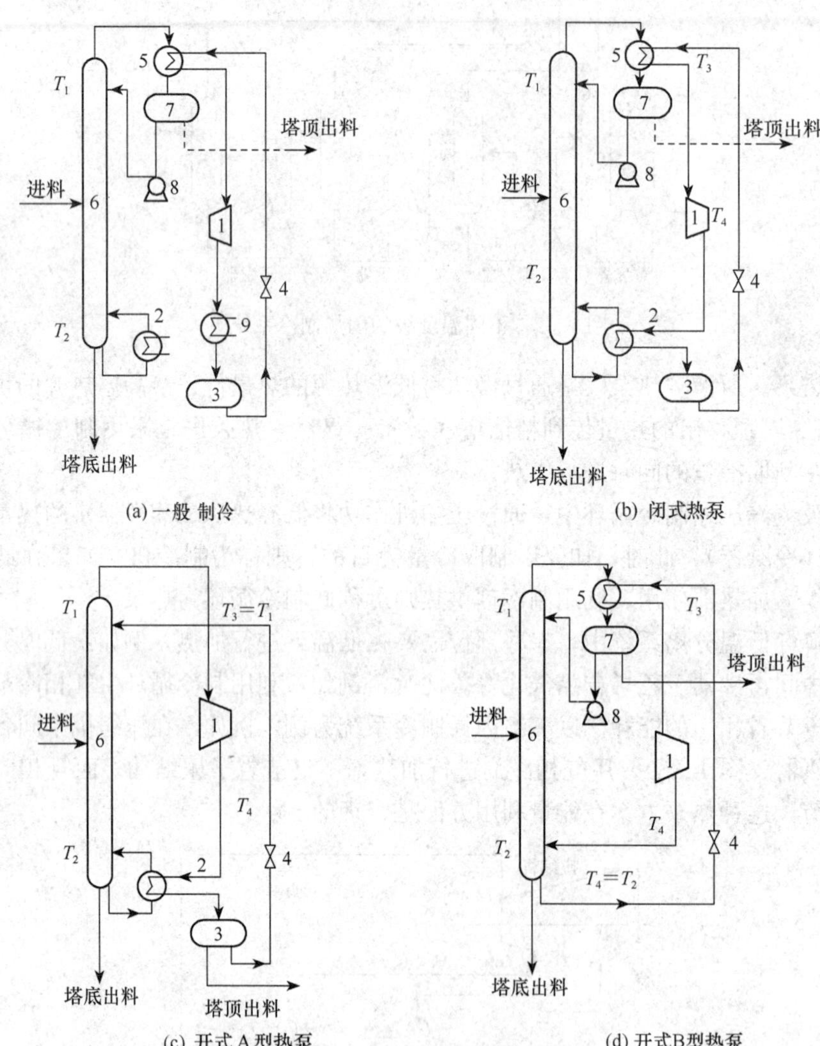

图 1.34 精馏塔的不同制冷方式

1. 压缩机；2. 再沸器；3. 冷剂贮罐；4. 节流阀；5. 塔顶冷凝器；6. 精馏塔；7. 回流罐；8. 回流泵；9. 冷剂冷凝器

操作链接

岗位操作法

一个化工装置要实现顺利试车及正常运行，除了需要一个科学、先进的操作规程以外，还必须有一整套岗位操作法。

1. 岗位操作法的意义及作用

岗位操作法是用来实施和贯彻操作规程中所列的开、停车程序，并将其进行细化，每个岗位能够互相配合、互有分工地将全装置启动起来，而且在生产需要和异常情况出现时，能把全装置正确地停止运转。

岗位操作法是操作规程的实施和细化，是每个岗位操作人员借以进行生产操作的依据及指南，它与操作规程一样，一经颁发实施即具有法定效力，是工厂法规的基础材料及基本守则。每个操作工人在走上生产岗位之前都要经过岗位操作法的学习及考试。只有熟悉岗位操作法、能用操作法中的有关内容指导实施正常生产并经过考核合格的人员才能走上操作岗位。同样，任何个人无权随意地更改操作法的有关内容。如有违反操作法或随意更改操作法的人员，应予严肃批评教育；如果由此而造成生产事故则要追究其责任。由于违反岗位操作法而造成跑料、泄漏、爆炸、失火及人身伤亡等事故，在化工生产中也是经常发生的。如某石油化工厂的聚丙烯装置，由于岗位操作人员未严格执行操作法，将低压瓦斯气外逸至包装车间形成可燃气体，当包装机启动时火花与可燃气体相遇即引起爆燃，事故造成 7 人烧伤及 1 人死亡，直接经济损失数万元，所以，每个操作人员都必须认真地学习及掌握好岗位操作法，严格按操作法进行操作，杜绝事故发生，完成好本岗位的生产任务。

此外，岗位操作法也是工厂考核工人转正、定级的基本依据，也是新工人进行教育培训的基础教材。一般新工人进厂，除了要进行化工知识的一般讲座培训外，必须组织学习操作规程及岗位操作法，使他们对化工生产的了解由抽象转为具体。而对老工人，每年必须按岗位操作法对其进行考核，然后决定其技术等级，以激励操作工人不断地学习和进取，达到高级技工的水平。

2. 岗位操作法的内容及要求

作为工厂法规的基础材料及基本守则，岗位操作法的内容及要求包括如下内容：

1）本岗位的基本任务

要求应以简洁、明了的文字说明本岗位所从事的生产任务。例如，原料准备岗位，每班要准备的原料种类、数量、质量指标、温度、压力等；准备好的原料应送往的具体岗位，每班送往的次数，每次送往的吨数；本岗位与前、后相关岗位的分工及合作情况，特别应明确两个岗位之间的交接点，绝不能造成“两不管”的状况。

2）工艺流程概述

要求说明本岗位的工艺流程及起止点，并列出工艺流程简图。

3）所管设备

应列出本岗位生产操作所使用的所有设备、仪表，标明其数量、型号、规格、材质、重量等。通常以设备一览表的形式来表示。

4）操作程序及步骤

列出本岗位如何开车及停车的具体操作步骤及操作要领。例如，先开哪个管线及阀门；是先加料还是先升温，加料及升温具体操作步骤，要加多少料，温度升到多少度，都要详细列出；特别是空车开车及倒空物料作抢修准备的停车，操作步骤更要详细列出。

5）生产工艺控制指标

凡是由车间下达到本岗位的工艺控制指标，如反应温度、操作压力、投料量、配料比、反应时间、反应空间速度等都应一个不漏地全部列出。

6）仪表使用规程

要求列出所有仪表（包括现场的和控制室内的）的启动程序及有关规定。

7）异常情况及其处理措施

列出本岗位通常发生的异常情况有哪几种，发生这些异常情况的原因分析，以及采用什么处理措施来解决上列的几种异常状况，处理措施必须具体化、具有可操作性。

8）巡回检查制度及交接班制度

应标明本岗位的巡回检查路线及其起止点，必要时以简图列出；列出巡回检查的各个点、检查次数、检查要求等。交接班制度应列出交接时间、交接地点、交接内容、交接要求及交接班注意事项等。

9）安全生产守则

应结合装置及岗位特点，列出本岗位安全工作的有关规定及注意事项。例如，本岗位不能穿带钉子的鞋上岗、需戴橡皮围裙及橡皮手套进行操作等都应以具体的条款列出。

10）操作人员守则

应从生产管理角度对岗位人员提出一些要求及规定。例如，上岗严禁抽烟、必须按规定着装等以及提高岗位人员素质、实现文明生产的一些内容及条款。

对于上述基本内容，应结合每个岗位的特点予以简化或细化，但必须符合岗位生产操作及管理的实际要求。编写内容应具体，适当结合一些理论，但要突出具体操作。文字要简洁明了、含义明确，以免导致误操作以及岗位之间的扯皮。对于前岗位或后岗位的工作内容及所管辖范围，则在本岗位的操作法中不应列出；如必须列出时，应明确本岗位的职责只是予以配合。操作人员如对岗位操作法中某些内容、要求不够清楚时，应及时请示班长及值班主任，不能随意解释及推测。否则，岗位操作发生事故应由操作人员负主要责任。

3. 岗位操作法的编制、批准和修订

1）岗位操作法的编制、批准

岗位操作法一般由装置的工艺技术人员牵头组织编写初稿，并可由车间安全员、班组长及其他一些生产骨干共同参与编写工作。编写过程可与操作规程同步，也可先完成操作规程继而完成岗位操作法。

岗位操作法的编制方式一般也有两种。

（1）一种方式是由工艺技术人员组织车间安全员、班组长及其他一些生产骨干，一起消化、学习装置的设计说明书、初步设计及试车规程和操作规程，在此基础上编写岗位操作法。一般在化工投料之前，先编写一个初稿供试车用，也可称为“试行稿”；在化工试车总结基础上，对初稿再进行补充、修改、完善，然后正常试生产一段时间后确定最终送审稿。因为在试车阶段毕竟时间甚短，许多问题一时尚未暴露出来，所以在试

生产一个时期后，再予确定最终送审稿的做法比较值得推荐。为了使工厂在试生产阶段有法可依，可将这一阶段的岗位操作法定为试行稿，交由工厂生产技术科审查备案。

（2）另一种方式则由装置的工艺技术人员牵头组织部分生产骨干，去国内（外）同类生产工厂培训，并收集同类装置的岗位操作法等技术资料后，再按不同专业、不同岗位有针对性地对同类装置相同岗位的操作法进行修改、补充、完善来完成初稿进行试行；在试行一个阶段后再做一次修改，完成最终送审稿。

上述两种岗位操作法的编写方式可根据情况选择使用，也可将两种方式结合起来进行初稿的编写。

总之，无论采用哪种方式编写，对于编写好的岗位操作法，既要满足生产管理的需要，又要使操作工人易懂、易学、易明了、易执行。初稿确定后由车间主任组织讨论修改后试行，试行一阶段后再作修改，完成送审稿，交由工厂生产技术部门及总工程师进行审定，由厂长批准颁发。

岗位操作法与操作规程一样，一经批准下达即具有法定效力，任何人不得随意修改，各类人员都应维护其严肃性。

2）岗位操作法的修订

岗位操作法的修订工作与操作规程情况基本类同。一种情况是由于科技进步，革新了原来的工艺流程或主要设备；另一种情况是由于扩建增加了生产能力；第三种情况是由于操作人员和技术人员在生产一个阶段后发现了设计上的一些缺陷及一些薄弱环节后，提出了一些改进的意见和措施，这样原有的操作法就必须进行修订和补充；此外，在工厂体制、管理模式进行调整时，也可能要对岗位操作法进行一些修改或补充。

操作法修订和报批的程序与前述相同。新操作法一旦报批颁发，原有的操作法即宣告失效。

思考题

1. 网上调查我国有哪些大型乙烯工程项目？分布在哪些区域？

2. 何谓一次反应？不同烃类热裂解的一次反应规律如何？何谓二次反应？二次反应对裂解有何影响？

3. 从热力学和动力学两个方面综合分析说明烃类热裂解反应的裂解温度和停留时间对裂解反应过程有何影响？如何选择适宜的裂解温度和停留时间？

4. 裂解原料的组成如何？表征裂解原料特性的指标有哪些？

5. 从化学平衡和反应速率方面说明压力对裂解反应有何影响？

6. 裂解过程中为何要加入水蒸气？水蒸气加入的原则是什么？

7. 管式裂解炉裂解的生产技术要点是什么？目前代表性裂解技术有哪些？

8. 裂解气的组成及分离目的有哪些？工业上采用哪些分离方法？

9. 深冷分离过程由哪几大系统组成？各个系统的主要任务是什么？

10. 在确定深冷分离工艺流程时需要从哪些方面考虑？

11. 裂解气深冷分离为何采用多段压缩技术？段数的多少如何确定？

12. 裂解气体中有哪些酸性气体？其危害、来源及脱除方法分别是什么？

13. 为什么要严格控制裂解气中的水的含量？

14. 裂解气中的炔烃有哪些？其危害如何？工业上的脱炔烃方法有哪些？各种方法的应用情况如何？

15. 裂解气的深冷分离的工艺流程有哪些？画出各个工艺流程示意图，并说明各个流程的特点和使用范围。

16. 热裂解过程中采用哪些节能措施？

17. 什么是热泵？什么是冷箱？

18. 何时需要清焦？生产中采用哪些清焦方法？

项目二　甲醇的生产

☞ 知识目标

(1) 了解甲醇的性质、产品规格及用途。

(2) 了解甲醇的制取方法，甲醇生产技术发展趋势。

(3) 掌握甲醇合成的反应原理、工艺条件和工艺流程。

(4) 理解甲醇合成反应设备的结构和工作原理。

☞ 能力目标

(1) 能够进行甲醇生产过程工艺条件的分析、判断和选择。

(2) 能阅读和绘制甲醇生产工艺流程图。

(3) 能进行甲醇生产过程的Des操作与控制。

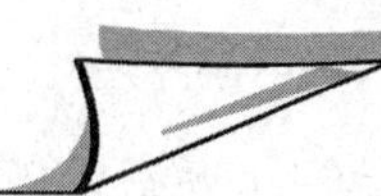

任务一　甲醇工业认识

一、甲醇的性质及用途

甲醇，又名木醇或木精，是有机物醇类中最简单的一元醇。常温、常压下为无色透明、略带乙醇香气味的挥发性液体。常压下沸点64.7℃，能溶于水，在汽油中有较大的溶解度，有毒、易燃、其蒸气与空气能形成爆炸混合物。甲醇是由合成气生产的重要化学品之一，是重要的化工基础原料和清洁液体燃料，广泛应用于有机合成、染料、医药、农药、涂料、汽车和国防等工业中。

二、历史沿革

1661年，英国化学家R.玻意耳首先在木材干馏的液体产品中发现了甲醇。木材在长时间加热炭化过程中，产生可凝和不可凝的挥发性物质，这种被称为焦木酸的可凝性液体中含有甲醇、乙酸和焦油。除去焦油的焦木酸可通过精馏分离出天然甲醇和乙酸。生产1kg的甲醇约需60～80kg的木材，这成为工业上获得甲醇的最古老方法。

1923年，德国巴登苯胺纯碱公司在合成氨工业化的基础上，首先用锌铝催化剂在高温高压的操作条件下实现了由一氧化碳和氢合成甲醇的工业化生产，开创了工业合成甲醇的先河。工业合成甲醇成本低，产量大，促使了甲醇工业的迅猛发展。甲醇消费市场的扩大，又促使甲醇生产工艺不断改进，生产成本不断下降，生产规模日益增大。至20世纪60年代中期，所有甲醇生产装置均采用高压法。

1966年，英国卜内门化学工业公司研制成功铜系催化剂并开发了低压工艺，简称ICI低压法，随后又实现了更为经济的中压法甲醇合成工艺。1971年，联邦德国鲁奇公司开发了另一种低压合成甲醇工艺（简称鲁奇低压法）。1973年意大利一座氨和甲醇联合生产装置开工，日产600t甲醇和1250t氨。

20世纪70年代中期以后，世界上新建和扩建的甲醇厂均采用低压法，已有的高压法老厂也在逐步改成低压法，并出现了其他低压生产工艺和生产燃料甲醇的工艺。随着甲醇合成工艺的成熟和规模的扩大，由甲醇合成和甲醇应用所组成的甲醇工业成为化学工业中的一个重要分支，在经济的发展中起着越来越重要的作用。

三、甲醇下游产品的开发与应用

甲醇是重要的化工原料，从甲醇出发可合成许多化工产品，还可以经生化反应可制成单细胞蛋白、汽油添加剂和甲醇燃料等，具有广泛的用途。在我国能源构成中以煤为主，由煤制液体燃料势在必行。由煤制甲醇再制甲醇系列产品是很有前途的技术路线。随着煤化工的发展，我国的甲醇产量越来越大，因此，发展甲醇燃料和甲醇化学在我国更有重要意义。

（一）甲醇燃料

甲醇是一种易燃的液体，具有良好的燃烧性能，辛烷值高（110～200），抗爆性能好，因此在开发代用燃料领域中，甲醇是重点开发对象。

1. 甲醇汽油混合燃料

甲醇（CH_3OH）是由C、H、O元素构成，C、H是可燃的，O是助燃的。甲醇是一种无烟燃料。汽油中掺烧甲醇国外早已进行，掺入4%～8%效果良好。美国、西德用于燃料甲醇每年有0.15～0.2Mt。汽油中混入甲醇15%左右，可以正常用于汽车。

甲醇与汽油互溶性差，受温度影响较大，需要加入助溶剂。助溶剂可用乙醇、异丁醇，甲基叔丁基醚（MTBE）等。

2. 合成甲醇燃料

意大利用改进Zn-Cr-O合成甲醇催化剂，反应压力10～15MPa，温度410℃，产品组成为CH_3OH70%，C_2H_5OH 2.4%～5.0%，C_3H_7OH5.6～10%，C_4H_9OH13%～15%，高碳醇以异丁醇为主，有很强的助溶性。此产品可直接掺入汽油。掺入15%甲醇即M15作为燃料使用。

法国LFP制得以甲醇为主的混合醇燃料。所用催化剂为Cr、Fe、V、Mn，反应压力5.0～12MPa，温度240～300℃。所用合成气组成CO19%，$H_2$66%，$CO_2$13%，N_2 2%。可直接掺入汽油。

联邦德国鲁奇公司在低压合成甲醇技术基础上，发展了混合醇工艺，产品中C_2以上的醇含量较高，可达17%，主要控制 H_2/CO 比。例如，合成反应压力5.0～10MPa，温度290℃，合成气中 $H_2/CO \approx 10$，所生产的燃料甲醇组成为 CH_3OH 53.3%，C_2H_5OH 3.9%，C_3H_7OH 3.1%，C_4H_9OH 6.2%，$C_5H_{11}OH$ 3.8%，$C_6H_{13}OH$ 14.8%。混合醇中水的含量小于1%，可以直接作燃料使用。

3. Mobil 法甲醇制汽油

Mobil 法是用ZSM-5分子筛催化剂，把甲醇转化成汽油，已在新西兰实现了工业化。该法分两步进行，均可采用固定床绝热反应器。第一步是使含水甲醇在315～410℃温度条件下通过装有 *r*-Al203 催化剂的脱水反应器，使甲醇脱水生成含有二甲醚、水和甲醇的平衡混合物，第二步是将自脱水反应器流出的平衡混合物于360～400℃温度条件下通过装有ZSM-5分子筛催化剂的转化反应器，使进一步转化为烃类，产物中没有甲醇和二甲醚，即甲醇的转化率可达100%。由于ZSM-5分子筛催化剂选择性良好，故 C_{11} 以上烃类只有痕量。例如，把 C_4 部分也掺入汽油中，则每转化100t甲醇，可生产汽油35.6t，汽油的辛烷值可达94～95。

由于反应过程中有焦生成，催化剂活性会随之下降，反应一定时间后，需进行烧焦再生。

4. 甲醇制甲基叔丁基醚（MTBE）

甲基叔丁基醚（分子式 $C_4H_9OCH_3$）是一种高辛烷值汽油组分，其基础辛烷值RON：118，MON：100，是优良的汽油高辛烷值添加剂和抗爆剂。MTBE与汽油可以任意比例互溶而不发生分层现象，与汽油组分调和时，有良好的调和效应，调和辛烷值高于其净辛烷值。MTBE含氧量相对较高，能够显著改善汽车尾气排放，是汽油的辛烷值改进剂，在汽油的无铅化中发挥了重要作用。

MTBE具有良好的化学安定性和物理安定性，在空气中不易生成过氧化物，MTBE毒性很低，在生产和使用过程中，不会产生严重毒害人体健康的问题，但近来发现它会污染地下水。

MTBE由甲醇与异丁烯合成，反应方程式如下：

$$CH_3OH + H_2C{=}C(CH_3)_2 \longrightarrow CH_3-O-C(CH_3)_3 + H_2O$$

该生产工艺比较成熟，操作方便。一般反应温度为60～80℃，压力为0.5～5.0MPa，转化率大于90%，生成的MTBE的选择性大于98%。MTBE合成工艺是 C_4 馏分中脱除异丁烯的有效手段，余下的 C_4 馏分可生产丁二烯。由于MTBE的优异性能，生产工艺又是 C_4 馏分的分离手段，故在国外发展迅速，产量很大，国内也在发展。

（二）甲醇化学

以甲醇为原料可以合成多种化学产品，如甲醛、甲胺、硫酸二甲酯、对苯二甲酸二甲酯、甲基丙烯酸甲酯、氯代甲烷等，其中甲醛是最大量的产品，约占甲醇总耗量的50%。其他大部分产品在染料、农药、医药、合成树脂、橡胶、化纤工业中得到广泛应用。

甲醇化学包括的反应类型有裂解、氧化、羰化、酯化合成以及生物化学等反应。下面对近年来开发成功或正在开发的反应做一简单介绍。

1. 甲醇羰化

甲醇羰化可制甲酸、醋酸等产品。

甲酸广泛用于农药、皮革、医药、橡胶等工业。甲酸可经甲醇羰化再经甲酰胺制得。

$$CH_3OH + CO \longrightarrow HCOOCH_3$$

$$HCOOCH_3 + NH_3 \longrightarrow HCONH_2 + CH_3OH$$

$$HCONH_2 + H_2SO_4 + 2H_2O \longrightarrow 2HCOOH + (NH_4)_2SO_4$$

2. 甲醇脱氢合成甲酸甲酯

甲酸甲酯是用途广泛的低沸点溶剂，有毒性，可直接用做杀虫剂、杀菌剂、并用于处理谷物和水果，也是有机合成的原料和中间体。

甲醇在催化剂存在下，在常压和 200～300℃条件下脱氢制取甲酸甲酯。

$$2CH_3OH \longrightarrow HCOOCH_3 + 2H_2$$

3. 甲醇与合成气反应合成乙醇

甲醇与合成气反应可合成乙醇，反应式如下：

$$CH_3OH + CO + 2H_2 \longrightarrow CH_3CH_2OH + H_2O$$

4. 甲醇羰化氧化合成草酸和乙二醇

该法是日本宇部公司开发成功，二步合成。

(1) 第一步甲醇羰化氧化合成草酸甲酯：

$$2CH_3OH + 2CO + \frac{1}{2}O_2 \longrightarrow CH_3OOC-COOCH_3 + H_2O$$

上述反应以氯化钯-氧化铁-氯化钾为催化剂，再 80℃，6.99MPa 压力下进行。

(2) 第二步草酸甲酯水解或加氢得乙二醇：

$$CH_3OOC-COOCH_3 + 2H_2O \longrightarrow HOOC-COOH + 2CH_3OH$$

$$CH_3OOC-COOCH_3 + 4H_2 \longrightarrow HOCH_2-CH_2OH + 2CH_3OH$$

加氢反应是在铜系催化剂存在下，在 250℃，2.9～3.9MPa 压力下进行。

5. 甲醇裂解制烯烃

甲醇裂解可制得烯烃。由煤和其他碳资源制得合成气再由合成气合成甲醇，故由甲醇制取烯烃，使开辟了以煤或其他碳资源制取烯烃的新途径。

四、国内、外甲醇工业的现状

近年来，由于国际油价居高不下，甲醇价格持续攀升，我国甲醇产量也不断提高。甲醇工业发展提速，生产能力增长很快。全国有近 200 家甲醇生产企业，但规模均较小，其中 10 万 t/a 以上的装置却只占 20%，而小级别、落后装置占相当数量。

目前国际甲醇工业在向大型化发展，年产 30 万 t 的装置合计生产能力达到 3464 万 t，年产 90 万 t 的装置有 10 套。目前世界上最大的甲醇供应商是总部设在加拿大的 Methanex 公司，年生产能力达 638 万 t。

天然气是生产甲醇的原料之一，国外天然气资源丰富的国家，尽管国内甲醇需求很少，但仍在建大型、超大型生产装置，用以向其他国家出口，极具竞争力。因此，一些发达国家正在关闭效率不高的甲醇装置，转而进口低价甲醇，如美国已关闭了总能力为年产 340t 的甲醇装置，日本曾经是一个甲醇生产大国，但目前已全部停掉。

任务二　甲醇生产方法选择

工业上生产甲醇曾有过许多方法，早期用木材或木质素干馏法制甲醇，此法需耗用大量木材，而且产量很低，现早已被淘汰。氯甲烷水解法也可以生产甲醇，但因水解法价格昂贵，没有得到工业上的应用。甲烷部分氧化法可以生产甲醇，而且原料便宜，工艺流程简单，但因生产技术比较复杂，副反应多，产品分离困难，原料利用率低，工业上尚未广泛采用。

目前，工业生产上主要是采用合成气（$CO+H_2$）为原料的化学合成法。

$$CO+2H_2 \longrightarrow CH_3OH$$

此法已有 50 多年的历史。由于所使用的催化剂不同，反应温度和反应压力的不同，又分为高压法、低压法和中压法。

一、高压法

高压法合成甲醇采用氧化锌和氧化铬催化剂，在 300～400℃，30MPa 高温高压下合成甲醇。合成气加压后，同循环气混合进入合成塔底部，由热交换器加热到 330～340℃，然后沿着装有电加热器的中心管进入合成塔上部，再连续通过每层催化剂进行反应生成甲醇，同时生成的反应热由送入塔内的冷循环气移走。

该法的单程转化率仅为 12%～15%，原料及动力消耗大，反应温度高，投资大，成本高，产品质量差（粗甲醇中含有二甲醚 $5000 \sim 10000 \times 10^{-6}$，高碳醇 $3000 \sim 5000 \times 10^{-6}$，甲酸甲酯 $80 \sim 200 \times 10^{-6}$）等问题，其发展长期以来处于停滞状态。

二、低压法

ICl 低压甲醇法为英国 ICl 公司在 1966 年研究成功的甲醇生产方法。从而打破了甲醇合成的高压法的垄断，这是甲醇生产工艺上的一次重大变革。它采用 51-1 型铜基催化剂，反应温度 230～270℃，合成压力 5～10MPa，热壁多段冷激式合成塔，用蒸汽透平压缩机加压后的新鲜合成气与循环气体混合后，由塔顶进入合成塔，依次通过催化剂床层进行反应生成甲醇。出口气体中甲醇浓度约为4%（体积）。反应热由冷激气体从床层中带出，并通过废热锅炉产生高压蒸汽。

另一个低压法合成甲醇的代表是德国Lurgi公司，它采用管壳式合成塔，管内装填铜系催化剂，反应温度230～260℃，合成压力5～8MPa，管间用大量沸水移走反应热，产生4MPa的蒸汽，床层温度在气体入口处附近达到最高值（约260℃），沿反应管向下温度逐渐降低并达到稳定。

低压法基于高活性的铜系催化剂，其活性明显高于高压法的锌铬催化剂，反应温度低（240～270℃），在较低的压力下获得较高的甲醇收率，而且选择性好，减少了副作用，改善了甲醇质量，降低了原材料的消耗。此外，由于压力低，不仅动力消耗比高压法降低很多，而且工艺设备的制造也比高压法容易，投资得以降低，总之低压法比高压法有显著的优越性。

三、中压法

在低压法的基础上，适当提高合成压力，即成为中压法。中压法仍采用与低压法相同的铜系催化剂，反应温度也与低压法相同，因此它具有与低压法相似的优点，而且克服了低压法设备庞大和不紧凑的缺点，但由于提高了合成压力，相应的动力消耗略有增加。

以上三种方法的生产工艺路线基本相同，只是操作条件有差异，见表2.1。此外，反应器结构也有某些差别。

表2.1 甲醇不同合成法的反应条件

条件＼方法	催化剂	温度/K	压力/MPa
高压法	$ZnO—Cr_2O_3$	573～673	25～30
低压法	$CuO—ZnO—Cr_2O_3$	513～543	5
中压法	$CuO—ZnO—Al_2O_3$	513～543	10～15

从甲醇的收率、选择性、能耗、投资以及安全等各方面综合考虑，低、中压法综合利用指标更好。因此，目前世界上新建或扩建的甲醇装置几乎都采用低压法或中压法，其中尤以低压法为最多。

任务三 低压法合成甲醇的工艺条件确定

一、低压法合成甲醇的反应原理及特点

合成气经预热后进入甲醇合成塔，在铜基催化剂的作用下，发生如下反应：

$$CO+2H_2 \rightleftharpoons CH_3OH+Q$$

这是一个可逆放热反应，热效应ΔH（298K）＝－90.8kJ/mol

当合成气中有CO_2时，也可合成甲醇。

$$CO_2+3H_2 \rightleftharpoons CH_3OH+H_2O+Q$$

这也是一个可逆放热反应，热效应 $\Delta H(298K)$ ＝－58.6kJ/mol

反应过程中尚有以下副反应：

$$2CO + 4H_2 \longrightarrow CH_3OCH_3 + H_2O$$
$$2CO + 4H_2 \longrightarrow CH_3CH_2OH + H_2O$$
$$4CO + 8H_2 \longrightarrow C_4H_9OH + 3H_2O$$

同时也有甲酸甲酯、乙酸甲酯及其他高级醇，高级烷烃类生成，还有逆变换反应存在。

二、热力学和动力学分析

一氧化碳加氢合成甲醇是放热反应，各温度下的反应热效应列于表 2.2 中。在 298K 时反应热效应 $\Delta_r H_m^\theta$＝90.8kJ/mol。

表 2.2　常压下甲醇合成反应在各温度下的反应热效应

T/K	373	473	513	573	623	673	773
ΔH_p^θ/(kJ/mol)	－93.29	－96.14	－96.97	－98.24	－98.99	－99.65	－100.4

在合成甲醇反应中，反应热效应不仅与温度有关，而且与反应压力有关。甲醇合成反应热效应与温度及压力的关系如图 2.1 所示。

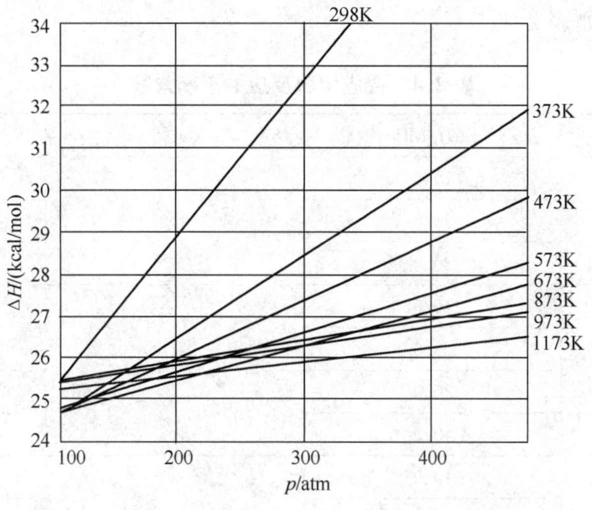

图 2.1　合成甲醇反应热 $\Delta_r H_m^\theta$ 与温度及压力的关系

(1kcal＝4.11868kJ，1atm＝0.1013MPa)

从图 2.1 可以看出，甲醇合成反应的热效应变化范围是比较大的。在高压下低温时反应热大，而且当温度低于 473K 时，反应热随压力变化的幅度大，298K、373K 等温线比 573K 等温线的斜率大。所以合成甲醇在低于 300℃条件下操作比高温度条件下操作要求严格，温度与压力波动时容易失控。而在压力为 20MPa 左右温度为 573K～673K 进行反应时，反应热随温度与压力的变化甚小，故在此条件下合成甲醇是比较容易控制的。由一氧化碳加氢合成甲醇反应的平衡常数与标准自由焓的关系为：$\Delta_r G_m^\theta$＝

$-RT\ln K_f$，因此，平衡常数 K_f 只是温度的函数，当反应温度一定时，可以由 $\Delta_r G_m^\theta$ 直接求出 K_f 值，不同温度下 $\Delta_r G_m^\theta$ 与 K_f 的值如表 2.3 所示。

表 2.3　合成甲醇反应的 $\Delta_r G_m^\theta$ 与 K_f 值

温度/K	$\Delta_r G_m^\theta$	K_f	温度/K	$\Delta_r G_m^\theta$	K_f
273	−29917	527450	623	51906	4.458×10^{-5}
373	−7367	10.84	673	51906	1.091×10^{-5}
473	16166	1.695×10^{-2}	723	63958	3.265×10^{-6}
523	27925	1.629×10^{-3}	773	88002	1.134×10^{-6}
573	39892	2.316×10^{-4}	—	—	—

由表 2.3 中 $\Delta_r G_m^\theta$ 与 K_f 值可以看出，随温度升高，自由焓 $\Delta_r G_m^\theta$ 增大，平衡常数 K_f 变小。这说明在低温下反应对甲醇合成有利。

一氧化碳加氢合成甲醇气相反应平衡常数关系式如下：

$$K^\theta = \prod\left(\frac{p}{p^\theta}\right)^{\nu_B} = K_y \cdot \left(\frac{p}{p^\theta}\right)^{\sum_B \nu_B}$$

$$K_y = \frac{y_{CH_3OH}}{y_{CO} \cdot y_{H_2}^2}$$

根据上式计算结果如表 2.4。

表 2.4　合成甲醇反应的平衡常数

温度/K	压力/MPa	K^θ	K_y
	10.0		4.20
473	20.0	1.909×10^{-2}	26
	30.0		97
	10.0		2.58
573	20.0	2.42×10^{-4}	19.9
	30.0		64.4
	40.0		153.6
	10.0		0.14
673	20.0	1.079×10^{-5}	0.69
	30.0		1.87
	40.0		4.18

由表中数据可以看出：在同一温度下，压力越大，K_y 值越大，即甲醇平衡产率越高。在同一压力下，温度越高，K_y 值越小。即甲醇平衡产率越低，所以从热力学角度分析来看，低温高压对甲醇合成有利。如果反应温度高，则必须采用高压，才有足够的 K_y 值。降低反应温度，则所需压力就可相应降低，但温度低，反应速度太慢，要解决这一矛盾，关键在于催化剂。

三、低压法合成甲醇的工艺条件

在甲醇的工业生产中，为了减少副反应，提高甲醇的收率，除选择合适的催化剂外，还应确定合适的温度、压力、空速、原料气组成与原料气纯度等工艺条件。

1. 温度对甲醇合成反应的影响

甲醇的合成反应是一个可逆放热反应。从化学平衡考虑，随着温度的提高，甲醇平衡常数数值降低；但从反应速度的观点来看，提高反应温度，反应速度加快，因而，存在一个最佳温度范围。不同的催化剂，使用温度范围不同。

实际生产中，为保证催化剂有较长的使用寿命和尽量减少副反应，应在确保甲醇产量的前提下，根据催化剂的性能，尽可能在较低温度下操作（在催化剂使用初期，反应温度宜维持较低的数值，随着使用时间增长，逐步提高反应温度）。另外，甲醇合成反应温度越高，则副反应增多，生成的粗甲醇中有机杂质等组分的含量也增多，给后期粗甲醇的精馏加工带来困难。

2. 压力对甲醇合成反应的影响

甲醇的合成反应是一个体积减小的反应，增加压力，有利于向正反应方向进行；从动力学考虑，增加压力，提高了反应物分压，加快了反应的进行；另外，提高压力也对抑制副反应，提高甲醇质量有利。所以，提高压力对反应是有利的。但是，压力也不宜过高，否则，不仅增加动力消耗，而且对设备和材料的要求也相应提高。

生产中反应压力还必须与反应温度相适应。用锌铬催化剂，由于反应温度高，采用压力一般在 25～30MPa。而采用铜基催化剂，由于它活性高，反应温度低，故反应压力相应地降到 5MPa。

3. 空速对甲醇合成反应的影响

空速是调节甲醇合成塔温度及产醇量的重要手段。在甲醇生产中，气体一次通过合成塔仅能得到 3%～6%的甲醇，新鲜气的甲醇合成率不高，因此，新鲜气必须循环使用。在一定条件下，空速增加，气体与催化剂接触时间减少，出塔气体中甲醇含量降低。但由于空速的增加，单位时间内通过催化剂的气体量增加，所以甲醇实际产量是增加的。当空速增大到一定范围时，甲醇产量的增加就不明显了，同时由于空速的增加，消耗的能量也随之加大，气体带走的热量也增加。当气体带走的热量大于反应热时，床层温度会难于维持。

4. 原料气的组成对甲醇合成反应的影响

由合成甲醇的反应式可知 H_2 ∶ CO＝2 ∶ 1，生产中 CO 不能过量，以免引起羰基铁的生成，积聚于催化剂表面而使之失去活性。氢气过量对生产是有利的，既可防止或减少副反应的发生，又可带出反应热，防止催化剂局部过热，从而延长其寿命。同时，增加氢的浓度，可提高 CO 的转化率。对不同催化剂，H_2/CO 值也不同，以铜基为催化剂时，H_2/CO 为 2.2～3.0，采用锌铬催化剂时，H_2/CO 为 4.5 左右。过高的 H_2/CO 会降低设备的生产能力。

5. 原料气的纯度对甲醇合成反应的影响

原料气中所含惰性气体杂质和催化剂毒物的浓度都要严格控制。惰性物质氮及甲烷的存在，会降低 H_2 及 CO 的分压，使反应的转化率降低，同时动力消耗也增加。催化剂毒物硫化氢及五羰基铁的存在，均对催化剂有害。硫化氢对铜催化剂特别有害，对锌催化剂不太敏感，但五羰基铁对这两种催化剂均有害，因它在合成条件下，发生分解析出的铁积聚在催化剂表面，使之失去对主反应的催化活性，相反却对甲烷的生成起催化作用，引起更多的副反应。五羰基铁是一氧化碳与铁在 423～473K 下相接触而生成的，在高压下尤其容易生成。

因此，原料气体进入合成反应器之前，必须除去五羰基铁及其杂质，合成反应器需用铜衬里。

6. 低压法合成甲醇的催化剂

甲醇合成催化剂最早使用的是 ZnO—Cr_2O_3 二元催化剂。该催化剂活性较低，所需反应温度高（380～400℃），为了提高平衡转化率，反应必须在高压下进行（称为高压法）。20 世纪 60 年代中期开发成功的铜基催化剂，活性高、性能好，适宜的反应温度为 220～270℃，现在广泛应用于低压法甲醇合成。表 2.5 列出了两种低压法甲醇合成铜基催化剂的组成。

表 2.5　甲醇合成铜基催化剂的组成（质量分数）

催化剂 \ 组分	Cu	Zn	Cr	V	Mn
ICI 催化剂/%	90～25	8～60	2～30	—	—
Lurgi 催化剂/%	80～30	10～50	—	1～25	10～50

其实，在低压法甲醇合成工业化之前，人们早已知道铜基催化剂活性很高，但是解决不了的难题就是铜基催化剂对硫极为敏感，易中毒失活，热稳定性较差。随着研究工作的进展，使含铜催化剂的性能大大改进，更主要的是找到了高效脱硫剂，并且改进了甲醇合成塔结构，使得反应温度能够严格控制，从而延长了铜基催化剂的使用寿命。这样，采用铜基催化剂的低压法甲醇合成才实现了工业化。

铜基催化剂的活性与铜含量有关。实验表明：铜含量增加则活性增加，但耐热性和抗毒（硫）性下降；铜含量降低，使用寿命延长。我国目前使用的 C_{301} 型铜基催化剂为 CuO-ZnO-Al_2O_3 三元催化剂，其大致组成（质量分数）为：CuO45～55%、ZnO25～35%、Al_2O_3 32～60%。

铜基催化剂一般采用共沉淀法制备，即将多组分的硝酸盐或醋酸盐溶液共沉淀制备。沉淀时要控制溶液的 pH，然后仔细清洗沉淀物并烘干，再在 200～400℃下煅烧，将煅烧后的物料磨粉成型即得。

任务四　反应设备的选用

甲醇合成反应器是甲醇合成系统的最重要的设备，亦称甲醇转化器或甲醇合成塔。

一、工艺对甲醇合成反应器的要求

（1）甲醇合成是放热反应，因此，合成反应器的结构应能保证在反应过程中及时将反应放出的热量移出，以保持反应温度尽量接近理想温度分布。

（2）甲醇合成是在催化剂作用下进行，生产能力与催化剂的装填量成正比例关系，所以要充分利用合成塔的容积，尽量多装催化剂，以提高设备的生产能力。

（3）高空速能获得高产率，但气体通过催化剂床层的压力降必然会增加，因此应使合成塔的流体阻力尽可能小，避免局部阻力过大的结构，同时，要求合成反应器结构必须简单、紧凑、坚固、气密性好，便于拆卸、检修。

（4）尽量组织热量交换，充分利用反应余热，降低能耗。

（5）合成反应器应能防止氢、一氧化碳、甲醇、有机酸及羰基物在高温下对设备的腐蚀，要求出塔气体温度不得超过 160℃。因此，在设备结构上必须考虑高温气体的降温问题。

（6）便于操作控制和工艺参数调节。

二、低压法合成甲醇的反应器

合成甲醇反应是一个强放热过程。根据反应热移出方式不同，可分为绝热式和等温式两大类；按照冷却方式不同，可分为直接冷却的冷激式和间接冷却的列管式两大类。以下介绍低压法合成甲醇所采用的冷激式和列管式两种反应器。

1. 冷激式绝热反应器

这类反应器的反应床层由若干绝热段组成，两段之间通入冷的原料气使反应气体冷却，以使各段的温度维持在一定值。图 2.2 是多段冷激式甲醇合成反应器结构示意图。反应器主要由塔体、气体喷头、气体进出口、催化剂装卸口等组成。塔体是空筒，塔内无催化剂筐，催化剂不分层，由惰性材料支撑，冷激气体喷管直接插入床层，并有特殊设计的菱形冷却气体分布器。

冷激式绝热反应器在反应过程中流量不断增大，各段反应条件略有差异，气体的组成和空速都不一样。

这类反应器的特点是：结构简单，催化剂装填方便，生产能力大，但要有效控制反应温度，避免过热现象发生，冷激气体和反应气体的混合及均匀分布是关键。冷激式绝热反应器的温度分布如图 2.3 所示。

2. 列管式等温反应器

该类反应类似于列管式换热器，其结构示意如图 2.4 所示。催化剂装填于列管中，壳程走冷却水（锅炉给水）。反应热由管外锅炉给水带走，同时产生高压蒸汽。通过对

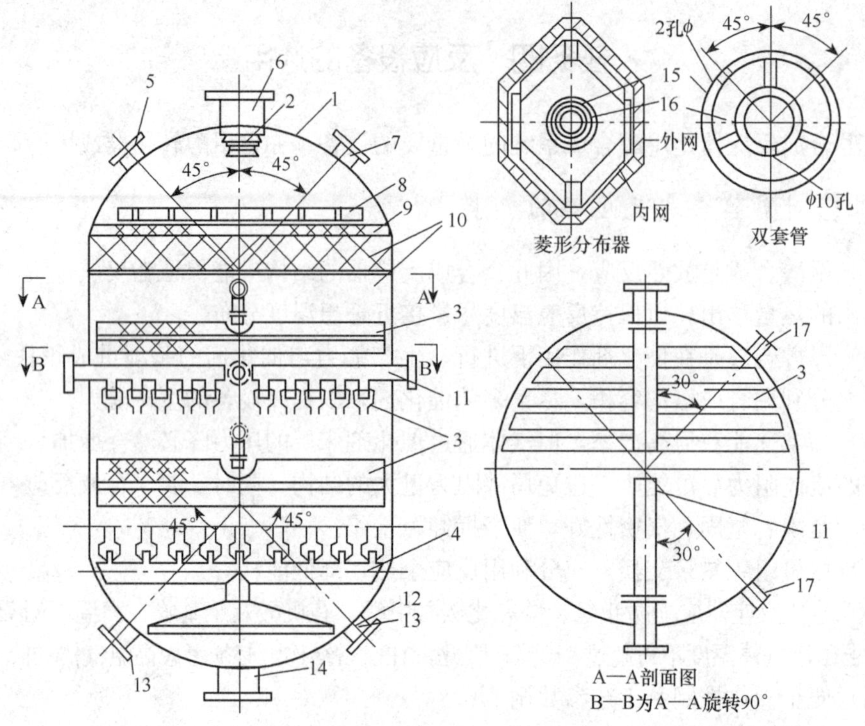

图 2.2　多段冷激式甲醇合成反应器

1. 塔体；2. 气体喷头；3. 菱形分布器；4. 排气集气管；5. 人孔；6. 反应气入口；7. 催化剂装入口；8. 栅格压板；9. 结晶石英块；10. 催化剂床层；11. 冷激气导气管；12. 结晶石英块；13. 催化剂卸出口；14. 反应气出口；15. 外套管；16. 内套管；17. 热电偶套管

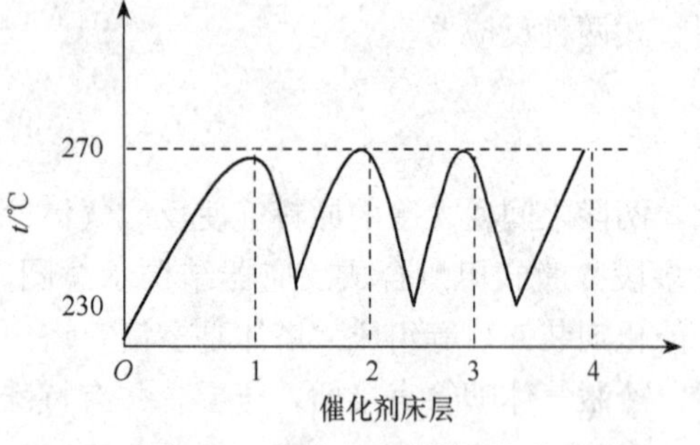

图 2.3　冷激式反应器温度分布

蒸汽压力的调节，可以方便地控制反应器内反应温度，使其沿管长温度几乎不变，避免了催化剂的过热延长了催化剂的使用寿命。

列管式等温反应器的优点是温度易于控制，单程转化率较高，循环气量小，能量利用较经济，反应器生产能力大，设备结构紧凑。

3. 反应器材料

合成气中含有氢和一氧化碳，氢气在高温下会和钢材发生脱碳反应（即氢分子扩散到金属内部，和金属材料中的碳发生反应生成甲烷逸出的现象），会大大降低钢材的性能。一氧化碳在高温高压下易和铁发生作用生成五碳基铁，引起设备的腐蚀，对催化剂也有一定的破坏作用。因此，反应器材质要求有抗氢蚀和抗一氧化碳腐蚀的能力。为防止反应器被腐蚀，保护反应器机械强度，一般采用在反应器内壁衬铜，铜中还含有1.5%～2%锰，但衬铜的缺点是在加压膨胀时会产生裂缝。当一氧化碳分压超过3.0MPa 时，必须采用耐腐蚀的特种不锈钢（如$_1Cr_{18}Ni_{18}Ti$）加工制造。

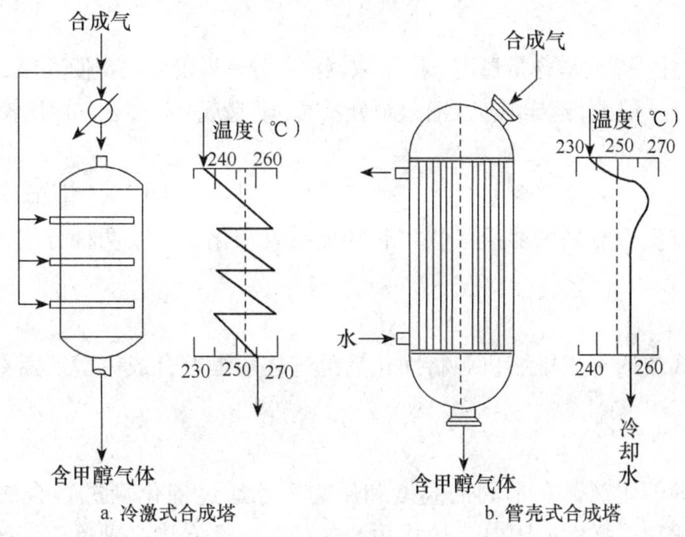

图 2.4　低压甲醇合成塔结构及温度分布

任务五　低压法合成甲醇的工艺流程组织

由于低压法甲醇合成技术经济指标先进，现在世界各国甲醇合成已广泛采用了低压合成法，所以这里主要介绍低压法甲醇合成工艺流程。

一、低压法合成甲醇的工艺组织

1. 原料气的制备

合成甲醇首先是制备原料氢和碳的氧化物。一般以含碳氢或含碳的资源如天然气、石油气、石脑油、重质油、煤和乙炔尾气等，用蒸汽转化或部分氧化加以转化，使其生成主要由氢、一氧化碳、二氧化碳组成的混合气体。合成气中还含有未经转化的甲烷和少量氮，显然，甲烷和氮不参加甲醇合成反应，其含量越低越好，另外，根据原料不同，原料气中还可能含有少量有机和无机硫的化合物。

为了满足氢碳比例，如果原料气中氢碳不平衡，当氢多碳少时，则在制造原料气时，还要补碳，一般采用二氧化碳，与原料同时进入设备；反之，如果碳多，则在以后工序要脱去多余的碳。

2. 净化

一是脱除对甲醇合成催化剂有毒害作用的杂质，如含硫的化合物。原料气中硫的含量即使降至 1×10^{-6}，对铜系催化剂也有明显的毒害作用，因而缩短其使用寿命，对锌系催化剂也有一定的毒害。经过脱硫，要求进入合成塔气体中的硫含量降至小于 0.2×10^{-6}。脱硫的方法一般有湿法和干法两种。

二是调节原料气的组成，使氢碳比例达到前述甲醇合成的比例要求，其方法有两种：

1）变换

如果原料气中一氧化碳含量过高，则采取蒸汽部分转换的方法，使其形成如下变化反应：$CO+H_2O \longrightarrow H_2+CO_2$。这样增加了有效组分氢气，若造成$CO_2$多余，也比较容易脱除。

2）脱碳

如果原料气中二氧化碳含量过多，使氢碳比例过小，可以采用脱碳方法除去部分二氧化碳。脱碳方法一般采用溶液吸收，有物理吸收和化学吸收两种方法。

3. 压缩

通过往复式或透平式压缩机，将净化后的气体压缩至合成甲醇所需要的压力。

4. 合成

根据不同的催化剂，在不同的温度和压力下，通过催化剂进行合成反应，生成甲醇。由于受催化剂选择性的限制，生成甲醇的同时，还有许多副反应伴随发生，所以得到的产品是以甲醇为主和水以及多种有机杂质混合的溶液，即粗甲醇。

5. 蒸馏

粗甲醇通过蒸馏方法清除其中有机杂质和水，而制得符合一定质量标准的较纯的甲醇，称精甲醇，同时，可能获得少量副产物。

二、低压法合成甲醇的工艺流程

低压法合成甲醇的工艺流程是指采用低温、低压和高活性铜基催化剂，在 5MPa 左右压力下，由合成气合成甲醇的工艺流程，如图 2.5 所示。

天然气经加热炉 1 加热后，进入转化炉 2 发生部分氧化反应生成合成气，合成气经废热锅炉 3 和加热器 4 换热后，进入脱硫器 5，脱硫后的合成气经水冷却和汽液分离器 7，分离除去冷凝水后进入合成气三段离心式压缩机 8，压缩至稍低于 5MPa。从压缩机第三段出来的气体不经冷却，与分离器出来的循环气混合后，在循环压缩机 9 中压缩到稍高于 5MPa 的压力，进入合成塔 10。循环压缩机为单段离心式压缩机，它与合成气压缩机一样都采用气轮机驱动。

合成塔顶尾气经转化后含CO_2量稍高，在压缩机的二段后，将气体送入CO_2吸收塔 23，用K_2CO_3溶液吸收部分CO_2，使合成气中CO_2保持在适宜值。吸收了CO_2的K_2CO_3溶液用蒸汽直接再生，然后循环使用。

合成塔中填充$CuO\text{-}ZnO\text{-}Al_2O_3$催化剂，于 5MPa 压力下操作。由于强烈的放热反应，必须迅速移出热量，流程中采用在催化剂层中直接加入冷原料的冷激法，保持温度在 240～270℃之间。经合成反应后，气体中含甲醇 3.5%～4%（体积），送入加热器 11 以预热合成气，塔 10 釜部物料在水冷器 12 中冷却后进入分离器 13。粗甲醇送中间槽 14，未反应的气体返回循环压缩机 9。为防止惰性气体的积累，把一部分循环气放空。

粗甲醇中甲醇含量约 80%，其余大部分是水。此外，还含有二甲醚及可溶性气体，

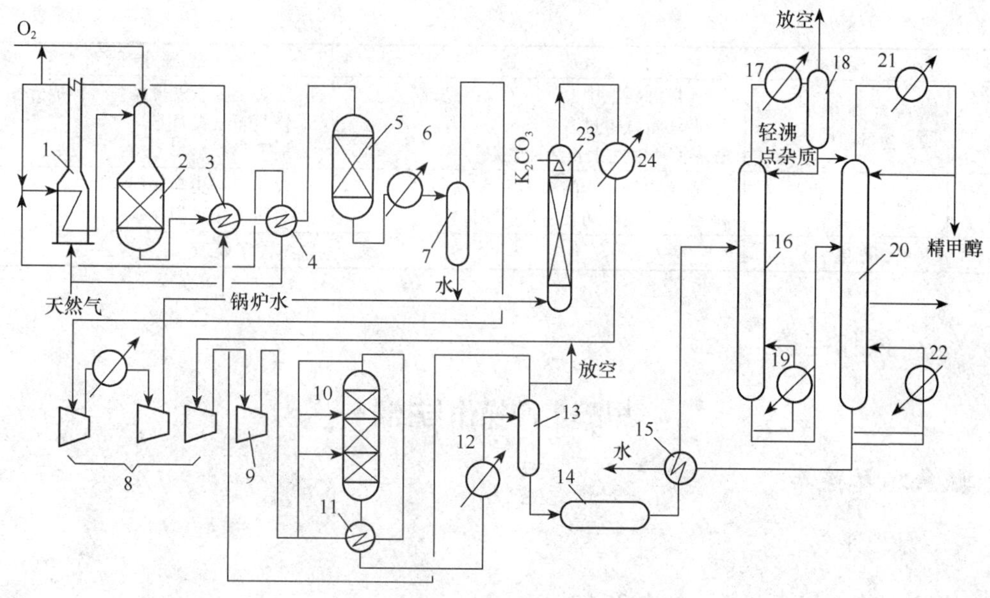

图 2.5　低压法合成甲醇的工艺流程图

1. 立式加热炉；2. 转化器；3. 废热锅炉；4. 加热器；5. 脱硫器；6，12，17，21，24. 水冷器；7，13，18. 分离器；8. 合成气透平压缩机（三段）；9. 循环气压缩机；10. 甲醇合成塔；11. 合成气加热器；14. 粗甲醇中间储槽；15. 粗甲醇加热器；16. 轻馏分精馏塔；19，22. 再沸器；20. 重组分精馏塔；23. CO_2吸收塔

称为轻馏分。水、酯、醛、酮、高级醇称为重馏分。以上混合物送往脱轻组分塔 16，塔顶引出轻馏分，塔底物送甲醇精馏塔 20，塔顶引出产品精甲醇，塔底为水，接近塔釜的某一塔板处引出含异丁醇等组分的杂醇油。产品精甲醇的纯度（质量分数）可达 99.85%。

任务六　甲醇生产异常现象及故障排除

甲醇生产中常见的异常现象及其出现的原因与故障排除方法见表 2.6 所示。

表 2.6　甲醇生产中的异常现象、起因与故障排除

序号	现象	原　因	故障排除
1	醇化触媒床层热点温度上升太快	1. 循环量锐减，蒸汽管网压力突然上升，汽包压力突然上涨 2. 补入原料气中 $CO+CO_2$ 含量升高 3. 生产负荷增加 4. 操作不当 5. 补入原料气中 O_2 含量升高	1. 加大蒸汽送出或开汽包放空阀，稳住汽包压力；加大循环量； 2. 要求调度适时调整补入原料气中 $CO+CO_2$ 含量 3. 根据生产负荷，调整循环量 4. 精心操作 5. 及时排除 O_2 含量升高原因
2	醇化触媒床层热点温度下降太快	1. 由于外工序原因，汽包压力下降快；循环量太大 2. 补入原料气中 $CO+CO_2$ 含量降低 3. 生产负荷锐减 4. 操作不当	1. 稳住汽包压力，减少循环量 2. 调整补入原料气中 $CO+CO_2$ 含量 3. 减少循环量或增加生产负荷 4. 严格控制进塔气体成分 5. 精心操作

续表

序号	现象	原因	故障排除
3	醇后气体中 $CO+CO_2$ 含量超标	1. 入塔原料气中 $CO+CO_2$ 含量升高 2. 循环量减得过多 触媒使用时间太长活性衰退	1. 宏观上要求调度调整气体成分 2. 恢复正常循环量 3. 需要更换触媒
4	系统压差增大	1. 系统中任一阀门阀芯脱落 2. 触媒使用时间长粉化严重	1. 停车检修更换阀门 2. 待机停车更换触媒
5	断水、断电		紧急停车处理

操作链接

甲醇生产操作与控制

一、系统开停车

1. 原始开车

即新设备、新系统第一次的开车。

1）开车前的准备

对照图纸检查验收系统内所有管道、设备、分析取样点、阀门及电器仪表必须齐全完好。

2）吹扫

吹扫工作包括设备内部的清扫和工艺管道的吹净，吹扫工作必须做的认真仔细，这对于开车后设备的维护及催化剂的使用寿命都很重要。

设备清扫包括新安装的静止设备、传动设备、有内件的设备，在安装前必须清扫干净，设备内部不准残存油、水及其他杂物。内部情况不明的设备，必须从新打开检查。

管线吹净以空气或蒸汽为介质，吹扫管道，必须按顺序进行，即吹扫一段管道后才能连接上法兰，在吹扫过程中有阀门、孔板、设备等必须断开或撤除，防止管道内泥沙、焊缝渣及其他机械杂质损坏阀门；禁止向设备内吹净，若需经过设备时，要以出该设备之间阀门控制吹出压力；防止在吹净过的管道中发生节流缓冲，影响吹净时的气流速度；吹净口必需错开，并用钢板挡着，防止吹净时冲坏高压密封球面或赃物吹入其他设备。吹净的检查可以用白布放在吹出口，吹出气流冲到白布上不脏为吹净合格。

3）单机试车

单机试车包括合成塔内筒的气密试验，电加热器实验，循环压缩机的运转及所有静止设备的气密性实验。

4）排气置换

在系统引入原料气以前，必须把系统中的空气全部置换干净，避免空气与原料气混合形成爆炸性气体。

置换应先用氮气或惰性气体作为重介质，使系统中氧含量低于 4%，然后接受原料气，当系统分析<0.5%时，排气置换为合格。

5）系统试压

原料气置换合格后，将系统压力分级提高由 2.0、5.0、8.0、10 直至 13MPa，分别检查各设备管道密封口是否泄漏，未发现泄漏则可将压力卸止 5.0MPa，准备进行催化剂升温还原。

2. 正常开车

1）开车前的准备：

（1）检查各管道设备，阀门，分析取样点及电器、仪表等是否正常完好。

（2）检查系统阀门应开关灵活，开关位置符合要求。

（3）与供电、供气压缩精炼岗位联系好做好开车准备。

2）开车

（1）系统处于保温保压状况下的开车。

① 微开补气阀，让系统以 0.6MPa/min 冲压至 5.0MPa 切气。

② 启动循环机调节进路阀，气体循环。

③ 开启电加热器升温，根据催化剂床层温度上升情况，逐渐加大电路功率，并相应加大循环量，使热点温度升温速率稳定上升。210℃以前，升温速率为 40℃/h；210℃以后，应减慢升温速率 20℃/h。

④ 当催化剂达到反应温度后，微开补气阀，逐渐补入原料气，压力与系统平衡时，开大补气阀并根据反应温度逐渐切除电炉，并及时加大循环量，防止触煤层温度失控，当醇后压力与系统压力相等时开醇后放阀。

（2）系统检修后的开车。

系统吹净，气密试验，合格后按开车①进行。

3. 正常停车

1）系统保温保压状态下的停车

（1）与调度联系调节 CO 含量，与精炼联系打开铜塔进口阀，关闭醇后放。

（2）开启循环机，开启电加热器维持小流量循环，使床层温度缓慢下降，并维持在 210～230℃。

（3）分析进塔气体成分，待系统中 CO 含量≤0.1%时，停电路，停循环机让系统保温保压。

2）系统需要检修的停车或长时间停车

（1）系统进出口阀关闭后，开启循环机使循环气中 CO 继续反映，待塔气 CO 含量≤0.1%时，进行醇后放空泄压。

（2）甲醇系统与合成氨系统视情况使用盲板隔开。

（3）用精炼气或氨气进行系统置换并保持塔内正压。

4. 紧急停车

（1）如果外工段发生重大的事故或全厂断电或紧急情况等，应迅速关闭补气阀，去铜塔开醇后放，防止气体倒流，铜液进入系统中。

（2）若在使用电加热器，应先停电加热器，再停循环机。

二、正常操作控制要点

1. 热点温度

热点温度是合成塔催化床层中的最高温度点，它反应整个塔的反应情况，操作时把这个温度作为全塔的主要控制点，平时所致的反应温度就是对热点而言，热点温度的指标，根据催化剂的活性和操作条件的变化允许波动幅度±10℃以内，在正常操作时热点温度控制稳定才能得到较高的CO转化率。

2. 触媒层温度调节方法

(1) 在温度波动幅度较大时，一般以调节循环量为主，用合成塔副线辅助调节流量。

(2) 当温度波动幅度不大时，则调节合成塔副线流量为主，用塔副线是未经换热的冷气体进入触媒层，用副线调节幅度不宜过大，更不能猛开猛关，以免造成冷管的温度激烈波动，损坏合成塔内件。

(3) 操作中如遇到温度猛然上升，调节副线，循环量难以控制时，紧急情况下可联系变换工段降低入塔CO量，以减少合成反应热，保护催化剂安全，还可通过开启塔前放空阀减少进塔新鲜气流量。

(4) 如遇到温度猛然下降，在调节副线和循环量仍不能维持温度，则在塔后CO含量不高时提高新鲜气中的含量，或者开用电加热器来维持温度。

3. 新鲜气流量及CO含量控制

(1) 根据催化剂活性及生产负荷的大小，并考虑产量与动力消耗的关系来确定流量及CO含量以达到最大的经济效益。

(2) 加强与变换工段联系，稳定CO指标，尽量不开或少开循环机或加热器。

4. 防止带醇或跑气

醇分放醇防止高压传入甲醇中间槽和甲醇合成塔。

5. 巡回检查

(1) 根据操作记录表，按时检查记录。

(2) 每15min检查一次系统压力和温度。

(3) 每小时检查一次系统循环机运转情况。

(4) 每小时排油一次。

(5) 每4h检查一次水冷排的淋水情况。

(6) 每4h检查一次系统设备管道等有无泄漏情况。

(7) 每日白班检查一次合成塔塔顶盖的情况。

(8) 每4h放醇一次。

思考题

1. 有哪些方法可以合成甲醇？

2. 试写出CO与H_2合成甲醇的主、副反应方程式，并分析影响反应的因素。

3. 通过合成甲醇的热力学分析说明了哪些问题？甲醇生产过程中气体为什么要循环利用？

4. 合成甲醇催化剂有哪几种？它们的性能怎样？

5. 工艺对甲醇合成塔的结构有哪些要求？如何实现？

6. 甲醇合成塔温度急剧下降，请分析原因并给出相应的处理方法。

7. 低压法合成甲醇的工艺流程由哪几部分组成？并简述其工艺流程。

8. 合成甲醇反应器内装有催化剂$3m^3$，反应混合气进料为$42000Nm^3/h$，反应温度为273℃，反应压力为5MPa，计算空速和接触时间。

9. 合成甲醇反应$CO+H_2 \longrightarrow CH_3OH$，分别计算以下两种情况下产物中甲醇的平衡浓度（摩尔百分比）及CO的平衡转化率。

① 温度273℃，压力30MPa，CO/H_2分别为1∶1、1∶2、1∶3。

② 温度200℃，压力10MPa，CO/H_2分别为1∶1、1∶2、1∶3。

10. 简述原始开车的基本步骤。

项目三　醋酸的生产

知识目标

(1) 掌握乙醛氧化制醋酸的反应原理、工艺条件和工艺流程。

(2) 熟悉甲醇低压羰基化制醋酸的反应原理、工艺条件。

(3) 了解乙醛氧化生产醋酸的反应机理、催化剂应用及动力学分析。

(4) 掌握乙醛氧化生产醋酸过程中的安全、卫生防护等知识。

能力目标

(1) 能够进行醋酸生产过程中工艺条件的分析、判断和选择。

(2) 能阅读和绘制醋酸生产工艺流程图。

(3) 能阅读关键生产设备的结构图、管口表、技术特性表。

(4) 结合工艺流程图能够理解岗位操作方法。

(5) 通过仿真实训熟悉岗位操作方法。

(6) 通过仿真实训模拟完成正常生产操作，并对异常现象和故障能进行分析、判断、处理。

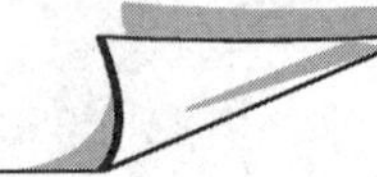

任务一　醋酸工业认识

醋酸，分子式CH_3COOH，化学名称为乙酸，相对分子质量为60.05. 无色透明液体，有刺激性气味。熔点为16.6℃，沸点为117.9℃，纯品在低于16.6℃时呈冰状晶体，故称冰醋酸。闪点为43℃，自燃点为516℃，其蒸气易着火，并能和空气形成爆炸混合物，爆炸极限为5.4%～16%（体积分数）。

食醋中含有3%～5%的乙酸，故乙酸俗称醋酸。早在公元前，很早以前，中国就已经用粮食酿造食醋，19世纪后期，发现将木材干馏可以获得醋酸，1911年，在德国建成了世界上第一套乙醛氧化合成醋酸的工业装置。生产制造醋酸的原料有多种，基本原料有乙醛、甲醇、一氧化碳、裂解轻汽油以及农副产品等。乙醛是生产醋酸的主要原料之一。

醋酸是极其重要的基本有机化学品，是醋酸乙烯、醋酸纤维、醋酸酯、对苯二甲酸等多种产品的原料，广泛地应用于几乎所有的工业领域，在未来较长时间内，也许还没有一种有机酸可取代它的位置。冰醋酸还用做酸化剂、增香剂和食品香料。醋酸企业产品质量指标如表3.1所示。

表 3.1　醋酸企业产品质量指标

项　　目	指　　标		
	优等品	一等品	合格品
色度/Hazen 单位（铂-钴色号）	≤10	≤20	≤30
乙酸的质量分数/%	≥99.8	≥99.5	≥98.5
水的质量分数/%	0.15	0.20	—
甲酸的质量分数/%	0.05	0.10	0.30
乙醛的质量分数/%	0.03	0.05	0.10
蒸发残渣的质量分数/%	0.01	0.02	0.03
铁的质量分数（以 Fe 计）/%	0.00004	0.0002	0.0004
高锰酸钾时间/min	30	5	—

任务二　醋酸生产方法选择

醋酸生产有乙醛氧化法、甲醇羰基合成法、淀粉发酵法、水果及其下脚料发酵法以及木材干馏法等，工业化生产方法主要有以下几种。

一、乙醛氧化法

乙醛氧化生产醋酸，不改变原料的碳链骨架，最早实现工业化。20 世纪 50 年代以前，氧化法以乙炔为基本原料，乙炔水合先合成乙醛，然后氧化生成醋酸，这条路线的基础是煤和天然气，原料成本相对较高。20 世纪 60 年代以来，以乙烯为基本原料，乙烯氧化为乙醛，乙醛氧化生成醋酸，此路线以石油为基础原料，原料成本较低，技术成熟，目前，中国在醋酸生产中，此法仍占相当比例。

以重金属醋酸盐为催化剂，乙醛在常压或加压下与氧气或空气进行液相氧化反应生成醋酸的主反应方程式为

$$CH_3CHO + \frac{1}{2}O_2 \longrightarrow CH_3COOH$$

在主反应进行的同时，还伴随有以下主要副反应：

$$CH_3CHO + O_2 \longrightarrow CH_3COOOH\text{（过氧醋酸）}$$

$$CH_3COOOH \longrightarrow CH_3OH + CO_2$$

$$CH_3OH + O_2 \longrightarrow HCOOH + H_2O$$

$$CH_3COOH + CH_3OH \longrightarrow CH_3COOCH_3 + H_2O$$

$$3CH_3CHO + O_2 \longrightarrow CH_3CO(OCOCH_3)_2 + H_2O$$

（二醋酸亚乙酸）

$$CH_3CH(OCOCH_3)_2 \longrightarrow (CH_3CO)_2 + CH_3CHO$$

醋酸酐

所以主要副产物有甲酸、醋酸甲酯、甲醇、二氧化碳等。

乙醛氧化制醋酸可以在气相或液相中进行，且气相氧化比液相容易进行，不必使用催化剂。但是，由于乙醛的爆炸极限范围较宽，生产不安全，而且乙醛氧化是强放热反应，气相氧化不能保证反应热的均匀移出，会引起局部过热，使乙醛深度氧化等副反应增多，醋酸收率低等原因，工业生产中都采用液相氧化法。

二、甲醇羰基合成法

用甲醇羰基化合成醋酸的方法，20 世纪初已进行研究，初期是使用三氟化硼、磷酸等作为催化剂，但反应条件苛刻，要求压力 50～70MPa，温度 250～350℃，而且腐蚀严重，选择性低，故难以实现工业化。1968 年美国孟山都公司在高压法合成醋酸的基础上，研究开发出用铑取代钴的催化剂。这种特殊的催化剂，可使甲醇羰基化的反应压力从 50～70MPa 降低到 3MPa，醋酸的选择性可提高到 99%以上。故 1970 年工业化后，采用此法的国家越来越多。

甲醇低压羰基化合成醋酸的反应原理一般为

1）主反应

$$CH_3OH + CO \longrightarrow CH_3COOH + 134.4kJ/mol$$

2）副反应

$$CH_3COOH + CH_3OH \longrightarrow CH_3COOCH_3 + H_2O$$

$$2CH_3OH \longrightarrow CH_3OCH_3 + H_2O$$

$$CO + H_2O \longrightarrow CO_2 + H_2$$

$$CO + H_2O \longrightarrow HCOOH$$

$$CO + H_2 \longrightarrow CH_4 + H_2O$$

$$CH_3OH \longrightarrow CO + 2H_2$$

$$CH_3COOH \longrightarrow 2CO + 2H_2$$

由于这些副反应可被甲醇的平衡所控制，故一切中间产物都可以转化为醋酸，几乎没有副产物的生成。以甲醇为基准，生成醋酸选择性高达 99%。

甲醇低压羰化法制醋酸的主要优点：

（1）可利用煤、天然气、重质油等为原料，原料路线多样化，可不受原油供应和价格波动的影响。

（2）转化率和选择性高，过程的能量效率高。

（3）反应系统和精制系统合为一体，工程和控制都很巧妙，装置紧凑。

（4）催化系统稳定，用量少，寿命长。

（5）用计算机控制反应系统，使操作条件一直保持最佳状态。

（6）副产物少，三废排放物也少，生产环境清洁。

（7）操作安全可靠。

甲醇低压羰基化法制醋酸的主要缺点：

（1）催化剂铑的资源有限，价格昂贵。

（2）系统中有碘化物和醋酸存在，对设备腐蚀较严重，因此对设备材质要求高，需采用特殊合金（如钛钼合金），增加建厂费用。

（3）由于物料循环量大，整个工艺系统是连续操作，同时又要保持催化剂的稳定，因此反应条件要求严格，要有一套精密的控制系统。

三、粮食发酵法

粮食发酵法源于食醋发酵，是以淀粉为原料采用醋酸菌发酵生产醋酸的方法。由于该法以可再生资源——粮食为原料，通过生物发酵的方法生产醋酸，符合绿色化学要求，因而受到广泛重视。随着现代生物化工技术的发展，粮食发酵生产醋酸的成本不断降低，由粮食生产醋酸将成为可能。

四、长链碳架氧化降解法

利用 C_4～C_8 裂解原料烃，采用氧化降解法生产醋酸，此法以裂解产物轻汽油为基本原料，基础原料也是石油，原料成本虽然较低，但因原料组成复杂，氧化反应复杂，副产物较多，分离过程复杂、能耗较大。

任务三　乙醛液相氧化法生产醋酸的工艺条件确定

乙醛液相氧化生产醋酸的过程是一个气液非均相反应，可分为两个基本过程：一是氧气扩散到乙醛的醋酸溶液界面，继而被溶液吸收的传质过程；二是在催化剂作用下，乙醛氧化为醋酸的化学反应过程。

1. 反应机理和催化剂的选用

乙醛氧化生产醋酸的反应机理比较复杂，认识不完全统一。一般都认为自由基链反应机理较为成熟。自由基反应机理认为，乙醛氧化反应存在诱导期，在诱导期时，乙醛以很慢的速度吸收氧气，从而生成过氧醋酸。

$$CH_3CHO+O_2 \longrightarrow CH_3COOOH$$

过氧醋酸是一种不稳定的具有爆炸性的化合物，在 363～383K 下能发生爆炸。当过氧醋酸积累过多时，即使在低温下也能导致爆炸性分解。

作为乙醛氧化生产醋酸的催化剂，应能既加速过氧醋酸的生成，又能促使其迅速分解，使反应系统中过氧醋酸的浓度维持在最低限度。由于乙醛氧化生成醋酸的反应是在液相中进行的，因而催化剂应能充分溶解于氧化液中，才能施展其催化作用。研究发现，可变价金属（如锰、镍、钴、铜）的醋酸盐或它们的混合物均可作为乙醛氧化法生产醋酸的催化剂，其催化活性高低为 Co＞Ni＞Mn＞Fe。虽然钴的醋酸盐在乙醛氧化生成醋酸的反应中活性最高，即钴盐催化剂对过氧醋酸的生成有较强的加速作用，但它不能满足过氧醋酸迅速分解的条件，会造成过氧醋酸在反应系统中积累，故而不能适用。采用醋酸锰为催化剂，不仅能使乙醛氧化为过氧醋酸的反应加速进行，而且能保证过氧醋酸生成与分解速度基本相同，其醋酸收率也远远高于其他金属的催化剂。所以，工业上普遍采用醋酸锰作为催化剂，有时也可适量加入其他金属的醋酸盐。醋酸锰的用量约为原料乙醛量（质量分数）的 0.1％～0.3％。

醋酸锰发挥催化作用的机理一般认为是经过下面的反应：

$$CH_3COOH + Mn^{2+} \longrightarrow CH_3COO^- + Mn^{3+} + OH^-$$

Mn^{3+}存在溶液中，可引发原料乙醛产生自由基。

(1) 链引发：

$$CH_3CHO + Mn^{3+} \xrightarrow{k_1} Mn^{2+} + CH_3CO\cdot + H^+$$

O_2 的存在能选择性地加速过氧醋酸自由基的产生：

$$CH_3CO\cdot + O_2 \xrightarrow{k_2} CH_3COOO\cdot$$

$$CH_3COOO\cdot + CH_3CHO \xrightarrow{k_3} CH_3COOOH + CH_3CO\cdot$$

经过上述链引发后，氧化反应速度加快，由于自由基的存在使分子链增长。

(2) 链增长：

$$CH_3COOOH + Mn^{2+} \xrightarrow{k_4} CH_3COO\cdot + Mn^{3+} + OH^-$$

$$CH_3COOOH + Mn^{2+} \xrightarrow{k_5} CH_3COOO\cdot + Mn^{3+} + H^+$$

$$CH_3COOOH + CH_3CHO \xrightarrow{k_6} CH_3COOOHOCHCH_3$$

（乙醛单过醋酸酯）

$$CH_3COOOHOCHCH_3 \xrightarrow{k_7} 2CH_3COOH$$

(3) 链终止：

$$CH_3COO\cdot + CH_3CO\cdot \xrightarrow{k_8} (CH_3CO)_2O$$

$$CH_3COO\cdot + CH_3COOO\cdot \xrightarrow{k_9} (CH_3CO)_2O + O_2$$

$$H^+ + OH^- \xrightarrow{k_{10}} H_2O$$

通常情况下，反应速率常数 k_1、k_2、k_3、k_8 和 k_9 小于 k_4、k_5、k_6、k_7。因此，乙醛氧化生成醋酸的反应初期存在一引发阶段，即诱导期，这也是生产中必须有催化剂存在下才能顺利进行的原因之一。

采用催化剂不仅能加快链反应的引发，缩短诱导期，加速过氧醋酸的生成，更有利于加快过氧醋酸的分解，避免由于过氧醋酸的积累可能引起的爆炸，从而使乙醛氧化生产醋酸得以工业化。

2. 氧化剂的选择

在氧化剂选择方面，原则上采用空气或氧气均可。当用空气时，大量氮气在气液接触面上形成很厚的气膜，阻止氧的有效扩散和吸收，从而降低设备的利用率。若用氧气氧化，应充分保证氧气和乙醛在液相中反应，以避免反应在气相中进行；且在塔顶应引入氮气以稀释尾气，使尾气组成不致达到爆炸范围。目前生产中采用氧气作氧化剂的较多。

3. 气液传质（氧的吸收与扩散）的影响

影响氧的扩散与吸收的主要因素有以下三个方面：

1）氧的通入速度

通入氧气速率越快，气液接触面积越大，氧气的吸收率越高，设备的生产能力也就会增大。但是，通氧速率并非是可以无限增加的，因为氧气的吸收率与通入氧气的速率不是简单的线性关系。当通入氧气速率超过一定值后，氧气的吸收率反而会降低，氧气的损耗相应地加大，甚至还会把大量乙醛与醋酸液物料带出。此外，氧气的吸收不完全会引起尾气中氧的浓度增加，造成不安全因素。所以，氧气的通入速率受到经济性和安全性的制约，存在一适宜值。工业生产中氧气的通入速度可用氧化的空速来描述。

$$S_V = \frac{Q}{V_\mathrm{B}}$$

式中　S_V——氧化的空速，h^{-1}；

Q——氧气的流量，m^3/h；

V_B——反应器内液体的滞留量，m^3。

2）氧气分布板的孔径

为防止局部过热，生产中采取氧气分段通入氧化塔，各段氧气通入处还设置有氧气分布板，以使氧气均匀地分布成适当大小的气泡，加快氧的扩散与吸收。氧气分布板的孔径与氧的吸收率成反比，孔径小可增加气泡的数量和气液两相接触面积，但孔径过小则造成流体流动阻力增加，使氧气的输送压力增高。如果孔径过大，不仅会造成气液接触不良，而且会加剧液相物料的带出，破坏正常的操作。

3）氧气通过的液柱高度

在一定的通氧速率条件下，氧的吸收率与其通过的液柱高度成正比。液柱高，气液两相接触时间长，吸收效果好，吸收率增加。与此同时，液柱越高，液体的静压大，氧气再液相内溶解的量也越多。氧气的吸收率与液柱高度之间的关系如表 3.2 所示。

表 3.2　氧吸收率与液柱高度的关系

液柱高度/m	氧气的吸收率/%	液柱高度/m	氧气的吸收率/%
1.0	70	4.0	97～98
1.5	90	4.0 以上	大于 98
2.0	95～96	—	—

从表 3.2 中的数据可以看出，当液柱超过 4m 时，氧的吸收率可达 97%～98%以上，液柱再增加，氧气的吸收率无明显变化。因此，在工业生产中，氧气进入反应器的进料口位置应设置在液面下 4.0m 或更深的位置处，否则氧气的吸收不充分。

4. 乙醛氧化速率的影响

乙醛氧化生产醋酸的速率与催化剂的性质和用量、反应温度、反应压力、原料纯度、氧化液的组成等诸多因素有关。其中催化剂的性质和用量前已讨论，此处从略。

1）反应温度

温度在乙醛的氧化过程中是一个非常重要的因素，乙醛氧化成过氧醋酸及过氧醋酸分解的速率都随温度升高而加快，但温度不宜太高，过高的温度会使副反应加剧，导致如甲酸等低碳数有机氧化物大量生成，并且尾气中一氧化碳、二氧化碳含量显著增多，严重时甚至可能导致反应失控。但温度也不宜过低，温度过低会降低乙醛氧化为过氧醋酸以及过氧醋酸分解的速率，易导致过氧醋酸的积累，同样存在不安全性。因此，用氧气氧化时，适宜温度控制为343～353K，还必须及时连续地移走反应热，并且在系统内需通入氮气。

2）反应压力

操作压力对乙醛氧化过程的影响从两个方面体现。

(1）乙醛氧化反应是一个气体体积减小的反应，增加压力有利于反应向生成醋酸的方向进行。由于乙醛氧化是气液相反应，提高反应压力，既可促进氧向液体界面扩散，又有利于氧被反应液吸收。

(2）反应物乙醛的正常沸点为21℃，增加压力可使乙醛沸点升高，从而减少乙醛的损失，但是，升高压力会增加设备投资费用和操作费用，实际生产中操作压力控制在0.15MPa（表压）左右。

3）原料纯度

乙醛氧化生成醋酸反应的特点是以自由基为链载体，所以凡能夺取反应链中自由基的杂质，称为阻化剂。阻化剂的存在，会使反应速度显著下降。水是一种典型的能阻抑链反应进行的阻化剂，故要求原料乙醛含量（质量分数）＞99.7%，其中水分含＜0.003%。乙醛原料中三聚乙醛可使乙醛氧化反应的诱导期增长，并易被带入成品醋酸中，影响产品质量，故要求原料乙醛中三聚乙醛含量＜0.01%。

4）氧化液的组成

在一定条件下，乙醛液相氧化所得的反应液称为氧化液，其主要成分有乙醛、醋酸、醋酸锰、氧、过氧醋酸，此外还有原料带入的水分及副反应生成的醋酸甲酯、甲酸、二氧化碳等。

氧化液中醋酸浓度和乙醛浓度的改变对氧的吸收能力有较大影响。当氧化液中醋酸含量（质量分数）为82%～95%时，氧的吸收率保持在98%左右，超出此范围，氧的吸收率下降。当氧化液中乙醛含量在5%～15%时，氧的吸收率也可保持在98%左右，超出此范围，氧的吸收率下降。从产品的分离角度考虑，一般在流出的氧化液中，乙醛含量不应超过2%～5%。

任务四　反应设备的选用

乙醛氧化生产醋酸的主要设备是氧化反应器。与其他液相氧化反应相同，乙醛氧化生产醋酸的主要特点是：反应为气液非均相的强放热反应，介质有强腐蚀性，反应潜伏着爆炸的危险性。所以，对氧化反应器相应的要求是：

(1）能提供充分的相接触界面。

(2）能有效移走反应热。

(3）设备材质必须耐腐蚀。

(4）确保安全生产防爆。

(5) 流动形态要满足反应要求（全混型）。

工业生产中采用的氧化反应器为全混型鼓泡床塔式反应器，简称氧化塔。按照移除热量的方式不同，氧化塔有两种形式，即内冷却型和外冷却型。内冷却型氧化塔结构如图 3.1（a）所示。氧化塔塔底由乙醛和催化剂入口组成。塔身分为多节，各节设有冷却盘管，盘管中通入冷却水移走反应热以控制反应温度。各节上部都设有氧气分配管，氧气由分配管上小孔吹入塔中（也有采用泡罩或喷射装置的），塔身之间装有花板，通过花板，达到氧气均匀分布。在氧化塔上部设有扩大空间部分，目的是使废气在此缓冲减速，减少醋酸和乙醛的夹带量。塔的顶部装有氮气通入管，通入氮气降低气相中乙醛及氧气浓度。顶部还装有防爆口，以保证氧化过程的安全操作。内冷却型氧化塔可以分段控制冷却水和通氧量，但传热面积太小，生产能力受到限制。在大规模生产中都采用外冷却型鼓泡床氧化塔，其结构如图 3.1（b）所示。该塔是一个空塔，设备结构简单，位于塔外的冷却器为列管式热交换器，制造检修远比内冷却型氧化塔方便。乙醛和醋酸锰是在塔中上部加入的，氧气从下部分三段加入。氧化液由塔底抽出送入塔外冷却器进行冷却，经冷却后再循环回氧化塔，其进口略高于乙醛入口。氧化液溢流口高于循环液进口约 1.5m。尾气由塔顶排出。安全设施与内冷却型相同。

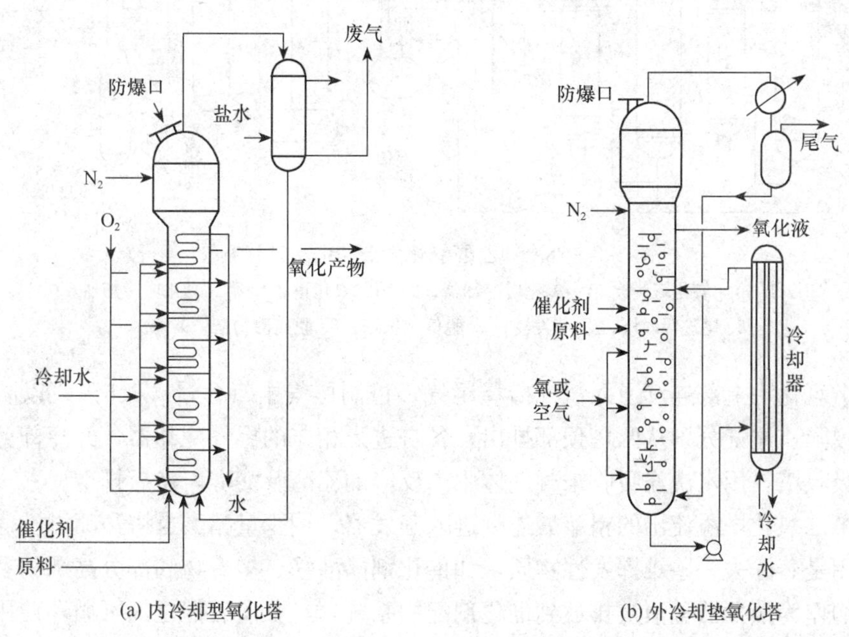

图 3.1　氧化塔示意图

为使氧化塔耐腐蚀，减少因腐蚀引起的停车检修次数，乙醛氧化塔材料选用含镍、铬、钼、钛的不锈钢。

任务五　乙醛氧化生产醋酸的工艺流程组织

乙醛氧化生产醋酸的工艺流程如图 3.2 所示，该流程采用了两个外冷却型氧化塔串联合成醋酸工艺。在第一氧化塔中盛有（质量分数）0.1%～0.3%醋酸锰的浓醋酸，先加入适量的乙醛，混匀加热，而后乙醛和纯氧按一定比例，分两路进入第一氧化塔，乙醛和氧气在催化剂作用下，于反应温度为 348K 左右，塔顶压力为 0.15MPa 条件下，反应生成醋酸。由循环泵将氧化液自塔底抽出，送入第一氧化塔冷却器进行热交换，反应热由循环冷却水带走。降温后的氧化液再返回第一氧化塔。第一氧化塔上部流出的乙醛含量为 2%～8%的氧化反应液，由两塔间压差送入第二氧化塔。该塔盛有适量醋酸，塔顶压力 0.08～0.1MPa，达到一定液位后，根据氧化液中乙醛浓度，通入适量氧气进一步氧化其中的乙醛，维持中部反应温度在 353～358K 之间，塔底氧化液由泵强制循环，通过第二氧化塔冷却器进行热交换。物料在两塔中停留时间共计 5～7h。从第二氧化塔上部连续溢流出醋酸含量>97%，乙醛含量<0.2%，水含量 1.5%左右的粗醋酸（质量分数）送去精制。

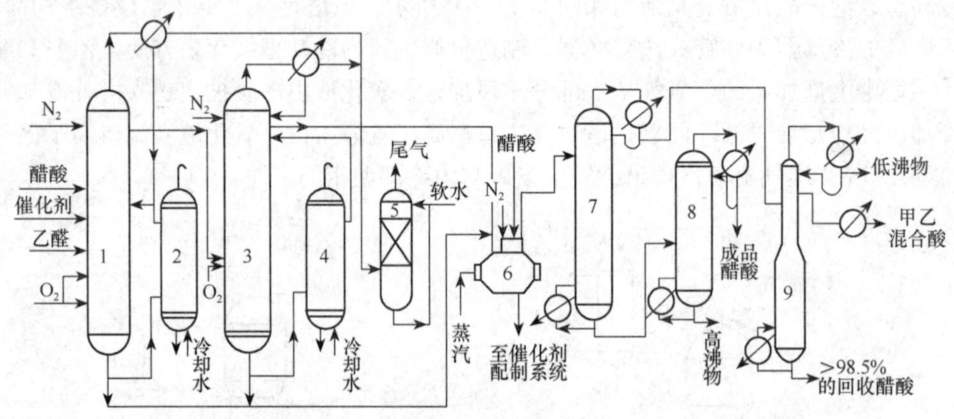

图 3.2 外冷却乙醛氧化生产醋酸工艺流程图

1. 第一氧化塔；2. 第一氧化塔冷却器；3. 第二氧化塔；4. 第二氧化塔冷却器；5. 尾气吸收塔；6. 蒸发器；7. 脱低沸物塔；8. 脱高沸物塔；9. 脱水塔

两个氧化塔上部连续通入氮气稀释尾气，控制尾气中氧含量<0.5%，以防气相达到爆炸极限。尾气分别从两塔顶部排出，各自进入相应的尾气冷却器，经冷却分液后进入尾气吸收塔，用水洗涤吸收未凝气体中未反应的乙醛及酸雾，然后排空。

从第二氧化塔溢流出的粗醋酸连续进入蒸发器，用少量醋酸自塔顶喷淋洗涤。蒸发器的作用是蒸除去一些难挥发性物质，如催化剂醋酸锰、多聚物和部分高沸物及机械杂质。它们作为蒸发器釜液被排放到催化剂配制系统，经分离后催化剂可循环使用。塔顶出来的蒸汽酯、加热气化后进入脱低沸塔。

由蒸发器顶部来的蒸汽进入脱低沸物塔，脱低沸物塔的作用是分离除沸点低于醋酸的物质，如未反应的微量乙醛以及副产物醋酸甲酯、甲酸、水等，这些物质从塔顶蒸出。脱除低沸物后的醋酸液从塔底利用压差进入脱高沸物塔，塔顶得到纯度高于 99%的成品醋酸，塔釜为含有二醋酸亚乙酯及微量催化剂的醋酸混合物。此醋酸混合物送至回收塔（图中未画出），脱除醋酸锰及部分杂质，蒸馏分离可得到醋酸含量>98.5%的半成品，作为配制催化剂或蒸发器喷淋醋酸。脱低沸物塔顶分出的低沸物由脱水塔回收，塔顶分离出含量 3.5%左右的稀醋酸废水，并含微量醛类、醋酸甲酯、甲酸及水，其数量不多，经中和及生化处理后排放；塔中部抽出含水的甲乙混合酸；塔釜为含量＞98.5％的回收醋酸，用做蒸发器的喷淋醋酸。

任务六　醋酸生产异常现象及故障排除

一、氧化反应岗位异常现象及处理方法（表3.3）

表3.3　氧化反应岗位异常现象及处理方法

序号	现　象	分析原因	处理方法
1	第一氧化塔顶压力突然上升，尾气流量增加，进醛流量大幅波动	1. 乙醛球罐内乙醛用完造成 2. N_2 进入氧化塔内造成	关小氧气及冷却水，保持塔中高温度，及时切换球罐，补加乙醛以至恢复正常温度和组分
2	第一氧化塔反应液颜色由暗红色变成淡黄色并出现塔顶含氧上升，塔内温度下降	1. $Mn(Ac)_2$ 含量少 2. 催化剂管线流量计不畅通，堵塞 3. 乙醛含量高	1. 分析乙醛，M含量，补加催化剂 2. 检查循环锰流量计，并使畅通 3. 检查氧醛配比
3	第一和第二氧化塔液面波动大，无法自控	1. 循环泵引起 2. N_2压力波动 3. 仪表本身震动	1. 检查循环泵前后压力 2. 检查 N_2总管压力 3. 仪表工检查仪表
4	第一或第二氧化塔顶压力逐步上升，出现报警，氧化液出料和温度正常	1. 尾气排放部畅通，局部冻结 2. 尾气调节阀有问题	1. 手动放空降压，用蒸汽加温解冻 2. 临时开付线，联系仪表工及时修复仪表
5	塔顶含氧量超限报警	1. 氧醛配比不当 2. 催化剂少或失活	1. 调节氧醛配比 2. 分析塔中催化剂含量，补加新鲜催化剂 3. 分析塔中和乙醛中含水量
6	第一氧化塔出料不畅通，塔中液位高，第二氧化塔液面降低	1. 两塔压差小 2. 管线阀有问题 3. 仪表失灵 4. 第二氧化塔塔压高	1. 调整两塔压差0.1MPa 2. 调换阀门，检查管线 3. 调试仪表 4. 查出解决第二氧化塔压力上升的原因，降低塔压
7	氧化塔顶气相温度高于液相温度	1. 氧气量大，反应剧烈 2. 乙醛加入量少 3. 保安 N_2 通量少 4. 氧化液水分多，吸收率低 5. 氧气分布不当，上部多	1. 减少 O_2 加入量 2. 调整乙醛出口压力及流量 3. 提高 N_2 通入量 4. 置换氧化液，提高 O_2 吸收率 5. 调节各节分配氧的比例
8	氧化塔液相温度过高	1. O_2 与乙醛加入量过大 2. 冷却水量少或循环量少 3. 冷却水管堵塞	1. 减少 O_2 与乙醛加入量 2. 增加冷却水循环量 3. 清洗或疏通管道
9	尾气中含氧量大于规定值	1. 氧气量过剩 2. 保安 N_2量少 3. 催化剂量少或活性低	1. 调节醛氧比 2. 加大保安 N_2 量 3. 调节催化剂加入量
10	短时停水停电	水源或电源事故	1. 停止醛氧进料 2. 塔顶继续通入 N_2 3. 保持塔内压力温度
11	氧化液甲酸高于规定值	1. 氧醛配比不当 2. 加料不稳，反应温度过高 3. 催化剂含量少或活性降低	1. 调节氧醛配比 2. 稳定工艺，适当降低温度 3. 增加催化剂含量，提高活性

续表

序号	现　象	分析原因	处理方法
12	爆破片被炸破	1. 配比不当，气相中醛氧反应剧烈 2. 液相温度过低，过高使过氧醋酸分解爆炸 3. 违反工艺条件，违章操作 4. 仪表故障或失灵	立即停车，关闭防爆片前大阀，更换防爆片，找出爆破原因，做开车前准备

二、有关物质性质与工作场所允许浓度

1. 乙醛

乙醛为易挥发具有特殊气味的无色液体，在大气压下沸点为20.8℃，闪点为－38℃，自燃点为140℃，乙醛与空气混合后引起爆炸。爆炸极限为4.0%～57%（体积分数）。

乙醛刺激黏膜，同时对中枢神经系统有麻痹作用。刺激眼鼻呼吸器官，其慢性中毒状态为体重减轻、贫血、神志恍惚、听觉错乱。

工作场所最大允许浓度为0.01mg/L。

2. 醋酸

醋酸为无色透明的液体，30%以上浓度可以引起皮肤烧伤，有特殊刺激鼻的酸味。醋酸蒸气能使人流泪，对人体呼吸器官、眼睛黏膜有刺激作用。在空气中的允许浓度为251mg/m^3。

从以上物性可以看出，乙醛和醋酸都是易燃易爆的物质，特别是乙醛的闪点和自燃点很低，爆炸范围很宽，所以要求特别小心，严防任何的跑冒滴漏，消除一切隐患。

3. 氧气

氧气为无色无臭气体，能助燃，物质在纯氧中燃烧要比空气中更为剧烈。氧气管道阀门必须严格脱脂。

4. 氮气

氮气为无色无臭的惰性气体，但在密封容器中它能使人在没有预感的情况下迅速失去知觉，窒息而死。

三、泄漏、中毒、环境污染事故应急预案

1. 泄漏事故应急预案

1）处置方案

（1）发生泄漏、跑冒事故后，要疏散污染区人员至安全区，禁止无关人员进入污染区。

（2）控制事态发展，防止造成大面积污染。

（3）现场禁止一切动火或产生火花的作业。

(4) 应急人员按照规定穿防静电的防护服，佩戴自给式呼吸器。

(5) 车间应急小组采取必要的措施，控制事态的发展。

(6) 气防站接警后，出动车辆赶赴现场，并对事故进行调查评估。

2) 生产处理程序

如机泵出现开裂，造成大量物料泄漏，应立即切换备用泵，关闭其进出口阀进行隔离，并立即联系维修人员抢修。

若管线大面积发生泄漏，尤其是主流程管线发生泄漏，应立即将泄漏管线切出。对影响的系统应做紧急停车处理。

跑冒的物料要利用围堰进行收集，严防泄漏物料串入清净下水系统，对高浓度物料进入污水系统，应采取稀释等安全措施，并通知水厂处理。

2. 中毒事故应急预案

1) 处置方案

发现中毒者，在保证佩戴防护器具的情况下，尽快将中毒者从中毒区抢救至空气新鲜通风好的安全地带进行抢救。

在保证安全的情况下，查找漏点，切断泄漏源。

如发现中毒者在罐内，一时不能救起，应给中毒者带上隔离式防毒面具（长管式或供氧式呼吸器），防止继续中毒，并设法联系专业人员到场进行救护。

发生中毒后，在救治伤员的同时，班长安排向厂调度汇报，向气防站和医院报警，请求支援。

2) 生产处理程序

应急人员必须配备防毒面具和空气呼吸器。

仔细查找漏点，切断漏源。

车间应急小组应采取必要的措施，控制事态的发展。

气防站接警后，赶赴现场，提供需要的呼吸器具。

操作链接

乙醛氧化生产醋酸氧化岗位操作

一、氧化反应岗位职责

氧化岗位的任务是将乙酸和氧气送入氧化塔，在催化剂醋酸锰的作用下，使乙醛氧化生成 96.5%（质量分数）以上的粗醋酸，再送至蒸馏岗位进行精制。其岗位职责如下。

(1) 负责氧化系统及乙醛球罐区、催化剂配制，13 个容器、7 个换热器、11 台泵等动静设备的操作和巡检保养。

(2) 负责检查设备、管道、阀门、法兰有无泄漏并及时向上报告。公称直径 DN80 以下的泄漏由操作工维修。

(3) 负责与蒸馏岗位、乙醛装置等联系，使生产稳定运行。

(4) 发现公用工程及电器、仪表有异常，及时和调度、仪表、电气车间联系。

(5) 准时、真实、认真填写报表，字迹清楚。

(6) 定时、认真巡检，精心操作，做到稳产、低耗、长周期生产。

(7) 负责本岗位所属设备及地区的清洁卫生工作及防止跑、冒、滴、漏，做好文明生产。

二、氧化反应岗位操作法（DCS 操作训练）

1. 开车前的准备工作和条件

(1) 大检修后的开车，必须制定详细开车方案，呈报厂主管部门批准。

(2) 上岗人员必须经考核合格，确认可以上岗操作，才能上岗。

(3) 公用工程，水、电、汽、气等均符合开车工艺条件。

(4) 检修后经联试合格，并对检修的氧气管道、法兰、阀门、管件和仪表零部件均要进行脱脂处理。

(5) 备足开车用醋酸、醋酸锰催化剂（提前配制二罐催化剂放在催化剂贮槽 R-403 中，保温 75℃）。

(6) 消防设施齐全，安全阀、防爆片、各仪表报警系统等经试验合格，确认安全可靠。

(7) 系统用氮气吹扫设备内和管道内存有的水及杂物并置换合格，球罐区氧气≤0.5%（体积分数）。合格后用氮气保压 0.05MPa。

(8) 检查所有管道连接是否有泄漏，设备是否严密，检查所有阀门是否灵活好用、严密可靠，检查温度计、压力表和所有阀门是否完整无缺，调节阀灵活、指示明确。检查电气设备是否安全。

(9) 乙醛球罐（R-501）、氮气缓冲罐（R-101）、氧气缓冲罐（R-102）备料。

① 乙醛球罐（R-501）进乙醛。

a. 检查管道是否畅通，各温度计、流量计、压力表、阀门和仪表等是否好用。关闭所有阀门。

b. 经联动试车合格后吹扫干净后，用 N_2 置换经分析后，罐内含氧量<0.5%（体积分数）以下。

c. 保持罐内压力为 0.2MPa。

d. 需进乙醛时，打开其中一个进料阀（其余的关闭）通知乙醛装置送乙醛。

e. 当物料体积约为球罐容积的 70%时，开另一球罐进料阀，再关闭此进料阀。第三个罐进乙醛步骤同上，或是通知乙醛装置停止送醛。调节 PC-501（乙醛球罐压力记录调节报警）尾气排放及保压氮气，调节阀自动控制在 0.4MPa 保压。当球罐中有 100t 乙醛时，具备开车条件，投料开车。

② 氮气缓冲罐 R-101 进料。缓慢打开 PC-101 调节阀（氮气贮罐压力记录调节报警），向罐内小流量送氮，缓慢打开氮气缓冲罐底阀 1min 后关闭，再打开放空阀片刻，将进气量逐渐开大。但注意罐内压力不要超过操作压力 0.5MPa，调节 PC-101，使 PC-101压力为 0.5MPa，并切自动。

③ 氧气缓冲罐的投料。

a. 关闭去氧化塔的出口阀。

b. 慢慢打开 PC-102 调节阀（氧气贮罐压力记录调节报警），小流量向罐内送氧，慢慢打开缓冲罐底阀 1min 后，关闭阀，并将进气量逐渐增大。调节 PC-102，使 R-102 压力为 0.6MPa 并打开自动。

（10）所有冷凝器、冷却器通循环水使用。

（11）所有通入蒸汽的热交换器，先开蒸汽导淋阀及淋液旁通阀，充分排冷凝液后，开调节阀保护阀，缓慢开蒸汽调节阀，正常后关凝液旁通阀及导淋阀。

（12）开车前成品醋酸罐 R-502 把成品醋酸送入氧化液贮槽，再用氧化液泵 B-104 把成品醋酸送入第一氧化塔，开第一氧化塔循环泵，清洗氧化塔，清洗合格后，氧化塔液用 B-104 打到氧化液贮槽 R-104 或 T-201 中，作为蒸馏底料，在第一氧化塔投料时蒸馏提前开车并回流运转，以加快全流程开通时间。

2. 氧化液的配制

（1）开第一氧化塔（T-101）和第二氧化塔（T-102）防爆膜前阀门，同时向 T-101、T-102 进小量氮气，分别保压在 0.2MPa 和 0.1MPa。

（2）开尾气冷凝器 H-102 和 H-104a、b 冷却水，向 R-106 进脱盐水。当 R-106 釜液面达到 60%时停供脱盐水，开吸收塔循环泵 B-106，并关去 R-204 的阀门，全回流操作。

（3）用氧化液输送泵 B-104 把氧化液贮槽（R-104）中醋酸 99.8%（质量分数）[由醋酸贮槽（R-502）用泵（B-502）送来的] 送入 T-101，控制液面 20%。

（4）按开泵要求开启第一氧化塔循环泵（B-101）控制循环量 450～500m^3/h。关闭 H-101 循环水上下水阀，打开冷却器（H-101，一台）循环水导淋，排空 H-101 开蒸汽进汽阀，加热醋酸，当循环醋酸温度达 75℃后，关小蒸汽保温。

3. 第一氧化塔投料

（1）控制 T-101 塔顶压力 0.2MPa，T-102 塔顶压力为 0.1MPa，打开 R-501 乙醛球罐出料阀，用氮气将 3.3t 乙醛压入氧化塔，进醛完毕后，关闭进塔阀门，保安氮气量至 80～120m^3/h。

（2）在物料循环的条件下，逐渐升温至 75～78℃。调整液位达 10%～20%，关小加热蒸汽保温，取样分析 T-101 塔中组成，氧化液配制要求：乙醛 7%～10%（质量分数），醋酸>90%（质量分数），醋酸锰 0.16%～0.25%（质量分数），水<1.5%（质量分数），20min 后，再分析其数据，数据近似相等，说明氧化液配制合格。循环量控制在 450～500m^3/h。

（3）关小加热蒸汽，打开调节阀 FRCSA-103（第一氧化塔进氧量记录调节连锁），打开下部进塔氧气阀及 FIK-116（第一氧化塔氧气小流量指示调节）保护阀，由小流量调节阀 FIK-116 向塔内小流量进氧，提氧幅度为 10m^3/次左右，当液位回降，液相温度上升，氧化反应开始，可以提氧量（提氧量不宜太大），当 FIK-116 进氧量达 300m^3/h 左右时，

FIk-105（第一氧化塔下部进氧量指示调节）开始进氧，提氧含量为 50～100m^3/次，当氧气量达 1000m^3/h 时，上部开始进氧，进氧同样是先由小流量进氧然后加大流量。

（4）进氧时密切注意塔顶氧含量分析表，当塔顶氧含量上升时，加大塔顶保安 N_2 流量或减小进氧含量，保证塔顶含氧小于 5%（体积分数）。当塔内温度上升到 85℃时，调节氧气循环量至 600m^3/h 左右，反应温度仍继续上升时，开 H-101（一台）循环水上下水线，适当打开循环水调节阀，根据反应温度调节冷却水量，控制反应温度，缓慢下降，当一台换热器冷却水调节阀位达 80%～85%时，开始投用第二台换热器，第二台换热器投用时，投水幅度要更小，防止温度下降太快，抑制反应的进程。控制塔内温度为 65～81℃，当进氧达正常值后，调节温度至正常值，切自动调节。

（5）当 T-101 反应稳定后，将 FIK-116 流量等量切换至 FIK-105，关闭 FIK-116 调节阀及保护阀，分析氧化液，当乙醛含量降为 3%～5%（质量分数）由罐区向氧化塔进醛，逐渐调节乙醛与氧化比例，至正常值。

（6）当第一氧化塔液位达 30%时，由 LC-101（第一氧化塔液面记录调节）控制到向第二氧化塔 T-102 进料，当醋酸锰浓度降到 0.12%（质量分数）以下时，向塔内补加催化剂。

（7）调整各工艺参数至正常操作条件。

塔顶压力：0.2MPa，塔内温度：65～81℃，循环量：800～1600m^3/h，下部进氧：800～1680m^3/h，上部进氧：240～480m^3/h，氮气流量：80～120m^3/h。

含醛 2.0%～5%（质量分数）、甲酸≤0.3%（质量分数）、水≤2.0%（质量分数）。

4. 第二氧化塔投料

（1）第一氧化塔 T-101 进酸完毕，即向第二氧化塔 T-102 进成品醋酸 20t。

（2）启动第二氧化塔循环泵（B-102）进行循环。在第二循环冷却器（H-103）通入加热蒸汽，在物料循环条件下，升温至 75℃保温。

（3）在升温过程中，维持塔顶压力为 0.1MPa，并切自动，氮气流量为 80～120m^3/h。

（4）待第一氧化塔向第二塔出料，T-102 出现液位，课根据氧化液中乙醛含量向第二氧化塔进氧，同时加大塔顶进氮量，当氧化液温度达 85℃时，通冷却水控制塔内温度在 78℃左右。

（5）当液位达 40%时，由 LC-102（第二氧化塔液面记录调节）控制向氧化液贮槽（R-104）或催化剂回收塔（T-201）出料。

（6）调各工艺参数至正常操作条件后，合上联锁开关。

（7）正常操作条件如下。

塔顶压力：0.1MPa，塔内温度：75～82℃，氧气流量：60～180m^3/h（视 T-102 含醛量而定），出料氧化液组分达到指标。

5. 尾气吸收塔 T-103 投运

（1）向 R-106 进脱盐水，R-106 釜液面达 60%时停供脱盐水，开吸收塔循环泵(B-106)全回流操作。循环量为 2m^3/h 左右。

（2）经分析，R-106 醋酸含量达 65%（质量分数）以上，由 B-106 向 R-204 或 T-204塔出料。

6. 长期停车

（1）接到停车通知后，在停车前 1h，调整乙醛进氧量，尽量将乙醛全部氧化。使 T-101 中含醛<0.5%（质量分数）。

（2）在停车前将该配置好的催化剂全部用完。

（3）当乙醛进料量发生波动，说明球罐已空，关闭乙醛进塔阀，停止进乙醛。

（4）停醛以后，逐渐减少进氧量，同时根据液相温度调节 H-101、H-103 冷却器进水量，尽量维持反应温度。当塔内温度不能保持时，关闭 T-101、T-102 进氧塔壁阀。然后关调节器 FIK-104（第一氧化塔上部进氧量指示调节）、FIK-105（第一氧化塔下部进氧量指示调节）、FIK-106（第二氧化塔进氧量指示调节）及调节阀前后阀，取样分析氧化液。停 T-101、T-102 循环泵。

（5）将 T-101、T-102 物料，分别退入中间罐 R-104，由中间罐向蒸馏出料，到氧化液处理完为止。

（6）在氧化岗位停车后，将 R-106 罐内物料全部打入 R-204 罐或去 T-204 塔处理。

（7）按要求对系统进行清理，至清理合格，再用氮气对系统进行吹扫，吹尽残留水分，并取样分析合格。

（8）停车后，注意把冷凝器、冷却器等设备剩余水放净。

7. 局部停车

（1）先关 FIK-104、FIK-105，再关掉 FCS-101，根据事故起因控制进氮量的多少，以保证尾气含量<5%（体积分数）。

（2）关进氧进醛管线的塔壁阀，以免造成倒流。

（3）其他步骤参照停车步骤。

8. 紧急停车

因停电、汽、气、水或发生其他故障不能生产时，需紧急停车处理。停车步骤先考虑安全因素，给予优先处理，可先停车后，再向领导汇报（在时间允许的条件下，停车前应向厂调度指示并做好开车准备）。

（1）紧急停电。先关 T-101、T-102 氧进塔阀，再关 T-101 乙醛进塔阀，停催化剂循环，以防物料倒流入罐，造成管道设备仪表腐蚀。其余参照正常停车步骤。

（2）紧急停水。

① 先关第一氧化塔、第二氧化塔氧气进塔阀，后关乙醛进第一氧化塔塔阀。

② 适当调节塔顶氮气量。

③ 其他参照正常停车。

（3）紧急停蒸汽。

① 及时和调度联系，了解停汽时间。

② 停汽时间短时，氧化岗位可不停车，作减负荷处理，氧化液切入 R-104 罐中。

(4) 紧急停氧气。

装置状态：乙醛氧气配比严重失调，氧气温度显著下降，氧化液含醛增高。

紧急处理：

① 当发现确实停供氧气时，迅速切断乙醛进塔阀，停止进醛。

② 立即关闭第一氧化塔、第二氧化塔氧气进塔阀，防止氧化液倒回，腐蚀管道和设备。

③ 全开 FCS-102（第一氧化塔进氮量记录调节联锁），大量充 N_2。

④ 其他参照正常停车步骤。

(5) 紧急停仪表空气。

装置状态：所有气动仪表、调节阀失灵，气开阀全开，整个工艺控制失控。

紧急处理：

① 首先切断氧气进塔阀。

② 切断乙醛进塔阀。

③ 到现场调 N_2 进塔量。

④ 用截止阀维持塔顶压力。

⑤ 其他参照正常停车步骤。

(6) 紧急停氮气。

装置状态：乙醛贮罐压力下降，无保安氮气，乙醛与氧配比失调。氧气含量增高。

紧急处理：

① 首先切断进氧，再切断进乙醛。

② 关小冷却水。

③ 其他参照正常停车步骤。

思考题

1. 比较几种醋酸生产方法的优缺点。

2. 乙醛氧化生产醋酸的反应机理是什么？

3. 乙醛氧化生产醋酸的工艺条件有哪些？氧化液高度对反应有何影响？

4. 乙醛氧化生产醋酸可分为哪两个基本过程？各自的影响因素有哪些？试做简要分析。

5. 工艺上对乙醛氧化生产醋酸的反应器有何要求？试画出内冷却型和外冷却型两种氧化塔的结构示意图，并比较它们的优缺点。

6. 乙醛氧化生产醋酸为何要设置 2 个氧化塔？又是如何设计分离产物醋酸的？

7. 乙醛氧化生产醋酸存在哪些安全问题？工业上有哪些安全措施？

项目四　氯乙烯的生产

知识目标

(1) 了解氯乙烯产品规格、性质、用途和工业生产方法。

(2) 了解氯乙烯生产中主要设备结构、控制方法及三废治理、安全卫生防护。

(3) 理解氯乙烯生产过程的原理及工艺参数条件分析方法。

(4) 掌握氯乙烯生产工艺过程分析及工艺流程图的阅读分析。

能力目标

(1) 能够进行氯乙烯生产工艺条件的分析、判断和选择。

(2) 能依据原料路线、生产方法、生产过程合理划分氯乙烯生产工序。

(3) 能阅读和绘制氯乙烯生产工艺流程图。

(4) 能进行氯乙烯生产过程中有关物料、热量衡算及原材料消耗、生产能力等工艺计算。

任务一　氯乙烯工业认识

氯乙烯又名乙烯基氯（$CH_2=CHCl$），相对分子质量 62.50，熔点－159.8℃，沸点－13.4℃，相对密度（水＝1）0.91，相对蒸气密度（空气＝1）2.15，饱和蒸气压 346.53（25℃）(kPa)，与空气形成爆炸性混合物，爆炸上限（V/V）31.0%，爆炸下限（V/V）3.6%，空气中允许浓度为 0.05mg/L，在压力下更易爆炸，贮运时必须注意容器的密闭及氮封，并应添加少量阻聚剂，常温常压下为无色有乙醚香味的气体，容易燃烧，易溶于丙酮等。

氯乙烯是一种应用于高分子化工的重要的单体，70%氯乙烯应用于生产聚氯乙烯，进而生产塑料管道、门窗及其他工业、生活用品。单体氯乙烯是有毒物质，肝癌与长期吸入和接触氯乙烯有关。

1835 年法国人 V. 勒尼奥用氢氧化钾在乙醇溶液中处理二氯乙烷首先得到氯乙烯。20 世纪 30 年代，德国格里斯海姆电子公司基于氯化氢与乙炔加成，首先实现了氯乙烯的工业生产。初期，氯乙烯采用电石，乙炔与氯化氢催化加成的方法生产，简称乙炔法。以后，随着石油化工的发展，氯乙烯的合成迅速转向以乙烯为原料的工艺路线。

1940 年，美国联合碳化物公司开发了二氯乙烷法。为了平衡氯气的利用，日本吴羽化学工业公司又开发了将乙炔法和二氯乙烷法联合生产氯乙烯的联合法。1960 年，美国陶氏化学公司开发了乙烯经氧氯化合成氯乙烯的方法，并和二氯乙烷法配合，开发成以乙烯为原料生产氯乙烯的完整方法，此法得到了迅速发展。乙炔法、混合烯炔法等其他方法由于能耗高而处于逐步被淘汰的地位。

任务二　氯乙烯生产方法选择

氯乙烯生产的基本原料来源主要是石油和煤，其生产方法可分为电石路线和石油路线。石油路线又分为乙炔法、乙烯法、联合法和氧氯化法。

在氯乙烯的各种生产方法中，原料均是由乙烯、乙炔、氯气、氯化氢、氧气按不同方式组合而成，同时也就有了各种不同的氯乙烯单体的生产方法。

1. 乙炔与氯化氢加成制取氯乙烯

乙炔与氯化氢在催化剂 $HgCl_2$ 存在下气相加成的主要反应为

$$CH\equiv CH + HCl \longrightarrow CH_2 = CHCl + 124.8kJ$$

主要副反应的产物是 1,1-二氯乙烷及少量 1,2-二氯乙烷以及乙醛等，反应为放热反应。一般来说，副反应比较少，选择性比较高，如果使用很纯的反应物，氯乙烯的收率可高达 95%～99%。

加成反应在热力学上是很有利的，不同温度下的热力学平衡常数 K_p 值如表 4.1 所示。虽然 K_p 值随温度的上升而下降，但在 25～200℃范围内，K_p 值均比较高，因此在此温度范围内均可获得较高的氯乙烯平衡分压。

表 4.1　乙炔与氯化氢加成反应的平衡常数

温度/℃	25	100	130	150	180	200
K_p	1.318×10^{16}	5.623×10^{10}	2.754×10^{9}	4.677×10^{8}	4.266×10^{7}	1.289×10^{7}

研究发现，反应一般按非均相反应的外扩散、内扩散及表面反应步骤进行，其中表面反应为控制步骤，为动力学控制过程。

动力学方程式为

$$\gamma = k\frac{p_{C_2H_2}p_{HCl}}{\Lambda + p_{HCl}}$$

式中　γ——反应速度；

k——反应速度常数；

Λ——氯化氢在活性炭上吸附系数的倒数；

$p_{C_2H_2}$、p_{HCl}——乙炔分压、氯化氢分压。

反应速度常数的实验数值如表 4.2 所示，也可用下式计算

$$k = 1.2 \times 10^6 \exp\left(-\frac{1 \times 10^3}{RT}\right)$$

从表 4.2 中的数据可以看出加成反应的速度随温度的升高而加快。

表 4.2　加成反应的速度常数

温度/℃	100	140	181	218
k	329.6	722.2	1421	2297

2. 乙烯经两步反应制取氯乙烯

乙烯首先氯化制取 1,2-二氯乙烷，然后经热裂解反应生成氯乙烯，并副产氯化氢。

$$CH_2 = CH_2 + Cl_2 \longrightarrow CH_2Cl - CH_2Cl$$

$$CH_2Cl - CH_2Cl \longrightarrow CH_2 = CHCl + HCl$$

该法生产氯乙烯，其氯化剂只有半数用于生产氯乙烯，另一半生成了氯化氢，消耗了氯，而氯化氢的用途用量有限，因此为了有效地应用氯化氢，出现了平衡法生产氯乙烯的工艺。

3. 乙烯氧氯化法生产氯乙烯

目前广泛采用乙烯氧氯化法合成氯乙烯是由氯化、热裂解和氧氯化三部分组成：

第一步：乙烯和氯气直接氯化生成 1,2-二氯乙烷。

$$CH_2 = CH_2 + Cl_2 \longrightarrow CH_2Cl - CH_2Cl$$

第二步：1,2-二氯乙烷高温热裂解生成氯乙烯，同时生成氯化氢

$$CH_2Cl - CH_2Cl \longrightarrow CH_2 = CHCl + HCl - 79.5\text{kJ}$$

该反应是可逆的吸热反应，一般用燃料煤气燃烧提供大量热能，迅速、均匀地通过裂解管管壁传给管内物料，使裂解反应能够正常进行。

在二氯乙烷裂解生成氯乙烯主反应进行的同时，还有多种平行和连串副反应可能发生，所以裂解反应是一个复杂的过程。主要副反应如下：

$$CH_2Cl - CH_2Cl \longrightarrow H_2 + 2HCl + 2C$$

$$CH_2Cl - CH_2Cl \longrightarrow CH_2 = CH_2 + Cl_2$$

$$3CH_2Cl - CH_2Cl \longrightarrow 2CH_3 - CH = CH_2 + 3Cl_2$$

$$CH_2 = CHCl \longrightarrow CH \equiv CH + HCl$$

$$CH_2 = CHCl + HCl \longrightarrow CH_2 - CHCl_2$$

$$nCH_2 = CHCl \xrightarrow{\text{聚合}} \left(CH_2 - CHCl \right)_n$$

第三步：乙烯、氯化氢和氧气在催化剂作用下生成 1,2-二氯乙烷。

$$CH_2 = CH_2 + 2HCl + \frac{1}{2}O_2 \longrightarrow CH_2Cl - CH_2Cl + H_2O + 263.6\text{kJ}$$

乙烯氧氯化反应以乙烯、氯化氢、氧（或空气）为原料，工业上采用金属氯化物为

催化剂，其中 $CuCl_2$ 活性最高。在催化剂作用下，反应为放热反应。

乙烯氧氯化过程的主要副反应有：

$$CH_2=CH_2+2O_2 \longrightarrow 2CO+2H_2O$$

$$CH_2=CH_2+3O_2 \longrightarrow 2CO_2+2H_2O$$

$$CH_2=CH_2+3HCl+O_2 \longrightarrow C_2H_3Cl_3+2H_2O$$

乙烯的氧氯化反应机理，国内外都做了很多研究工作，但未取得一致看法，较多的认为在氯化铜催化剂上，按氧化-还原机理进行，反应历程包括下列三步反应：

吸附的乙烯与 $CuCl_2$ 作用生成二氯乙烷，并使 $CuCl_2$ 还原为 Cu_2Cl_2。

$$CH_2=CH_2+2CuCl_2 \longrightarrow Cl—CH_2—CH_2—Cl+Cu_2Cl_2$$

Cu_2Cl_2 被氧化为两价铜，并生成包含有 CuO 的络合物。

$$Cu_2Cl_2+\frac{1}{2}O_2 \longrightarrow CuO\cdot CuCl_2$$

络合物被 HCl 作用，分解为 $CuCl_2$ 和水。

$$CuO\cdot CuCl_2+2HCl \longrightarrow 2CuCl_2+H_2O$$

反应的控制步骤是第一步，乙烯浓度对反应速度影响最大。从反应历程可看出，氯化剂是氯化铜而不是氯化氢，催化剂中的氯消耗以后，用空气和氯化氢经过氧氯化反应连续再生。

动力学分析研究发现，乙烯氧氯化反应为摩尔数减少的气固相催化反应，在230℃、$CuCl_2/Al_2O_3$ 催化剂上，反应的速度方程为

$$\gamma=\kappa\, c_{C_2H_4}\, c_{HCl}^{0.3}$$

式中 γ——氧氯化反应速度；

κ——反应速度常数；

$c_{C_2H_4}$、c_{HCl}——乙烯、氯化氢的浓度。

从反应速度方程式可见，反应速度只与乙烯和氯化氢浓度有关，而与氧的浓度无关。

氧氯化法制备氯乙烯是目前氯乙烯生产中较先进合理的方法，具有原料单一、价格便宜、工艺流程合理等优点，适宜大规模生产，目前为世界各国所广泛采用，技术上成熟的是三步氧氯化法。

乙烯氧氯化法生产氯乙烯的原料消耗见表 4.3，公用工程消耗见表 4.4。

表 4.3 乙烯氧氯化法生产氯乙烯的原料消耗

名　称	每吨氯乙烯消耗	
	空气法	纯氧法
乙烯（100%）/kg	485	476
氯（100%）/kg	630	606
氧（100%）/kg	—	154
氧氯化催化剂（100%）/kg	0.1～0.26	0.05

表 4.4　公用工程消耗定额

名　称	每吨氯乙烯消耗	
	空气法	纯氧法
2.8MPa 蒸汽用量/t	1.9	0.69
0.6MPa 蒸汽用量/t		0.62
冷却水（循环）用量/t	380m^3	300
电/（kW·h）	240	130
燃料/kJ	5.2×10^6	5×10^6

4. 烯炔法

烯炔法也称乙烯和乙炔混合气为原料的改进平衡法，该法一般是将石脑油裂解气分离，得到含有基本上等摩尔的乙烯和乙炔的碳二馏分混合物先与氯化氢化合，乙炔几乎都能反应生成氯乙烯，且比较容易被分离出来。余下的气体继续与氯气直接氯化生成1,2-二氯乙烷，经分离精制后，裂解生成产物氯乙烯，副产氯化氢。该种工艺的生产过程与第一种平衡法（方法 3）相同，但方法 3 中乙烯与乙炔分离的费用很昂贵，而该种工艺从气体物流中分离氯乙烯与 1,2-二氯乙烷很容易。

任务三　氯乙烯生产的工艺条件确定

一、乙炔法合成氯乙烯的工艺条件确定

1. 催化剂

乙炔和氯化氢在 $HgCl_2$/活性炭作用下生成氯乙烯的反应是气体反应物在固体催化剂表面进行的气-固相催化化学反应。实验证明，纯的氯化高汞对合成反应并无催化作用，纯的活性炭也只有较低的催化活性，而当氯化高汞吸附于活性炭表面后，会有很强的活性。催化剂中适当的 $HgCl_2$ 含量，可以提高催化剂的活性，但反应过于剧烈也容易发生过热现象。工业生产上使用的催化剂是以 ϕ3mm×6mm 颗粒状活性炭为载体，浸渍吸附 8%～12%左右的氯化高汞制备而成。

催化剂性能的改进主要从两方面着手，一是提高活性炭载体的性能和制备方法，以提高催化剂的机械强度，减少汞的升华，延长催化剂使用寿命；二是在高汞溶液中加入某些化合物，如氯化钾、氯化钡等氯化物，配制成复方汞催化剂以防止局部过热和降低升华损失。近年来，关于非汞催化剂的试验报道有氯化铋、氯化铜、氯化锡、氯化铂、氯化银、氯化锌等化合物的三元复方配制的非汞催化剂，不仅制备过程复杂，效果也不显著，仍不及汞催化剂。故目前使用较少。

2. 反应压力

乙炔和氯化氢在 $HgCl_2$/活性炭作用下生成氯乙烯的反应是摩尔数减少的气相反应，

从化学平衡的角度看，加压有利于平衡向产物——氯乙烯生成的方向移动；从动力学方程看出，加压不仅可以提高原料乙炔和氯化氢的分压，更可以提高化学反应速度，所以加压有利于产物——氯乙烯的生成。但是，在反应适宜温度条件下，平衡常数均很高，采用加压的方法来促使平衡移动意义不大，更重要的是高压下使用乙炔不安全，对设备、材料要求也高，能量损耗大，而且常压下转化率也相当高，因此工业上采用常压操作，约为100kPa，能克服流程阻力即可。

3. 反应温度

温度对氯乙烯合成有较大影响，提高反应温度有利于加快氯乙烯合成的反应速度，获得比较高的转化率（表4.5）。

表4.5 反应温度对乙炔转化率的影响

反应温度/℃	160	180	200
乙炔转化率/%	85.6	93.68	98.83

但是温度过高，不仅使生成二氯乙烷的副反应增加，选择性下降，而且还会出现乙炔聚合物沉积于催化剂表面的现象，高温条件下更会致使氯化高汞升华被气流带走以及高汞被还原为亚汞或汞，同时生成二氯乙烷。因此，高温条件下催化剂容易失活，缩短其寿命，故操作温度不宜过高，氯乙烯合成反应的适宜温度范围是130～180℃。

反应温度与催化剂的活性有关。在催化剂使用初期，催化活性很强，反应温度控制在130～150℃，以减少$HgCl_2$的升华损失，随着催化剂的使用，其活性逐渐下降，反应温度逐渐升高，以维持催化剂活性，中期150～170℃，末期170～180℃。

4. 原料配比

在工业生产中，乙炔与氯化氢的配比控制很严格。氯化氢比例过少时，过量的乙炔会因为其还原性，使活性组分$HgCl_2$还原成亚汞或金属汞，因而催化剂失去活性，并生成副产物1,2-二氯乙烷。如果氯化氢过量太多，会使生成的氯乙烯进一步加成生成二氯乙烷等多氯化物。所以，工业上采用乙炔与氯化氢摩尔比为氯化氢稍微过量一些，好处在于：可以确保乙炔反应完全，避免乙炔过量造成催化剂中毒；氯化氢价格比乙炔便宜，且过量部分容易经水洗、碱洗除掉；氯乙烯中含乙炔对聚合的影响比含氯化氢更为有害。从理论上说，氯化氢过剩量越少越好，这对提高氯乙烯收率、提高单体质量、降低原料消耗和降低成本都有好处。但由于受操作等各种条件限制，工业生产中通常控制氯化氢过量5%～10%，即原料摩尔比为C_2H_2∶HCl=1∶(1.05～1.1)，随着操作技术和仪表性能的提高，氯化氢过剩量正逐步减少。

实际生产中，是借助于合成气中未转化的氯化氢及乙炔含量分析测定值来控制原料摩尔比（因为副反应很少）。

5. 原料气纯度

为了保证反应的正常进行和催化剂活性，在原料中不能含有一些有害杂质和催化剂毒物。首先，原料乙炔气必须经净制处理，除去催化剂毒物磷、硫、砷的化合物。

原料氯化氢中应控制游离氯含量在0.002%以下，以免游离氯与乙炔激烈反应生成氯乙炔而引起爆炸危险，游离氯的存在还会增加多氯化物副产物的生成。

原料气中不能含有氧气，否则不仅影响安全生产，并会与炭生成CO和CO_2，造成后分离困难，使干燥塔内的固碱生成碳酸钠的硬壳，影响固碱的脱水作用。

此外，原料气中含水和惰性气体含量越低越好，水份存在不仅增加了生成乙醛的可能性，而且会形成盐酸腐蚀设备和管道，由此生成的氯化铁还会堵塞设备和管道；原料气含水又会造成催化剂粘结，使其活性下降，寿命缩短。一般要求原料含水在0.03%以下，惰性气体（N_2、CO等）含量在2%以下。

6. 空间速度或接触时间

空间速度对氯乙烯的产率有一定影响。空间速度对乙炔转化率的影响见表4.6。

表4.6　空间速度对乙炔转化率的影响

空间速度/h^{-1}	18	25	50	75	100	125
乙炔转化率/%	98.85	97.46	97.40	96.06	94.55	93.66

当空间速度增加时，原料与催化剂层的接触时间减少，乙炔的转化率随之降低。但由于原料投料量增加，设备生产能力是随空速的增加而增大。空速越大，生产能力增大的趋势逐渐变小，而当空速过大时，终因转化率太低，即原料来不及反应就离开反应器，致使设备生产能力下降；反之，当空间速度降低时，乙炔转化率虽然提高，但由于乙炔生成的高沸点副产物也随之增加，设备生产能力也会减少。实际生产中由于受到热点温度的限制，以乙炔（标准状态）计的空速取30～60h^{-1}。

二、氧氯化反应生产二氯乙烷的工艺条件确定

1. 催化剂

工业上使用的氧氯化反应催化剂可分为单铜催化剂、二组分催化剂、多组分催化剂以及非铜催化剂等。

单铜催化剂一般含铜3%～12%，最好是2.5%～7%。载体为微球形氧化铝凝胶，含$Al_2O_3$96%～97%，其余为水。该种催化剂的缺点是容易流失、磨损大（正常生产中每24h被反应气流带出的催化剂粉末不超过开始装入催化剂的0.5%）、氯化氢转化率低以及由此会引发设备腐蚀。

为了提高单铜催化剂的活性和热稳定性，采用的方法是添加碱金属或碱土金属的氯化物（如氯化钾等），从而降低熔点，增加氯的吸附能力及对二氯乙烷的选择性，抑制完全氧化反应。同时降低反应温度，也可以抑制催化剂的升华及中毒，延长其寿命。

为了寻找低温高活性的催化剂，发展趋势是采用多组分催化剂，即以氯化铜-碱金属氯化物-稀土金属氯化物组成的催化剂，其活性非常高，在反应温度下，$CuCl_2$几乎不挥发、不腐蚀，选择性也高。

非铜催化剂可选用 Pt、Mo、W 催化剂以及 TeO_2、$TeCl_4$、$TeOCl_2$ 等，其中有的已工业化使用，有的在试验之中。

工业生产上，氧氯化反应较多使用的催化剂活性组分是 $CuCl_2$，载体是高纯度 Al_2O_3，其中 Cu 含量 5%±0.5%，具有高选择性、多孔，不易中毒等性能。

2. 反应压力

作为气固相催化反应，提高压力有利于摩尔数减少的氧氯化反应的平衡移动，也可以提高化学反应速度，但却使选择性下降。从图 4.1 压力对选择的影响所示曲线可见，压力增加，生成 1，2-二氯乙烷的选择性下降，故压力不宜过高。一般氧氯化反应常压或加压皆可，压力的高低根据反应具体情况即以能克服流体阻力而确定。当采用空气为氧化剂时，存在大量惰性气体，为使反应气体保持相当的分压，常采用加压操作，流化床反应器正常控制压力为 0.32MPa。当降低生产负荷时应相应降低反应器顶部压力，以便有效地控制旋风分离器的正常工作，保持床层的流化速度和旋风的切线速度在理想的状态下操作。

3. 反应温度

乙烯氧氯化是强放热反应，因此温度控制十分重要。首先氧氯化反应速度随温度的变化而变化，如图 4.2 所示。在 270～280℃时有极大值，可获得最大反应速度。又如温度对二氯乙烷的选择性影响（图 4.3），也存在极大值，在 230～250℃时，二氯乙烷的选择性最高，低于 230℃时生成大量氯乙烷，高于 250℃时，除有较多的三氯乙烷生成外，还生成二氯乙烯、氯乙烯等。此外，由图 4.4 温度对乙烯燃烧反应的影响可见，低于 250℃时，几乎不发生乙烯燃烧反应，高于 250℃以后，乙烯燃烧明显增加。

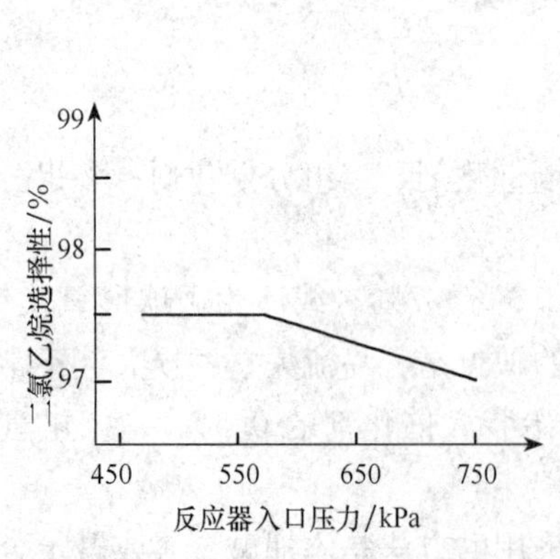

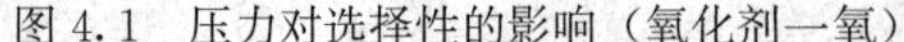

图 4.1 压力对选择性的影响（氧化剂—氧）

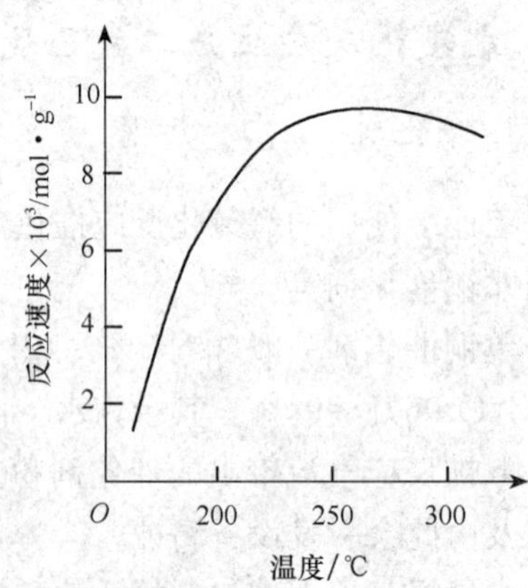

图 4.2 温度对反应速度的影响

图 4.2～图 4.4 是在 Cu 含量为 12%（质量）的 $CuCl_2/\gamma\text{-}Al_2O_3$ 催化剂上以纯氧为氧化剂的实验结果。若以纯氧为氧源时，未反应的乙烯可循环使用，在近于 230℃时二氯乙烷选择性高，乙烯的燃烧率可忽略不计。此外，温度高，催化剂活性组分 $CuCl_2$ 流失快，寿命缩短，所以一般在保证 HCl 接近全部转化的前提下，反应温度低一些为好。

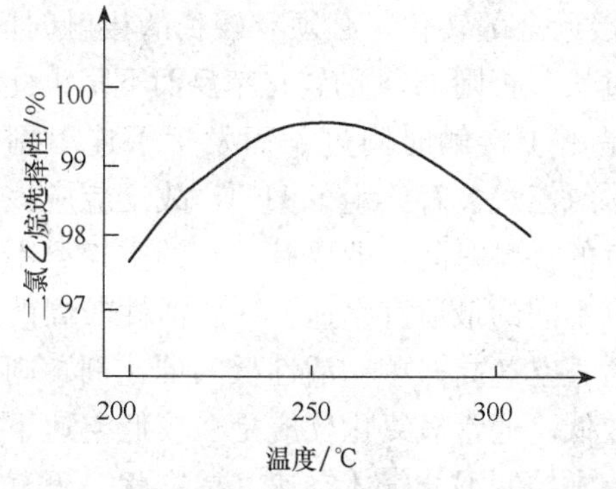

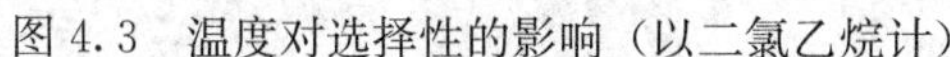
图 4.3　温度对选择性的影响（以二氯乙烷计）

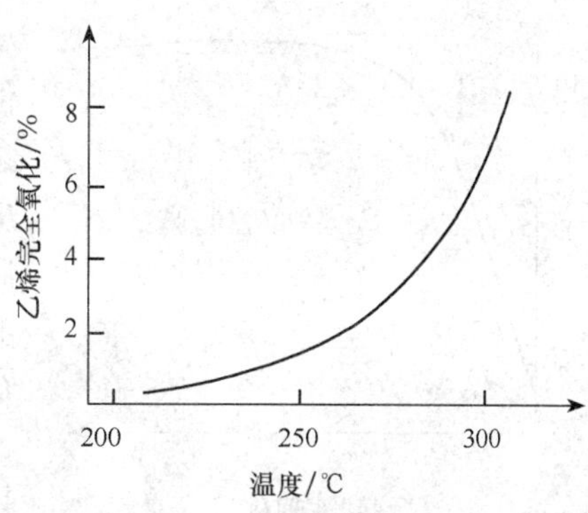

图 4.4　温度对乙烯燃烧反应的影响

原料在进入反应器之前要预热到 150℃以上，以免可能有 HCl-水冷凝液出现而腐蚀设备。

适宜的反应温度与催化剂活性有关，当采用高活性的 $CuCl_2/\gamma\text{-}Al_2O_3$ 催化剂时，不论是用空气或纯氧作氧化剂，适宜温度范围均约为 220～230℃。

4. 原料配比

按乙烯氧氯化反应方程式的计量关系，原料摩尔配比的理论值为 C_2H_4 ∶ HCl ∶ O_2 ＝ 1∶2∶0.5。由二氯乙烷生成的速度方程可知，氧氯化反应速度与乙烯的浓度成正比，而与 HCl 浓度的 0.3 次方成正比，所以乙烯分压大，二氯乙烷生成的速度也快。在实际生产中若乙烯对氯化氢的配比过低，会造成流化床反应不稳定，有可能造成催化剂凝结，旋风分离器大量带出催化剂等危害。其原因是 HCl 过量则吸附在催化剂表面，使催化剂颗粒胀大，密度减小所致。若采用乙烯稍微过量，能使 HCl 接近全部转化。但若乙烯过量太多，又会使烃类的燃烧反应增多，尾气中 CO、CO_2 含量增加，因而选择性下降。实际生产中，正常情况下控制乙烯略为过量，主要依据尾气中的乙烯含量在 0.7%～1%为准，若操作得好，还可以进一步将尾气中乙烯含量降到 0.5%。

氧气的消耗量，其理论值是每 2mol 氯化氢消耗 0.5mol 的氧。一般情况下，氧气过量对反应的稳定性是有益的，但过量太多，会造成二氯乙烷损失过多和乙烯在反应器中的燃烧反应增加，从而乙烯消耗量增大，而氧气不足则会消耗催化剂本身的化学结合氧，导致产生贫氧催化剂的接触面，从而丧失其优良的流化特性，还会产生局部过热，而 HCl 又反应不完全，CO_2 生成量减少而 CO 生成量增加的后果。原料气的配比必须在爆炸极限以外。

实际生产中当以空气为氧化剂时控制氧氯化反应器中氧气过量 30%～100%。原料摩尔配比以满足尾气中乙烯含量为 0.7%～1%，氧含量为 6%～9%来调节，一般控制 C_2H_4 ∶ HCl ∶ O_2 ＝（1.05～1.1）∶2∶（0.65～1）。若以纯氧为氧化剂时，原料的摩尔配比为 C_2H_4 ∶ HCl ∶ O_2 ∶ 惰性气体＝（1.6～1.7）∶2∶（0.6～0.7）∶2。

5. 空速或接触时间

图 4.5 为乙烯氧氯化反应接触时间对 HCl 转化率的影响。由图中曲线可以看出，

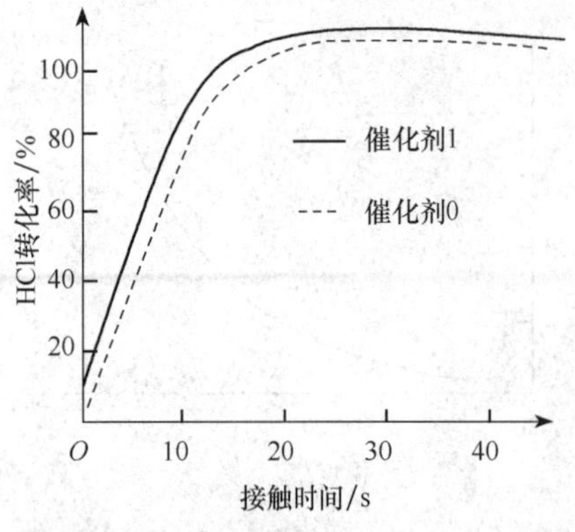

图 4.5　接触时间对 HCl 转化率的影响

要使 HCl 接近全部转化，必须有较长的接触时间，但也不宜过长，否则 HCl 的转化率反而下降。此现象很可能是由于接触时间过长而发生了连串副反应，产物二氯乙烷裂解产生了 HCl，故反应应该控制在最适宜的接触时间，即要有适宜的空速。不同的催化剂有不同的最适宜空速，一般活性较高的催化剂，最适宜空速高一些；活性低的催化剂，则最适宜空速较低。通常氧氯化反应是在较低空速下操作，生产上常控制混合气体空速（标准状态下）在 250～350h^{-1}。

6. 原料气纯度

烷烃、N_2等惰性气体的存在对反应并无不良影响，且有利于带走热量，使温度易于控制，所以氧氯化反应可以用浓度较稀（如 70%左右）的原料乙烯。但乙烯气中乙炔、C_3和 C_4烯烃含量必须严格控制，因为这些杂质的存在不仅使氧氯化产品二氯乙烷的纯度降低，而且对二氯乙烷的裂解过程会产生不良影响。乙炔的存在会因发生乙炔氧氯化反应生成四氯乙烯、三氯乙烯等，这些杂质存在于二氯乙烷成品中，在加热气化时易引起结焦；丙烯也会发生氧氯化反应生成 1,2-二氯丙烷，它对二氯乙烷的裂解有强抑制作用。原料 HCl 的纯度也很重要，由二氯乙烷裂解得到的 HCl，很可能含有乙炔，须经加氢精制处理，使乙炔含量低于 0.002%。

三、二氯乙烷裂解制氯乙烯工艺条件的确定

从二氯乙烷裂解原理可知裂解过程的反应是复杂的，所以选择裂解反应适宜工艺条件的原则除了有较好的转化率和选择性指标外，应重点考虑减少结焦和延长清焦周期。

1. 反应温度

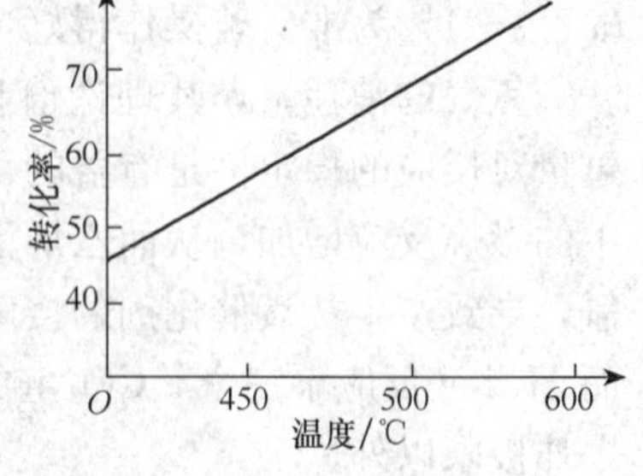

图 4.6　温度对二氯乙烷转化率的影响

提高温度对二氯乙烷裂解反应的化学平衡和反应速度都有利，当温度低于 450℃时，转化率很低，温度升高到 500℃以上时，裂解反应速度显著加快，二氯乙烷的转化率与裂解温度的关系如图 4.6 所示。但随反应温度的升高，副反应速度也随之加快，当温度高于 600℃以上时，尤其是深度裂解为乙炔、氯化氢和碳等副反应速率将大于主反应速率，选择性大为下降，所以适宜的反应温度范围，应综合二氯乙烷的转化率和选择性等因素来选择，一般大约是 500～550℃。

2. 反应压力

提高压力从化学平衡角度不利于分解反应的进行，但实际生产中常采用加压操作，原因是为了保证物流畅通无阻，维持适宜的空速，避免局部过热；加压还有利于抑制分

解积炭，提高氯乙烯收率，提高设备生产能力；也有利于产物氯乙烯和副产 HCl 的冷凝回收。目前生产中有采用低压法（约 0.6MPa）、中压法（1MPa）和高压法（＞1.5MPa）等几种。

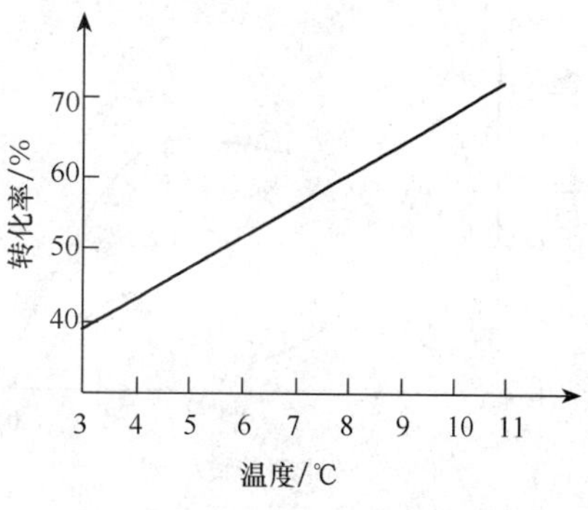

图 4.7　停留时间对二氯乙烷裂解的影响（预热 350℃，裂解 530℃）

3. 停留时间

停留时间对二氯乙烷裂解的影响如图 4.7 所示。停留时间长能提高转化率，但同时生焦积炭现象也增加，使氯乙烯产率降低，所以生产上常采用较短的停留时间以获得较高产率。通常控制停留时间为 10s 左右，此时转化率可达 50%～60%左右，选择性为 97%左右。

4. 原料纯度

原料中若含有抑制剂，就会减慢裂解反应速度和促进生焦。在二氯乙烷中有强抑制作用的主要杂质是 1,2-二氯丙烷，其含量达 0.1%～0.2%时，二氯乙烷转化率下降 4%～10%。若 1,2-二氯丙烷分解生成氯丙烯，就会具有更显著的抑制作用。因此要求 1,2-二氯丙烷＜0.3%。此外，三氯甲烷、四氯化碳等多氯化物也有抑制作用。二氯乙烷中如含有铁离子，会加速深度裂解副反应，故含铁量要求＜0.01%。为了防止对炉管的腐蚀，水分应控制在 0.0001%以下。

任务四　反应设备的选用

一、乙炔和氯化氢加成的列管式固定床反应器

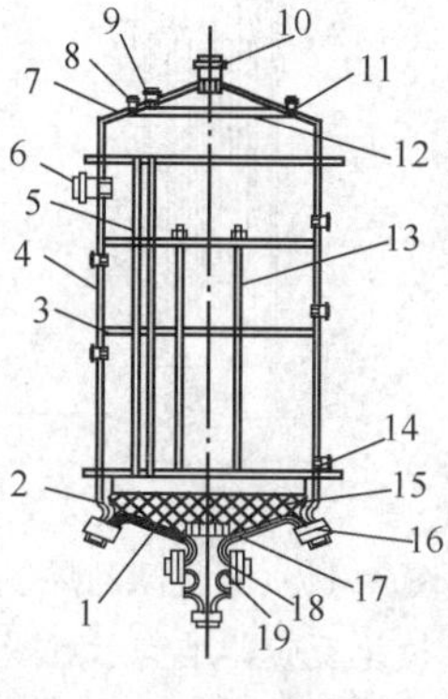

乙炔和氯化氢的加成反应是在催化剂存在下进行的放热反应，反应设备为气固相固定床反应器，通称为转化器，转化器结构如图 4.8 所示。一般氯乙烯合成系统多数都有多台反应器（又称转化器）灵活地串联或并联连接（按生产能力确定）起来，或采用既可串联，又可并联，有一台可作备用的形式，以备更换催化剂或发生故障时切换使用。

图 4.8　转化器结构

1. 锥形底盖；2. 瓷砖；3. 隔板；4. 外壳；5. 列管；6. 冷却水出口；7. 大盖；8、11. 热电偶插孔；9. 手孔；10. 气体进口；12. 气体分配板；13. 支撑管；14. 冷却水进口；15. 填料；16. 手孔；17. 下花板；18. 合成气出口；19. 防腐衬里

转化器是一个圆柱形的列管式反应器，上下盖为锥形，外壳由钢板焊接而成。圆柱部分有规格为 ϕ57mm×3.5mm 的列管数百根，用胀管法固定于两端花板上。管内装催化剂，管间有两块花板将整个圆柱部分隔为三层，每层均有冷却水进出口用以通冷却水带走反应热。上盖有一气体分配盘，使原料气体均匀分布。下盖内衬瓷砖，以防盐酸腐蚀，其内自下而上充以瓷环，活性炭作为填料，支撑列管内的催化剂，防止催化剂粉尘进入管道。

生产上应尽可能将合成反应的温度控制在适宜范围。列

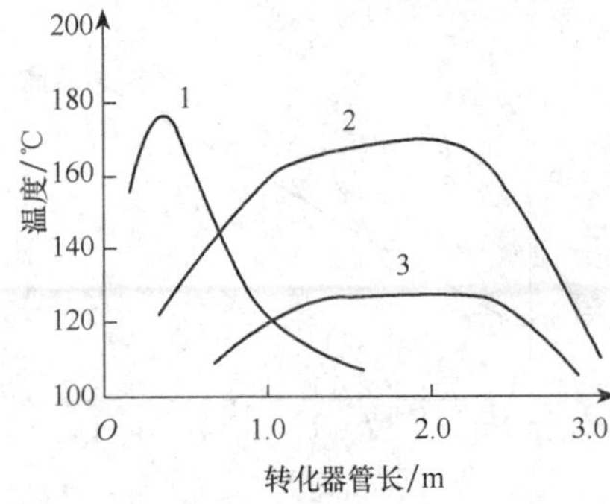

图 4.9　转化器内反应温度轴向分布
曲线 1，2，3 分别表示催化剂使用时间为：0～1000h，1000～3000h 和 3000h 以上情况

管式固定床反应器一般都存在径向与轴向的温度分布，这不仅指一根列管内反应温度沿列管横截面存在管中心部位温度最高，而管壁处最低的径向分布，而且也存在沿轴向不同催化床层深度的分布。生产上为了有效的控制床层温度，在总长度 3m 的列管上不同高度，以及在沿反应器各横截面上不同的位置分为 10～12 个区段，分别借多点式热电偶测量各区段的温度，并可做图得到转化器内反应温度沿轴向分布的曲线，如图 4.9 所示。由图可见，热点温度随催化剂使用时间的增加而向下移动；温度分布曲线的形状又随催化剂使用时间的增加而由陡峭变得平坦。在催化剂使用前期（使用时间在 1000h 以内），由于是新催化剂活性高，反应集中在列管上端（见曲线 1），热点温度位于催化剂最上层。此时常将列管外、中、下层冷却水关闭，而只开通上层冷却水（实际为近沸腾的热水）散热。这一时期通入催化剂层的乙炔流量也应控制低一些，以免反应过于激烈而使温度超过 180℃，甚至出现 250～300℃的飞温现象，从而发生“烧坏催化剂”及损坏转化器的危险。催化剂使用效率的最好时期见曲线 2，反应带很宽，乙炔流量可达最高值，中、下层冷却水也可全部通入，这一阶段的反应温度取决于乙炔流量。后期（3000h 以后）则是催化剂的“衰老期”，温度分布平坦（曲线 3），也无明显的热点温度，且反应温度较前二个时期低，表示催化剂活性下降，此时即使再增加乙炔通入量也不能使反应温度回升，原料转化率也逐渐下降，生产上应考虑更换催化剂。在串联使用的转化器中，第Ⅱ组高活性催化剂使用后期翻换下来的催化剂可作第 1 组转化器使用。

原料配比及空间速度则是根据催化剂使用情况所需适宜的乙炔流量，并按 C_2H_2 ∶ HCl＝1∶（1.05～1.1）的摩尔比计算出氯化氢的流量，分别用流量计及调节阀控制送入转化器。

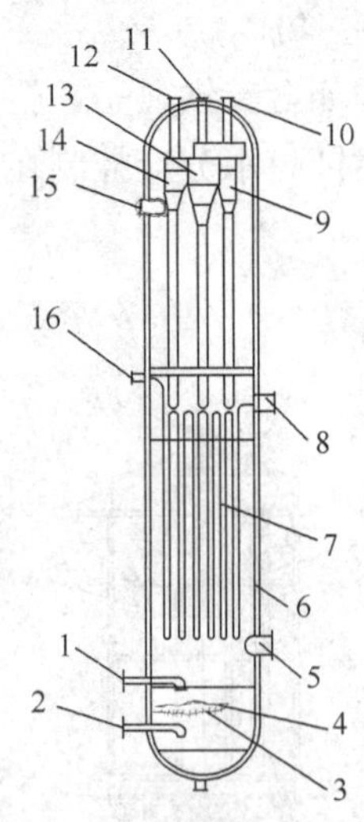

图 4.10　流化床乙烯氧氯化反应器结构示意图
1. 乙烯和氯化氢入口；2. 空气入口；3. 板式分布器；4. 管式分布器；5. 催化剂入口；6. 反应器外壳；7. 冷却管组；8. 加压热水入口；9，13，14. 第三、二、一级旋风分离器；10. 反应气体出口；11，12. 净化空气入口；15. 人孔；16. 高压水蒸气出口

二、流化床乙烯氧氯化反应器

乙烯气相氧氯化反应采用流化床反应器，流化床具有保持任何部位的温度都均匀的优点。由于催化剂在反应器内处于沸腾状态，床层内又有换热器，可以有效地引出反应热，因此完全消除了热点，反应温度容易控制，流化床适用于大规模生产。

流化床氧氯化反应器是不锈钢或钢制圆柱形容器，高度约为直径的 10 倍左右，其构造如图 4.10 所示。

在氧氯化反应器底部水平插入空气进料管至中心处。管上方设置一向下弯的拱形板式分布器。此分布器上有许多个喷嘴，每个喷嘴由下伸的短管及其下端开有小孔的盖帽所组成，用以均匀分布进入的空气。在分布板上方又有乙烯和 HCl 混合气的进入管，此管连接一套具有同样多个喷嘴的管式分布器，其喷嘴恰好插入空气板式分布器的喷嘴内，如图 4.11 所示。

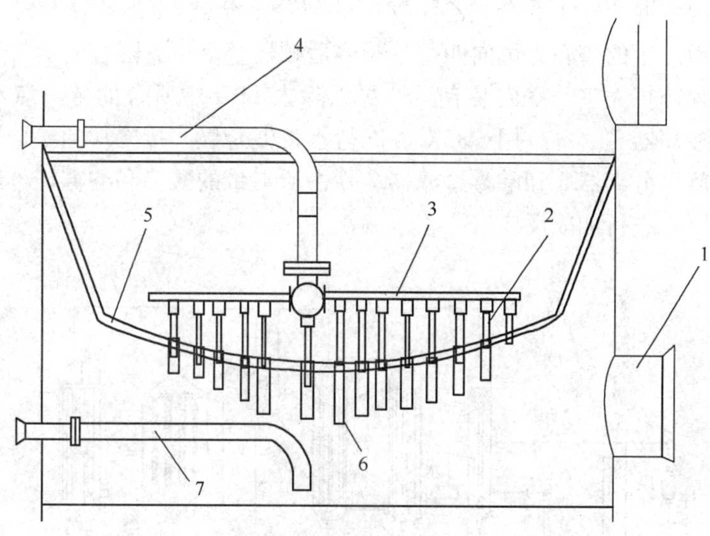

图 4.11　流化床氧氯化反应器

1. 人孔；2. 喷嘴；3. 管式分布器；4. 乙烯和氯化氢进入管；5. 板式分布器；6. 喷嘴；7. 空气进入管

这样就能使两股进料气体在进入催化剂床层之前瞬间在喷嘴内部混合均匀。此反应器采取空气与乙烯-氯化氢气分别进料的方式，可防止在操作失误时有发生爆炸的危险。

在分布器上方至总高度 3/5 处的一段筒体内，存放 $CuCl_2/Al_2O_3$ 催化剂，在原料气流的作用下呈沸腾状，为流化床反应器的流化段。在流化段内设置了一定数量直立冷却管组，管内通入加压热水，借水的汽化移出反应热，并产生相当压力的水蒸气。

在氧氯化反应器的上部空间内设置三个互相串连的内旋风分离器，用以分离回收反应气体所夹带的催化剂。自第三级分离器出来的热反应气体中已基本上不含催化剂，残留于气体中的只是少量极细小的催化剂粉末。

催化剂的磨损量每天约为 0.1%，需补充的催化剂自气体分布器上方用压缩空气送入反应器内。

由于氧氯化过程有水生成，如果反应器的一些部位保温不好，温度过低，当达到露点温度时，水会凝结，将使设备遭受严重腐蚀，因此反应器各部位的温度必须保持在露点以上。

任务五　氯乙烯生产工艺流程的组织

一、乙炔气相法合成氯乙烯的工艺流程

（一）乙炔气相法合成氯乙烯的原料准备流程

在原料准备流程中，原料气体不能含有或尽量少含对安全生产和催化剂活性不利的

有害杂质，如游离氯、氧气、磷、硫、砷的化合物和水分。因此，原料气氯化氢和乙炔在进入合成工序之前都要经过精制处理，除去有害杂质。

原料准备工艺流程如图 4.12 所示，自乙炔站来的乙炔经沙封阻火器 1 和装有三甲酚磷酸酯的液封 2，与来自氯化氢工段经盐酸分离器 3 的氯化氢以 1∶(1.05～1.10) 比例，分别进入脱水混合器 4 混合。乙炔气中的部分水分被 HCl 吸收形成盐酸雾滴，借气体回转运动而产生的离心力甩向四壁，凝聚后顺器壁落下。混合后的气体沿中央气体排出管上升至顶部扩大室，室内装有活性炭以除去 HCl 中所含的游离氯，然后进入两个串联的石墨冷却器 5_1、5_2。用−35℃冷冻盐水将混合气间接冷却到−10℃左右。冷却后的混合气经旋风分离器 6 和酸雾过滤器 7 除去所夹带的酸滴和酸雾，再经预热器 8 预热后进入转化器，进行加成反应。

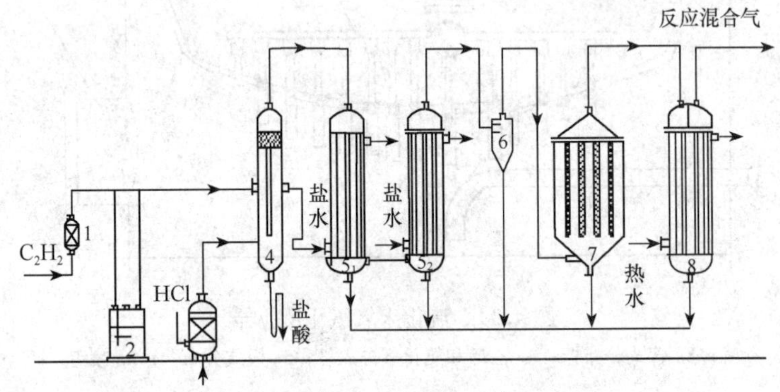

图 4.12 氯乙烯生产原料处理工艺流程

1. 沙封阻火器；2. 液封；3. 盐酸分离器；4. 脱水混合器；5. 5_1，5_2. 石墨冷却器；6. 旋风分离器；7. 酸雾过滤器；8. 预热器

（二）乙炔气相法合成氯乙烯的反应工艺流程

乙炔加氯化氢制氯乙烯的反应工艺流程如图 4.13 所示。

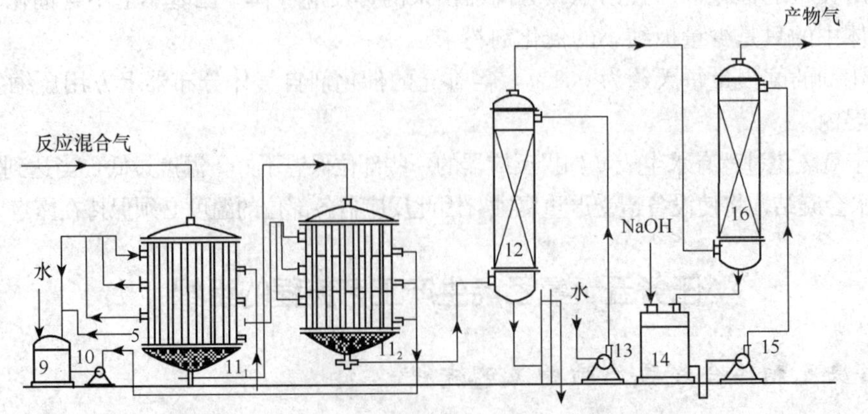

图 4.13 如成反应及产物气洗涤工艺流程

9. 热水贮槽；10. 水泵；11_1，11_2. 转化器；12. 水洗塔；13. 水泵；14. 碱液贮槽；15. 碱液泵；16. 碱洗塔

乙炔加氯化氢制氯乙烯的工艺流程如图 4.13 所示。混合气经预热器预热后进入转化器 11_1、11_2（图 4.13），进行加成反应。粗氯乙烯气体首先进入水洗塔 12，由水泵 13 向塔内喷水，将粗氯乙烯中大部分氯化氢、乙醛溶解下来，洗涤水由水封排出。40℃时 1m^3水能溶解 385.7m^3氯化氢。经水洗后的合成气再进入碱洗塔 16，由碱液泵 15 向塔内喷碱液，吸收残余的氯化氢和二氧化碳。

合成反应在 130～180℃的高温条件下进行，为了安全生产，在乙炔气进入合成工序时，须先经过砂封（阻火器）之后再与氯化氢混合。由于乙炔单程转化率可达 99%左右，所以未反应的乙炔和氯化氢很少，原料气不必循环使用。两台转化器串联使用，第一台转化器使用活性已衰老的催化剂，第二台转化器使用新催化剂。反应过程中所放出的热量，由列管外的冷却水带走。冷却水由热水贮槽 9 用水泵 10 打至转化器 11_1、11_2各分三路进入，分别调节各段的反应温度。

反应后的粗氯乙烯气体中除含有氯乙烯外，还含有 5%～10%的氯化氢，少量未反应乙炔和混入的氮气、氢气、二氧化碳、惰性气体以及副反应生成的乙醛、二氯乙烯、二氯乙烷（生成量约为 1%左右）等。为了生产适合于聚合级纯度的单体氯乙烯，减少 HCl 在分离过程中对设备的腐蚀，这些杂质将通过水洗、碱洗、精馏等方法除去。HCl 易溶于水可用水洗除去，再用 10%的氢氧化钠水溶液洗涤除去残余的 HCl 和 CO_2。然后用两个精馏塔就可除去反应产物中的低沸点和高沸物，得到精制的氯乙烯单体。

（三）乙炔气相法合成氯乙烯的粗氯乙烯气体分离流程

产物分离过程工艺流程如图 4.14～图 4.15。经碱洗后的合成气一部分进入气柜 17 贮存（图 4.14）。气柜起平衡和缓冲作用。另一部分去预冷器 18，用 5℃冷却到 10℃左右，大部分水分在预冷器中被冷凝下来，可以减轻后面干燥塔的负荷。经预冷后的合成气进入干燥塔 19，用固碱吸附残留的水分（因在采用加压分馏时，水分经压缩，有一部分水冷凝下来，在气缸中会造成水冲击，损坏气缸）。除水后的合成气进入加压分馏部分。因为加压下，物质的沸点提高，如氯乙烯加压到表压 0.5MP 时，其沸点就提高到 40℃左右，这样就可以在常温下进行蒸馏，操作便利。合成气进入压缩机 20 经二段压缩，压缩到表压 0.5MP，在油分离器 21 中除去气缸油，除油后的合成气进入全凝器 22 内（图 4.15），用 0℃盐水间接冷却液化，经水离器 23 除去游离水后，进入低沸点塔 25 进行分馏，以除去其中沸点比氯乙烯低的馏分。馏出的低沸点物由塔顶逸出，汇同来自全凝器 22 的不凝气体进入两个串联的尾气冷凝器 26_1、26_2，用－35℃盐水间接冷却，以回收其中夹带的氯

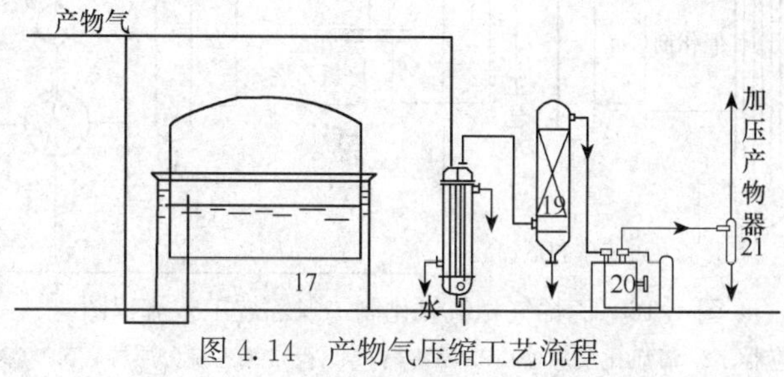

图 4.14　产物气压缩工艺流程

17. 气柜；18. 预冷器；19. 干燥器；20. 压缩器；21. 油分离器

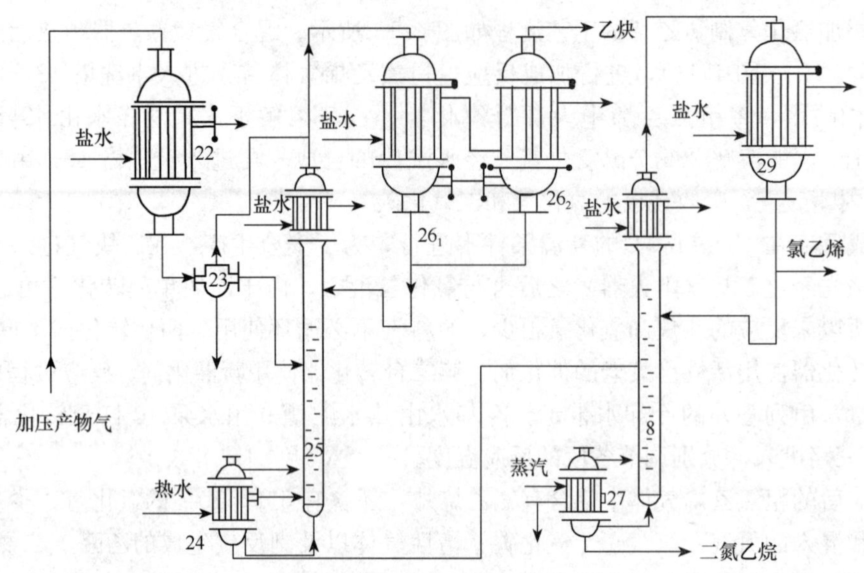

图 4.15 产物气情况工艺流程

22. 全凝器；23. 水分离器；24. 低沸点塔再沸器；25. 低沸点塔；

26_1，26_2. 尾气冷凝器；27. 高沸点塔再沸器；28. 高沸点塔；29. 氯乙烯冷凝器

乙烯。不凝气体排出，凝液流回低沸点塔 25。塔釜物料借低沸点塔和高沸点塔的压力差克服位差，进入高沸点塔 28，精馏以除去高沸点物。高纯度氯乙烯气体由塔顶逸出经氯乙烯冷凝器 29，冷凝后进入高位贮槽，高沸点物由塔底流入残液贮槽。

二、乙烯气相氧氯化制氯乙烯的工艺流程

（一）乙烯气相氧氯化制二氯乙烷的工艺流程

以用空气作氧源的古德里奇技术为例，乙烯气相氧氯化制二氯乙烷的工艺流程如图 4.16 所示。

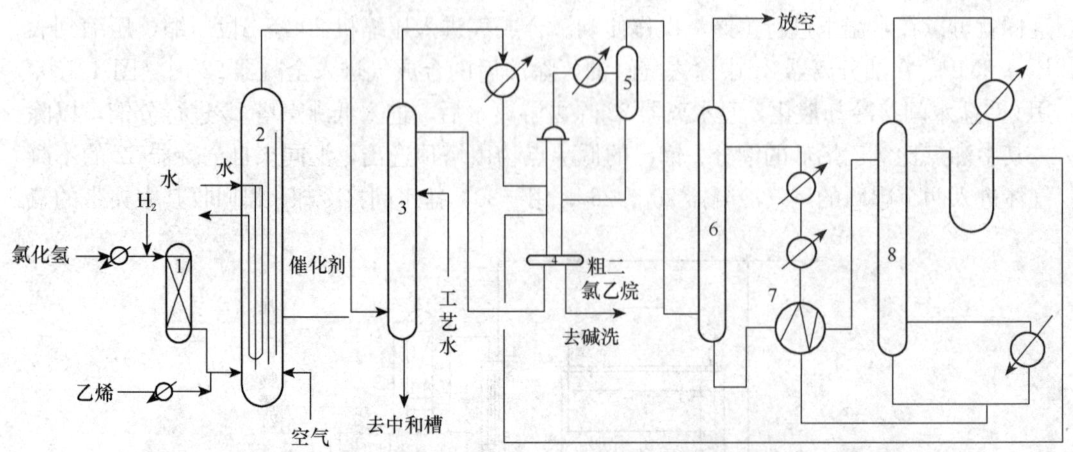

图 4.16 乙烯气相氧氯化制二氯乙烷工艺流程图

1. 脱炔反应器；2. 氧氯化反应器；3. 骤冷器；4. 粗二氯乙烷分层器；5. 气液分离器；

6. 二氯乙烷吸收塔；7. 熔剂热交换器；8. 二氯乙烷解吸塔

原料乙烯经预热器加热至130℃左右，从裂解得到的氯化氢加热到170℃，与氢气一起送入脱炔反应器1，将氯化氢中所含乙炔选择加氢生成乙烯。脱炔反应器出来的氯化氢与原料乙烯混合后，进入氧氯化反应器2。

氧氯化反应器内有附截于微球氧化铝上的氯化铜催化剂。气态乙烯、氯化氢与空气中的氧气在氯化铜催化剂的作用下，于190～240℃的反应温度及250～300h^{-1}的空速下进行反应，生成二氯乙烷、水和其他少量的氯化烃类。反应所放出的热量由反应器冷却管内的水直接发生蒸汽而带出。

从氧氯化反应器出来的高温气体，从底部进入骤冷器3，经耐腐蚀的分布器均匀分布。水从塔顶自上而下与进塔的气体逆流接触，从气体中吸收氯化氢，分离掉夹带的催化剂粉末。塔底水溶液含酸约0.5%～1.0%（质量）去中和槽用碱液中和后，送往废水处理工序，以回收二氯乙烷。

从骤冷塔顶部出来含二氯乙烷和水的气体，进入粗二氯乙烷冷凝器，大部分二氯乙烷被冷凝，液体收集在粗二氯乙烷分层器4中。从粗二氯乙烷分层器顶部出来的气体，在冷凝冷却器中降温，进入气液分离器5，冷凝的二氯乙烷经气液分离返回粗二氯乙烷分层器4，气体进入二氯乙烷吸收塔6。气体由塔底部进入，与塔上部加入的溶剂逆流相遇，二氯乙烷被溶剂（煤油）吸收，吸收塔顶出来的气体基本上不含二氯乙烷，从吸收塔顶部排入大气。从吸收塔底部出来含二氯乙烷的富溶剂，经过溶剂热交换器7加热，送入二氯乙烷解吸塔8。

二氯乙烷解吸塔在负压下操作，用再沸器加热。塔顶获得不含溶剂的二氯乙烷蒸气，经二氯乙烷解吸塔冷凝器冷凝，凝液一部分作回流送回解吸塔，一部分送至粗二氯乙烷分层器4。解吸塔底的贫溶剂含二氯乙烷低于0.01%，与二氯乙烷吸收塔底部出来的富溶剂间接换热而被初步冷却，再进一步降温后进吸收塔循环使用。

粗二氯乙烷分层器中的液体二氯乙烷，经碱洗、水洗后送入贮槽，在二氯乙烷精制系统精制分离后，可得精二氯乙烷。

空气为氧源的氧氯化法排出以氮气为主的大量尾气，增加了对环境的污染。为了减少物料损失，要用吸收解吸的联合操作来回收尾气中夹带的二氯乙烷，为此所增加的投资和能耗必将提高产品成本。

相比之下从日本三井东亚引进的氧氯化技术，以高浓度氧为氧源，不仅惰性气体少，乙烯浓度高，反应速度快，而且过剩的乙烯可循环使用，系统中积累的惰性气体部分放空，对同一生产规模来说，尾气排空量只有空气法的1%，减少了对环境的污染，同时对尾气做焚烧处理所耗用的辅助燃料量也减少了很多，但是纯氧法需要空分装置，制备纯氧也会增加成本，而且纯氧法不如空气法安全稳定，需要严格控制操作条件。所以氧氯化法采用空气法还是纯氧法要根据具体情况来确定。

（二）二氯乙烷裂解制氯乙烯的工艺流程

裂解的工艺流程如图4.17所示。二氯乙烷预裂解在管式炉中进行。炉体由对流段和辐射段组成，在对流段设置原料二氯乙烷的预热管，反应管设置在辐射段。

精二氯乙烷用定量泵送入裂解炉2对流段预热，然后到蒸发器4蒸发并到达一定温

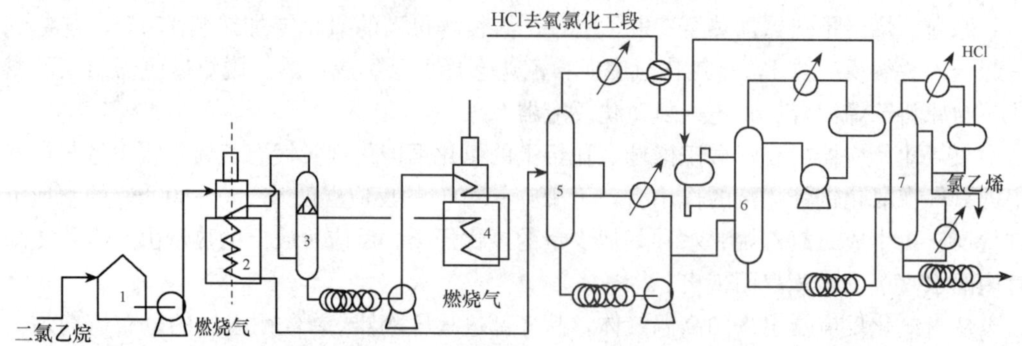

图 4.17　二氯乙烯裂解制氯乙烯工艺流程图

1. 二氯乙烷贮槽；2. 裂解反应炉；3. 气液分离器；4. 二氯乙烷蒸发器；
5. 骤冷塔；6. 脱氯化氢塔；7. 氯乙烯塔

度，经气液分离器 3 分离掉可能挟带的液滴后，进入裂解炉辐射段反应管。在一定压力下升温至 500～550℃，进行裂解反应生成氯乙烯和氯化氢。裂解气出炉后，在骤冷塔 5 中迅速降温并除炭。为了防止盐酸对设备的腐蚀，急冷剂不用水而用二氯乙烷。在此未反应的二氯乙烷会部分冷凝。出骤冷塔的裂解气再经冷却冷凝（利用来自氯化氢塔的低温 HCl 与其间接换热），将冷凝液和未冷凝气体以及多余的骤冷塔釜液三股物料一并送入脱氯化氢塔 6，脱除的 HCl 浓度为 99.8%，作为氧氯化反应的原料。塔釜液为含微量氯化氢、二氯乙烷的氯乙烯的混合液，送入氯乙烯塔 7 精馏，馏出液氯乙烯经汽提塔再次除去氯化氢，再经碱洗中和即得纯度为 99.9%的成品氯乙烯。

操作链接

化工装置的吹扫和清洗

一、吹扫和清洗的目的

在化工装置开工之前，需对其安装检验合格后的全部工艺管道和设备进行吹扫和清洗（简称吹洗）。吹洗的目的是通过使用空气、蒸汽、水及有关化学溶剂等流体介质的吹扫、冲洗、物理和化学反应等手段，清除施工安装过程中残留在工艺管道和设备内壁的泥沙、油脂、焊渣和锈蚀物等杂物，防止开车时堵塞管道、设备，损坏机器、阀门和仪表，玷污催化剂及化学溶液，影响产品质量和发生燃烧、爆炸事故等。吹洗是保证装置顺利试车和长周期安全生产的一项重要试车程序。

二、吹扫和清洗的方法

化工装置中管道、设备多种多样，它们的工艺使用条件和材料、结构等状况也各不相同，因而相应吹洗方法也各有区别。通常包括水冲洗、空气吹扫、蒸汽吹扫、油清洗和脱脂等几种方法。

1. 水冲洗

水冲洗是以水为介质，用泵加压冲洗管道和设备的一种方法。该法适用于对水溶性物质的清洗。水冲洗具有操作方便、无噪声等特点，被广泛应用于输送液体介质的管道及塔、罐等设备内部残留脏、杂物的清除。水冲洗管道应以管内可能达到的最大流量或不小于1.5m/s的流速进行（这里不包括高压、超高压水射流清洗设备、管束内外表面结垢方法）。一般化工设备、管道冲洗常用浊度小于1×10^{-5}、氯离子含量小于1×10^{-4}的澄清水，但对于如尿素生产装置等采用奥氏体不锈钢的设备和管道，为防止氯离子的积聚而发生设备、管道等的应力腐蚀破裂则需要采用去离子水冲洗。

2. 空气吹扫

空气吹扫是以空气为介质，经压缩机加压（通常为0.6～0.8MPa）后，吹除输送介质的设备、管道中残留的脏、杂物的一种方法。采用空气吹扫，应有足够的气量，使吹扫气体的流动速度大于正常操作气体流速，一般不低于20m/s，以使其有足够的能量（或动量），吹扫出管道和设备中的残余附着物，保证装置顺利开车和安全生产。

空气吹扫时，空气消耗量一般都很大，并且需要一定的吹扫时间。因此，空气吹扫通常使用装置中最大的空气压缩机或使用装置中可压缩空气的大型压缩机（如乙烯装置中的裂解气压缩机等）提供运转空气。对于缺乏提供大量连续吹扫空气的中、小型化工装置，则可采用分段吹扫法（即将系统管道分成许多部分，每个部分再分成几段，然后逐段吹扫，吹扫完一段与系统隔离一段）。这样在气源量较小的情况下，也可保证吹扫质量。对大直径管道或脏物不易吹除的管道，也可采用爆破吹扫法，忌油管道和仪表空气管道应使用不含油的空气吹扫。氮气由于来源及费用等原因，一般不作为普通管道和设备的吹扫气源，而常用做管道及设备的空气吹扫、系统空气干燥合格后的保护置换。

3. 蒸汽吹扫

蒸汽吹扫是以不同参数的蒸汽为介质的吹扫。汽源由蒸汽发生装置提供。蒸汽吹扫具有很高的吹扫速度，因而具有很大的能量（或动量），而且采用间断的蒸汽吹扫方式，又使管线产生冷热收缩、膨胀，以有利于管线内壁附着物的剥离和吹除，故能达到最佳的吹扫效果。

蒸汽吹扫适用于蒸汽管道，特别是动力蒸汽管道。动力蒸汽管道吹扫时，不但要彻底吹扫出管道中附着的脏、杂物，而且还应把金属表面的浮锈吹除，因为它们一旦夹带在高速的蒸汽流中，将对高速旋转的汽轮叶片、喷嘴等造成极大的损害。蒸汽吹扫温度高、压力大、流速快，管道受热要产生膨胀位移，降温后又将发生收缩，因而蒸汽管道上都装有补偿器、疏水器，管道支吊架、滑道等也都考虑了膨胀位移的需要。

非蒸汽管道如用空气吹扫不能满足清扫要求时，也可用蒸汽吹扫，但应考虑其结构能否承受高温和热胀冷缩的影响并采用必要的措施，以保证吹扫时人身和设备的安全。

4. 油清洗

机器设备（如蒸汽透平、离心压缩机等高速、重载设备）的润滑、密封油及控制油管道系统，应在其设备及管道吹洗或酸洗合格后，再进行油清洗。因为这类油管道系统清洁程度要求极高，其间若残留微小杂质，就可能造成运转中机器的轴瓦、密封环的损坏及调节控制系统的失灵，酿成机器设备重大事故的发生。

油清洗的方法是以油在管道系统中循环的方式进行，循环清洗过程中每 8h 需在 308～348K 范围内反复升降油温 2～3 次，以使附于管壁上的粒屑脱落随油循环进入滤油机滤芯而去除。清洗用油应采用适合该机器的优质油。清洗合格后的管道系统应采用有效的防护措施。机器试运转前应更换合格的润滑油。油清洗作业周期长，一般都需要 40～50 天才能完成。为缩短油清洗时间，目前一种采用新型精滤器以捕捉微小铁磁物质的大流量油冲洗的移动式装置已投放市场，其油洗时间可缩短近 2/3，这无疑给装置试车带来良好的经济效益。

当设计或制造厂没有提出对油管路系统清洗的具体要求时，确定油清洗是否符合要求的方法有两种，一是采用美国 MOOG 四级标准检测，其方法为：以 100mL 油样中颗粒状杂质大小数作为界限，使用 20 倍放大镜进行观测，当连续二次取样观测达到表 4.7规定的标准时，则认为该系统油清洗合格。二是采用滤网进行检查，其合格标准按表 4.8。

表 4.7　MOOG 油冲洗合格标准（用 JClO 型 20 倍读数显微镜观测计数）

颗粒大小/um	＞150	100～150	50～100	水分
合格标准/个数	0	≤21	≤225	0

表 4.8　油清洗合格标准（采用滤网）

设备转速/（r/min）	滤网规格/目	合 格 标 准
≥600	200	目测滤网，每平方厘米范围内残存的污物不多于 3 个颗粒
＜600	100	

5. 脱脂

脱脂处理是为那些在生产、输运或贮存、使用过程中，为防止由于接触到少量的油脂等有机物就可能发生燃烧或爆炸的介质（如氧气），以及接触到油脂等会影响产品质量而进行的又一类清洗工作。为保证试车和生产的安全，对这类设备、管道（包括管件、阀门、仪表、密封材料）以及安装所用的工具、量具等，都必须在安装使用前进行严格的脱脂处理。脱脂是利用脂可溶于某些化学溶剂的原理，因此，脱脂处理的操作过程，实际上就是一种化学清洗过程。

脱脂首先应选好脱脂剂，对于脱脂剂的选用可参照表 4.9。

表 4.9　脱脂剂选用表

脱脂剂名称	适用范围	附　注
工业二氯乙烷	金属件的脱脂	有毒、易燃、易爆
工业四氯化碳	黑色金属、铜及非金属的脱脂	有毒
工业三氯乙烯	金属件的脱脂	必须含稳定剂、有毒
工业酒精（≥95.6%）	脱脂要求不高的设备、零部件以及人工擦洗表面	易燃、易爆
浓硝酸（1≥98%）	浓硝酸装置的耐酸管件及瓷环等的脱脂	—

此外还可用丙酮、苯、碱液作脱脂剂，最常用的脱脂剂为四氯化碳，因其脱脂效率高，毒性及对金属的腐蚀性较小，适用范围广。

脱脂剂应能很快地溶解油脂，使用的油脂含油量应符合质量标准，必要时需通过化验测定，脱脂剂的使用规定如表 4.10 所示。脱脂剂溶解油脂是有限度的。使用后已被污染，所以一般只能使用一次，需重复使用时则必须蒸馏再生，并检验其含油量合格后才能用来脱脂。

表 4.10　脱脂剂的使用规定

含油量/（mL/L）	＞500	50～500	＜50
使用规定	不得使用	粗脱脂	净脱脂

常用的脱脂方法有 4 种，即灌注法、循环法、蒸汽冷凝法和擦洗法。通常对容积较大的设备，采用蒸汽冷凝法或擦洗法。对有明显油迹或严重腐蚀的设备、管道和管件等，则应先用蒸汽吹扫、喷砂或其他方法清除干净，同时对使用有机溶剂（如四氯化碳等）脱脂前应将残余水驱尽，再进行脱脂。

由于大多数脱脂剂具有毒性或爆炸性，使用时必须注意防止中毒和形成爆炸混合气。因此，脱脂现场要建立脱脂专职区域，施工场地应保持清洁，安装临时冲洗水管和设置防火装置，保证通风良好。脱脂剂不要洒落在地上，废溶剂应收集和妥善处理。操作人员应穿戴无油脂工作服、防护鞋、橡皮手套及防毒面具等。

经脱脂后的管道、管件等一般还要用蒸汽吹洗，直至检验合格为止。在不宜用蒸汽吹洗时，溶剂脱脂后可直接进行自然通风，吹除残存溶剂。为加速消除残存溶剂，可用无油的氮气或空气（限于四氯化碳溶剂）加热到 60～70℃进行吹除。

设备、管道、管件等脱脂后需经检查鉴定，检验标准应根据被输送介质在压力、温度不同的情况下接触油脂时的危险程度而确定。一般情况下，可按下列规定进行检查：为输送或贮存富氧空气或防止触媒活性降低而进行的脱脂设备、管道、管件等，如按脱脂的方法严格处理者，可不进行分析检验；而用清洁干燥的白色滤纸擦拭设备及管道和附件，纸上无油脂痕迹为合格；也可采用紫外线灯照射，脱脂表面无紫蓝荧光为合格；输送或贮存氧气的设备、管道等，在用蒸汽吹洗脱脂剂时，用一较小的器皿取其蒸汽冷凝液，于其间放入数颗粒度小于 1mm 的纯樟脑，以樟脑能不停地旋转为合格；另外，可将脱脂后的溶剂取样分析，溶剂中油脂含量小于 0.03%为合格。

脱脂合格的设备、管道、阀件等应及时封闭管口，保证在以后的工序中不再被污染。如果设备、管道、阀件等在制造后已脱脂并封闭良好，安装后可不用再脱脂。

三、吹扫和清洗的操作技能

（一）水冲洗

1. 水冲洗的要求

水冲洗的流速应以管内能达到的最大流量或不小于1.5m/s进行，冲洗流向应尽量由高处往低处冲水；水冲洗的水质应符合冲洗管道和设备材质要求；冲洗需按顺序采用分段连续冲洗的方式进行，其排放口的截面积不应小于被冲洗管截面积的60%，并要保证排放管道的畅通和安全，只有上游冲洗口冲洗合格，才能复位进行后续系统的冲洗；只有当泵的入口管线冲洗合格之后，才能按规程启动泵冲洗出口管线；管道与塔器相连的部分，冲洗时必须在塔器入口侧加盲板，只有待管线冲洗合格后，方可连接；水冲洗气体管线时，要确保管架、吊架等能承受盛满水时的载荷安全；管道上凡是遇有孔板、流量仪表、阀门、疏水器、过滤器等装置，必须拆下或加装临时短路设施，只有待前一段管线冲净后再将它们装上，然后方可进行下一段管线的冲洗工作；直径在600mm以上的大口径管道和有人孔的容器等，先要人工清扫干净；工艺管线冲洗完毕后，应将水尽可能从系统中排除干净，排水时应有一个较大的顶部通气口，以避免在容器中液位降低时设备内形成真空而损坏设备；冬季冲洗时要注意防冻，冲洗后应将水排尽，必要时可用压缩空气吹干；不得将水引入衬有耐火材料等设备、管道和容器中。

2. 水冲洗应具备的条件

系统管道、设备冲洗前，必须编写好冲洗方案，方案内容包括编写依据、冲洗范围、应具备的条件、冲洗前的准备工作、冲洗方法和要求、冲洗程序和检查验收7个部分；设备、管道安装完毕、试压合格，按PID图检查无误；按冲洗程序要求的临时冲洗配管安装结束；本系统所有仪表调试合格，电气设备正常投运；各泵、电机单试合格并连接；冲洗水已送至装置区；冲洗工作人员及安装维修人员已作好安排，冲洗人员必须熟悉冲洗方案。

3. 水冲洗的方法

水冲洗方案中的冲洗程序采用分段冲洗的方法进行，即每个冲洗口合格后，再复位进行后续系统的冲洗；各泵的入口管线冲洗合格后，按规程启动泵冲洗出口管线，合格后再送塔器等冲洗；冲洗时，必须在换热器、塔器入口侧加盲板，只有待上游段冲洗合格后才可进入设备；各塔器设备冲洗之后要人塔检查并清扫出机械杂质；在冲洗过程中，各管线、阀门等设备一般需间断冲洗3次，以保证冲洗效果；在水冲洗期间，所有的备用泵均需切换开停1次；水冲洗合格后，应填写管段和设备冲洗记录。

4. 水冲洗的检查验收标准

按国标“GBJ 235—1982”规定，“以出口的水色和透明度与入口处目测一致为合格”，或设计另有规定。

（二）空气吹扫

1. 吹扫方案

管道及系统吹扫，应预先制定吹扫方案，其内容包括编制依据、吹扫范围、吹扫气源、吹扫应具备的条件、I临时配管、吹扫的方法和要求、操作程序、吹扫的检查验收标准、吹扫中的安全注意事项及吹扫工器具和靶板等物资准备等。

2. 吹扫要求

选用空气吹扫，应保证足够的气量，使吹扫气体流动速度大于正常操作流速，或不低于 20m/s；对工艺管道的空气吹扫气源压力一般要求为 0.6～0.8MPa，对吹扫质量要求较高的管道可适当提高压力，但不要高于其操作压力，对低压管道和真空管道可视情采用 0.15～0.20MPa 的气源压力吹扫；吹扫时，应将管道上安装的所有仪表测量元件（如流量计、孔板等）拆除，防止吹扫时流动的脏物将仪表元件损坏，同时，还应对调节阀采取适当的保护措施；吹扫前，必须在换热器、塔器等设备入口侧前加盲板，只有待上游吹扫合格后方可进入设备，一般情况下，换热器本体不参加空气吹扫；吹扫时，原则上不得使用系统中调节阀作为吹扫的控制阀。如需要控制系统吹扫风量时，应选用临时吹扫阀门；吹扫时，应将安全阀与管道连接处断开，并加盲板或挡板，以免脏杂物吹扫到阀底，使安全阀底部密封面磨损；系统吹扫时，所有仪表引压管线均应打开进行吹扫，并应在系统综合气密试验中再次吹扫；所有放空火炬管线和导淋管线，应在与其连接的主管后进行吹扫，设备壳体的导淋及液面计、流量计引出管和阀门等都必须吹扫；在吹扫进行中，只有在上游系统合格后，吹扫空气才能通过正常流程进入下游系统；当管径大于 500mm 和有人孔的设备，吹扫前先要用人工清扫，并拆除其有碍吹扫的内件；所有罐、塔、反应器等容器，在系统吹扫合格后应再次进行人工清扫，并复位相应内件，封闭时要按照隐闭工程封闭手续办理。

3. 系统吹扫气源

化工管道及系统吹扫所用空气，要求用气量大，通过管道及系统流速快。这就必须有足够压头的风量，才能保证吹扫质量的要求。因此，吹扫气源的取得，以利用装置已有或在装置中以可压缩空气的大型压缩机提供气源是快速完成系统吹扫的最好方法。如大、中型合成氨装置，空气吹扫都使用其工艺空气压缩机或空分装置的原料空气压缩机（指以渣油或煤为原料的氨装置）提供。在大、中型乙烯装置，空气吹扫一般均使用装置的裂解气压缩机空气运转提供。在装置中，这类压缩机风量都很大，吹扫时可多个吹扫口同时进行，这有利于缩短系统吹扫时间。国内大化肥装置和乙烯装置都提供了这方面的工程组织经验，即在装置的设备安装工程网络进度表中，对用于吹扫的压缩机及其原动机（通常是工业汽轮机）要求首先竣工并进行单机试车和空气负荷运转，以便为系统吹扫提供气源，这样可以加快整个工程的投产进度。对于没有大容量空气压缩机的中、小型化工装置，其吹扫作业一般使用逐段吹扫和爆破吹扫等方法。

4. 空气吹扫应具备的条件

空气吹扫前，工艺系统管道、设备安装竣工，强度试压合格；吹扫管道中的孔板、转子流量计等已抽出内件后安装复位，压差计、液面计、压力计等根部阀处于关闭状态；禁吹的设备、管道、机泵、阀门等已装好盲板；供吹扫用的临时配管、阀门等施工安装已完成；需吹扫的工艺管道一般暂不保温，因为吹扫时需用木锤敲击管道外壁；提供吹扫空气气源的压缩机已空气运转，公用工程满足压缩机具备连续供气条件；吹扫操作人员及安装维修人员已做好安排，并熟悉吹扫方案；绘制好吹扫的示意流程图，图上应标示出吹扫程序、流向、排气口、临时管线、临时阀门等和事先要处理的内容；准备好由用户、施工单位和试车执行部门三方代表签署的吹扫记录表，以便吹扫时填写。

5. 吹扫方法和要点

按照吹扫流程图中的顺序对各系统进行逐一吹扫。吹扫时先吹主管，主管合格后，再吹各支管。吹扫中同时要将导淋管、仪表引压管、分析取样管等进行彻底，防止出现死角；吹扫采用在各排放口连续排放的方式进行，并以木锤连续敲击管道，特别是对焊缝和死角等部位应重点敲打，但不得损伤管道，直至吹扫合格为止；吹扫开始时，需缓慢向管道送气，当检查排出口有空气排出时，方可逐渐加大气量至要求量进行吹扫，以防因阀门、盲板等不正确原因造成系统超压或使空气压缩机系统出现故障；在使用大流量压缩机进行吹扫时，应同时进行多系统吹扫，以缩短吹扫周期。但在进行系统切换时，必须缓慢进行，并与压缩机操作人员密切配合，听从统一指挥，特别要注意防止造成压缩机出口流量减小发生喘振的事故；为使吹扫工作有序进行和不发生遗漏，需绘制另一套吹扫实施情况的流程图，用彩笔分别标明吹扫前准备完成情况、吹扫已进行情况和进行的日期，使所有参加吹扫的工作人员都能清楚地了解进展情况，并能防止系统吹扫有遗漏的地方，该图应存档备查；系统吹扫过程中，应按流程图要求进行临时复位，在吹扫结束确认合格后，应进行全系统的复位，为下一步进行综合气密试验做好准备。

6. 吹扫的检验标准

每段管线或系统吹扫是否合格，应由生产和安装人员共同检查，当目视排气清净和无杂色杂物时，在排气口用白布或涂有白铅油的靶板检查，如 5min 内无铁锈、尘土、水分及其他脏物和麻点即为吹扫合格。

（三）蒸汽吹扫

正确掌握蒸汽吹扫方法和严格质量要求非常重要。蒸汽吹扫按管道使用参数范围不同常分为高、中压和低压两个级别（或高、中、低压 3 个级别）的吹扫方法，相应的吹扫要求也各不相同。

1. 吹扫蒸汽来源及其影响因素

为提高吹扫效率和减少吹扫费用，蒸汽吹扫通常采用降压吹扫的方式。但由于蒸汽消耗量大（一般为管道额定负荷下管内蒸汽流量的50%～70%）、参数高（中压、高温）、时间长，因此，蒸汽管网的吹扫常与其供汽锅炉的启动同步进行。在化工装置中，如乙烯和合成氨装置等的高温工艺气的蒸汽发生器（废热锅炉）的输汽管道，为缩短开工周期，在装置化工投料前，一般使用外供蒸汽或用其装置自建的开工锅炉提供汽源。蒸汽吹扫对汽源的要求是其蒸汽参数（压力、温度）和汽量应满足各个级别压力下蒸汽管段吹扫的要求。

蒸汽吹扫是利用管内蒸汽介质流动时的能量（亦称动量）冲刷管内锈皮杂物，能量愈大，效果愈好。吹扫时影响蒸汽介质能量的因素有：吹扫时的蒸汽参数（压力、温度）；蒸汽管道的水力特征；吹扫时的主汽门开度的大小。实际上这3个因素是互相关联的，必须根据具体情况选择计算出合理的吹扫参数。蒸汽吹扫参数选择原则是：使吹扫时管内蒸汽动量大于额定负荷下的蒸汽动量。

2. 蒸汽吹扫前的准备

吹扫前应根据蒸汽管网的实际，制定完备的吹扫方案，其内容包括：吹扫范围、蒸汽管网级别划分、吹扫蒸汽流量的确定和各级吹扫蒸汽参数（压力、过热温度值）的计算和确定，吹扫方法、吹扫顺序、排放口位置，吹扫用临时配管、阀门和支架，吹扫质量鉴定方法和标准，吹扫人员组织及吹扫中的安全措施与注意事项等；对蒸汽管道、管件、管支架、管托、弹簧支吊架等作详细检查，确认牢固可靠，除去弹簧的固定装置后，确认弹簧收缩灵活；检查并确认蒸汽导向管无滑动障碍，滑动面上无残留焊点和焊疤；所有蒸汽管道保温已完成；高、中压蒸汽管道已完成酸洗、钝化；按吹扫方案要求，所有吹扫用临时配管、阀门、放空管、靶板、支架等均已安装并符合强度要求；已将被吹扫管道上安装的所有仪表元器件（如流量计、孔板、文丘里管）等拆除，管道上的调节阀已拆除或已采取保护措施；每台蒸汽透平入口已接好临时蒸汽引出管，以防吹扫时蒸汽进入汽轮机主汽阀及汽轮机叶片，损坏主汽阀及汽轮机叶片。

3. 蒸汽管网吹扫的方法和要点

蒸汽吹扫通常按管网配置顺序进行，一般先吹扫高压蒸汽管道，然后吹扫中压蒸汽管道，最后吹扫低压蒸汽管道。对每级管道来说，应先吹扫主干管，在管段末端排放，然后吹扫支管，先近后远；吹扫前，干、支管阀门最好暂时拆除，临时封闭，当阀前管段吹扫合格后再装上阀门继续吹扫后面的管段。对于高压管道上的焊接阀门，可将阀心拆除后密封吹扫，各管段疏水器应在管道吹洗完毕后再装上。

蒸汽管线的吹扫方法是用暖管→吹扫→降温→暖管→吹扫→降温的方式重复进行，直至吹扫合格。如此周而复始地进行，管线必然冷热变形，使管内壁的铁锈等附着物易于脱落，故能达到好的吹扫效果。蒸汽吹扫必须先充分暖管，并注意疏水，防止发生水击（水锤）现象；在吹扫的第一周期引蒸汽暖管时，应特别注意检查管线的热膨胀、管道的滑动、弹簧支吊架等的变形情况是否正常。暖管应缓慢进行，即先向管道内缓慢送入少量蒸汽，对管道进行预热，当吹扫管段首端和末端温度相近时，方可逐渐增大蒸汽流量至需要的值进行吹扫。

用高、中压蒸汽暖管时，其第一次暖管时间要适当长一些，一般需要 4～5h，即大约每小时升温 100K；第二轮以后的暖管时问可短一些，在 1～4h 即可。每次的吹扫时间为 20～30min，因为降温是自然冷却，故降温时间决定于气温，一般使管线冷至 373K 以下即可。吹扫反复的次数，对于第一次主干管的吹扫来说，因其管线长，反复次数亦要多一些，当排汽口排出的蒸汽流目视清洁时方可暂停吹扫，进行吹扫质量检查。通常主干管的吹扫次数在 20～30 次，各支管的吹扫次数可少一些。经过酸洗钝化处理的管道，其吹扫次数可以明显地下降。

4. 蒸汽吹扫的检验标准

高、中压蒸汽管道、蒸汽透平入口管道的吹扫效果需用靶板来检查其吹扫质量。靶板可以是抛光的紫铜片，厚度为 2～3mm，宽度为排汽管内径的 5%～8%，长度等于管子内径。亦可用厚度为 8～10mm 的抛光铝板制作。连续两次更换靶板检查，吹扫时间 1～3min，如靶板上目测看不出任何因吹扫造成的痕迹，则吹扫合格（如设计单位另有要求应按要求执行）。低压蒸汽管道，可用抛光木板置于排汽口检查，板上无锈和脏物，蒸汽冷凝液清亮、透明，即为合格。

5. 蒸汽吹扫的安全注意事项

蒸汽吹扫特别是高、中压蒸汽管网的吹扫是一项难度较大的工作，因此，在吹扫流程安排、吹扫时间和临时措施及安全防范等方面，都要根据管网实际情况做好周密安排和搞好吹扫的各项协同工作。

高、中压蒸汽吹扫时，温度高、流速快、噪声大，且呈无色透明状态，所以吹扫时一定要注意安全，排放口要有消音设备，且排放口必须引至室外并朝上，排放口周围应设置围障，在吹扫时不许任何人进入围障内，以防人员误入吹扫口范围而发生人身事故。

蒸汽吹扫时，由于蒸汽消耗量大，且高低幅度变化大，因此供汽锅炉必须做到下列几点：严密监视和控制脱氧槽水位，防止给水泵汽化，造成给水中断而烧干锅；降压吹扫时，由于控制阀门开关速度快，锅筒水位波动大，要采取措施，防止满水和缺水的事故发生；要严格控制锅筒上、下壁的温差不大于 42K；吹扫汽轮机蒸汽入口管段时，汽轮机应处于盘车状态，以防蒸汽意外进入汽轮机而造成大轴弯曲。

思考题

1. 氯乙烯单体可以由哪些原料出发，通过哪些工艺生产方法得到？什么是平衡法生产氯乙烯工艺？有何意义？

2. 反应温度、原料配比、空间速度对乙炔和氯化氢气固相合成氯乙烯的化学反应有何影响？对原料气中哪些杂质应控制含量？为什么？

3. 为什么要对原料气乙炔与氯化氢进行脱水？

4. 空间速度或停留时间对生产的影响主要体现在哪些方面？实际生产中如何选择确定。

5. 乙炔过量有何不利？原料配比的选择需要考虑哪些因素？

6. 在化工生产中反应器的选择主要考虑哪些因素？

7. 乙炔和氯化氢加成反应的转化器结构有何特点？如何控制反应温度？试分析转化器列管内温度的分布规律。

8. 生产过程中氯乙烯塔和汽提塔的作用是什么？

9. 生产过程中水洗塔或碱洗塔的作用、洗涤原理和洗涤过程？洗涤水用量或洗涤碱浓度大小对生产的影响？

10. 乙炔加氯化氢合成氯乙烯的工艺流程由哪些部分组成？

11. 什么是氧氯化反应？三步氧氯化法生产氯乙烯由哪些工序组成？

12. 乙烯直接氯化法生产二氯乙烷适宜的工艺条件——反应温度、原料配比、反应压力、空间速度是如何选择确定的？原料中要控制哪些杂质的含量？

13. 乙烯氧氯化法生产二氯乙烷的催化剂组成有哪些？

14. 反应压力、温度、原料配比、空间速度对氧氯化反应有何影响？适宜条件范围为多少？对原料气纯度有何要求？

15. 乙烯气相氧氯化法生产二氯乙烷的流化床反应器在结构上有何特点？

16. 二氯乙烷裂解的工艺条件是如何选择确定的？

17. 简述二氯乙烷裂解的工艺流程。

18. 绘出氯乙烯精馏过程工艺流程图。

项目五　丙烯腈的生产

☞ **知识目标**

(1) 了解丙烯腈产品规格、性质、用途和工业生产方法。

(2) 了解丙烯腈生产过程中主要设备的机构，控制方法及三废治理、安全卫生防护。

(3) 理解丙烯腈生产过程的原理及工艺条件分析方法。

(4) 理解丙烯腈生产工艺过程的组织原则及工艺流程图的阅读分析。

(5) 熟悉流化床的反应特点和主要的工艺控制参数。

☞ **能力目标**

(1) 能进行丙烯腈生产工艺条件的分析、判断和选择。

(2) 能读懂丙烯腈生产设备布置图和主要设备装配图。

(3) 能读懂并绘制丙烯腈生产工艺流程图。

(4) 能进行丙烯腈生产过程中有关物料、热量衡算及原材料消耗、生产能力等工艺计算。

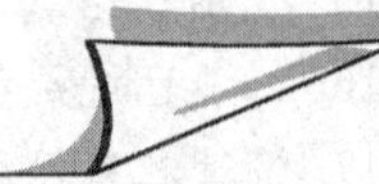

任务一　丙烯腈工业认识

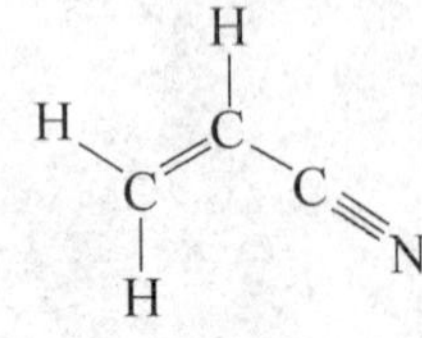

丙烯腈结构式

丙烯腈英文简写为AN。在室温和常压下为无色液体，发烟，有氧或露光时能自行聚合，有浓碱存在时能剧烈聚合。20℃时，7.35份溶于100份水或3.1份水溶于100份丙烯腈。能与大多数有机溶剂混溶。相对密度（d_4^{20}）0.8060。熔点−83.55℃，沸点77.3℃，折光率（n_D^{25}）1.3888，闪点0℃。易燃，25℃时能与空气形成爆炸性混合物，爆炸极限3.05%～17.0%。剧毒，不仅蒸气有毒，而且经皮肤吸入也能中毒。空气中的容许浓度为20×10^{-6}，丙烯腈若溅到衣服上应立即脱下衣服，溅及皮肤时用大量水冲洗，溅入眼内，需用流水冲洗15min以上，不慎吞入时，则用温盐水洗胃。如果中毒，应立即用硫代硫酸钠、亚硝酸钠进行静脉注射，并请医生诊治。

丙烯腈主要用途是合成纤维、合成橡胶、塑料的基本且重要的原料，丙烯腈用来生产聚丙烯纤维（即合成纤维腈纶）、丙烯腈-丁二烯-苯乙烯塑料（ABS）、苯乙烯塑料和丙烯酰胺（丙烯腈水解产物）。另外，丙烯腈醇解可制得丙烯酸酯等。丙烯腈在引发剂

（过氧甲酰）作用下可聚合成一线型高分子化合物——聚丙烯腈。聚丙烯腈制成的腈纶质地柔软，类似羊毛，俗称“人造羊毛”，它强度高，比重轻，保温性好，耐日光、耐酸和耐大多数溶剂。丙烯腈与丁二烯共聚生产的丁腈橡胶具有良好的耐油、耐寒、耐溶剂等性能，是现代工业最重要的橡胶，应用十分广泛。在有机合成工业和人民经济生活中用途广泛。

目前世界上95%以上的丙烯腈生产采用丙烯氨氧化法（又称Sohio工艺），最早由美国标准石油公司开创并推广，该法以化学丙烯、农药级氨和空气为原料，以1.0∶1.2∶10.0摩尔比送入流化床反应器，在400～500℃的温度、0.034～0.204MPa的压力下反应，接触时间不足10s，有时通入富氧空气，使混合气体中氧浓度从21%（摩尔比）增加至25%～26%（摩尔比），以提高反应器的生产能力，放出的热量通过盘管换热器移走，产生大量高压蒸汽，用于后期产品精制。未反应的氨必须在产品分离前移除，以免产生副产物。

任务二　丙烯腈生产方法选择

到20世纪60年代，随着石油工业的发展，流化床丙烯氨氧化法成为世界各国生产AN的主要方法。丙烯氨氧化法原料便宜易得，工艺流程简单，对丙烯纯度要求不高，炼油厂含丙烯50%以上的尾气即可使用，生产成本大约是环氧乙烷法的40%～50%，是乙炔法的50%～55%左右，产物分离相对容易，产品纯度高，是目前最先进最经济的合成路线。因此，选择丙烯氨氧化法合成丙烯腈是目前唯一的技术可行的方案。

一、丙烯氨氧化法合成丙烯腈的反应原理

丙烯氨氧化法生产丙烯腈一般涉及下列主、副反应：

主反应：

$$CH_2=CH-CH_3+NH_3+\frac{3}{2}O_2 \longrightarrow CH_2=CH-CN+3H_2O \quad \Delta_r H_m^\theta=-512.1\text{kJ/mol}$$

副反应：

$$CH_2=CH-CH_3+3NH_3+3O_2 \longrightarrow 3CH\equiv N+6H_2O \quad \Delta_r H_m^\theta=-942\text{kJ/mol}$$

生成氢氰酸的量约占丙烯腈质量的1/6。

$$2CH_2=CH-CH_3+3NH_3+3O_2 \longrightarrow 3CH_2CN+3H_2O \quad \Delta_r H_m^\theta=-362.8\text{kJ/mol}$$

生成乙腈的量约占丙烯腈质量的1/7。

$$CH_2=CH-CH_3+O_2 \longrightarrow CH_2=CH-CHO+H_2O \quad \Delta_r H_m^\theta=-352.8\text{kJ/mol}$$

生成丙烯醛的量约占丙烯腈质量的1%。

$$CH_2=CH-CH_3+\frac{9}{2}O_2 \longrightarrow 3CO_2+3H_2O \quad \Delta_r H_m^\theta=-1920.9\text{kJ/mol}$$

生成CO_2的量约占丙烯腈质量的一半，是副产物中产量最大的一种。

除以上副反应外，还有生成乙醛、丙酮、丙烯酸、丙腈的副反应，但产量很小，可忽略不计。以上主反应和主要副反应都是放热反应，所以要特别注意反应器的温度控制。

二、反应机理及动力学分析

（一）反应机理

1. 烯丙基的形成

在反应过程中，丙烯分子中的 α-C 上的 C—H 键首先进行反应，形成烯丙基。在 Mo-Bi-O 系催化剂上烯丙基的形成过程，存在不同看法，较成熟的一种看法认为，丙烯首先吸附在 Mo^{6+} 附近的氧空位上，然后 α-C 上的 C—H 键发生解离分裂出 H^+，释放出一个电子形成烯丙基。

$$CH_3—CH═CH_2 \xrightarrow[—e]{—H^-} [CH_2 ═ CH ═ CH_2]$$

烯丙基继续脱氢，与晶格氧结合而生成氧化产物丙烯醛。

2. 丙烯腈的生成

系统中的 NH_3 吸附在 Bi^{3+} 上脱去两个 H^+，并释放出两个电子而形成 NH 残余基团。烯丙基与 NH 结合并脱去两个质子和释放出两个电子而形成丙烯腈。

$$NH_3 \xrightarrow[—2e]{—2H^+} [NH]$$

$$[CH_2 ═ CH ═ CH_2] + [NH] \xrightarrow[—2e]{—2H^+} CH_2 ═CH—CN$$

$$CH_2 ═ CH ═ CH_2 \xrightleftharpoons[\text{晶格氧}]{—H^+} CH_2 ═CH—CHO$$

释放的电子可能先授予 Bi^{3+}，而后转移给 Mo^{6+}，使其还原为 Mo^{5+}（或 Mo^{4+}）。放出的 H^+ 与晶格氧结合成 OH^- 后生成 H_2O。吸附在催化剂表面的氧获得电子后，转化为晶格氧，并使低价钼离子氧化为 Mo^{6+}，形成氧化还原循环。

（二）动力学分析

根据上述反应机理，丙烯氨氧化的动力学图式可简单表示如下：

$$CH_2{=}CH-CH_3 \xrightarrow[(1)]{k_1} CH_2{=}CH—CHO$$

$$CH_2{=}CH—CHO \xrightarrow{k_2\ (2)} CH_2{=}CH-CN$$

$$CH_2{=}CH-CH_3 \xrightarrow{k_3} CH_2{=}CH-CN$$

$$CH_2{=}CH-CH_3 \xrightarrow{(3)\text{主要}} CO_2 + H_2O$$

（$CH_2{=}CH—CHO$ 与 $CH_2{=}CH-CN$ 亦生成 $CO_2 + H_2O$）

其中，k_1、k_2、k_3 分别为 3 个反应的速度常数。曾在 $PBi_9Mo_{12}O_{52}$（50%）-SiO_2（50%）的催化剂上对丙烯氨氧化合成丙烯腈的动力学进行了研究，从实验数据推算得到在 430℃时，$k_1 : k_3 = 1 : 40$，这说明丙烯腈主要是由丙烯直接氨氧化得到的，丙烯醛是平行副反应产物。

对丙烯氨氧化反应的动力学研究结果是：当氧和氨的浓度不低于一定浓度时，对丙烯是一级反应，对氨和氧都是零级。反应控制步骤为丙烯脱氢形成烯丙基的过程。

任务三　丙烯腈生产的工艺条件确定

一、反应对原料的基本要求

1. 催化剂

丙烯氨氧化的催化剂一般用钼铋类催化剂。随着工艺的发展先后形成了几代催化剂，第一代催化剂的AN收率可达75%～78%；第二代催化剂的AN收率可达81%，丙烯的转化率为98%；现在第三代催化剂，AN收率还可提高。

2. 氨

合成氨生产的合格品，规格为：NH_3＞99.5%；水＜0.2%；油＜5×10^{-5}。

3. 丙烯

原料丙烯是从烃类裂解气或催化裂解气分离得到的，也可以使用聚丙烯合成中液相和气相回收的丙烯。原料丙烯中可能含有乙烯、乙烷、丙烷及C_4，也可能有硫化物存在。丙烷等烷烃对反应没有影响，但会稀释反应物浓度。乙烯分子中无α-H，不如丙烯活泼，所以少量乙烯的存在，对反应不会产生影响。丁烯及高级烯烃存在会给反应带来不利影响，它们比丙烯更易氧化，会降低氧的浓度，从而降低催化剂的活性。正丁烯氧化得到甲基乙烯酮（沸点80℃）以及异丁烯氧化得到的甲基丙烯腈（沸点90℃），沸点与丙烯腈接近，会给丙烯腈的分离精制造成困难，所以应严格控制。硫化物会使催化剂活性下降，应去除。对H_2、O_2、H_2O、CO、CO_2的含量没有要求。具体指标如表5.1。

表5.1　反应过程对原料丙烯的基本要求

丙烯	乙烯	丁烯及丁二烯	丙炔	丙二烯	硫	燃烧法测得硫
≥95%	＜0.1%	＜0.1%	＜1×10^{-5}	＜5×10^{-5}	＜1×10^{-5}	＜5

4. 空气

不作特殊要求，无炔烃、无尘粒。

二、丙烯氨氧化工艺条件的确定

（一）原料配比

合理的原料配比是保证丙烯腈合成反应稳定、减少副产物、降低消耗定额以及操作安全的重要因素，因此严格控制合理的原料配比是十分重要的。

1. 丙烯与氨的配比

丙烯即可氨氧化生成丙烯腈，也可氧化成丙烯醛，都是烯丙基反应。丙烯与氨的配比对这两种产物的生成比有密切的关系。氨的用量越大，生成的丙烯腈所占比例越大，根据反应方程式，氨与丙烯的理论配比应为 1∶1，若小于此值，则副产物丙烯醛生成量加大。丙烯醛易聚合堵塞管道，并影响产品质量。相反，如果比值过高，则需要大量的 NH_3 参加反应，会增加酸洗处理时 H_2SO_4 的耗量和中和塔的负担，对催化剂也有害。因此，生产中氨/丙烯的比值一般在 1.15～1.20 之间。图 5.1 为丙烯与氨的配比对产品售率的影响。

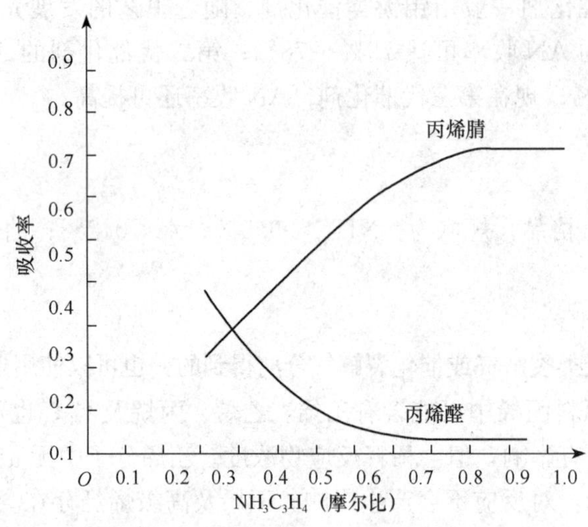

图 5.1　丙烯与氨配料比对产品收率的影响

2. 丙烯与空气的配比

丙烯氨氧化是以空气为氧化剂，空气用量的大小直接影响氧化结果。如果空气/丙烯的比值过低，尾气含氧量低，可使催化剂活性降低，造成丙烯转化率和丙烯腈收率降低。相反，如果空气用量过大，尾气中剩余含氧量过高，会使稀相有机物燃烧氧化，随空气带入的惰性气体增多，使混合气中丙烯浓度降低，从而使生产能力大为下降。生产中空气/丙烯的比值一般在 9.2～9.7 之间。

3. 丙烯与水蒸气的配比

从丙烯氨氧化反应方程式来看，并不需要水蒸气参加。生产中加入水蒸气的原因有以下几点：

（1）水蒸气有助于反应产物从催化剂表面解吸出来，从而避免丙烯腈的深度氧化。

（2）水蒸气在该反应中是一种很好的稀释剂。如果没有水蒸气参加，反应很激烈，温度会急剧上升，甚至发生燃烧，而且如果不加入水蒸气，原料混合气中丙烯与空气的比例正好处在爆炸范围内，加入水蒸气对保证生产安全防爆有利。

（3）水蒸气的热容较大，可以带走大量的反应热，便于反应温度的控制。

（4）水蒸气的存在，可以消除催化剂表面的积炭。

水对合成产物收率的影响不太显著，一般情况下，丙烯与水蒸气的摩尔比为 1∶3

时，效果较好。

原料配比是通过孔板流量计测量，由自控系统调节的，当然，也可用计算机来执行。

（二）反应温度

反应温度不仅影响反应速度，也影响反应选择性。反应温度根据催化剂的性能而定，选在催化剂选择性和活性较高的温度范围之内，再根据几种参数确定。根据试验研究，丙烯腈开始生成的温度大约为350℃，并且随着温度的升高，丙烯腈收率增加，而副产物氢氰酸、乙腈的收率随温度的升高而降低。温度对丙烯转化率和丙烯腈收率及副产物氢氰酸、乙腈收率的影响见图5.2和图5.3。

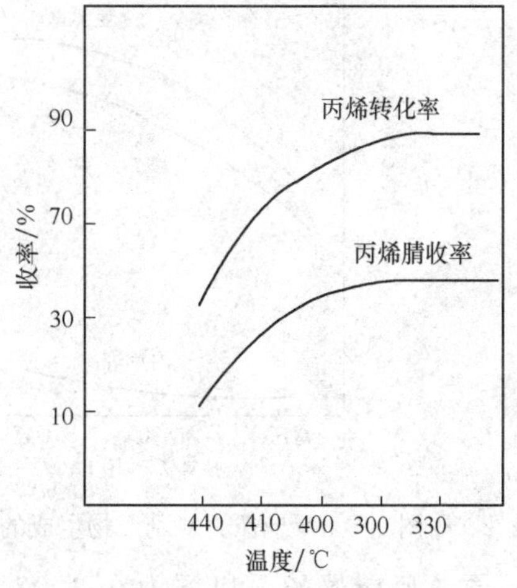

图5.2　沸腾床反应器反应温度对丙烯转化率和丙烯腈收率的影响

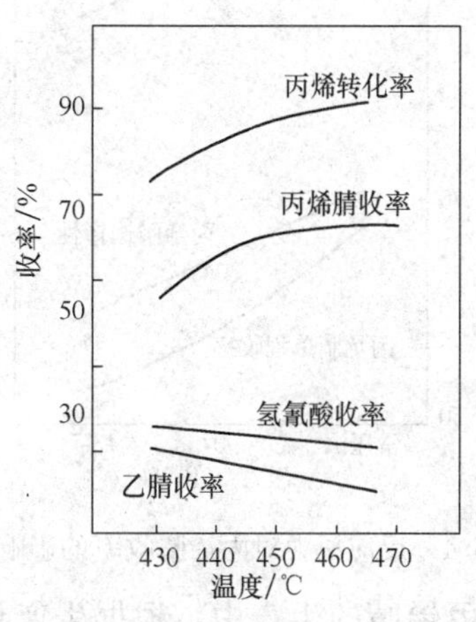

图5.3　固定床反应器反应温度对合成产物收率的影响

从图中可以看出，在430～520℃范围内，随温度的升高，丙烯转化率增加，即催化剂活性增加，催化剂长期使用活性会下降，可适当提高反应温度；丙烯腈收率在温度约为460℃时已达到比较高的值，而此时副产物氢氰酸和乙腈的收率较低，且随温度升高，丙烯腈收率无明显增加；当温度超过500℃时，丙烯腈收率降低，结焦逐渐增多，有堵塞管道现象出现，此外，由于深度氧化反应的发生，生成大量的CO_2，放热量较多，反应温度不好控制，甚至发生燃烧，因此，反应温度超过500℃时，应当采取紧急措施降温。

工业上一般控制反应温度在450～470℃之间。

生产中是通过移走反应放出的热量来维持和控制反应温度，为了使反应温度维持准确，要求通入流化床冷却管的软水的量能"微分"控制。即在保证总传热量的同时，设计尽可能多的组数，每一组的传热面积较小，通入较少软水量，可以控制关闭或打开若干组水管，来"微量"调节，达到准确控制的目的。这一切都由自动控制仪表来执行，也可以由计算机来实现。

（三）反应压力

从热力学观点来看，丙烯氨氧化生产丙烯腈是体积缩小的反应，提高压力可增大该反应的平衡转化率；同时，反应器压力增加，气体体积缩小，可以增加投料量，提高生产能力，但在直径为 150mm 反应器的试验中发现，当丙烯氨氧化反应在加压下进行时，虽然反应器的生产能力增加了，反应结果却比常压反应时差，如图 5.4 及图 5.5 所示。因此生产中，一般采用常压操作。

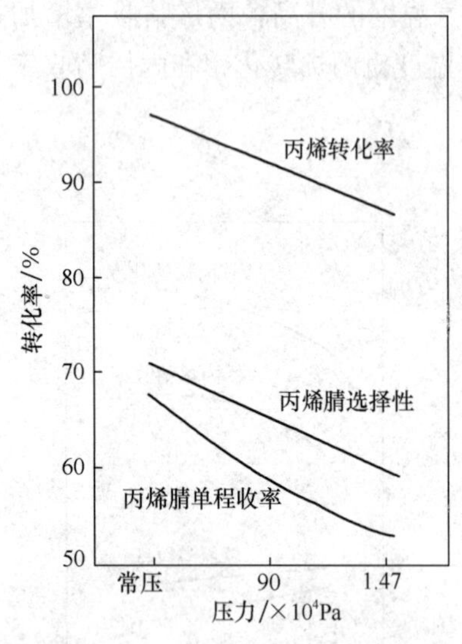

图 5.4　反应压力对丙烯腈收率的影响

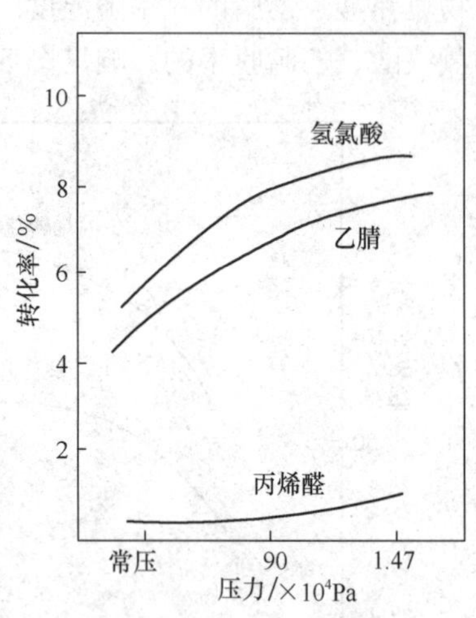

图 5.5　反应压力对副产物生成的影响

在丙烯腈的生产中，根据生产规模的不同，反应器的入口压力在 3.92×10^4～9.8×10^4 Pa。

常压下反应和加压下反应的一系列情况，可以发现有如下差别：

(1) 随着反应压力的提高，丙烯转化率、丙烯腈单程收率和选择性都下降，而副产物氢氰酸、乙腈、丙烯醛的单程收率却在增加。

(2) 反应在加压下操作，氢氰酸会随着反应时间的积累而逐渐增加，例如，在反应压力为 1.47×10^5 Pa，经过 500h 反应，氢氰酸的单程收率从开始的 6%逐渐增加到 11%左右。

(3) 反应压力提高后，反应后尾气中的氧含量减少，并随着时间的增长逐渐下降。所以，工业生产中不采用加压操作。

（四）接触时间

图 5.6 和图 5.7 表示了接触时间对丙烯腈收率及副产物的影响，从图和表中可以看出，增加接触时间可以提高丙烯腈的收率。但是接触时间过长，一方面会使原料和产物长时间处于高温下，易受热分解和深度氧化，反而使丙烯腈收率降低，且放热较多，对反应不利。另一方面，会使反应器生产能力降低，因此在保证丙烯腈收率尽量高、副产物收率尽量低的原则下，应选择较短的接触时间。适宜的接触时间与所用催化剂以及所采用的反应器型式有关，一般为 5～10s。

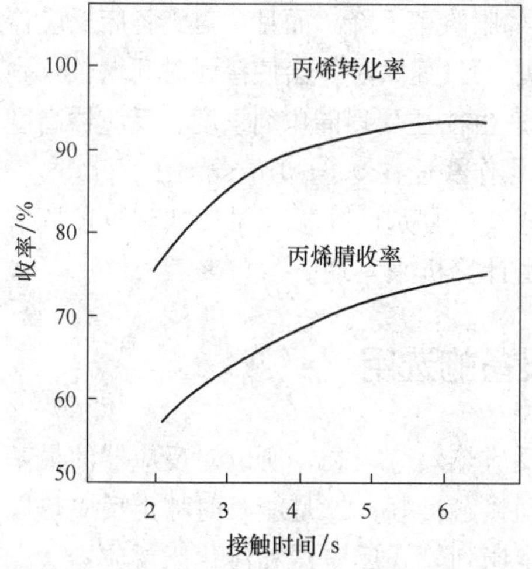

图 5.6　接触时间对丙烯转化率，丙烯腈收率的影响

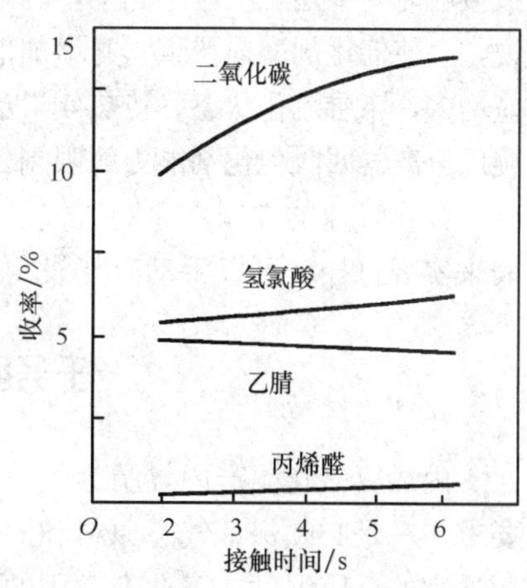

图 5.7　接触时间对副产物的影响

（五）操作气速

操作气速可用空塔气速来描述。空塔气速指原料混合物在反应温度、反应压力下，通过空塔反应器的速度，可用下式计算：

$$空塔气速\ (m/s)=\frac{反应条件、单位时间进入反应器的混合气体量(m^3/s)}{反应器横截面积(m^2)}$$

图 5.8、图 5.9 表示了空塔气速对反应的影响。

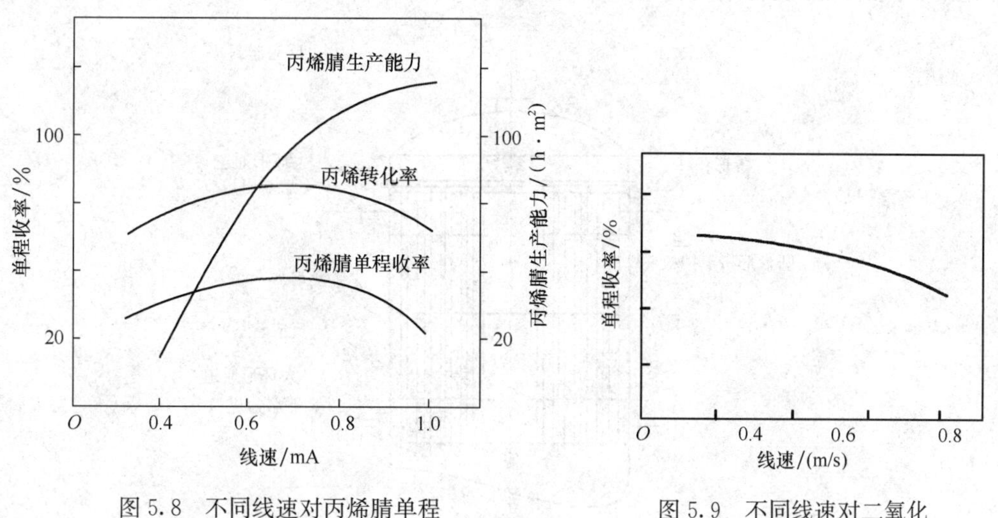

图 5.8　不同线速对丙烯腈单程收率及生产能力的影响

图 5.9　不同线速对二氧化碳收率的影响

由图 5.8 和图 5.9 可知，气速增加，丙烯腈的产量增加，但当气速增加到一定限度后，丙烯转化率开始降低，丙烯腈单程转化率也相应降低。

当反应器截面和催化剂层高度确定后，线速与接触时间成反比。工业生产中采用较大的线速，有利于提高反应器的生产能力，并且对反应传热也是有利。但线速过大时，会导致接触时间不足，反应不完全，丙烯转化率和丙烯腈收率下降。而且，对沸腾床反应器来说，会使催化剂磨损严重，并增加催化剂吹出量。而气速太小，会使接触时间增长，副反应增多，床层流化状态、传热效果不好。增加气速也往往受到催化剂重度、反应器高度及旋风分离器回收催化剂能力的限制。目前，实际操作线速在 0.5～1m/s 范围。

操作气速的控制由总的通气量决定，总的通气量分别由孔板流量反映到自控调节仪表来实现自控，可以手动改变设定值，也可以由计算机来实现。

任务四　反应设备的选用

丙烯氨氧化生产丙烯腈为气、固相反应，反应热效应较高，所以对反应器的最基本要求：一是必须保证气态原料和固体催化剂之间接触良好；二是能及时移走反应热以控制适宜的反应温度。工业上常用的反应器有固定床列管式反应器和流化床反应器。

1. 固定床列管式反应器

如图 5.10 所示，这类反应器的外壳为钢制圆筒，受热会膨胀，常安装有膨胀圈。反应器内装有数百根至上万根不等的列管，列管按正三角形排列，列管内装填催化剂，列管长一般为 2.5～3m。为了减小径向温差，管径一般较小，多为 25～30mm。原料气通过静止的催化剂床层发生反应，反应热由管外载热体移出。载热体多采用熔盐（硝酸钾、亚硝酸钠和少量的硝酸钠的混合物）。这种反应器的优点是只要催化剂装填均匀，则气固接触良好，操作方便；缺点是传热效果较差，反应温度不均匀，生产能力较低，催化剂更换麻烦，设备结构复杂，且需大量载热体。

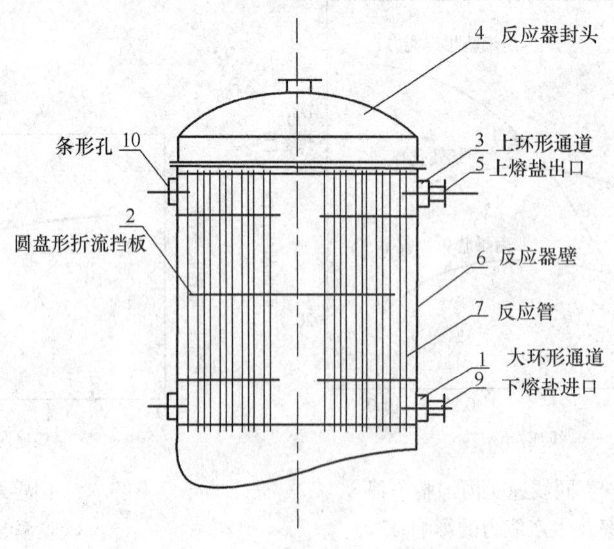

图 5.10　固定床列管式反应器

2. 流化床反应器

流化床是现代化工生产中广泛采用的一种高效设备。流化床反应器的结构型是很多，按固体颗粒是否在系统内循环，可分为单器流化床和双器流化床；按床层外形分为圆筒形流化床和圆锥形流化床；按反应器层数可分为单层流化床和多层流化床；按床层中是否设置内部构件可分为自由床和限制床。常用的圆锥形反应器结构如图 5.11 所示，反应器结构可分成三个部分：锥形体部分、反应段部分和扩大段部分。原料气体在锥形体部分进入反应器，经分布板进入反应段。反应段装填催化剂，原料气在此和催化剂接触，进行反应。为了移去反应热，在反应段设置了具有一定面积的 U 形或直形冷却管，管内通入蒸汽凝水，利用软水的汽化潜热以及将蒸汽加热为高压过热蒸汽带走的显热来移走反应热。U 形管分为若干组，便于微分调节，通过控制进入 U 形管的软水量，使反应温度保持在工艺要求的范围之内。在反应器内还装有导向挡板，采用导向挡板可使用颗粒很小的微球形催化剂，从而提高催化剂的使用效率；导向挡板还可以使反应器的生产能力增大，且具有较好的操作弹性；另外，导向挡板还具有良好地破碎气泡作用，有利于传质的进行。反应器上部为扩大段，在此段由于床径扩大，气体流速减慢，有利于被气体所夹带的催化剂的沉降。由于实际操作气速远远大于临界流化速度，可能是临界流化速度几百倍，是一种散式流态化，所以在此段设置内旋风分离器。由旋风分离器回收的催化剂通过下降管回至反应器。

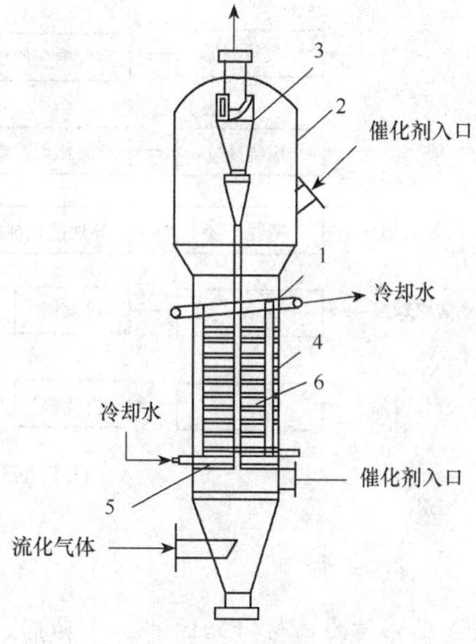

图 5.11　流化床反应器

1. 壳体；2. 扩大段；3. 旋风分离器；4. 换热管；5. 气体分布器；6. 内部构件

采用流化床的优点是：气固两相接触面大，床层温度分布较均匀，易控制温度，操作稳定性好，生产能力大，操作安全，设备制造简单，催化剂装卸方便。缺点是催化剂磨损较多，气体返混严重，影响转化率和选择性。

流化床反应器的材质一般是含钼、铋、硅的高级耐热合金钢，不仅耐高温，而且耐磨。目前丙烯氨氧化合成丙烯腈大多采用流化床反应器。

任务五　丙烯腈生产的工艺流程组织

一、原料预处理流程

原料预处理流程图示意如图 5.12 所示。

1. 氨和丙烯的气化

液氨由泵从厂内大球罐内输送到氨气化器，液氨的沸点为 33.4℃。液氨用换热器进行气化后，再用换热器过热到 66℃左右，压力为 0.189MPa.，进入流化床。

丙烯由泵从罐区输入丙烯蒸发器（气化器）进行换热气化，丙烯的沸点为－47.7℃。气化后再用换热器过热到 66℃，压力为 0.255MPa。

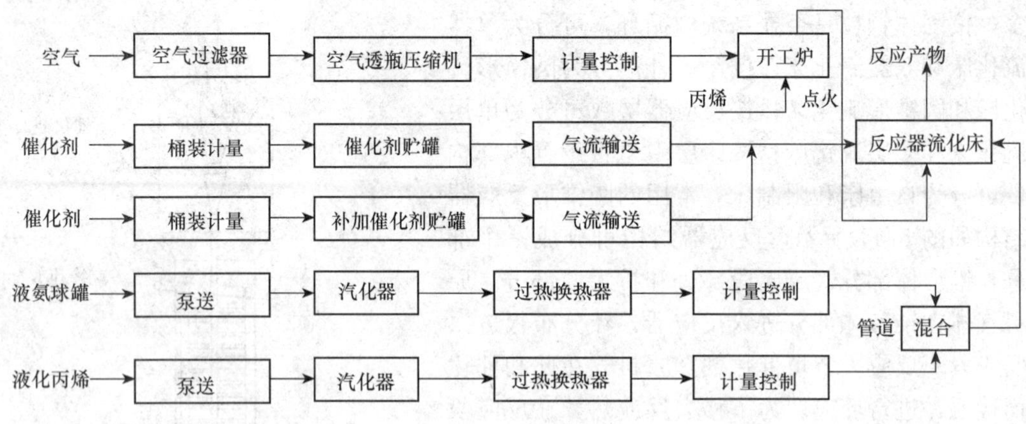

图 5.12　原料预处理流程图示意

2. 空气

空气经空气过滤器滤去尘粒后，由透平压缩机压缩，出口温度为 165℃，压力为 0.1MPa 左右。

3. 催化剂

催化剂桶装计量，并用喷射真空泵吸入催化剂贮罐，罐顶设二级旋风收尘器，尾气夹带的催化剂用蒸汽冷凝水沉降分离。在反应之前，由空气用气流输送的方法输入流化床。在反应过程中，要补加损失的催化剂，因此设一个补加催化剂的贮罐，计量进料和输入流化床的方法与催化剂贮槽相同。

4. 开工炉

为把催化剂加热到反应温度（440℃±10℃），在通入氨气之前，先由燃烧丙烯得到的出口温度为 480℃的空气和烟道气通入流化床，将催化剂床层加热到反应温度。开始通氨反应后，开工炉作为空气的通道，不再燃烧。

5. 原料计量

气体计量用孔板流量计测量，自动控制调节流量，以保证空气、丙烯、氨按一定的比例投入反应器，并根据反应情况加以调控。

二、丙烯氨氧化法生产丙烯腈的工艺流程组织

丙烯氨氧化法生产丙烯腈的工艺流程较复杂，可分为三大部分：反应部分、回收部分、分离精制部分。各国采用的流程差异较大，现以应用较广泛的一种流程为例。

1. 反应部分生产工艺流程

反应部分工艺流程如图 5.13 所示。

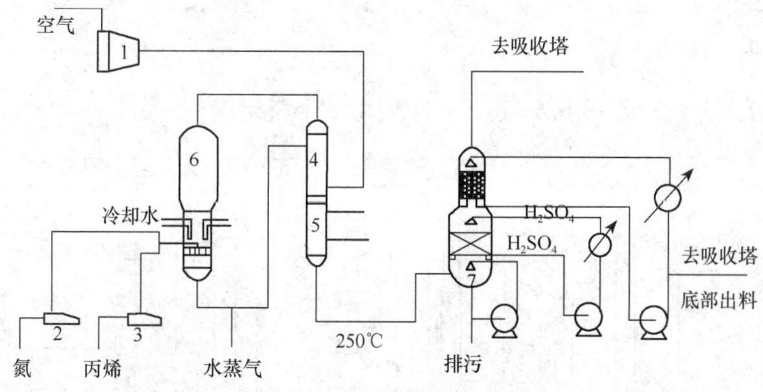

图 5.13　反应部分工艺流程

1. 空气压缩机；2. 氨蒸发器；3. 丙烯蒸发器；4. 热交换塔；
5. 冷却管补给水加热器；6. 反应器；7. 氨中和塔

经过滤后的洁净空气由透平压缩机 1 压缩至 250kPa 左右，在预热器 4 中与反应器出口物料换热，预热至 300℃左右，从流化床反应器底部的下分布板进入流化床反应器 6。丙烯和氨分别经丙烯蒸发器 3 和氨蒸发器 2 气化后，经孔板流量计剂量，按一定比例混合，从流化床反应器底部的上分布板进入，空气、丙烯和氨均控制流量按一定比例投入。流化床内预先已装好固相的催化剂，并燃烧丙烯将床内预热到 440℃左右。

丙烯、氨和空气在催化剂床层中，进行气固相催化反应，控制反应温度在 430～450℃；由流化床内的 U 型冷却管通入高压软水移去反应热，反应温度的控制是由所使用冷却管的数量以及原料空气的预热温度控制。U 形冷却管移出的高压过热水蒸气（2.8MPa）可作为空气透平压缩机的动力，变为低压水蒸气（350kPa 左右）后，可作为回收部分和分离精制部分的热源。反应产物气从反应器顶部排出，经床顶的内旋风分离器除尘，回收催化剂之后，经两个热交换器，分别用原料气和高压软水冷却到 250℃左右，进入急冷塔（除氨塔）进行处理。急冷塔下部由循环水洗去夹带的粉尘、可能已经聚合的高聚物渣滓、部分醛类和少量氨。

流化床反应后的气体产物中，丙烯腈、乙腈、氰化氢、丙烯醛等在水中都有较大的溶解性，但未反应的碱性氨的存在会发生一些副反应，必须首先除去。除氨的原因如下：

（1）氨在水中易溶解，与丙烯腈能发生加成反应，生成氨基丙腈等加成产物，消耗丙烯腈。

（2）产物中的氰化氢，在氨存在 30～130℃时，容易发生聚合反应，生成的聚合物会堵塞管道，影响生产。

（3）氨溶于水能与产物气中的 CO_2 反应生成不稳定的碳酸氢铵，在水溶液加热解析时，碳酸氢铵分解成氨和二氧化碳，在后边的冷却器、冷凝器中，会再次化合成碳酸氢铵，堵塞设备和管道。

工业上用工业硫酸（质量分数为 1.5%左右）中和去除气体中残余的 NH_3，生成浓度为 18%～22%的硫酸铵溶液，经精制可得硫铵。中和过程中循环液 pH 保持在 5.5～6.0。中和后产物气温降到 40℃左右。

2. 回收工艺流程

回收部分工艺流程如图 5.14 所示，主要由 3 个塔组成。

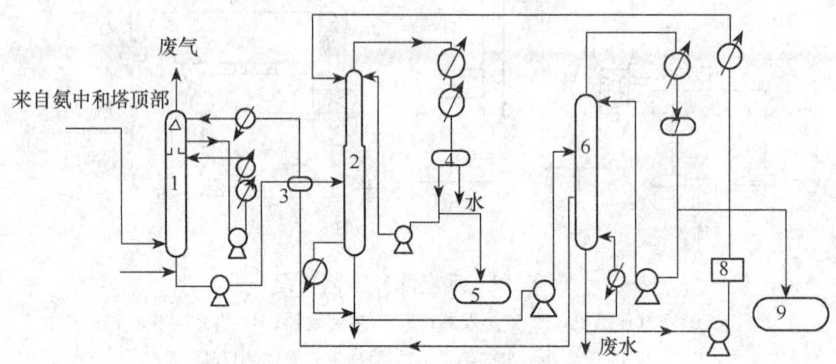

图 5.14　回收部分工艺流程图

1. 吸收塔；2. 萃取精馏塔；3. 热交换器；4. 油水分离器；5. 粗丙烯腈贮槽；6. 乙腈解吸塔；7. 回流罐；8. 过滤器；9. 粗乙腈贮槽

去除氨后的气体主要是丙烯腈、氢氰酸和乙腈，还有 N_2、CO、CO_2 等以及少量的丙烯醛、丙酮、丙烯酸等副产物，其中丙烯腈、氢氰酸、乙腈、丙烯醛等能与水部分互溶，而未反应的丙烯以及 N_2、CO、CO_2 等不溶于水或溶解性很小，所以工业上用水作吸收剂吸收，使产物、副产物与气体分开。

由除氨塔出来物料进入水吸收塔 1，用 5～10℃水吸收，产物丙烯腈、副产物氢氰酸、乙腈、丙烯醛等溶于水，得到粗丙烯腈水溶液，其他气体由塔顶排出。排出的气体可经催化燃烧并利用其热量后放空。粗丙烯腈水溶液含丙烯腈 4%～5%，含副产物约 1%，经加热后进入萃取精馏塔 2，俗名回收塔，在此塔中将丙烯腈与乙腈分离。丙烯腈与乙腈的相对挥发度很接近，用一般的精馏方法难以分离，工业上一般采用萃取精馏。用水作萃取剂进行萃取，氢氰酸和丙烯腈以和水的共沸物的形式从塔顶馏出，乙腈残留在塔釜，乙腈废水再到乙腈解吸塔 6，得到粗乙腈。粗乙腈进入乙腈脱氰塔，塔顶蒸出氢氰酸用氢氧化钠吸收成氰化钠。AN-H_2O 共沸物冷却后分为水相和油相两层，经分层器收集的油相为粗丙烯腈，进入粗丙烯腈贮槽，水相回至萃取精馏塔循环利用。

3. 分离精制部分工艺流程

分离精制部分工艺流程如图 5.15 所示。

粗丙烯腈中含有氢氰酸和水等杂质，需进一步精制以满足工业需要。由上道工序得到的粗丙烯腈含丙烯腈 80%以上，氢氰酸 10%左右，水约 8%以及其他微量杂质。可用一般精馏方法分离。

粗丙烯腈先进入脱氢氰酸塔 1，塔顶蒸出的氢氰酸进入氢氰酸精馏塔 2，得到纯度为 99.5%的氢氰酸。脱氢氰酸塔釜液进入丙烯腈精馏塔 3，塔上部侧线采出丙烯腈产品，塔顶蒸出丙烯腈与水的共沸物，经冷却冷凝后浸入油水分离器，油层丙烯腈回流入塔，水层分出。塔釜水层送污水处理。

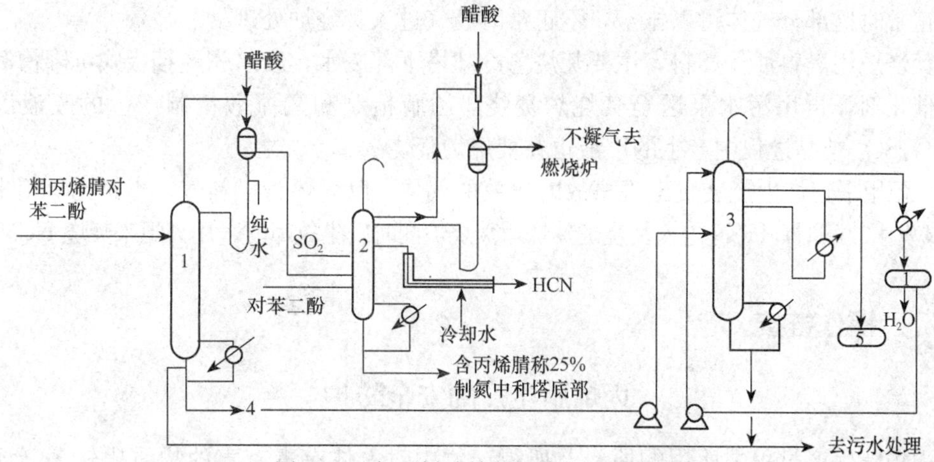

图 5.15　粗丙烯腈精制部分的工艺流程

1. 脱氢氰酸塔；2. 氢氰酸精馏塔；3. 丙烯腈精馏塔；4. 过滤器；5. 成品丙烯腈贮槽

精制过程需要采取一些措施防止物料自聚：一是丙烯腈精馏采用减压操作；二是加入一定阻聚剂。氢氰酸一般采用二氧化硫、醋酸等酸性阻聚剂，丙烯腈一般采用对苯二酚等酚类物质做阻聚剂。

任务六　丙烯腈生产的“三废”处理

一、废水

废水主要来源于两处：一是从急冷塔下部排出的废水；二是从萃取塔下部排出的废水。

1. 急冷塔废水

其组成基本如表 5.2 所示，这股废水经催化剂沉降槽，分离出催化剂后进焚烧炉处理。

表 5.2　急冷塔废水组成

成分	AN	ACN	氰化物	丙烯酸	乙酸	催化剂聚合物残渣	水
比例	0.3%	0.1%	0.3%	4.0%	0.14%	20%	74%

2. 萃取塔废水

萃取塔废水主要含有聚合物渣滓和轻有机物。用四效蒸发器处理后，大部分净水可作为氨和丙烯蒸发器用水、吸收和萃取用水等在装置内循环使用。小部分用汽提塔脱除轻有机物后，用生化方法处理废水。

二、废气

废气主要产生于吸收塔顶，其组成（体积分数）如表 5.3 所示。

表 5.3　吸收塔顶废气组成

成分	AN	水	CO	CO_2	丙烯	丙烷	O_2	N_2
比例	0.001%	5.7%	1.2%	2.5%	0.3%	0.9%	2.8%	86.6%

正常时这部分气体可以排空，不正常时废气进入焚烧炉处理。

焚烧炉用燃料油作燃料，主要焚烧急冷却塔下部废水，废水先经挡板式沉降槽沉降除去催化剂，再用污水泵送至焚烧炉焚烧。乙腈精制和氢氰酸精制产生的废液以及 $(NH_4)_2SO_4$ 结晶过程中产生的废液也在焚烧炉焚烧。

火炬用来焚烧生产装置出现事故时排放的气体，以丙烯为燃料气。当氰化氢用来制 NaCN 发生故障时，HCN 进入焚烧炉焚烧，焚烧炉同时发生故障时，用火炬来焚烧 HCN。

操作链接

丙烯腈生产的安全防护

丙烯腈生产过程中所用的原料及所得产物中对人体有毒有害的物质比较多（详见表 5.4），其中主要的有氢氰酸、丙烯腈、乙腈、氨等。

表 5.4 丙烯腈生产过程中有毒有害物质基本性质表

名称	液体相对密度（d_4^{20}）	在空气中的爆炸极限/%（体）	车间空气中最高允许浓度/（mg/m³）	闪点/℃	沸点/℃	废水排放最高允许浓度/（mg/m³）
丙烯	0.520	2.4～11.1	—	92	−47.7	—
丙烷	0.500	2.4～5.9	—	97	−42.2	—
NH_3	0.610	16～25	30	132	−33.4	—
AN	0.806	3～7	2	0	−77.3	—
HCN	0.688	6～41	0.3	−17.5	−25.7	500
乙腈	0.787	4.2～13.5	3	5.3	−81.6	—

1. 丙烯腈

丙烯腈的毒性能使人产生致癌作用。吸入丙烯腈的蒸气或液体，或是通过皮肤吸收丙烯腈的液体或蒸气都可引起中毒。轻微中毒表现为恶心、呕吐、无力、头痛和腹泻；严重中毒者除上述症状外还出现胸闷、心悸、恐惧不安和呼吸困难，甚至呼吸停止而死亡。

（1）急救措施：

① 皮肤接触，立即脱去污染的衣着，用流动清水或5%硫代硫酸钠溶液彻底冲洗至少 20min。就医。

② 眼睛接触，提起眼睑，用大量流动清水或生理盐水冲洗至少 15min，就医。

③ 吸入，迅速脱离现场至空气新鲜处。保持呼吸道通畅。如呼吸困难，给输氧。呼吸心跳停止时，立即进行人工呼吸（勿用口对口）和胸外心脏按压术。给吸入亚硝酸异戊酯，就医。

④ 食入，饮足量温水，催吐。用1∶5000 高锰酸钾或5%硫代硫酸钠溶液洗胃，就医。

（2）泄漏应急处理：

迅速撤离泄漏污染区人员至安全区，并进行隔离，严格限制出入。切断火源。建议应急处理人员戴自给正压式呼吸器，穿防毒服。尽可能切断泄漏源。防止流入下水道、排洪沟等限制性空间。小量泄漏：用活性炭或其他惰性材料吸收，也可以用大量水冲洗，洗水稀释后放入废水系统。大量泄漏：构筑围堤或挖坑收容。用泡沫覆盖，降低蒸气灾害。喷雾状水或泡沫冷却和稀释蒸汽、保护现场人员。用防爆泵转移至槽车或专用收集器内，回收或运至废物处理场所处置。

2. 氢氰酸

氢氰酸是一种无色液体，沸点低，剧毒，有微弱的苦杏仁味。低浓度的氢氰酸能引起喉咙的疼痛、心悸、呼吸困难、流眼泪、流口水、头痛、四肢无力和眩晕，甚至死亡。在浓度为 1×10^{-4} 或更高时，气体防毒面具失去有效的保护作用。

急救措施同上。

泄漏应急处理：迅速撤离泄漏污染区人员至安全区，并立即隔离 150m，严格限制出入。切断火源。建议应急处理人员戴自给正压式呼吸器，穿防毒服。尽可能切断泄漏源。合理通风，加速扩散。喷雾状水稀释、溶解。构筑围堤或挖坑收容产生的大量废水。如有可能，应考虑将其引燃，以排除毒性气体的积聚。或将残余气或漏出气用排风机送至水洗塔或与塔相连的通风橱内。漏气容器要妥善处理，修复、检验后再用。

3. 乙腈

乙腈是一种具有芳香气味的无色液体，有醚类气味。有剧毒，易燃。如果乙腈溅到皮肤上，应立即用大量的水进行冲洗。如果眼睛上沾上了它，则应当用水冲洗 15min 并请医生诊治。

急救措施同上。

泄漏应急处理：迅速撤离泄漏污染区人员至安全区，并进行隔离，严格限制出入。切断火源。建议应急处理人员戴自给正压式呼吸器，穿防毒服。不要直接接触泄漏物。尽可能切断泄漏源。防止流入下水道、排洪沟等限制性空间。

小量泄漏：用活性炭或其他惰性材料吸收，也可以用大量水冲洗，洗水稀释后放入废水系统。

大量泄漏：构筑围堤或挖坑收容。喷雾状水冷却和稀释蒸汽，保护现场人员，把泄漏物稀释成不燃物。用防爆泵转移至槽车或专用收集器内，回收或运至废物处理场所处置。

4. 氨

氨是一种强烈刺激性的化学品，能产生严重的局部的腐蚀作用，对钼合金、铝及铝合金以及镀锌的表面都具有腐蚀性。无水气态氨可引起皮层或黏膜的不同程度的炎症，能严重损害呼吸道内壁，甚至带来致命的后果。无水液态氨可引起严重的接触冻伤。

(1) 急救措施：

氨中毒无特效解毒药，应采用支持治疗。

如果接触浓度 $\geqslant500\times10^{-6}$，并出现眼刺激、肺水肿的症状，则推荐先喷 5 次地塞米松（用定量吸入器），然后每 5 分钟喷两次，直至到达医院急症室为止。

如果接触浓度 $\geqslant1500\times10^{-6}$，应建立静脉通路，并静脉注射 1.0g 甲基泼尼松龙或等量类固醇。

对氨吸入者，应给湿化空气或氧气。如有缺氧症状，应给湿化氧气。

如果呼吸窘迫，应考虑进行气管插管。当病人的情况不能进行气管插管时，如条件许可，应施行环甲状软骨切开术。对有支气管痉挛的病人，可给支气管扩张剂喷雾。

如皮肤接触氨，会引起化学烧伤，可按热烧伤处理：适当补液，给止痛剂，维持体温，用消毒垫或清洁床单覆盖伤面。如果皮肤接触高压液氨，要注意冻伤。

误服者给饮牛奶，有腐蚀症状时忌洗胃。

（2）泄漏处理：

少量泄漏：撤退区域内所有人员。防止吸入蒸气，防止接触液体或气体。处置人员应使用呼吸器。禁止进入氨气可能汇集的局限空间，并加强通风。只能在保证安全的情况下堵漏。泄漏的容器应转移到安全地带，并且仅在确保安全的情况下才能打开阀门泄压。可用砂土、蛭石等惰性吸收材料收集和吸附泄漏物。收集的泄漏物应放在贴有相应标签的密闭容器中，以便废弃处理。

大量泄漏：疏散场所内所有未防护人员，并向上风向转移。泄漏处置人员应穿上全封闭重型防化服，佩戴好空气呼吸器，在做好个人防护措施后，用喷雾水流对泄漏区域进行稀释。通过水枪的稀释，使现场的氨气渐渐散去，利用无火花工具对泄漏点进行封堵。

禁止接触或跨越泄漏的液氨，防止泄漏物进入阴沟和排水道，增强通风。场所内禁止吸烟和明火。在保证安全的情况下，要堵漏或翻转泄漏的容器以避免液氨漏出。要喷雾状水，以抑制蒸气或改变蒸气云的流向，但禁止用水直接冲击泄漏的液氨或泄漏源。防止泄漏物进入水体、下水道、地下室或密闭性空间。禁止进入氨气可能汇集的受限空间。清洗以后，在储存和再使用前要将所有的保护性服装和设备洗消。

思考题

1. 简述丙烯氨氧化生产丙烯腈的基本原理，并写出主、副反应方程式。
2. 丙烯氨氧化生产丙烯腈的工艺条件是如何确定的？常压操作和加压操作有何差异？
3. 原料纯度对丙烯氨氧化生产丙烯腈反应会产生哪些影响？
4. 丙烯腈生产中原料配比有什么重要影响？
5. 丙烯氨氧化生产丙烯腈原料中加入水蒸气的作用是什么？
6. 丙烯氨氧化生产丙烯腈生产的工艺流程包括哪几部分？
7. 丙烯氨氧化合成反应器各有何优缺点？
8. 反应产物中氨的存在会有哪些影响？
9. 生产过程中发生中毒事故如何进行处理？
10. 简述氨氧化法生产丙烯腈的工艺流程。

项目六　苯乙烯的生产

知识目标

（1）了解苯乙烯产品规格、性质、用途和工业生产方法。

（2）了解苯乙烯生产中主要设备结构、控制方法及三废治理、安全卫生防护。

（3）理解乙苯脱氢制苯乙烯的反应原理及工艺参数确定法。

（4）理解多段绝热反应器的工作原理；粗苯乙烯的精制流程设计。

能力目标

（1）能够进行苯乙烯生产工艺条件的分析、判断和选择。

（2）能阅读和绘制苯乙烯生产工艺流程图。

（3）能进行苯乙烯生产过程中有关物料、热量衡算及原材料消耗、生产能力等工艺计算。

（4）能结合粗苯乙烯精制遇到的问题设计出合理的苯乙烯分离方案和流程。

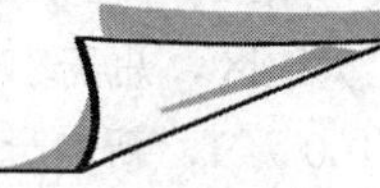

任务一　苯乙烯工业认识

一、苯乙烯的性质与用途

苯乙烯又名乙烯基苯，乙烯苯，化学式 C_8H_8，相对分子质量 104.151，常温下它是一种无色至黄色的透明油状液体，暴露于空气可以迅速挥发。尽管是一种带有特殊辛辣气味及轻微甜味的芳香单体，但高浓度或混合其他化学品时的气味会令人不愉快。具有高折射性，易燃，略带毒性。其中乙烯基的电子与苯环共轭，难溶于水，易溶于甲醇、乙醇、乙醚、醋酸、二硫化碳等有机溶剂中，暴露于空气中逐渐发生聚合及氧化。如果分子连接形成长链苯乙烯，就会变成聚苯乙烯，是一种具有热塑特性的芳香聚合物。苯乙烯的物理性质见表 6.1。

苯乙烯在高温下容易裂解和燃烧，生成苯、甲苯、甲烷、乙烷、碳、一氧化碳、二氧化碳和氢气。苯乙烯蒸汽与空气能形成爆炸混合物，在空气中的最大允许浓度是 100×10^{-6}，其爆炸范围（体积分数）为 1.1%～6.01%。

苯乙烯具有乙烯基烯烃的性质，反应性能极强，如氧化、还原、氯化等反应均可以进行，并能与卤化氢发生加成反应。苯乙烯曝露于空气中，易被氧化成醛、酮类。苯乙烯易自聚生成聚苯乙烯（PS）树脂，也易与其他含双键的不饱和化合物共聚。

表 6.1 苯乙烯的物理性质

性　质	数　据	性　质	数　据
相对密度	0.9606	黏度（298K）/Pa·s	0.725
沸点/℃	145.16	腐蚀性	常温无腐蚀性
凝固点/℃	−30.61	空气中爆炸范围（体积分数）/%	1.1～6.01
闪点/℃	30.12	液体比热容/［kJ/（kg·K）］	1.759
折射率（n）	1.5414	汽化潜热/（kJ/mol）	155.06

苯乙烯是一种重要的基本有机化工原料，是苯用量最大的衍生物，主要用来生产各种合成树脂，如通用级聚苯乙烯（GPS），高抗冲聚苯乙烯（HIPS）、AS、ABS、MBS及各种改性聚苯乙烯树脂等，广泛用于汽车制造，家用电器和玩具制造等工业部门。苯乙烯和丁二烯制成的丁苯橡胶大量用于轮胎制造，丁苯胶乳则用于纺织和造纸，丁苯嵌段共聚物 SBS 热塑性弹性体用于制鞋等轻工、手工业部门。此外，苯乙烯还可被广泛用于制药、涂料、染料、选矿等行业。

二、苯乙烯工业现状及发展趋势

由于 PS 树脂和 ABS 树脂等下游产品消费的强劲拉动，近年来世界苯乙烯的生产发展很快。截至 2010 年底，世界苯乙烯总生产能力为 3786 万 t，主要产区分布在亚太、西欧和北美地区，总需求达 3003 万 t，由于下游需求增长的推动，预计 2015 年世界产能将达到 5100 万 t，新增产能主要集中在亚洲和中东地区，总需求量将达到 3476 万 t/a，届时市场竞争加剧。

我国苯乙烯的工业生产始于 20 世纪 50 年代中期，自中石油兰州石油化工公司合成橡胶厂采用传统的三氯化铝液相烷基化工艺，建成一套 5000t/a 苯乙烯生产装置以来，我国苯乙烯的生产得到了飞速发展。据统计，截至 2010 年我国苯乙烯生产企业约 30 家，其总产能约达到 571.9 万 t/a，约占世界总产能的 15%。生产能力主要集中在中国石油化工集团公司、中国石油和中国海油集团公司三家大型国有企业。苯乙烯需求的巨大缺口和持续强劲增长态势，是我国苯乙烯生产不断扩能的原动力。

消费方面，到 2010 年我国苯乙烯消费量达到 748.2 万 t，预计到 2015 年，我国苯乙烯消费量达到 1000 万 t，主要用于生产聚苯乙烯、ABS 树脂、SAN 树脂、不饱和聚酯树脂、丁苯橡胶、丁苯胶乳以及苯乙烯系热塑性弹性体等，其中 PS 是最重要的消费领域。据 2009 年的消费结构统计表明：51.1%用于生产聚苯乙烯，20.1%用于生产 ABS/SAN 树脂，5%用于生产丁苯橡胶/丁苯胶乳，9.2%用于生产不饱和聚酯树脂，2.1%用于生产苯乙烯系热塑性弹性体，12.5%用于生产农药、医药和离子交换树脂等其他产品。

由于世界苯乙烯的生产能力已经出现了过剩的态势，将导致更多的国外产品流入我国，对我国苯乙烯行业的发展造成一定的影响。而国内苯乙烯生产装置规模偏小，生产技术相对落后，在国内外市场上缺乏竞争力。因此，应尽快采用先进技术改造现有苯乙烯生产装置，逐步提高装置的规模和工艺技术水平，以增加产量，降低生产成本，增强我国苯乙烯在国内外市场中的竞争力。

任务二　苯乙烯生产方法选择

苯乙烯的生产方法有许多种，工业上可用不同原料、不同方法来生产苯乙烯。

一、乙苯催化脱氢生产苯乙烯

该方法是以苯和乙烯为原料，通过苯烷基化反应生成乙苯，然后乙苯再催化脱氢生成苯乙烯。这是工业上最早采用的生产方法，通过近年来的研究发展，使其在催化剂性能、反应器结构和工艺操作条件等方面都有了很大的改进。其反应方程式如下：

$$C_6H_6 + C_2H_4 \longrightarrow C_6H_5C_2H_5$$

$$C_6H_5C_2H_5 \xrightarrow[580\sim600℃]{\text{催化剂}} C_6H_5CH{=}CH_2 + H_2 \qquad \Delta_r H_m^\theta = 117.8kJ/mol$$

乙苯脱氢生成苯乙烯是吸热反应，在生成苯乙烯的同时可能发生的平衡副反应主要是裂解反应和加氢裂解反应，因为苯环比较稳定，裂解反应都发生在侧链上。

$$C_6H_5C_2H_5 \longrightarrow C_6H_6 + CH_2 = CH_2 \qquad \Delta_r H_m^\theta = 105kJ$$

$$C_6H_5C_2H_5 + H_2 \longrightarrow C_6H_5CH_3 + CH_4 \qquad \Delta_r H_m^\theta = -54.4kJ$$

$$C_6H_5C_2H_5 + H_2 \longrightarrow C_6H_6 + C_2H_6 \qquad \Delta_r H_m^\theta = -31.5kJ$$

在水蒸气存在下，还可能发生下述反应：

$$C_6H_5C_2H_5 + 2H_2O \longrightarrow C_6H_5CH_3 + CO_2 + 3H_2$$

与此同时，发生的连串反应主要是产物苯乙烯的聚合或脱氢生焦以及苯乙烯产物的加氢裂解等。聚合副反应的发生，不但会使苯乙烯的选择性下降，消耗原料量增加，而且还会使催化剂因表面覆盖聚合物而活性下降。

本法工艺成熟，苯乙烯收率达95%以上。全世界苯乙烯总产量的90%左右是用本法生产的。

二、乙苯氧化脱氢生产苯乙烯

近十年来，在原先乙苯脱氢法的基础上，又发展了乙苯脱氢-氢选择性氧化法，可使乙苯转化率明显提高，苯乙烯选择性也上升了4～6个百分点（92%～96%），被认为是目前生产苯乙烯的一种好方法。

乙苯在氧化剂存在下，发生氧化脱氢转化为苯乙烯。以氧为氧化剂时反应方程式如下：

$$C_6H_5-C_2H_5+\frac{1}{2}O_2 \longrightarrow C_6H_5-CH=CH_2+H_2O$$

乙苯氧化脱氢技术是用较低温度下的放热反应代替高温下的乙苯脱氢吸热反应，从而大大降低能耗，提高了效率。

三、哈康法生产苯乙烯（共氧化法）

该法是以乙苯和丙烯为原料联产苯乙烯和环氧丙烷。可分为三步进行：

（1）乙苯氧化生成过氧化氢乙苯。

$$C_6H_5-C_2H_5+O_2 \xrightarrow{403K,300\sim500kPa} C_6H_5-CH(O-OH)-CH_3$$

（2）在催化剂存在下，过氧化氢乙苯与丙烯发生环氧化生成 α-苯乙醇和环氧丙烷。

$$CH_3-CH=CH_2+C_6H_5-CH(O-OH)-CH_3 \xrightarrow[363\sim383K,\ 2\sim4MPa]{\text{环烷酸钼}} C_6H_5-CH(OH)-CH_3+CH_3CH\underset{O}{-}CH_2$$

（3）α-苯乙醇催化脱水转化为苯乙烯。

$$C_6H_5-CH(OH)-CH_3 \xrightarrow[523\sim553K]{ThO_2} C_6H_5-CH=CH_2+H_2O$$

乙苯共氧化法可同时得到两种重要的化工产品，其生产成本低，污染少，但其工艺复杂，副产物多，流程较长，单位能耗较高。

本法生产的苯乙烯约占世界苯乙烯总产量的12%，优点是能耗低，可联产环氧丙烷，因此综合效益好。但工艺流程长，能盈利的最小生产规模大，联产二种产品受市场制约大。

四、乙烯和苯直接合成苯乙烯

$$CH_2=CH_2+C_6H_6+\frac{1}{2}O_2 \longrightarrow C_6H_5-CH=CH_2+H_2O$$

任务三　乙苯脱氢生产苯乙烯的工艺条件确定

一、苯烷基化生产乙苯的工艺条件确定

1. 反应温度

烷基化反应是放热反应，在较低的温度下就有较好的平衡收率，随温度升高，一烷基苯收率反而下降。同时，在非均相烷基化过程中，温度过高，不利于烷基的吸收，催

化络合物容易树脂化而遭破坏，超过 393K 时，络合物明显树脂化。

反应温度低一些虽然有利于一烷基苯生成，但反应速率太慢，对反应进行不利。适宜的反应温度随所用的催化剂不同而不同，若用 $AlCl_3$ 为催化剂，乙烯对苯烷基化温度一般控制在 363～373K。

原料烃类的转化率随温度的降低和气体在反应区停留时间的缩短而降低，在一定的反应容积中，气体通入量增加，则其停留时间就相应缩短，因此，气体通入量应严格控制在使原料在反应区有较适宜的停留时间，有利于提高反应效果。表 6.2 列出了苯烷基化过程中乙烯转化率与温度及气体通入量的关系。

表 6.2　乙烯转化率与沮度及气体通入量的关系

温度/K	气体通入量/m^3	苯吸收乙烯的量※/mol	排出气体乙烯含量/%
333	12	0.44	32～62
353	12	0.47	10～14
353	36	0.54	31～54
373	12	0.70	6～8
373	36	0.80	7～8

2. 反应压力

压力对气液反应平衡影响不大，根据热力学计算，在生产操作温度下，乙烯在接近常压 5～6MPa 下操作。在使用 $AlCl_3$ 催化剂时，乙烯与乙苯通常在常压下进行反应。

3. 原料配比

烯烃与苯的比例对烷基化产品的组成有很大影响。用 $AlCl_3$ 作催化剂，在 368K 时，乙烯与苯的摩尔比对烃液化组成的影响如图 6.1 示。

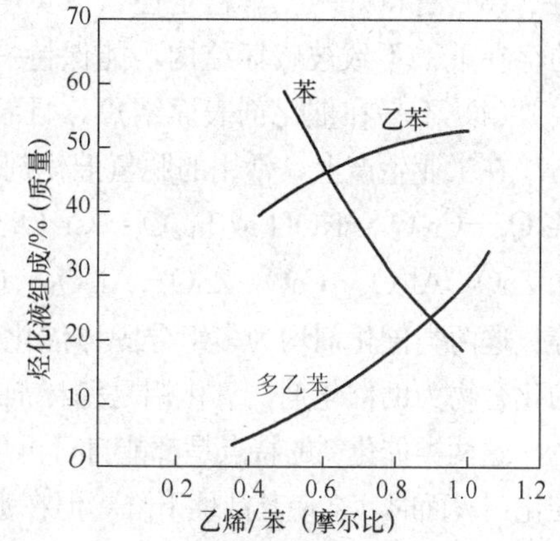

图 6.1　乙烯与苯的摩尔比与烃化液组成的关系

由图可知，随着烯烃和苯比例的增加，一烷基苯收率开始是增加，到一定程度后又随之下降，而多烷基苯的收率却一直增加，这说明生成的一烷基苯又转化成多烷基苯。此时，苯转化率的增加，只能说明更多的原料消耗于生成副产物。

由此可见，反应产物的组成，在其他工艺条件一定情况下，主要决定于烯烃和苯的比例。

为了获取较高收率，乙烯与苯烷基化时乙烯与苯的摩尔比以 0.5～0.6 为宜。

4. 原料纯度

原料纯度是指乙烯和苯的纯度。要求苯的沸点范围为 352.7～353.7K，用 $AlCl_3$ 催化剂进行液相烷基化反应时，可以采用不同浓度的烯烃，由于原料来源不同，其中所含杂质也不同，通常原料中存在下列杂质时，必须除去。

(1) 含氧化合物，如乙醛、乙醚等，它们会使催化络合物钝化。

(2) 乙炔与丁二烯会引起催化络合物树脂化而失去活性。C_4烯烃含量<1.0%(体积),乙炔<0.5%(体积)。

(3) 硫化物使催化剂中毒而失去催化作用。苯中总含硫量应小于0.1%(质量)。

(4) 在用乙烯烷基化时,要特别注意控制高碳烯烃的含量,因为高碳烯烃较乙烯更易进行烷基化反应,使烷基化产物复杂化,造成分离困难,增加原料苯消耗量。

(5) 苯中水分会使$AlCl_3$水解生成没有活性的$Al(OH)_3$沉淀,并造成管道堵塞。为获得生成氯化氢所需要的水分,必须注意计量,而且水分最好随同气体烯烃加入,而不要随同液体苯加入,以便于操作控制。如果是采用苯中带入水分加入的方法,使$AlCl_3$进行水解可以产生更多氯化氢,则苯中水分的加入量一定要精确计算,不可过量太多,一般含水量<(500~700)$\times 10^{-6}$。

二、乙苯脱氢生产苯乙烯的工艺条件确定

1. 催化剂

由于乙苯脱氢的反应必须在高温下进行,而且反应产物中存在大量氢气和水蒸气,因此乙苯脱氢反应的催化剂应满足下列条件要求:

(1) 有良好的活性和选择性,能加快脱氢主反应的速度,而又能抑制聚合、裂解等副反应的进行。

(2) 高温条件下有良好的热稳定性,通常金属氧化物比金属具有更高的热稳定性。

(3) 有良好的化学稳定性,以免金属氧化物被氢气还原为金属,同时在大量水蒸气的存在下,不致被破坏结构,能保持一定的强度。

(4) 不易在催化剂表面结焦,且结焦后易于再生。

在工业生产上,常用的脱氢催化剂主要有两类:一类是以氧化铁为主体的催化剂,如$Fe_2O_3-Cr_2O_3-KOH$或$Fe_2O_3-Cr_2O_3-K_2CO_3$等,另一类是以氧化锌为主体的催化剂,如$ZnO-Al_2O_3-CaO$,$ZnO-Al_2O_3-CaO-KOH-Cr_2O_3$或$ZnO-Al_2O_3-CaO-K_2SO_4$等。这两类催化剂均为多组分固体催化剂,其中氧化铁和氧化锌分别为主催化剂,钙和钾的化合物为助催化剂,氧化铝是稀释剂,氧化铬是稳定剂(可提高催化剂的热稳定性)。

这两类催化剂的特点是都能自行再生,即在反应过程中,若因副反应生成的焦炭覆盖于催化剂表面时,会使其活性下降,但在水蒸气存在下,催化剂中的氢氧化钾能促进反应$C+H_2O \longrightarrow CO+H_2$的进行,从而使焦炭除去。有效地延长了催化剂的使用周期,一般使用一年以上才需再生,而且再生时,只需停止通入原料乙苯,单独通入水蒸气就可完成再生操作。

目前,各国以采用氧化铁系催化剂最多。我国采用氧化铁系催化剂组成为:Fe_2O_3 8%,$K_2Cr_2O_7$ 11.4%,K_2CO_3 6.2%,CaO2.40%。若采用温度550~580℃时,转化率为38%~40%,收率可达90%~92%,催化剂寿命可达两年以上。

2. 反应温度

热力学分析表明,乙苯脱氢生成苯乙烯是吸热反应,其平衡常数在温度较低时很小,由表6.3可见,平衡常数随温度的升高而增大。

表 6.3　乙苯脱氢反应的平衡常数

温度/K	700	800	900	1000	1100
K_p	3.30×10^{-2}	4.71×10^{-2}	3.75×10^{-1}	2.00	7.87

因此可以用提高温度的办法来提高苯乙烯的平衡转化率。温度对乙苯脱氢生成苯乙烯反应的平衡转化率和平衡组成的影响如图 6.2 和图 6.3 所示。

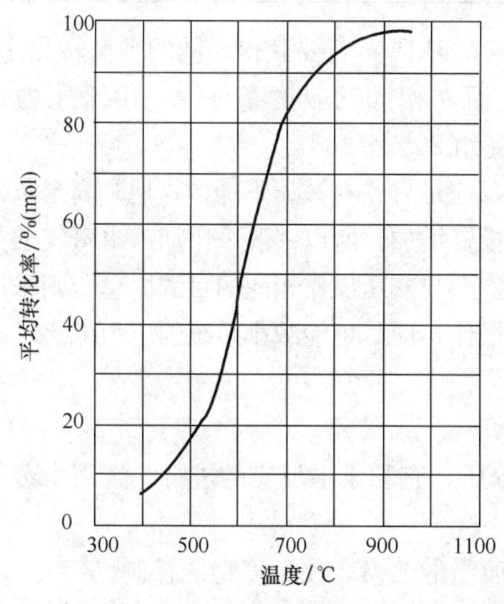

图 6.2　乙苯脱氢反应平衡转化率与温度关系

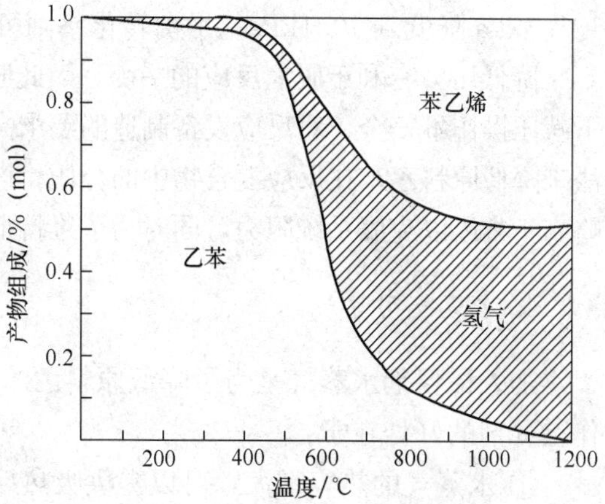

图 6.3　乙苯脱氢产物组成与温度关系

从表 6.2 和图 6.2、6.3 可见提高反应温度有利于提高脱氢反应的平衡转化率；提高温度也能加快反应速率，但是温度越高，相对更有利于活化能更高的裂解等副反应，其速率增加得会更快，虽然转化率提高，但选择性会随之下降。温度过高，不仅苯和甲苯等副产物增加，而且随着生焦反应的增加，催化剂活性下降，再生周期缩短。工业生产中一般适宜的温度为 600℃。

3. *反应压力*

乙苯脱氢生成苯乙烯的反应是分子数增加的反应，因为

$$K_p=K_y\left(\frac{p}{p^0}\right)^{\Delta n}$$

而 $\Delta n>0$，所以降低 p 值，可以使 K_y 增大，即产物的平衡浓度可以提高，也就是提高了反应的平衡转化率。平衡转化率随压力下降而提高可见表 6.4 所示。

表 6.4　压力对乙苯脱氢反应平衡转化率的影响

压力：101.3kPa		压力：10.1kPa	
温度/K	平衡转化率/%	温度/K	平衡转化率/%
465	10	390	10
565	30	455	30

续表

压力：101.3kPa		压力：10.1kPa	
温度/K	平衡转化率/%	温度/K	平衡转化率/%
620	50	505	50
675	70	565	70
780	90	630	90

表中数据可看出，压力从 101.3kPa 降低到 10.1kPa，若要获得相同的平衡转化率，所需要的脱氢温度大约可以降低 100℃左右；而在相同的温度条件时，由于压力从 101.3kPa 降低到 10.1kPa，平衡转化率则可提高约 20%～40%。

降低压力有利于脱氢反应的平衡。因此脱氢反应最好是在减压下操作，但是高温条件下减压操作不安全，对反应设备制造的要求高，投资增加。所以一般采用加入水蒸气的办法来降低原料乙苯在反应混合物中的分压，以此达到与减压操作相同的目的。总压则采用略高于常压以克服系统阻力，同时为了维持低压操作，应尽可能减小系统的压力降。

4. 水蒸气用量

加入稀释剂水蒸气是为了降低原料乙苯的分压，有利于主反应的进行。选用水蒸气作稀释剂的好处在于：

① 水蒸气的热容量大，可以提供吸热反应所需的热量，使温度稳定控制。

② 可以降低乙苯的分压，改善化学平衡，提高平衡转化率。

③ 与催化剂表面沉积的焦炭反应，使之气化，起到清除焦炭的作用。

④ 水蒸气可抑制并消除催化剂表面的积焦，保证催化剂的活性。

⑤ 水蒸气与反应物容易分离。

水蒸气用量对乙苯转化率的影响如表 6.5 所示。

表 6.5　水蒸气用量对乙苯转化率的影响

转化率 / 反应温度/K	$n_{水蒸气}$：$n_{乙苯}$		
	0	16	18
853	0.35	0.76	0.77
873	0.41	0.82	0.83
893	0.48	0.86	0.87
913	0.55	0.90	0.90

在一定的温度下，随着水蒸气用量的增加，乙苯的转化率也随之提高，但增加到一定用量之后，乙苯转化率的提高就不太明显，而且水蒸气用量过大，能量消耗也增加，产物分离时用来使水蒸气冷凝耗用的冷却水量也很大，因此水蒸气与乙苯的比例应综合考虑。用量比也与所采用的脱氢反应器的形式有关，一般绝热式反应器脱氢所需水蒸气量大约比等温列管式反应器脱氢大 1 倍左右。在工业生产中，乙苯与水蒸气摩尔比一般为（6～9）∶1。

5. 原料纯度

若原料气中有二乙苯，则二乙苯在脱氢催化剂上也能脱氢生成二乙烯基苯，在精制产品时容易聚合而堵塔。出现此种现象时，只能用机械法清除，所以要求原料乙苯沸程应在 135～136.5℃之间。原料气中二乙苯含量小于 0.04%。

工业用乙苯的技术要求见表 6.6。该指标项目仅对由三氯化铝法烃化工艺生产的乙苯进行测定。

表 6.6　工业用乙苯的技术要求（SH/T 1140—2001）

序　号	项　目	指　标	
		优等品	一等品
1	外观	无色透明均匀液体，无机械杂质和游离水	
2	密度（20℃）/（kg/m^3）	866～870	
3	水浸出物酸碱性（pH）	6.0～8.0	
4	纯度（质量分数）/%	99.70	99.50
5	二甲苯（质量分数）/%	0.10	0.15
6	异丙苯（质量分数）/%	0.03	0.05
7	二乙苯（质量分数）/%	0.001	0.001
8	硫（质量分数）/%	0.0003	不确定

6. 空间速率

空间速度小，停留时间长，原料乙苯转化率可以提高，但同时因为连串副反应增加，会使选择性下降，而且催化剂表面结焦的量增加，致使催化剂运转周期缩短；但若空速过大，又会降低转化率，导致产物收率太低，未转化原料的循环量大，分离、回收消耗的能量也上升，所以最佳空速范围应综合原料单耗、能量消耗及催化剂再生周期等因素选择确定。

任务四　反应设备的选用

乙苯脱氢的化学反应是强吸热反应，因此工艺过程的基本要求是要连续向反应系统供给大量热量，并保证化学反应在高温条件下进行。根据供给热能方式的不同，乙苯脱氢的反应器按形式的不同分为列管式等温反应器和绝热式反应器两种，国内两种反应器都有应用。目前大型新建生产装置均采用绝热式反应器。

一、外加热式列管等温反应器

列管式等温反应器有许多耐高温的镍铬不锈钢管或内衬铜、锰合金的耐热钢管组成，管径为 100～185mm，管长 3m，管内装催化剂。反应器放在用耐火砖七成的加热炉内，以高温烟道气为载体，将反应所需热量在反应管外通过管壁传给催化剂层，以满足吸热反应的需要。如图 6.4 所示，这种反应器类似于管壳式换热器，管内装催化剂，管间走载热体。为了保证气流均匀地通过每根管子，催化剂床层阻力必须相同，因此，均匀地装填催化剂十分重要。管间载热体可为冷却水、沸腾水、加压水、高沸点有机溶剂、熔盐、熔融金属等。载热体选择主要考虑的是床层内要维持的温度。对于放热反应，载热体温度应较催化剂床层温度略低，以便移出反应热，但二者的温度差不能太大，以免造成靠近管壁的催化剂过冷、过热。载热体在管间的循环方式可为多种，以达到均匀传热的目的。

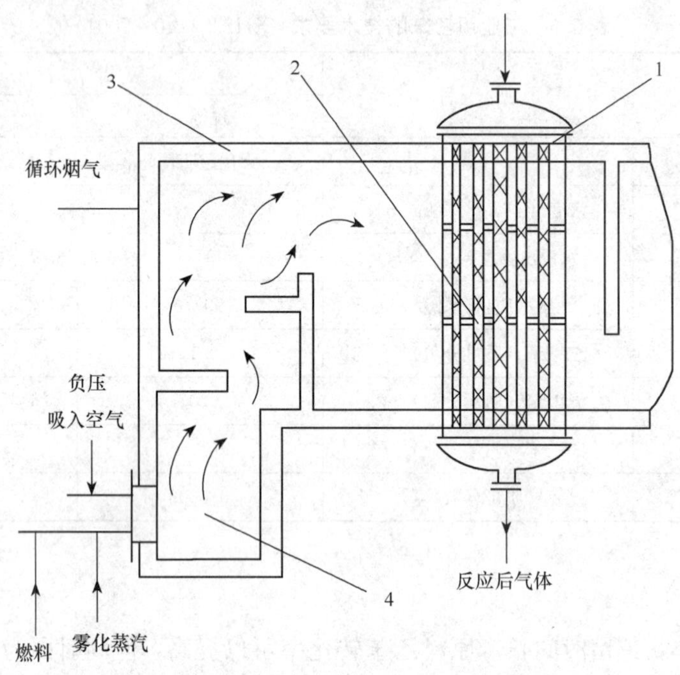

图 6.4　乙苯脱氢列管式等温反应器

1. 列管反应器；2. 圆缺挡板；3. 耐火砖砌成的加热炉；4. 燃烧喷嘴

外加热式列管反应器优点是反应器纵向温度较均匀，易于控制，不需要高温过热蒸汽。蒸汽耗量低，能量消耗少，其缺点在于需要特殊合金钢（如铜锰合金），结构较复杂，检修不方便。

二、绝热式反应器

绝热式反应器不与外界进行任何热量交换，对于一个放热反应，反应过程中所放出的热量，完全用加热系统内气体。对于乙苯脱氢吸热反应，反应过程中所需要的热量依靠过热水蒸气供给，而反应器外部不另行加热。因此随着反应的进行，温度会逐渐下降，温度变化的情况主要取决于反应吸收的热量。原料转化率越高，一般来说吸收的热量越多，由于温度的这种变化，使反应器的纵向温度自气体进口处到出口处逐渐降低。当乙苯转化率为 37%时，出口气体温度将比进口温度低 333K 左右，为了保证靠近出口部分的催化剂有良好的工作条件，气体出口温度不允许低于 843K，这样就要求气体进口温度在 903K 以上，又为防止高温预热时乙苯蒸汽过热所引起的分解损失，必须将乙苯和水蒸气分别过热，然后混合进入反应器，绝热式反应器为直接传热，使沿设备横向界面的温度比管式反应器均匀。

绝热式反应器的优点是结构比较简单，反应空间利用率高，不需耐热金属材料，只要耐火砖就行了，检修方便，基建投资抵。其缺点是温度波动太大，操作不平稳，消耗大量的高温（约 983K）蒸汽并需用水蒸气过热设备。

三、绝热式脱氢过程的改进

绝热式反应器一般只适用于反应热效应小，反应过程对温度的变化不敏感及反应过程单程转化率较低的情况。为了克服单段绝热反应器的缺点，降低原料和能量的消耗，后来在乙苯脱氢的反应器及生产工艺方面有了很多改进措施，效果较好。

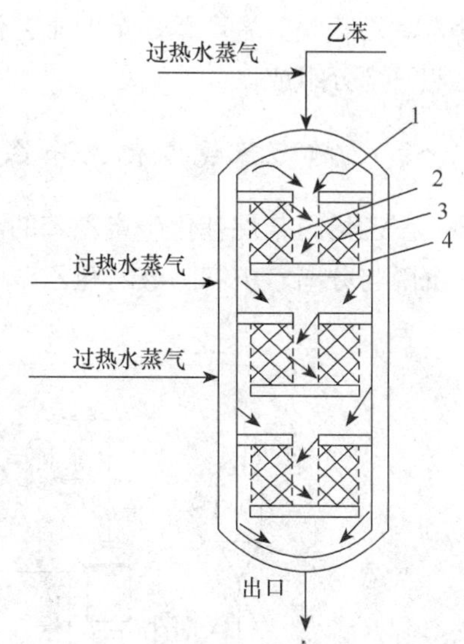

图 6.5　三段绝热式径向反应器

1. 混合室；2. 中心室；
3. 催化剂室；4. 收集室

将几个单段绝热反应器串联使用，在反应器间增设加热炉，或是采用多段式绝热反应器（图 6.5），即将绝热反应器的床层分成很多小段，而在每段之间设有换热装置，反应器的催化剂放置在各段的隔板上，热量的导出或引入靠段间换热器来完成。段间换热装置可以装在反应器内，也可设在反应器外。加热用过热水蒸气按反应需要分配在各段分别导入，多次补充反应所需热量。这样不仅降低了反应器初始原料的入口温度，也降低了反应器物料进、出口气体的温差，转化率可提高到 65%～70%，选择性在 92%左右。

从理论上讲将床层分的段数愈多则愈接近等温反应器，但是段数愈多，结构愈复杂，这样就使其结构简单的优点消失了。生产中多采用两段绝热式反应器，第一段使用高选择性催化剂以提高选择性，第二段使用高活性的催化剂，由此来改善因反应深度加深而导致温度下降对反应速度不利的影响，该种措施可使乙苯转化率提高到 64.2%，选择性 91.1%，水蒸气消耗量由单段的 6.6t/t（苯乙烯），降低到 4.5t/t（苯乙烯），生产成本降低 16.9/%。

如图 6.5 所示是三段绝热式径向反应器结构。每一段均由混合室、中心室、催化剂室和收集室组成。催化剂放在由钻有细孔的钢板制成的内、外圆筒壁之间的环形催化剂室中。乙苯蒸气与一定量的过热水蒸气进入混合室混合均匀，由中心室通过催化剂室内圆筒壁上的小孔进入催化剂层径向流动，并进行脱氢反应，脱氢产物从外圆筒壁的小孔进入催化剂室外与反应器外壳间环隙的收集室，然后再进入第二段的混合室在此补充一定量的过热水蒸气，并经第二段和第三段进行脱氢反应，直至脱氢产物从反应器出口送出。此种反应器的反应物由轴向流动改为催化剂层的径向流动，可以减小床层阻力，使用小颗粒催化剂，从而提高选择性和反应速度。其制造费用低于列管等温反应器，水蒸气用量比一段绝热反应器少，温差也小，乙苯转化率可达 60%以上。

此外还有提出以等温反应器和绝热反应器联用以及在三段绝热反应器中使用不同的催化剂，采用不同的操作条件等改进方案的，也都有一定好的效果。

任务五　乙苯脱氢生产苯乙烯的工艺流程组织

乙苯脱氢生产苯乙烯的工艺流程主要由乙苯生产、乙苯脱氢和粗苯乙烯的分离与精制三部分组成。

一、乙烯与苯烷基化生产乙苯的工艺流程组织

乙烯与苯烷基化生产乙苯的工艺流程由催化络合物的配制、烷基化反应、络合物的沉降与分离、中和除酸、粗乙苯的精制与分离等工序组成。代表性流程如图 6.6 所示。

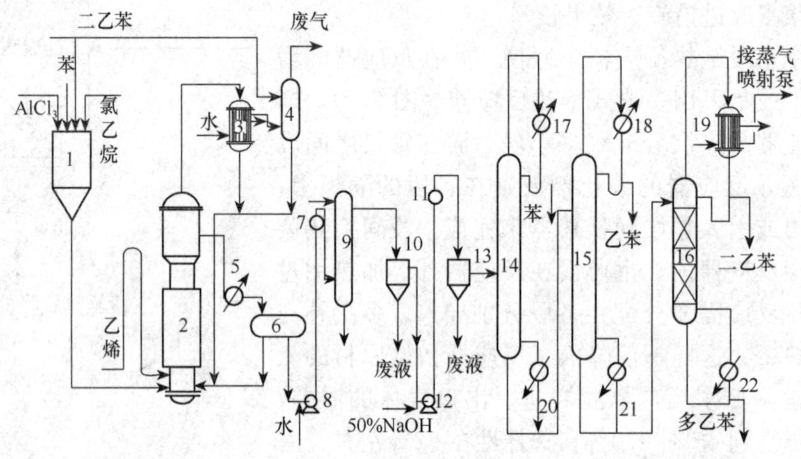

图 6.6　乙苯生产工艺流程图

1. 催化剂配制槽；2. 烷基化器；3，5，17，18，19. 冷凝器；4. 二乙苯吸取塔；6. 沉降器；7，11. 混合器；8，12. 碱液泵；9. 水洗塔；10，13. 分离器；14. 蒸苯塔；15. 蒸乙苯塔；16. 蒸二乙苯塔；20，21，22. 加热器

向装有搅拌器的催化剂配制槽 1 中依次加入干燥过的苯、多乙苯、$AlCl_3$ 和 C_2H_5Cl。加热至 333～343K，并搅拌。配制好的催化络合物连续加入烷基化反应器 2 中。

原料苯、乙烯及吸收苯后的二乙苯混合物均以反应器 2 下部通入。加入二乙苯的作用主要是因为催化络合物与反应产物间产生烷基的置换作用，使多烷基苯进行烷基转移。

从烷基化反应器顶部出来的气体主要是苯蒸气，经冷凝后，苯液流回反应器 2 回收利用，未冷凝气体用二乙苯在吸收塔 4 中进行洗涤，进一步回收气体中的苯，剩余气体作为废气放空或作燃料（视气体成分而定）。为了减少乙烯损失，尾气中乙烯量应严加控制，一般原料乙烯纯度 80%～90%时，尾气中乙烯量应小于 3%（体积）；多乙烯纯度为 90%～95%时，尾气中乙烯量应小于 5%（体积）；多乙烯纯度在 95%以上时，则尾气中乙烯含量应小于 8%（体积）。

烷基化液自反应器 2 上部溢流而出，经冷却器 5 冷却至 313K 左右流入沉降槽 6，其中催化络合物因密度较烷基化液大而沉于下层，并返回反应器 2。上层烷基化液与水

混合，在水洗塔 9 中进一步把催化络合物分解。为避免腐蚀精馏系统设备，用 50%的碱液中和烷基化液的酸性。碱液可用泵 8 循环使用，至浓度低于 30%时再排出更新。烷基化液经中和、沉降除去络合物后送精馏系统。送精馏系统的组成大致为苯 40%、乙苯 30%～40%、二乙苯 15%～20%、多乙苯 2%～3%（质量）。

粗乙苯精馏按三塔系统进行，根据各馏分的挥发度顺序，先蒸出轻组分，后蒸出重组分。粗乙苯进入蒸苯塔 14，塔顶温度于 363K 左右蒸出苯，经冷凝冷却后供烷基化用。塔釜温度约 423K，塔釜含乙苯和多乙苯的混合物再送乙苯精馏塔 15。控制乙苯精馏塔塔顶温度为 408K，塔釜为 563K，从塔顶蒸出纯度达 98%以上的精乙苯，经冷凝冷却至 308K 左右，用碱干燥后即为产品。釜底产物含二乙苯和多乙苯的混合物送二乙苯精馏塔 16。二乙苯精馏塔为真空操作（0.905～0.96MPa），塔顶温度为 353～358K，塔釜温度为 393～403K，塔顶蒸出的二乙苯用于洗涤反应器顶部排出的废气后，再循环使用。塔釜产物主要为多乙苯和焦油，可送往烷基转移反应器中进行烷基转移处理。

二、乙苯脱氢生产苯乙烯工艺流程组织

1. 外加热式列管等温反应器脱氢工艺流程

原料乙苯蒸气和按比例送入的一定量水蒸气混合后，先后经过第一预热器 3，热交换器 4 和第二预热器 2 预热至 540℃左右，进入脱氢反应器 1 的管内，在催化剂作用下进行脱氢反应，反应后的脱氢产物离开反应器时的温度约为 580～600℃，进入热交换器 4 利用余热间接预热原料气体，而同时使反应产物降温。然后再经冷凝器 5 冷却、冷凝，凝液在粗苯乙烯贮槽 6 中与水分层分离后，粗苯乙烯送精馏工序进一步精制为精苯乙烯。不凝气体中会有 90%左右的 H_2，其余为 CO_2 和少量 C_1 及 C_2 烃类，一般可作为气体燃料使用，也有直接用做本流程中等温反应器的部分燃料如图 6.7 所示。

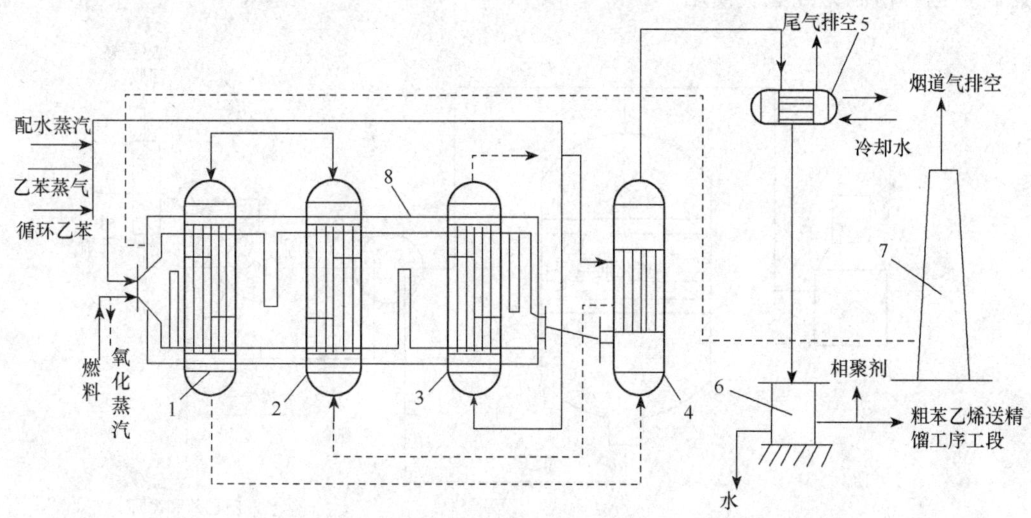

图 6.7　列管式等温反应器乙苯脱氢工艺流程

1. 脱氢反应器；2. 第二预热器；3. 第一预热器；4. 热交换器；5. 冷凝器；6. 粗苯乙烯贮槽；7. 烟囱；8. 加热器

该等温反应器的脱氢反应过程中，水蒸气仅仅是作为稀释剂使用，因此水蒸气与乙苯的摩尔配比为（6～9）：1。脱氢反应的温度控制范围与催化剂活性有关，一般新鲜催化剂控制在580℃左右，已老化的催化剂可以逐渐提高到620℃左右。反应器的温度分布是沿催化剂床层逐渐增高，出口温度可能比进口温度高出约40～60℃。此外，为了充分利用烟道气的热量，一般是将脱氢反应器、原料第二预热器和第一预热器顺序安装在用耐火砖砌成的加热炉内，加热炉后的部分烟道气可循环使用，其余送烟囱排放；此外用脱氢产物带出的余热也可间接在热交换器4中预热原料气，都充分地利用了热能。

对脱氢吸热反应来说，由于升高温度对提高平衡转化率和提高反应速度都是有利的，因此催化剂床层的最佳温度分布应随转化率的增加而升高，所以等温反应器比较合理，可获得较高的转化率，一般可达40%～45%，而苯乙烯的选择性达92%～95%。

列管等温反应器的水蒸气耗用量虽为绝热式反应器的一半，但因反应器结构复杂，耗用大量特殊合金钢材，制造费用高，所以不适用于大规模的生产装置。

2. 绝热式反应器脱氢工艺流程

1）单段绝热式

单段绝热式反应器乙苯脱氢的工艺流程见图6.8。循环乙苯和新鲜乙苯与水蒸气总用量中10%的水蒸气混合以后，与高温的脱氢产物在热交换器4和3间接预热到520～550℃，再与过热到720℃的其余90%的过热水蒸气混合，大约是650℃进入脱氢反应器2，在绝热条件下进行脱氢反应，离开反应器的脱氢产物约为585℃，在热交换器3和4中，利用其余热间接预热原料气，然后在冷凝器5中进一步冷却、冷凝，凝液在分离器6中分层，排出水后的粗苯乙烯送精制工序，尾气中氢含量为90%左右，可作为燃料，也可精制为纯氢气使用。

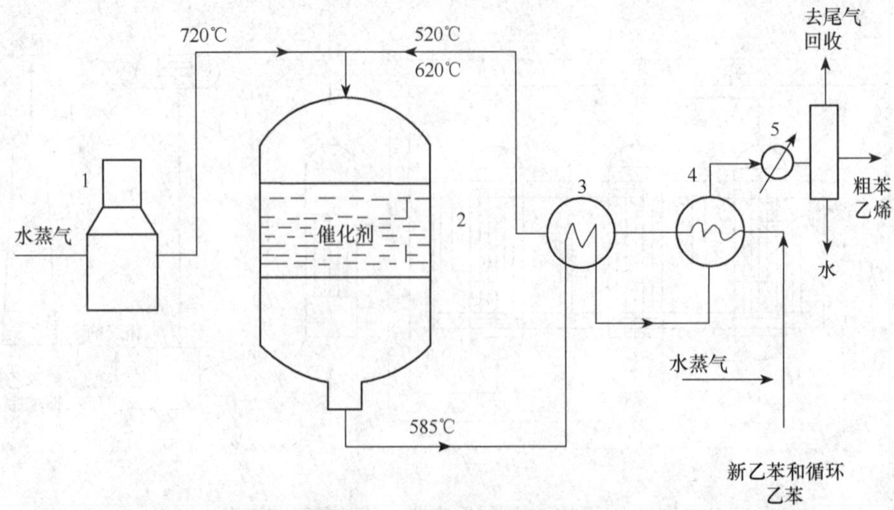

图6.8　单段绝热式反应器乙苯脱氢的工艺流程

1. 水蒸气过热炉；2. 脱氢反应器；3，4. 热交换器；5. 冷凝器；6. 分离器

绝热反应器脱氢过程所需热量完全由过热水蒸气带入，所以水蒸气用量很大。反应器脱氢反应的工艺操作条件为：操作压力 138kPa 左右，水蒸气：乙苯＝14：1（mol），乙苯液空速 0.4～0.6m^3/（m^3·h）。单段绝热反应器进口温度比脱氢产物出口温度高约 650℃，由前面分析可知，这样的温度分布对提高原料的转化率是很不利的，所以单段绝热反应器脱氢不仅转化率比较低（35%～40%），选择性也比较低（约 90%）。

与列管等温反应器相比较，绝热式反应器具有结构简单，耗用特殊钢材少，因而制造费用低，生产能力大等优点。一台大型的单段绝热反应器，生产能力可达年产苯乙烯 6 万吨。

2）二段绝热式

二段绝热式反应器乙苯脱氢的工艺流程见图 6.9。

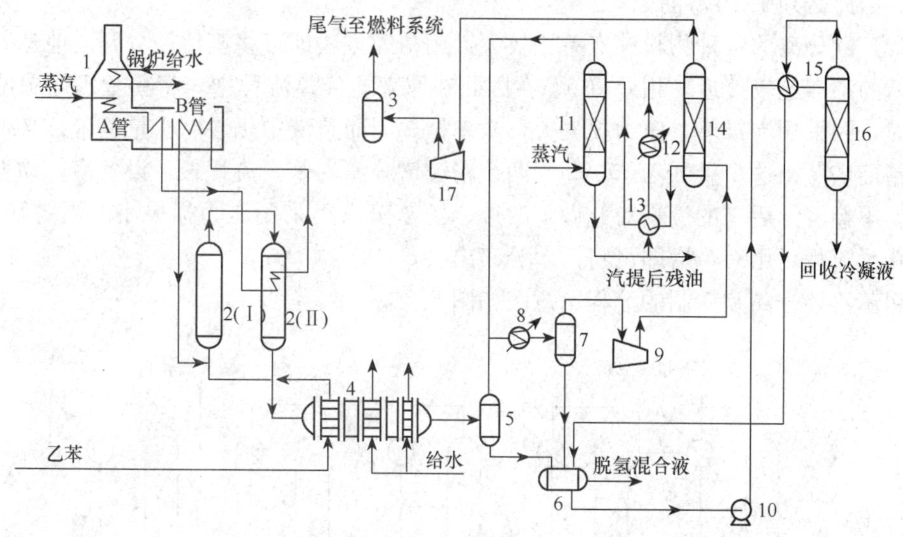

图 6.9　二段绝热式反应器乙苯脱氢工艺流程

1. 水蒸气过热炉；2.（Ⅰ，Ⅱ）脱氢绝热径向反应器；3，5，7. 分离罐；4. 废热锅炉；6. 液相分离器；8，12，13，15. 冷凝器；9，17. 压缩机；10. 泵；11. 残油汽提塔；14. 残油洗涤塔；16. 工艺冷凝汽提塔

乙苯在水蒸气存在下催化脱氢生成苯乙烯，是在段间带有蒸汽再热器的两个串联的脱氢绝热径向反应器内进行，反应所需热量由来自蒸汽过热炉的过热蒸汽提供。

在蒸汽过热炉 1 中，水蒸气在对流段内预热，然后在辐射段的 A 管内过热到 880℃。此过热蒸汽首先与反应混合物换热，将反应混合物加热到反应温度，然后再去蒸汽过热炉辐射段的 B 管，被加热到 815℃后进入Ⅰ段反应器 2。过热的水蒸气与被加热的乙苯在Ⅰ段反应器的入口处混合，由中心管沿径向进入催化剂床层。混合物经反应器段间蒸汽再加热后被加热到 631℃，然后进入Ⅱ段反应器。反应器流出物经废热锅炉 4 换热被冷却回收热量，同时分别产生 3.4MPa 和 0.039MPa 蒸汽。

反应产物经冷凝冷却降温后，送入分离罐 5 和 7，不凝气体（主要是氢气和二氧化碳）经压缩去残油洗涤塔 14 用残油进行洗涤，并在残油汽提塔 11 中用蒸汽气提，进一步回收苯乙烯等产物。洗涤后的尾气经变压吸附提取氢气，可以作为氢源或燃料。

反应产物的冷凝液进入液相分离器 6，分为烃相和水相。烃相即脱氢混合液（粗苯乙烯）送至分离精馏部分，水相送工艺冷凝汽提塔 16，将微量有机物除去，分离出的水循环使用。

3. 苯乙烯的分离与精制流程

脱氢产物粗苯乙烯中除含有产物苯乙烯和未反应的乙苯之外，还含有副反应产生的甲苯、苯及少量高沸物焦油等，其组成因脱氢方法不同而异。在组织苯乙烯分离和精制流程时需要注意的问题有：

(1) 苯乙烯在高温下容易自聚，而且聚合速度随温度的升高而加快，如果不采取有效措施和选择适宜的塔板型式，就容易出现堵塔现象使生产不能正常进行。为此，除在苯乙烯高浓度液中加入阻聚剂（聚合用精苯乙烯不能加）外，塔釜温度应控制不能超过90℃，因此必须采用减压操作。

(2) 欲分离的各种物料沸点差比较大，用精馏方法即可将其逐一分开。但是苯乙烯和乙苯的沸点比较接近，相差仅9℃，因此在原来的分离流程中，将粗苯乙烯中低沸物蒸出时，因采用泡罩塔，压力损失大，效率低，因而釜液中仍含有少量乙苯，必须再用一个精馏塔蒸出这少量的乙苯，即用两个精馏塔分离乙苯，流程长，设备多，动力消耗也大，不经济。后来的流程对此做了改进，乙苯蒸出塔采用压力损失小的高效筛板塔，就简化了流程，用一个塔即可将乙苯分离出去。

粗苯乙烯分离和精制的流程示意图如图6.10所示。

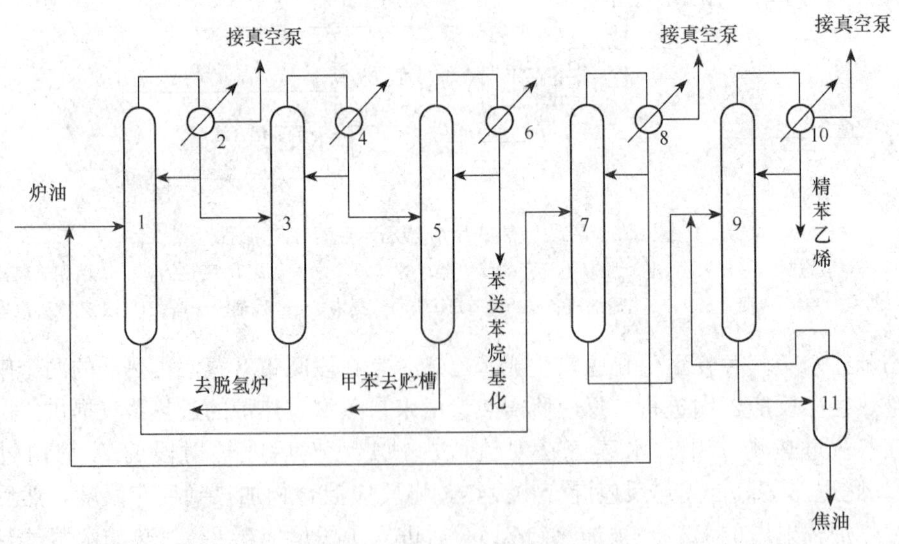

图6.10　苯乙烯分离和精制流程

1. 乙苯蒸出塔；2. 冷凝器；3. 苯-甲苯回收塔；4. 冷凝器；5. 苯-甲苯分离塔；6. 冷凝器；7. 苯乙烯粗馏塔；8. 冷凝器；9. 苯乙烯精馏塔；10. 冷凝器；11. 蒸发釜

粗苯乙烯（炉油）首先送入乙苯蒸出塔1，该塔是将未反应的乙苯、副产物苯、甲苯与苯乙烯分离。塔顶蒸出乙苯、苯、甲苯经冷凝器冷凝后，一部分回流，其余送入苯、甲苯回收塔3，将乙苯与苯分离。塔釜得到乙苯，可送脱氢炉作脱氢用，塔顶得到的苯、甲苯经冷凝器冷凝后部分回流，其余再送入苯、甲苯分离塔5，使苯和甲苯分离，塔釜得到甲苯，塔顶得到苯，其中苯可作烷基化原料用。

乙苯蒸出塔后冷凝器 2 出来的不凝气体经分离器分出夹带液体后去真空泵放空。

乙苯蒸出塔塔釜液主要含苯乙烯、少量乙苯、焦油等，送入苯乙烯粗馏塔 7，将乙苯与苯乙烯、焦油分离，塔顶得到含少量苯乙烯的乙苯可与粗苯乙烯一起进入乙苯蒸出塔。苯乙烯粗馏塔塔釜液则送入苯乙烯精馏塔 9，在此，塔顶即可得到聚合级成品精苯乙烯，纯度可达到 99.5%以上，苯乙烯收率可达 90%以上。塔釜液为含苯乙烯 40%左右的焦油残渣，进入蒸发釜 11 中可进一步蒸馏回收其中的苯乙烯。回收苯乙烯可返回精馏塔作加料用。

粗苯乙烯和苯乙烯精馏塔顶部冷凝器 8、10，出来的未冷凝气体均经一分离器分离掉所夹带液滴后再去真空泵放空。

该流程中乙苯蒸出塔 1 和苯乙烯粗馏塔 7、苯乙烯精馏塔 9 要采用减压精馏，同时塔釜应加入适量阻聚剂（如对苯二酚或缓聚剂二硝基苯酚、叔丁基邻苯二酚等），以防止苯乙烯自聚。

分离精制系统中，各个蒸馏塔的操作条件随着进料物组成的改变有所不同。如随着物料中苯乙烯含量的增加，塔釜操作温度是递减的，而塔的真空度却要增加。为了便于操作控制，每一个塔都担负着特定的控制指标，有的是着重塔顶的成分，有的则是着重塔釜的成分，相互配合，以完成分离任务。此外随物料性质的不同和各组分沸点差的变化，相应地选择合适的塔型，即选择压力小，板效率高的塔板结构，以满足分离和精致的要求。

任务六　苯乙烯生产异常现象及故障排除

一、苯乙烯的防护及应急处置方法

苯乙烯具有毒性。能对环境和人们健康造成一定危害。对眼和上呼吸道有刺激和麻醉作用。对环境的污染来源是由于苯乙烯主要用于有机合成，特别是生产合成橡胶，苯乙烯还广泛用于生产聚醚树脂、增塑剂和塑料等。在维修设备时通过阀门，或在定期采样通过松开的压盖都会泄漏到空气中，从而带来一定危险。它的危险特性是其蒸气与空气可形成爆炸性混合物。遇明火、高热或与氧化剂接触有引起燃烧爆炸的危险。遇酸性催化剂如路易斯催化剂、齐格勒催化剂、硫酸、氯化铁、氯化铝等都能产生猛烈聚合，放出大量热量，其蒸气比空气重，能在较低处扩散到相当远的地方，遇明火会引起回燃。燃烧（分解）产物：一氧化碳、二氧化碳。

泄漏时应急处理处置方法如下。

（1）人员应迅速撤离泄漏污染区至安全区，并进行隔离，严格限制出入。切断火源。佩戴好面具、手套收集漏液，并用沙土或其他惰性材料吸收残液，转移到安全场所。切断被污染水体，用围栏等物限制洒在水面上的苯乙烯扩散。中毒人员转移到空气新鲜的安全地带，脱去污染外衣，冲洗污染皮肤，用大量水冲洗眼睛，淋洗全身，漱口。大量饮水，不能催吐，即送医院。加强现场通风，加快残存苯乙烯的挥发并驱赶蒸气。

（2）应采取的防护措施有：呼吸系统防护：空气中浓度超标时，佩戴过滤式防毒面具（半面罩）。紧急事态抢救或撤离时，建议佩戴空气呼吸器。眼睛防护：一般不需要特殊防护，高浓度接触时可戴化学安全防护眼镜。身体防护：穿防毒物渗透工作服。手防护：带防苯耐油手套。其他：工作现场禁止吸烟、进食和饮水。工作完毕，淋浴更衣。保持良好的卫生习惯。

（3）急救措施皮肤接触：脱去被污染的衣着，用肥皂水和清水彻底冲洗皮肤。眼睛接触：立即提起眼睑，用大量流动清水或生理盐水彻底冲洗至少15min，就医。若吸入，迅速脱离现场至空气新鲜处。保持呼吸道通畅。如呼吸困难，给输氧。如呼吸停止，立即进行人工呼吸，就医。若食入，饮足量温水，就医。

（4）灭火方法：尽可能将容器从火场移至空旷处。喷水冷却容器，直至灭火结束。灭火剂：泡沫、二氧化碳、干粉、沙土。用水灭火无效。遇大火，消防人员须在有防护掩蔽处操作。

二、苯乙烯安全生产

1. 烷基化反应系统

（1）应严格监视反应器的温度、压力，进料苯和多乙苯中的水含量应小于10×10^{-6}。反应器开停车应严格控制升温、降温速度；反应器系统的联锁必须正常投入使用，定期校验联锁并做记录。

（2）岗位巡检时，应加强对反应器的监视。定期用特殊的红外线测温仪测定反应器有无过热点，发现过热点必须立即紧急处理；反应器降温用的喷淋水必须保持随时可用，至少每月试验一次。

（3）应严格进行检查反应器开车前的气密试验和干燥。

（4）应经常检查易被腐蚀的设备、管线、阀门、仪表的腐蚀情况。防腐衬层、设备及管线的壁厚。发现问题及时修理或更换。

（5）酸性物料泄漏时要用碱中和后，再放入废油。在地下废水槽及事故槽中工作时，应穿戴相应的防护用品，事故槽应经常保持无液面或低液面。

2. 催化剂络合物配置系统

（1）应保持多乙苯和苯中含水小于10×10^{-6}，氯化氢含水小于50×10^{-6}。

（2）受潮分解结块的三氯化铝禁止再用于生产。

（3）催化剂配制系统开车时，尾气吸收系统应保持正常开车。

3. 脱氢反应系统

（1）严格控制反应器入口温度。进料蒸气：乙苯不得低于1.3∶1。乙苯中二乙苯含量小于10×10^{-6}，尽量减少开、停车次数，防止催化剂破碎。反应器最初开车应首先用氮气加热升温，床层温度达200℃以上时方可以通入蒸气。尾气压缩机入口压力应保持为0.0276MPa。反应器、蒸汽过热炉、尾气压缩机的联锁系统必须正常投用，并定期校验和记录。

（2）安全阀应每年定压一次，防爆膜应每年检查一次，发现问题要及时更换或修理。

（3）为其系统三台在线氧分析器都应正常投用，当有两台指示值超过1%时联锁应动作，使系统升为正压操作。尾气在负压操作时需排入火炬系统，不准排入大气。

(4) 反应器床层发现热点时应立即查找原因，必须时停车处理。

(5) 应防止蒸汽过热炉超温。对过热炉火嘴要经常调整火焰，不要直接接触炉管和炉墙。反应系统由正压变为负压操作应缓慢进行，防止负荷突然加大，过热炉管骤冷损坏炉管。

(6) 水、脱氢混合液分离器界面应严格控制在70%，防止脱氢液中带水或水中带脱氢液。

(7) 乙苯蒸发器停车前2h应先停循环乙苯进料并加大排污，停车后应立即用乙苯洗涤系统，防止苯乙烯自聚物堵塞系统。

(8) 膨胀节要定期检查，膨胀节的检测氮气要通畅。

4. 无硫阻聚剂配制系统

(1) 冬季应保证系统的保温、伴热系统的正常运行。长期停车时应将乙苯/苯乙烯塔送料管线吹扫干净。

(2) 作业时应穿戴合适的防护用具，料桶要设立专用库房。作业人员工作完成后立即洗澡。淋浴及洗眼器应常年备用并经常检查维修。

5. 其他部位

(1) 变压吸附单元停车时要在0.147MPa压力下氮封。要经常检查氢精制单元的静电接地和氢气泄漏情况。

(2) 应检查苯乙烯精馏塔塔顶采出线，按时加入阻聚剂，其加入量为$(5\sim15)\times10^{-6}$，送贮罐的苯乙烯温度为5℃；停车时应用乙苯冲洗，防止苯乙烯自聚。

(3) 乙苯/苯乙烯塔打开时要防止潮湿空气进入，检修完后氮封。开车要做气密和真空试验。

三、异常现象及处理方法

(一) 苯烷基化工段

烷基化工段异常现象及处理方法见表6.7。

表6.7　烷基化工段异常现象及处理方法

异常现象	产生原因	处理方法
真空度下降	1. 工艺操作过程中有泄漏或放空 (1) 回流槽打空，放空阀未关 (2) 辅液槽真空破坏 2. 蒸汽压力波动或中断 3. 冷凝水中断或压力降低 4. 真空泵故障；设备、管道密封性破坏，有漏气 5. 仪表调节阀控制失灵	1. 检查泄漏或放空部位 (1) 关回流放空阀或泵出口阀，停回流泵，重新抽真空−0.06MPa，然后开回流泵进行回流及顶出料 (2) 恢复贮槽真空 2. 与调度联系恢复正常 3. 与调度联系恢复正常 4. 检查空气冷凝器，三级喷嘴及设备有无损坏 5. 请仪表工检修排除故障

续表

异常现象	产生原因	处理方法
塔釜压力波动	1. 进料低沸物过多或回流过大 2. 塔釜加热蒸汽调节阀失灵 3. 塔釜液面上升造成淹塔 4. 设备漏气或再沸器管漏 5. 塔板有脏物积聚	1. 减少回流量，增加出料量 2. 检查仪表指示并与现场指示对照，并请仪表工检修 3. 减少进料或增加釜液出料，减少回流量 4. 检查漏气部位 5. 停车清理
塔顶温度波动	1. 真空波动造成温度波动 2. 回流或进料量波动 3. 塔釜蒸汽波动，影响蒸发量稳定，造成塔顶温度波动 4. 塔釜液面太低造成蒸汽不稳，影响塔顶温度	1. 检查真空波动原因，使之稳定 2. 调节流量，使之稳定 3. 检查蒸汽调节仪表及蒸汽波动原因，使之稳定 4. 减少釜液出料，增加回流及进料量
塔釜温度波动	1. 增加加热蒸汽波动影响 2. 塔釜液面太低 3. 再沸器排气不畅或波动	1. 检查蒸汽调节阀 2. 减少釜出料或增加进料 3. 检查疏水器、排凝水情况
进料泵打空	1. 乙苯蒸出塔塔釜液面过低 2. 乙苯蒸出塔塔釜出料系统泄漏	1. 恢复塔釜液面，增加进料或回流 2. 停车或减压检漏使之密封
塔釜液面不稳	1. 塔釜蒸汽压力波动 2. 回流量不稳 3. 进料流量不稳 4. 釜出料过大或过少	1. 检查再沸器加热系统找出波动原因 2. 稳定回流量 3. 稳定进料流量 4. 稳定出料流量

（二）乙苯脱氢工段不正常现象及处理办法

1. 反应压力偏高

（1）催化剂床层增加，应检查床层，催化剂烧结或粉碎，应限期更换。

（2）乙苯或水蒸气流量加大，可调整流量。

（3）进口管堵塞，应停车清理，疏通管道。

（4）盐水冷凝器出口冻结，可调节或切断盐水解冻，严重时用水蒸气冲刷解冻。

2. 苯乙烯粗馏塔釜压力上升

（1）进料中低沸物增加或加料过大，可增加塔顶出料，减少回流量。

（2）再沸器加热蒸汽调节阀失控，釜温升高，应切换现场阀手控，请仪表工检修。

（3）塔釜液面过高，造成淹塔，减少进料，加大底出料。

（4）塔釜或溢流管有聚合物积聚，应停车清理聚合物。

（5）再沸器列管漏，可试压查漏。

3. 苯乙烯精馏塔顶温度波动

（1）真空波动造成塔顶温度波动，检查并稳定真空度。

（2）回流量与进料量波动，调节回流量与进料量。

(3) 加热蒸汽波动，调节并稳定加热水蒸气。

(4) 冷剂量波动，稳定冷凝水或盐水的压力和流量。

4. 苯乙烯精馏塔顶蒸出液减少

(1) 进料或加流量太大，减少进料及回流量。

(2) 塔板上有聚合物积聚，停车，清除聚合物。

(3) 真空度下降，提高真空度。

(4) 加热蒸汽阀失灵，请仪表工检修。

操作链接

化工装置的干燥

一、化工系统干燥的目的

化工装置开车之前，需要干燥的系统十分复杂。根据干燥目的和要求的不同主要可分为低温系统、反应器系统和其他系统 3 种类型。

1. 低温系统

化工低温系统干燥的目的是：脱除残留在设备、管道、阀门中的水分，防止低温操作时，水分发生冻结，与开车投料后的某些烃类生成烃水合物结晶（如 $CH_4 \cdot 6H_2O$ · $C_2H_6 \cdot 7H_2O$、$C_3H_8 \cdot 17H_2O$ 等），堵塞设备和管道，危及试车和生产的安全。

化工装置的低温系统干燥除水程度要求高，如乙烯装置的压缩、精馏和贮罐系统等，合成氨装置的低温甲醇洗、低温液氮洗、空分装置的分馏塔和冷箱系统等，它们均要求在开车前，进行深度干燥除水，一般都要达到 223～213K 露点的含湿量要求。

2. 反应器系统

对有耐火衬里和热隔壁式反应器系统干燥的目的是：除去其耐火材料砌筑时所含的自然水和结晶水，烘结耐火衬里，增加强度和使用寿命；除去热壁式反应器系统设备安装、试压、吹扫过程中的残留水分，避免影响催化剂的强度和活性。

3. 其他系统

对某些工艺介质进入装置后，能与残余水分作用形成对设备、管道、阀门产生严重腐蚀或影响产品质量与收率的系统，也需要进行干燥除水。例如，以 HF 为催化剂的烷基化装置，为防止氟化氢与水作用形成对碳钢等材料制作的设备、管道产生严重的腐蚀，防止产品质量与收率受到影响，也需在氟化氢引入系统前，对烷基化装置的设备进行干燥除水。

二、化工系统的干燥方法和操作技能

化工系统常用的干燥方法主要有常温低露点（氮气）干燥、热氮循环干燥和溶剂循环吸收干燥等 3 种，其操作技术如下。

1. 常温低露点（氮气）干燥技术

常温低露点（氮气）干燥技术，以下简称空气（氮气）干燥，此法是化工低温系统设备除水的一种常用方法。当系统设备、管道经吹洗和综合气密试验合格后，使用经分子筛吸附脱水，露点降至 213～203K 的低露点的空气（氮气）对被干燥系统的设备、管道内表面的残余水分进行对流干燥。由于进入系统的是低露点空气（氮气），水分含量小，水气分压低，因此设备内表面残余水分不断汽化，当排气口空气（氮气）已稳定达到系统对水分含量（露点）要求时，则系统干燥作业完成。

常温空气（氮气）干燥，因其饱和水分含量（或水气分压）低，故干燥过程相对需要消耗大量低露点空气（氮气）。因此，除装置中已有大、中型空分装置（如以渣油或煤油为原料的合成氨装置设有空分装置）可提供大量分馏氮气直接供系统干燥使用，一般是先不使用分馏氮气进行干燥作业，而是待空气干燥作业完成后，以分馏氮气进行系统置换和系统保压及防腐使用。

（1）干燥作业应具备的条件：

① 制定系统空气（氮气）干燥方案，该方案内容包括干燥范围、露点要求、气源的选定或配置、干燥方法选择、干燥流程的确定、临时管道和阀门及盲板等的设置、干燥前的准备和干燥过程中的注意事项等。

② 选定系统干燥的气源，根据被干燥系统对干燥后露点的要求，结合装置或联合装置的工艺和设备现状，选定或配置供系统干燥作业的低露点空气（氮气）的连续气源，这是完成干燥作业的首要条件。

③ 被干燥系统的全部设备、工艺管道安装完毕，系统的吹扫、冲洗、积水排除、综合气密等均已合格，系统仪表、电器联校、调试工作已完成并可以投入使用。

④ 用于空气（氮气）干燥的临时管道、阀门、盲板等设施已配置或准备完好待用。

⑤ 用于干燥后露点分析的仪器及取样接头等已准备就绪。

（2）干燥操作采用系统充压、排放的方法进行。注意充压压力要严格控制，不能超过操作压力，一般为 0.2～0.5MPa。具体方法是：

① 系统干燥前的准备，按系统干燥操作流程安排的程序，分别关闭所有的控制阀和旁通阀，打开它们的前后阀，关闭有关管线上的所有阀门，拆装规定盲板，使被干燥系统圈定为一个封闭空间。

② 缓慢地将空气（氮气）引入系统，待充压至规定要求后，关气源进口阀、开系统排放阀，进行干燥。如此反复循环至各规定取样点分析露点合格后，干燥作业即告结束。

（3）干燥作业的技术要点：

① 干燥作业期间，要绝对防止干燥系统排放空气与燃料气体或其他易燃气体接触。

② 系统所有仪表引出管线均应同时进行干燥。

③ 干燥作业完成后，应保持系统压力0.05～0.10MPa（表压），以防止潮湿空气进入已干燥系统，同时应在工艺仪表流程图及记录表上记录干燥结果。

④ 法兰、过滤网、盲板等的拆装工作，必须详细登记，并在现场做明显标志，以防发生意外事故。

⑤ 进行干燥作业时，要求气源压力上下波动小，特别要注意保持供气系统的压缩机压力平稳，防止压缩机出口流量锐减，造成压缩机喘振而损坏压缩机部件，同时也应注意防止超过气源用干燥器的分子筛层的压差极限。

⑥ 使用氮气干燥时，要注意防止氮气窒息。

2. 热氮循环干燥技术

(1) 热氮循环干燥特点。在化工装置中，热氮循环干燥法主要用于有耐火衬里和热隔壁式反应器系统的设备干燥除水。它是以氮气作为过程的载热体和载湿体，在一个封闭循环系统中，通过循环压缩机将氮气顺序通过加热炉升温（通常与加热炉烘炉开工步骤同步进行）、系统热氮对流干燥、热氮冷却和水汽冷凝分离、冷氮再压缩循环加热除水等过程完成。热氮循环干燥属于中、高温干燥，其氮气加热温度通常在623～773K之间，因而载湿大，收率高，同时氮气消耗少（仅用于补充泄漏损失）。热氮循环干燥常与加热炉烘炉同时进行，即采用氮气循环，一方面氮气从炉内带出烘炉热量，保证炉管不超温而保护炉管；另一方面，借助这部分热氮气体在被干燥系统内循环通过，可以带走水分，达到系统干燥的目的。

(2) 干燥作业应具备的条件：

① 按照热氮循环干燥流程完成设备和管道的安装，并且吹扫、气密试验合格。

② 按被干燥系统（热隔式或耐火衬里式）的不同特点，分别制定干燥温度-时间操作曲线，该曲线应与加热炉烘炉要求相协调。

③ 加热炉具备点火烘炉（或电加热器具备投用）条件。

④ 氮气循环压缩机已试运合格，具备开机条件。

⑤ 公用工程（水、电、汽、仪表、风）及系统补充用氮气已满足使用要求。

⑥ 温度等测量监控仪表已投用。

⑦ 现场消防器材和防止氮气窒息等有关安全措施已备好。

(3) 系统干燥作业技术要点：

① 氮气置换和充压，向系统引入氮气，对整个氮循环干燥系统进行氮置换，直到分析氧体积含量小于0.5%时，将系统充压到规定值，该值应视系统运行压力和氮循环压缩机额定值确定，通常为0.5～0.6MPa。

② 冷氮循环，待系统氮充压完成后，按氮循环压缩机开车规程启动，建立系统冷氮循环，并投用氮气冷却器。

③ 按加热炉点火和烘炉规程点火升温，其升温速率和每个阶段的持续时间应达到系统烘干和加热炉耐火材料烘干两者都能接受的要求，即满足已制定的各自升温曲线。

④ 热氮循环过程中要控制热氮气体水冷却后温度小于313K，以提高系统干燥效率

和防止氮压缩机超温运转。

⑤ 系统干燥过程中，要注意保持氮循环压缩机进口压力和系统压力稳定，当由于排凝水等原因泄漏氮气使压力下降时，应及时补充氮气。

⑥ 应及时排除凝结水，当氮冷却后水分离器的凝水排除量小于 100mL/h，且达到升温曲线要求时，则可确认系统干燥完成。

3. 溶剂循环吸收干燥法

溶剂循环吸收干燥法简称溶剂吸收法，是利用水可被某些化学溶剂吸收并具有共沸特性的原理，通过溶剂在系统内循环吸收，将系统中残余水分吸收于溶剂中，此含水溶剂通过系统内蒸馏工序将水由系统排出，溶剂再循环吸收，直至溶剂中含水量达到规定指标。例如，烷基化装置的苯循环干燥除水，当循环苯的含水量少于 100×10^{-6}时，可认为装置已干燥好。

溶剂吸收法操作过程较复杂，且干燥完成后，系统内又有溶剂存在，因此该法多用于所用溶剂为本装置的一种物料，并设有该物料蒸馏脱水的干燥工序等设备。例如，以氟化氢为催化剂的烷基化装置，在氟化氢引入装置前，就是先使用装置中的苯干燥系统，以原料苯对全装置设备、管道的残余水分进行循环吸收而除去。

(1) 系统干燥的准备工作。化工系统设备、管道内残余水分的溶剂吸收法干燥，随化工过程的产出物不同，其使用的溶剂和相应的操作条件也不同，而且用于干燥的溶剂大都具有易燃、易爆和有毒危害的特性，如以氟化氢为催化剂的烷基化装置，使用的溶剂苯（亦是原料）就具有这种特性。因此，为防止这种溶剂引入系统后，可能出现泄漏和发生燃爆等各种不正常现象，在系统进行干燥作业前，必须使系统工艺设备等处于可安全运转的要求，这些准备工作可归纳为以下几点：

① 系统应进行水联运合格。

② 在溶剂引入装置前因水运而拆除的容器内零部件已复位，并进行系统气密和排除积水。

③ 所有的仪表和系统都处于工作或准备工作状态。

④ 确认系统各阀门、盲通板等的开关位置符合引入溶剂的要求。

⑤ 确认系统内设备、容器、管道等的含氧量符合要求。

⑥ 所有的安全截止阀已锁定在全开位置上，全部安全系统都处于正常工作状态。

⑦ 相关的公用工程项目已引入各设备接口，并处于可稳定供应状态。

⑧ 确认所用溶剂符合质量要求。

(2) 溶剂法干燥的基本原理。溶剂法干燥过程虽因不同工艺使用的溶剂和工艺设备及操作控制指标等的不同而有所区别，但干燥过程的基本原理是一致的。即溶剂先进入系统中的干燥塔（通常称为蒸馏过程）进行干燥操作，待溶剂干燥合格后，即不断送入系统后续工艺设备、管道进行循环吸收系统残留水分，此含水溶剂再返回干燥塔进行干燥除水，如此循环，待干燥塔顶冷凝槽受器不再有水排出，且循环溶剂中的含水等于规定指标时，即可认为干燥合格。

(3) 溶剂法干燥过程。以氟化氢为催化剂的烷基化装置的干燥为例，其具体干燥过程如下：

① 由苯贮槽向苯干燥塔送苯，并启动干燥塔操作。

② 当苯干燥塔底出现无水苯时，向反应系统送无水苯，直至反应器和分层器灌满。

③ 让苯由反应系统流至 HF 提留塔，并启动 HF 提留塔操作。

④ 把 HF 提留塔塔底物料送至脱苯塔进料，并启动脱苯塔操作，把侧线苯循环回到反应系统和干燥苯混合。

⑤ 开动 HF 提留塔和 HF 再生塔的塔顶回流泵，再经正常工艺管线把苯送回反应系统。

⑥ 由脱氢冷提塔塔底经烷基化反应系统的开车旁路，把正构烷烃送到脱烷烃塔，并启动塔进行回流操作，加热脱水（使用苯亦可，但损失大，且不安全）。

⑦ 以设计流率把苯通过各条进料管线流到再生塔，并对苯加热器及重沸器供热。

⑧ 把苯引到烷基化物不合格品罐和苯罐中去，目的是干燥这些贮罐，并使不合格品返回线也得到干燥。

⑨ 打开反应器的酸循环泵，并定期开动其他各泵，以便使干燥苯通过这些泵及其连接管线，在进行上述操作中，不断把各塔顶受器的底部及各容器、工艺管线的底处积水排掉，同时把 HF 沉积槽的苯及脱苯塔侧线循环苯送回到干燥塔，使干燥过程的苯得到循环干燥。

⑩ 当干燥塔顶冷凝受器不再有水排出，且循环苯的含水少于 10×10^{-5}时，即可认为系统干燥合格。

思考题

1. 乙苯生产对原料有何要求？对乙苯的性质做简要说明。

2. 苯乙烯的生产方法有哪些？它们的反应原理怎样？

3. 从乙苯脱氢生产苯乙烯的反应原理说明脱氢反应在热力学上的特点有哪些？

4. 脱氢反应的催化剂应满足哪些要求？

5. 反应温度、压力、水蒸气用量、原料纯度和空间速率对乙苯脱氢反应有何影响？

6. 用于乙苯脱氢生产苯乙烯的列管式等温反应器和绝热式反应器在设备结构和工艺条件控制上有何区别？

7. 单段绝热式反应器有何不足之处？有哪些好的改进方案？

8. 写出乙苯生产中的主要反应方程式（包括主、副反应），说明其特点；并对反应过程进行热力学、动力学分析；通过分析判断乙苯生产的主要影响因素有哪些？

9. 粗苯乙烯精制过程中遇到哪些问题？是如何解决的？

10. 阅读苯乙烯生产过程的工艺流程图，并说明图中哪些位置产生“三废”？

11. 乙苯脱氢制苯乙烯生产中有哪些异常现象？请分析原因并提出处理方法。

项目七　氯碱的生产

☞ **知识目标**

(1) 了解氯碱工业发展状况和氯碱行业发展趋势。

(2) 掌握隔膜法电解食盐水溶液的基本原理及隔膜法制烧碱的生产工艺流程。

(3) 掌握离子膜法电解食盐水溶液的基本原理及离子膜法的生产工艺流程。

(4) 理解理论分解电压及槽电压、电压效率和电流效率等概念。

(5) 了解氯碱产品用途及腐蚀性物料的储运与防护。

☞ **能力目标**

(1) 能够进行烧碱生产工艺条件的分析、判断和选择。

(2) 能够对生产过程中出现的不正常现象进行初步判断并加以解决。

(3) 能够理解各种电解槽的结构和工作原理。

(4) 能够阅读和绘制烧碱生产工艺流程图。

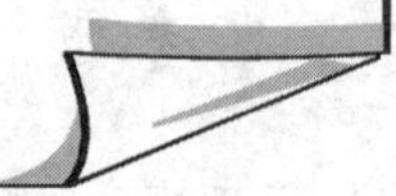

任务一　氯碱工业认识

氯碱工业是用电解氯化钠溶液的方法生产烧碱、氯气和氢气以及由此衍生系列产品的基本化学工业，其产品广泛应用于轻工、纺织、冶金、造纸、食品、建材、化工、塑料等国民经济各个部门，对国民经济和国防建设具有重要的作用。

一、氯碱工业的发展史

烧碱的生产方法有三种：苛化法，水银法和隔膜法，隔膜法现在又发展了离子膜法。

1. 苛化法生产烧碱

在20世纪50～60年代，国民经济发展迅速，烧碱产量滞后于工业发展，为了满足烧碱的需求，一度采用苛化法生产烧碱，原理如下。

$$Na_2CO_3+Ca(OH)_2 \longrightarrow 2NaOH+CaCO_3\downarrow$$

纯碱和熟石灰反应，生成的碳酸钙溶解度比氢氧化钙小，所以能够进行苛化反应。

2. 水银法电解生产烧碱

此法采用的主要设备——电解槽由电解室和解汞室组成，其特点是以汞为阴极，得电子生成液态的钠和汞生成钠汞齐。在解汞室中，钠汞齐与水作用生成氢氧化钠和氢气，析出的汞又回到电解室循环使用。图 7.1 为水银法电解食盐水原理示意图。

$$2NaCl + Hg \longrightarrow 2HgNa + Cl_2\uparrow$$

$$2HgNa + H_2O \longrightarrow NaOH + H_2 + Hg$$

此法的优点是制得的碱液浓度高、质量好、成本低。水银法制碱的最大缺点是汞会造成对环境的污染，所以此法已逐渐淘汰。

目前还有部分欧洲国家如法国、意大利和西班牙等存在少量水银法烧碱电解生产装置。

3. 隔膜电解法生产烧碱

隔膜法电解制烧碱，曾经是我国生产烧碱的主要方法，其电解盐水示意如图 7.2 所示。工艺过程：工业盐在化盐桶内加水溶解为 NaCl 的饱和溶液，然后加入精制剂，除去其中大部分的钙、镁、硫酸根等杂质离子，并经沉降、过滤、中和使之达到电解的工艺要求；盐水送入电解槽，并通以直流电，由于电化学反应的结果，在阳极生成氯气（Cl_2），在阴极生成氢气（H_2）和氢氧化钠溶液。Cl_2 和 H_2 经过洗涤、冷却、干燥等处理后，可作为成品或半成品进入下道工序，NaOH 的水溶液（电解液）质量分数很低（10%～12%），并含有大量的 NaCl，需要进行浓缩、蒸发并回收一部分盐后，进入成品贮碱槽。

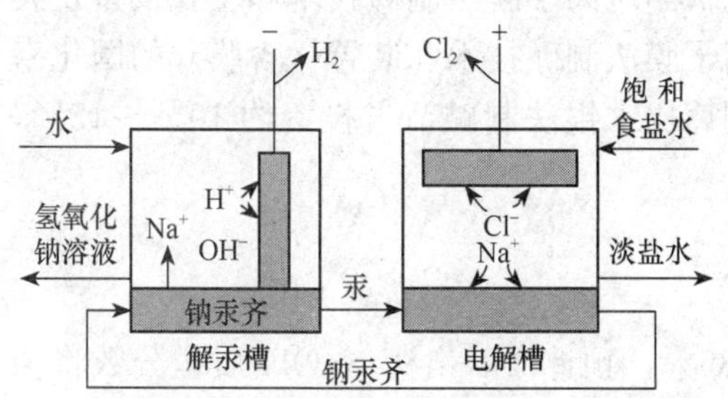

图 7.1　水银法电解食盐水原理

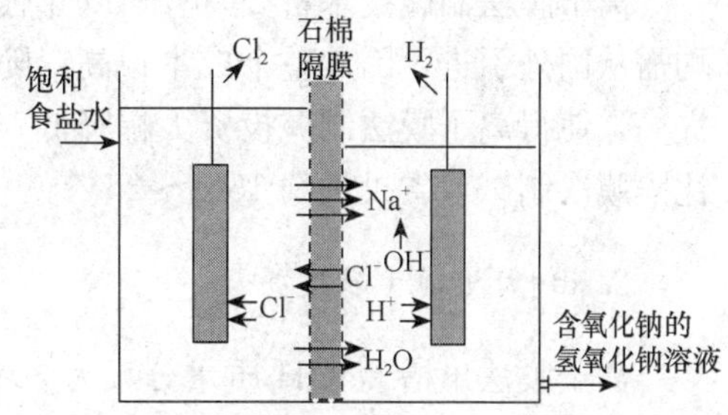

图 7.2　隔膜法电解食盐水原理

4. 离子膜法制碱

选用具有选择透过性的全氟离子膜将电解槽的阳极室和阴极室隔开。在阳极上和阴极上发生的反应与隔膜法电解相同。Na^+ 在电场的作用下伴随水分子透过离子交换膜移向阴极室，但由于离子膜的选择透过性，使阳极室、阴极室里的 Cl^- 和 OH^- 不能自由穿透，从而获得高纯度的氢氧化钠和氯气纯度。

离子膜电解制碱技术是 20 世纪 70 年代中期出现的具有划时代意义的电解制碱技术，已被世界公认为技术最先进、经济最合理的烧碱生产方法，是当今电解制碱的发展方向。我国氯碱企业离子膜法制碱发展迅速，特别是蓝星（北京）化工机械有限公司通过对离子膜电槽的引进，消化、吸收，生产出具有自主知识产权的离子膜电解槽，使我国氯碱生产技术水平跃上了一个新台阶，2000 年离子膜法制碱产能占烧碱总产能的 23%，而到 2008 年已升到 65%，即满足了国内对高品质烧碱的需求，也符合国家节能减排的产业政策。图 7.3 为离子膜法制烧碱原理示意图。

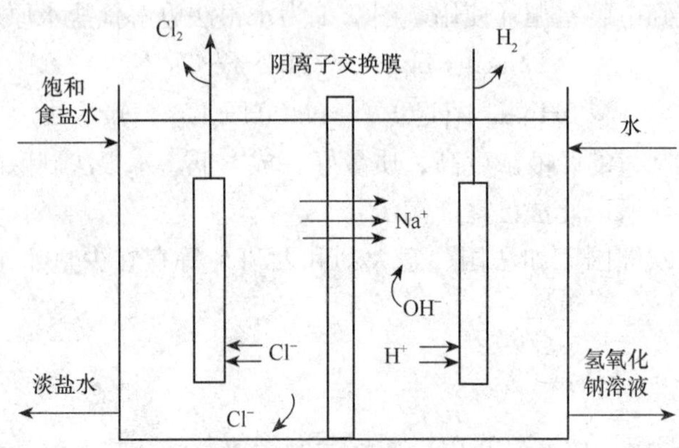

图 7.3 离子膜法制烧碱原理示意图

二、离子膜法制碱的技术优势

离子膜法制烧碱发展如此迅速，主要具有以下技术优势。

1. 投资省

离子膜法制碱技术自 20 世纪 90 年代引进，当时离子膜法制碱技术和主要设备及膜均需从国外引进，因此整个成本很高。随着离子膜法制碱技术和装置（含膜）的国化率提高，使得离子膜法制碱投资大幅降低，据测算比水银法制碱节省投资约 10%～15%，比隔膜法制碱节省投资约 15%～25%。

2. 出槽 NaOH 浓度高

离子膜法出槽 NaOH 质量分数为 30%～35%，预计今后出槽 NaOH 质量分数将会达到 40%～50%。目前已有生产 50%NaOH 离子膜电解槽的工业化实验在进行。但从耗气省、耗电多及阴极系统需使用更昂贵的耐腐蚀材料等方面考虑，是不经济的，而对气贵电廉地区，生产 40%～50%NaOH 是可行的。

3. 耗能低

目前离子膜法制碱直流电耗是 2200～2300kW·h，同隔膜法电解工艺相比，可节约 150～250kW·h/t。同汞法电解制碱相比，总能耗可节约 10%～15%，同隔膜法电解制碱相比，总能耗可节约 20%～25%。

4. 氢氧化钠质量好

离子膜法电解制碱出槽电解液中一般含 NaCl 为 20～35mg/L，50%（质量分数）

成品 NaOH 中含氯化钠一般为 45～75mg/L，99%（质量分数）固体 NaOH 含 NaCl≤0.04%，可用于合成纤维、医药、水处理及石油化工工业等部门。

5. 氯气纯度高，氯气含氧、含氢低

离子膜法电解氯气纯度高达 98.5%～99%（体积分数），因采用进槽盐水加酸工艺，使氯中含氧<0.8%（体积分数），完全适合某些氧氯化法聚氯乙烯对氯气含氧的要求。即使进槽盐水不加酸，氯气含氧 1%～1.5%（体积分数）也能满足某些氧氯化法聚氯乙烯生产的需要。另外，氯中含氢约在 0.1%（体积分数）以下，不仅能保证液氯生产的安全，而且能提高液化效率。

6. 氢气纯度高

离子膜法电解氢气纯度可高达 99.9%（体积分数），对合成盐酸和提高氯化氢纯度保证 PVC 生产极为有利，对压缩氢及多晶硅的生产也有莫大的益处。

7. 无污染

离子膜法电解可以避免水银和石棉对环境的污染。因离子膜具有较稳定的化学性能，几乎无污染和毒害。

8. 生产成本低

在烧碱的主要的消耗指标中，离子膜法均比隔膜法低，直流电耗低（330kW · h/t），蒸气消耗低（4t/t），离子膜法生产 NaOH 直接生产成本（含氯、氢）为隔膜法的 89%，为汞法的 84%。

隔膜法电解槽制得的电解液只含 NaOH 约 10%～12%（质量分数），因此需要蒸发装置蒸浓，消耗大量蒸气；蒸发后可获得含 NaOH30%、42%、50%（质量分数）的碱液，但碱液中仍相应含有约 5%、2%、1%的 NaCl。隔膜法的总能耗较高，且石棉隔膜寿命短又是致癌物质。

汞法可从电解槽直接制得 NaOH 质量分数为 50%的碱液，不需要蒸发，而产品质量好，含盐低，约 45mg/L。但水银被公认为是有害物质，日本发生的“水俣病”，是汞中毒的一种典型病例。

离子膜法从电解槽流出的 NaOH 已能达到 30%～35%，可以直接作为成品碱出售使用，如果需要浓缩到 50%，蒸汽消耗为 0.6～0.8t/tNaOH，只有隔膜法的 25%～30%，而且碱液中含氯化钠少。离子膜具有较稳定的化学性能，几乎无污染和毒害。

离子膜法电解制碱虽具有上述诸多优点，但也存在如下缺点。

(1) 离子膜法制碱对盐水质量的要求远远高于隔膜法和水银法，因此要增加盐水二次精制装置，即增加了设备投资费用。

(2) 离子膜本身的费用也非常昂贵，容易损坏，目前国内尚不能制造，需精心维护，精心操作。

任务二　盐水一次精制

生产烧碱通常以工业盐为原料，我国工业用盐主要有海盐、湖盐、井矿盐等，由于工业盐中含有 Ca^{2+}、Mg^{2+}、$SO_4{}^{2-}$ 等无机杂质，细菌、藻类残体、腐殖酸等天然有机物和机械杂质，这些杂质在化盐时会被带入盐水中，如不去除，就会对电解槽寿命，能源消耗，及安全生产等方面带来不利的影响。

盐水的生产工艺是：固体 NaCl 经水溶解达到饱和状态，然后在盐水中加入各种精制剂去除有害杂质。工业上一般把质量达到隔膜法制碱要求的盐水称为一次盐水。

一、盐水一次精制的原理

一次盐水精制一般采用氯化钡－烧碱－纯碱法，其化学反应式如下：

（1）除钙离子采用碳酸钠法。

$$Ca^{2+} + Na_2CO_3 = CaCO_3 \downarrow + 2Na^+$$

（2）除镁离子采用氢氧化钠法。

$$Mg^{2+} + 2NaOH = Mg(OH)_2 \downarrow + 2Na^+$$

（3）除硫酸根可采用冷冻法、钡盐法和钙盐法。

$$SO_4{}^{2-} + BaCl_2 = BaSO_4 \downarrow + 2Cl^-$$

根据企业用盐中硫酸根的含量不同，目前新装置中采用冷冻法的越来越多。

（4）分离不溶性杂质可采用助沉剂聚丙烯酸钠（TXY），利用重力沉降和过滤的方法。

（5）为了保证钙、镁离子的充分去除，工业上一般都是过量碳酸钠和氢氧化钠，因此，在电解前需用盐酸中和其中的过量碱。

$$NaOH + HCl = NaCl + H_2O$$

$$Na_2CO_3 + HCl = NaCl + NaHCO_3$$

$$NaHCO_3 + HCl = NaCl + H_2 + CO_2 \uparrow$$

二、盐水一次精制工艺流程组织

粗盐水含有钙离子、镁离子、硫酸根离子及天然有机物等杂质，必须清除。

固体盐由皮带运输机送入化盐桶，与化盐水逆流接触溶解。用 50～60℃的洗泥水和脱氯后的淡盐水溶化。水从底部加入，经过 2～3m 高的盐层制成饱和粗盐水，从上部溢流进入反应槽。连续向反应槽中加入氯化钡、烧碱、纯碱等溶液，与盐水中等的 $SO_4{}^{2-}$、Mg^{2+}、Ca^{2+} 反应生成悬浮物，反应后带有悬浮物的盐水送入澄清桶，并加入助沉剂，使盐水中的悬浮物凝聚沉降，澄清后的盐水流入过滤器，除去残余的悬浮物。过滤盐水进入连续中和反应器，用盐酸中和过量的碱，使盐水 pH 达到 8～11。

澄清桶沉积下来的盐泥由底部排入三层洗泥桶，用热水洗涤，上部清液供化盐用，下部废泥排入配浆槽，用板框压滤机过滤，进一步回收盐，滤饼运走集中处理。工艺流程示意见图 7.4。

三、工艺条件确定

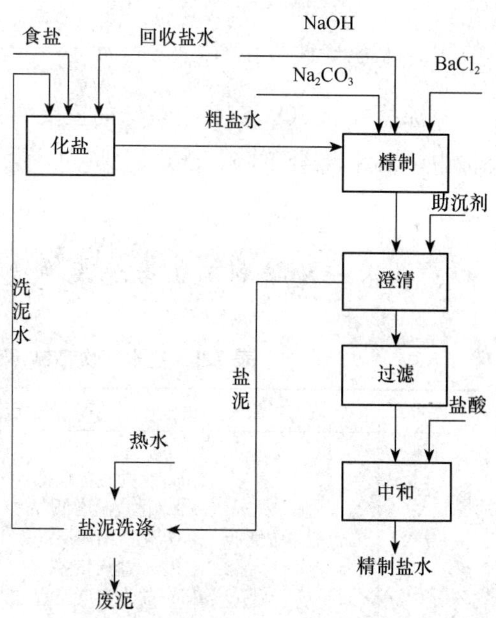

图 7.4　盐水一次精制工艺流程示意图

1. 盐温度

在盐水生产中，对温度的控制及其重要，温度过高，盐水浓度低，工业盐溶解度低。精制反应速度及所生成沉淀颗粒的沉降速度慢，对生产不利；温度过高，则会因送电解的一次盐水温度过高而导致槽温升高，当温度高于 95℃时，离子膜会因生成大量气体鼓胀产生皱折而破坏，因此生产中将一次盐水温度控制在 50～60℃。

2. 反应时间

化盐后的饱和盐水按比例分别投加次氯酸钠、氯化钡、碳酸钠、氢氧化钠等精制剂，进前反应池搅拌，反应时间控制在 30min，在进后反应槽的同时，按比例投加铁盐预处理剂搅拌，反应时间控制在 30min。若反应时间不充分，将不能将杂质完全由液相转入固相，造成杂质超标。

3. 藻类及其他有机物

盐水中的菌藻类会分泌出一种黏液，与腐植酸等天然有机质混合在一起很难过滤，若穿过滤膜还会影响树脂和离子膜；菌藻类和腐植酸等有机物可以被次氯酸钠氧化分解成为小分子，再通过铁盐的吸附和共沉淀作用，在预处理器中被预先除去，一部分不溶性杂质也被同时除去。

4. 水中含盐量

保证盐水浓度和盐水浓度的稳定非常重要。浓度不稳时，将使进电解槽盐水流量不稳，对膜产生不利影响，影响淡盐水浓度控制，而且还会引起碱量波动，钙、镁离子去除效果欠佳，因此稳定控制含盐量是十分重要的。要求处理过的一次盐水中 $NaCl \geqslant 5.388mol/L$。

5. 水过碱量及 pH

盐水精制过程中，要使 Ca^{2+} 、Mg^{2+} 去除比较完全，必须保证 $CO_3{}^{2-}$ 及 OH^{2-} 均有一定的过量，但 pH 一定要控制在 8～11 之间。若 pH 过高，不仅消耗精制剂 NaOH 和 Na_2CO_3既增加了成本，又不利于氢氧化镁沉淀；若 pH 过低，达不到规定的过碱量要求，则 Ca^{2+} 、Mg^{2+} 去除不完全，分离难度增加。

6. O_4^{2-} 含量的影响

原盐中的 SO_4^{2-} 对膜有特殊的正反两方面的作用，一方面入槽盐水若不含 SO_4^{2-}，阴极电流效率将会下降，SO_4^{2-} 含量过高，电流效率也将下降，因此，生产中一般控制 SO_4^{2-} 不超过 5g/L。

四、盐水一次精制不正常现象产生的原因及处理方法（表 7.1）

表 7.1　盐水一次精制不正常现象产生的原因及处理方法

序号	现　　象	原　　因	处 理 方 法
1	粗盐水浓度低	a. 化盐桶盐层低 b. 化盐温度低 c. 化盐桶泥层高，水走短路 d. 原盐质量差 e. 盐水生产流量过大	a. 提高盐层 b. 提高化盐温度 c. 清理化盐桶 d. 调配原盐 e. 适当降低流量
2	澄清桶盐水返浑，Ca^{2+}、Mg^{2+} 含量超标	a. 盐水浓度变化大 b. 温度低，温差大 c. 过碱量不足 d. 流量变化大或流速过大 e. 助沉剂不足或间断 f. 排泥不均匀破坏泥封层或泥封层太高 g. 原盐质量差，杂质含量多或 Mg^{2+}/Ca^{2+} 比过大	a. 控制化盐浓度均匀一致 b. 稳定粗盐水温度，缩小温差 c. 严格控制过碱量 d. 稳定生产流量 e. 按规定连续加入 f. 定期适量排泥 g. 调换原盐
3	精盐水浓度低	a. 粗盐水浓度低 b. 有水进入系统 c. 精致剂、助沉剂浓度低，用量大	a. 提高粗盐水浓度 b. 查找进水源防止水漏入系统 c. 提高精制剂、助沉剂浓度
4	中和盐水 pH 不稳定	a. 粗盐水含碱波动大 b. 加酸调节不当 c. 流量不稳定	a. 加强过碱量控制 b. 适当调节加酸量 c. 稳定流量
6	泵打不上水	a. 叶轮堵塞 b. 管线上阀门阀心脱落 c. 盘根漏气 d. 底阀堵塞	a. 清洗叶轮 b. 更换阀门 c. 更换盘根 d. 清理底阀
7	突然停电	电气故障	须把所有传动设备的电路切断，送电后，应先盘泵，后启动

五、盐水一次精制安全生产技术

（一）部分原辅材料的危险性分析及预防处理措施

1. 纯碱

健康危害：本品具有刺激性和腐蚀性，直接接触可引起皮肤和眼灼伤。生产中吸入其粉尘和烟雾可引起呼吸道刺激和结膜炎，还可由鼻黏膜溃疡、萎缩及鼻穿孔。长时间接触本品溶液可发生湿疹、皮炎、鸡眼状溃疡和皮肤松弛。接触本品的作业工人呼吸器官疾病发病率升高，误服可造成消化道灼伤、黏膜糜烂、出血和休克。

皮肤接触：立即脱去污染的衣着，用大量流动清水冲洗至少 15min 然后就医。

眼睛接触：立即提起眼睑，用大量流动清水或生理盐水彻底冲洗至少 15min 然后就医。

吸入：脱离现场至空气新鲜处，如呼吸困难，给输氧然后就医。

2. 盐酸

对皮肤和黏膜有强刺激性和腐蚀性，引起化学性灼伤，不燃，与活泼金属反应，会生成易燃易爆的氢气，遇氰化物能产生剧毒的氰化氢气体。

健康危害：接触其蒸汽或烟雾，可引起急性中毒，出现眼结膜炎，鼻及口腔黏膜有灼烧感、齿龈出血、气管炎等。误服可引起消化道灼伤、溃疡形成，有可能引起胃穿孔、腹膜炎等。眼和皮肤接触可至灼伤。长期结束，引起慢性鼻炎、慢性支气管炎、牙龈酸蚀症及皮肤危害。

环境危害：对环境有危害，对水体和土壤可造成污染。

燃爆危险：本品不燃，具有强腐蚀性和强刺激性，可致人体灼伤。

皮肤接触：立即脱去污染的衣着，用大量流动清水冲洗至少 15min 然后就医。

眼睛接触：立即提起眼睑，用大量流动清水或生理盐水彻底冲洗至少 15min 然后就医。

吸入：脱离现场至空气新鲜处。保持呼吸道通畅。如呼吸困难，给输氧。如呼吸停止，立即进行人工呼吸然后就医。

（二）安全生产规定及注意事项

(1) 由于所用食盐含有杂质，吸潮性很强，整个过程（包括墙壁、地面、设备、电气仪表等）都处于比较潮湿的条件下，必须严格地保持设备外部的清洁，尤其要保持电气设备开关等部位的干燥、防止漏电。

(2) 检查各种电器设备，必须有两人共同工作，确保安全监护。

(3) 注意皮肤勿被碱（烧碱、纯碱）腐蚀，特别是防止溅入眼睛内，如遇上述情况要立即用大量水进行冲洗，然后去医院治疗。

(4) 所有的传动设备，在传动部分必须有防护罩，保证安全。

(5) 防止蒸汽烫伤。

(6) 使用压缩空气时，不能对着人开阀门，防止事故的发生。

(7) 切实搞好设备维修和计划检修。对于不完好的设备、检修的设备和泄漏点必须挂牌。并安排好消除的措施和时间。不断提高设备的完好率和降低泄漏率。

任务三　盐水二次精制

离子膜电解对钙、镁离子等要求极其严格，阳离子交换膜不仅能使 Na^+ 通过，而

且也能使 Ca^{2+}、Mg^{2+} 通过，在膜内形成微细的沉淀堵塞离子膜，引起槽电压升高、电流效率下降，因此一次盐水用化学方法除盐水中的 Ca^{2+}、Mg^{2+} 等杂质，质量不能满足离子膜法电解的需要，工业上采用离子交换法进一步去除盐水中的杂质，以保证盐水符合离子膜电解的要求。

二次精制系统的螯合树脂塔只能除掉盐水中的 Ca^{2+}、Mg^{2+}，而不能去除其中的悬浮物。如果悬浮物进入螯合树脂系统将会堵塞树脂的微孔，大大地降低螯合树脂系统的性能。采用澄清桶加砂滤器工艺生产的一次盐水进入树脂塔前需通过碳素管过滤器除去其中的悬浮物等杂质。因此这种工艺生产的盐水二次精制包括过滤和吸附两部分。

一、盐水二次精制原理

1. 过滤工序

盐水中悬浮物对螯合树脂会产生不良影响，对电解有害，而且悬浮物中相当一部分是没有沉降完全的 $CaCO_3$、$Mg(OH)_2$、$BaSO_4$ 的微小颗粒，经过过滤以后，微小颗粒大部分被去掉，Ca^{2+}、Mg^{2+} 的含量有一定的降低，减轻了树脂吸附的负担。

过滤采用碳素过滤器，其由圆柱形的多孔碳素管组成，先在碳素管表面涂上一层厚度均匀的 α-纤维素预涂层，当一次盐水通过预涂层后，悬浮物被截留下来，得到清澈的过滤盐水。同时在一次盐水进入过滤器前通过计量泵加入与盐水中 SS 质量相当的 α-纤维素，使 SS 与 α-纤维素混合，在预涂层表面形成新的过滤层，从而提高过滤效果，延长过滤器的操作周期，并且由于 α-纤维素在水中有较好的分散性，使过滤后的滤饼有较好的疏松性，返洗时易于剥落。

2. 吸附工序

盐水中含有钙、镁、锶、铝、铁、镍以及碘、硫酸根等杂质，它们对离子膜的寿命、槽电压和电流效率以及产品质量有着重要的影响，过滤后的盐水通过螯合树脂吸附，除去盐水中的钙、镁等多价金属离子，达到离子膜法电解要求的盐水质量。

树脂塔内的螯合树脂种类很多，各国自成系列，有许多商品牌号，但从化学组成来看，由母体和螯合和基团两部分组成。常用的母体有酚式和苯乙烯式，基团有亚胺基乙酸型和胺基磷酸型。下面介绍一种日本产的牌号是 CR-11 的螯合树脂吸附过程。

CR-11 是一种带有亚胺基二乙酸官能团的离子交换树脂，当盐水通过树脂层时，金属离子特别是二价金属阳离子同树脂的钠离子交换从而被树脂吸附。

$$\mathrm{R{-}CH_2N}\begin{matrix}\diagup \mathrm{CH_2COONa} \\ \diagdown \mathrm{CH_2COONa}\end{matrix} + \mathrm{Ca^{2+}} \longrightarrow \mathrm{R{-}CH_2N}\begin{matrix}\diagup \mathrm{CH_2C(=O)O} \\ \diagdown \mathrm{CH_2C(=O)O}\end{matrix}\!\!>\mathrm{Ca} + \mathrm{2Na^{+}}$$

随着盐水不断进入树脂塔，树脂逐渐被钙、镁离子“饱和”，出塔盐水的钙、镁离子升高，这时树脂必须用酸、碱再生以恢复树脂的交换能力。

先加入 4%HCl 溶液，将树脂转化为“H”型。

$$R—CH_2N\begin{matrix} CH_2C(=O)-O \\ Ca \\ CH_2C(=O)-O \end{matrix} + 2HCl \longrightarrow R—CH_2N\begin{matrix} CH_2COOH \\ CH_2COOH \end{matrix} + CaCl_2$$

再加入5%NaOH溶液，将“H”型树脂转化为“Na”型，即吸附前状态。

$$R—CH_2N\begin{matrix} CH_2COOH \\ CH_2COOH \end{matrix} + 2NaOH \longrightarrow R—CH_2N\begin{matrix} CH_2COONa \\ CH_2COONa \end{matrix} + 2H_2O$$

再生后的树脂可重新使用，在实际操作中，吸附了多价阳离子的树脂体积与标准体积比减少10%～20%，另外，树脂在“Na”型时的体积是“H”型时的1.2～1.4倍，同时再生用酸量通常是理论的2～3倍。

由于游离氯对离子交换树脂有毒害作用，因此，需用亚硫酸钠将精制盐水中的游离氯除尽，其反应式如下：

$$NaClO + Na_2SO_3 \longrightarrow Na_2SO_4 + NaCl$$

二、盐水二次精制工艺流程组织

1. 过滤工序

来自盐水工序的一次盐水进入盐水贮槽，然后用泵送进盐水过滤器，过滤后盐水中ss$\leqslant 1\times10^{-6}$，加高纯酸调节盐水pH9±0.5进入过滤盐水贮槽，再经过滤盐水加热器使温度达到65℃左右往吸附工序。

盐水过滤器为两台并联操作，当压差达到0.2MPa或过滤时间达到48h，必须切换到另一台过滤。停止过滤的过滤器需用过滤盐水返洗，冲洗下来含α-纤维素的盐水流进泥浆水槽，用泵送往一次盐水工序。

2. 吸附工序

从过滤工序来的过滤盐水，进入三台串联的螯合树脂塔，使Ca^{2+}、Mg^{2+}等达到$\times10^{-12}$级，流入精盐水贮槽，用泵送往电解工序。

当第一台塔吸附时间达到24h，转换到再生状态，另两台塔继续串联运行。先用一定量20%HCl通过酸喷射器用纯水稀释成5%NaOH通入再生塔，已完成再生的塔串在正在吸附的两塔之后，形成三塔串联运行。传统的盐水二次精制工艺流程示意见图7.5。

任务四　电解法制烧碱

一、食盐水溶液电解原理

电解过程为电化学过程，当直流电通过电解质水溶液或熔融态电解质时，产生离子的迁移和放电现象，并在电极上析出物质的过程。

电解过程中，两电极上究竟有哪种离子放电及其放电的数量，理论上存在着严格定量关系，即法拉第电解定律。

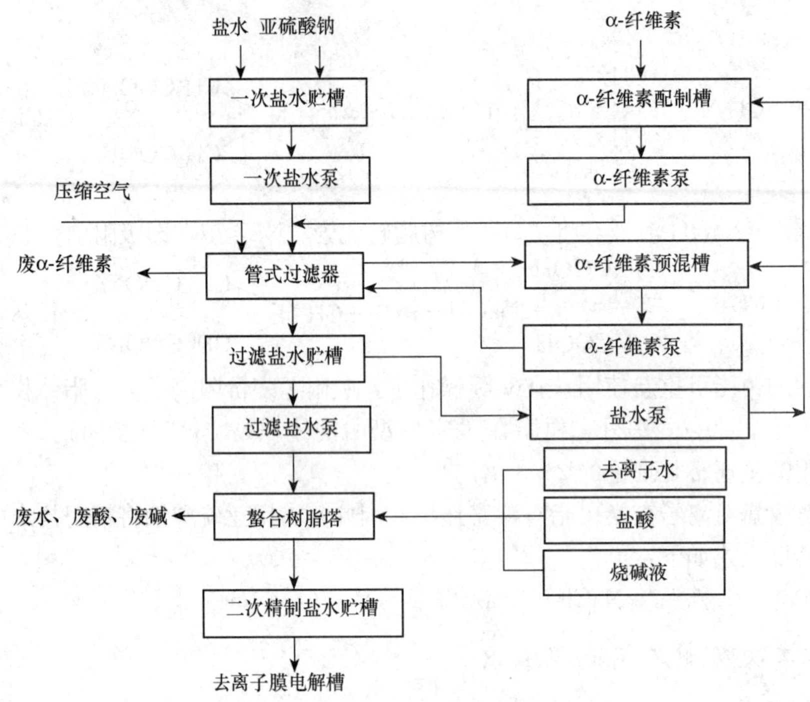

图 7.5　盐水二次精制工艺流程示意图

1. 电解第一定律

在电极上析出（或溶解）的物质的质量 m 同通过电解液的总电量 Q（即电流强度 I 与通电时间 t 的乘积）成正比，即

$$m=KQ=KIt$$

其中比例系数 K 的值与所析出（或溶解）的物质有关，叫做该物质的电化学当量（简称电化当量）。电化当量等于通过 1 库仑电量时析出（或溶解）物质的质量。

2. 电解第二定律

当通过各电解液的总电量 Q 相同时，在电极上析出（或溶解）的物质的质量 m 同各物质的化学当量 C（即原子量 A 与原子价 Z 之比值）成正比。电解第二定律也可表述为：物质的电化学当量 K 同其化学当量 C 成正比，即

$$m=\alpha C$$

式中比例系数 α 对所有的物质都有相同的数值，通常把它写成 $1/F$，F 叫做法拉第常数，简称法拉第，其值为 9.648455×10^4K/mol。

产生 1g 当量的任何物质都需要消耗同样多的电量 F，F 约等于 96500K（以 C 表示）的电量，称为 1 法拉第，即

$$1F=96500\text{C}=96500\text{A}\cdot\text{s}=26.8\text{A}\cdot\text{h}$$

根据法拉第第二定律，可计算出通过单位电量时，在电极上析出物质的质量，其数值即为该物质的“电化当量”。当电解食盐水溶液时，C_{12}的电化当量为 1.323g，NaOH

电化当量为1.492g，H_2电化当量为0.0376g。

电解时，根据电流强度、通电时间及运行电槽数和电化当量，可以计算出该物质在电极上的理论产量。

3. 电流效率

实际生产中，由于在电极上要发生一系列的副反应以及漏电现象，所以电量不能完全被利用，实际产量比理论产量低，实际产量与理论产量之比称为电流效率或电流利用率。

4. 理论分解电压

理论分解电压：要使某一电解质进行电解，必须使电极间的电压达到一定数值，这个数值是使电解过程能够进行的最小电压，称为理论分解电压。

5. 过电位

过电位（又称超电压）是离子在电极上的实际放电电位与理论放电电位的差值。过电位与多种因素有关，例如，析出物的种类、电极材料的性质、电流密度、电极表面特性、电解质溶液温度等对过电位均有影响。

实际分解时，由于过电位的存在使实际分解电压比理论分解电压要高。

$$E=E_{理论}+E_{过}$$

6. 实际分解电压和电压效率

电解生产过程中，由于电解溶液浓度不均匀和阳极表面的钝化、导线和接点、电解液和隔膜、局部电阻等因素，也消耗外加电压，故实际生产分解电压大于理论分解电压。实际分解电压也称槽电压。

$$E_{槽}=E_{理}+E_{超}+\delta\Delta E_{液}+\sum\Delta E_{降}$$

电压效率为理论分解电压与实际分解电压之比。

$$电压效率=\frac{理论分解电压}{实际分解电压}\times100\%=\frac{E_{理}}{E_{槽}}\times100\%$$

二、隔膜法电解制烧碱

1890年Griesheim隔膜式电解槽实现工业化。

（一）隔膜法电解的原理

隔膜法电解就是在阴阳极之间隔有一层多孔膜的电解工艺。其食盐溶液电解槽，是以金属钛为阳极，以铁为阴极，其间有防止氯氢气体混合的隔膜，通过直流电进行电解，得到氯、氢和电解液。

1. 电解总过程

$$NaCl+H_2O\longrightarrow 2NaOH+Cl_2\uparrow+H_2\uparrow$$

2. 阳极和阳极室反应（主反应）

$$2Cl^- - 2e \longrightarrow Cl_2\uparrow$$

3. 氯气溶于水的反应（副反应）

$$Cl_2 + H_2O \longrightarrow HCl + HClO$$

4. 从阴极室渗透过来的 NaOH 与次氯酸反应

$$NaOH + HClO \longrightarrow NaClO + H_2O$$

5. 次氯酸盐进一步氧化

$$3NaClO \longrightarrow NaClO_3 + 2NaCl$$

6. 次氯酸根在阳极上放电

$$12ClO^- + 6H_2O - 12e \longrightarrow 4HClO_3 + 8HCl + 3O_2\uparrow$$

7. 少量 OH^- 在阳极上放电

$$4OH^- - 4e \longrightarrow 2H_2O + 2[O] \longrightarrow 2H_2O + O_2\uparrow$$

8. 次氯酸、盐酸与 NaOH 中和反应

$$HClO + NaOH \longrightarrow NaClO + H_2O$$
$$HCl + NaOH \longrightarrow NaCl + H_2O$$

9. 阴极与阴极室的反应（主反应）

$$H_2O \longrightarrow H^+ + OH^-$$
$$2H^+ + 2e \longrightarrow H_2\uparrow$$
$$Na^+ + OH^- \longrightarrow NaOH$$

10. 初生态氢的还原作用（副反应）

$$NaClO + 2[H] \longrightarrow NaCl + H_2O$$
$$NaClO_3 + 6[H] \longrightarrow NaCl + 3H_2O$$

（二）隔膜电解槽

电解槽由槽体、阳极和阴极组成，阴阳两极空间用石板制的隔膜分开，以阻止两极溶液的相互混合，但不影响离子的迁移运动和电流流通，所用阳极材料有石墨、金属阳极。阴极材料为铁丝网、活性阴极等。石棉绒依附在阴极材料上。根据隔膜的安装位置有立式的和卧式的两种。图 7.6 为立式隔膜电解槽示意图。

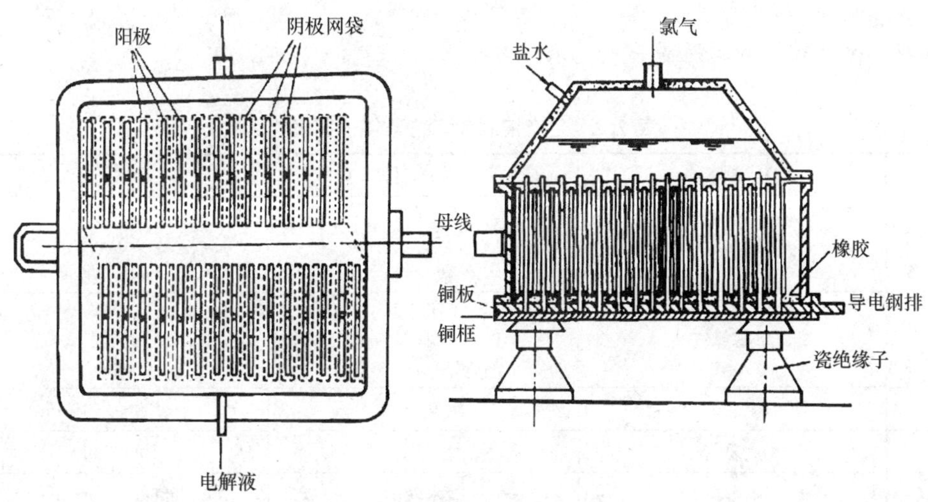

图 7.6　立式隔膜电解槽示意图

（三）隔膜法电解制烧碱工艺流程组织

由盐水工段送来的合格的一次精盐水进入贮槽，用泵送至盐水高位槽，槽内盐水液面维持恒定，以保持一定压力送入电解槽，高位槽的盐水流经盐水预热器加热到 70～85℃，再经过加酸调 pH，最后进入电解槽，同时通入直流电进行电解，在电解阳极室生成氯气，在阴极室生成氢气和氢氧化钠溶液，气体通入支管分别导入氯气总管和氢气总管去氯氢处理工段，进行冷却和干燥。电解液（含 NaOH 为 3～3.375mol/L）汇集至电解液地槽，用泵送往蒸发工段或电解液贮槽。隔膜法盐水精制和电解工艺流程图见图 7.7。

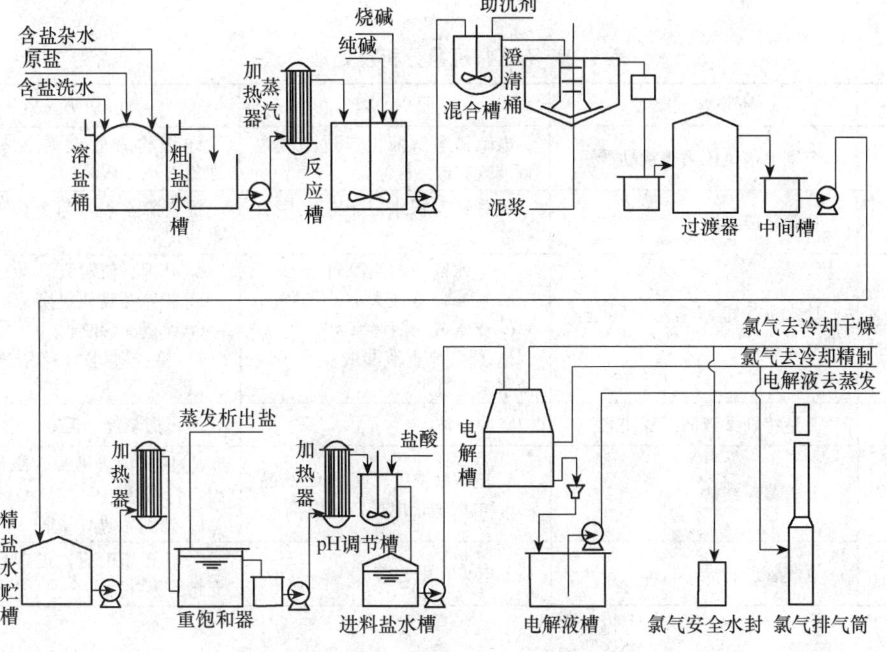

图 7.7　隔膜法盐水精制和电解工艺流程

(四)生产控制和工艺条件一览表(表7.2)

表7.2 生产控制和工艺条件一览表

序号	控制点	项目	指标
1	氯总管	Cl_2纯度 氯含氢 氯含氧	≥95% ≤0.4% ≤2.5%
2	单槽氯气	Cl_2纯度 氯含氢 金属阳极槽含氧	≥96% ≤1% ≤3%
3	氯总管	氯气压力	−100～−350Pa
4	氢总管	氢气压力	50～200Pa
5	电解槽	盐水液面	标准红线±10mmH_2O
6	电解槽	水位合格率	≥98%
7	电解槽	单槽碱液浓度	2.25～3.75mol/L
8	电解槽	槽电压	<3.5(18A/dm^2)
9	电解槽	槽温	80～90℃
10	电解槽	接触电压	<35mV
11	氢总管	H_2纯度	≥99%
12	电解液贮槽	总管电解液浓度	3～3.375mol/L

(五)不正常现象分析及处理方法(表7.3)

表7.3 不正常现象分析及处理方法

序号	不正常现象	原因	处理方法
1	个别电槽氢压力表跳动严重	电解槽电解液出口过高或电解液管有堵	详细检查管路是否有堵塞现象
2	总管氯压表跳动	氯总管有积水或下道工序有问题	检查滴水表,与氯氢工段联系处理
3	盐水进入电解槽压力降低或供应紧张	a. 盐水高位槽假液面 b. 喷嘴阻塞或太小 c. 支管或阀门堵塞 d. 总管严重泄漏或盐水工段盐水未送过来	a. 处理高位槽假液面 b. 检查喷嘴或更换 c. 检查支管或阀门 d. 检查盐水管路通知盐水工段
4	流量特别大液面下降快	隔膜损坏	加石棉浆处理无效除槽
5	电槽漏斗结盐	a. 电解液浓度高使NaCl结晶 b. 电解槽槽电压、槽温高	a. 加高阳极液位,降低碱液出口管高度 b. 处理无效时除槽
6	氢气管道着火	漏电火花引起着火	保持氢气正压,迅速用湿石棉布将火扑灭

续表

序号	不正常现象	原　因	处 理 方 法
7	氯含氢高	a. 氢气正压过大或氯负压过大 b. 阳极液面太低或假液面 c. 隔膜疏松，吸附不均匀，安装时擦破隔膜	a. 联系氯氢处理调至合格要求 b. 提高并检查盐水液面 c. 提高吸附质量和安装质量
8	氢总管压力表跳动	H_2总管积水	排除氢总管积水
9	总管氢纯度低	氢气负压、系统漏吸入空气	控制H_2压力在50～200Pa不可负压生产
10	发现个别电槽氯气压力特别高	a. 氯气出口堵塞，此管两头均要注意检查 b. 阳极液位过高	a. 戴好防毒面具，保持氯气负压，拔下氯取样管塞判断上下口再进行疏通处理 b. 调整阳极液位
11	电解液由漏斗插口溢流出来	刚送电，电解液流量大来不及流走	降低阳极液位，减小电解液流量
12	对地电压偏差大	a. 积盐连地 b. 碱液断电器不正或与漏斗接触 c. H_2断电器不清洁 d. 盐水断电不良好 e. 电槽有其他导电物体与地连接	a. 清除积盐 b. 调整碱液断电器 c. 清洗H_2断电器 d. 更换盐水喷嘴 e. 检查导电物
13	电槽密封点渗漏	a. 槽底铜螺母处密封不紧密 b. 法兰垫圈处螺母未拧紧	a. 个别不严重的尚可运行，大部渗漏停槽处理 b. 拧紧螺母
14	氯含氧高	a. 盐水含Ca^{2+}、Mg^{2+}高 b. 阳极液含OH^-高 c. 盐水含SO_4^{2-}高 d. 电解液浓度高	a. 提高进槽盐水质量 b. 降低电解液浓度 c. 降低盐水中SO_4^{2-}含量 d. 含O_2超过5%除槽
15	电解液浓度低	a. 电流低 b. 盐水液面过高 c. 隔膜薄、有破损	a. 与调度联系，提高电流 b. 降低盐水液面 c. 确诊后除槽
16	电流效率低	a. 电解液浓度过高 b. 盐水预热温度低 c. 漏电	a. 降低电解液浓度 b. 提高盐水预热温度 c. 检查漏电情况及时处理

（六）隔膜法电解安全技术

本工段属易燃易爆、有毒带电生产岗位，必须严格遵守安全操作制度。

（1）发现厂房内有氯气，戴好防毒面具，检查漏气并进行处理。

（2）发现氢气着火时，千万不能停电，应通知氯氢处理工段保持氢气正压然后按灭火方法处理。

（3）厂房内氢气管道系统需动火时，必须先用氮气置换合格并办好动火手续后方可动火。

（4）电解厂房严禁吸烟和带入火种。

（5）氯气总管含氢不应超过0.4%。单槽含氢不应超过1%，如果超标，应立即报告，果断处理，紧急情况下先处理后汇报。

(6) 电解工段厂房内照明均用防爆灯，严禁拉临时线。

(7) 操作及处理事故一律穿绝缘靴，单手操作，严禁两手同时摸两列电槽，以防触电。

(8) 接触碱液时，戴好橡胶手套和防护眼镜，碱液溅入眼睛应立即用清水冲洗，然后就医。

(9) 工段备有四氯化碳灭火器，定期检查。

(10) 保持岗位四周清洁卫生。

三、离子膜法制烧碱

1961 年 ICI 公司申请零间隙离子交换膜电解槽专利；1964 年 Du Pont 公司首次将全氟离子交换膜 Nafion 用于氯碱示范槽；1975 年旭化成延冈工厂实现离子膜法工业化。

特点：原理与隔膜法一致，只是膜功能改变。

(一) 离子交换膜选择透过性基本原理

在离子交换膜法电解槽中，由一种具有选择透过性能的离子交换膜将电解槽分成阳极室和阴极室两部分，该膜只允许阳离子（Na^+）通过离子膜进入阴极室，而阴离子（Cl^-）则不能通过，如图 7.8 所示。

从阳极室加入精制后的盐水，Na^+通过离子膜进入阴极室。导入直流电时，阳极室中的Cl^-在阳极放电，生产Cl_2放出，在阴极室加入一定的净水，在阴极上H^+放电生产H_2，水则不断被电离为H^+和OH^-，OH^-无法通过离子膜留在阴极室，与Na^+结合生成 NaOH 溶液并从阴极室流出，通过调节加入阴极室的水量，可得到一定浓度的烧碱溶液。

目前，国内外使用的离子交换膜是耐氯碱的阳离子交换膜，膜内存在固定离子团和可交换的阳离子两部分。离子膜内存在许多固定的负离子团，在电场的作用下，阳极室的Na^+被负离子吸附并从一个负离子团迁移到另外一个负离子团，这样阳离子就从阳极室迁移到阴极室。尽管受电场力的作用，阴离子有向阳极迁移的动向，但无法通过离子膜，Cl^-只有在阳极放电析出Cl_2，OH^-与Na^+结合生产 NaOH。离子膜选择透过性见图 7.9。

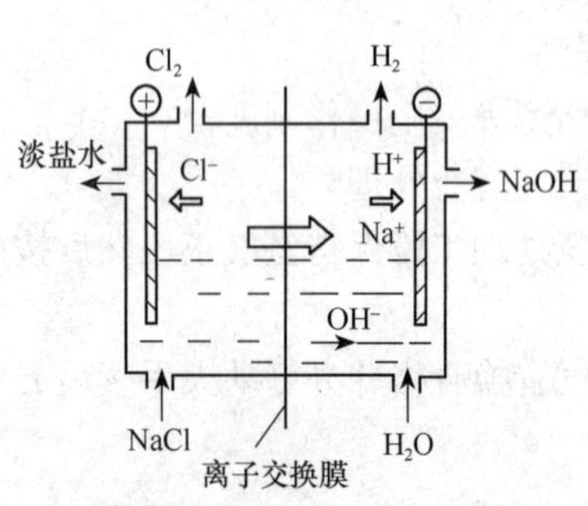

图 7.8　离子膜电解的基本原理

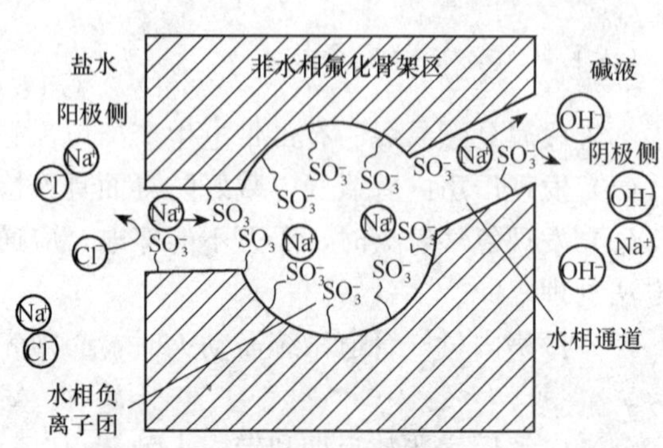

图 7.9　离子膜选择透过性

（二）离子膜法制烧碱工艺流程组织

1. 阳极液系统

来自精盐水贮槽的精盐水与循环盐水混合后进入电解槽下部的阳极液进料支管，然后分布到阳极室。电解后的淡盐水和湿氯气混合物从每个单元槽阳极室上部出口溢流出来，在阳极室内出料支管分离成淡盐水和湿氯气。氯气汇集到氯气总管，经正负压水封送往氯氢处理工序。淡盐水因重力作用流入盐水循环槽，加酸调节 pH，从循环槽出来的淡盐水分成两路：一路循环进入电解槽，一路送往脱氯工序。

2. 阴极液系统

从循环碱槽来的循环碱加入一定量的纯水稀释后，通过换热器控制一定的温度送入电解槽下部的阴极液进料支管，然后分布到阴极室，从每个阴极室上部出口溢流出来的碱液和氢气混合物，在阳极室出料支管分离成碱液和氢气。氢气汇集到氢气总管，经氢气水封送到氯氢处理工序。碱液因重力作用流入循环碱槽。从循环碱槽出来的碱液分成两路：一路循环进入电解槽，一路送往成品碱槽。旭硝子单极槽离子膜电解工艺流程简图见图 7.10。

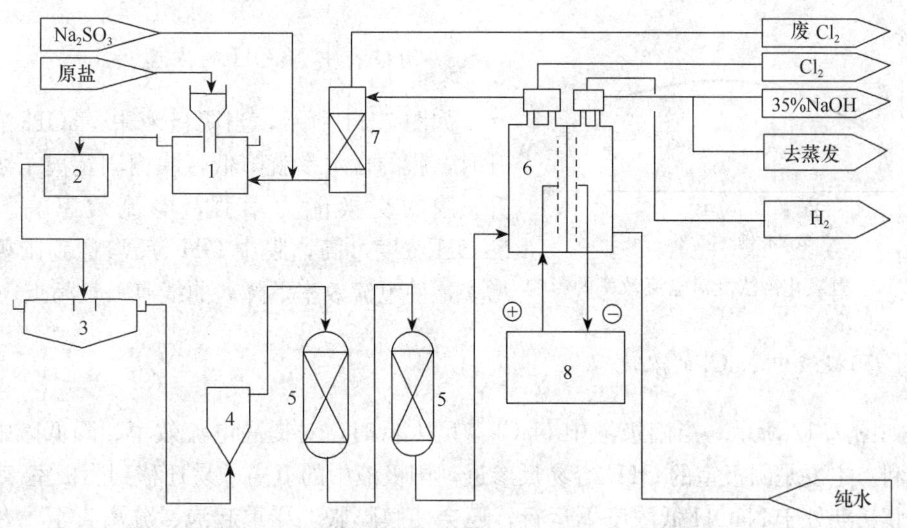

图 7.10　旭硝子单极槽离子膜电解工艺流程简图

1. 饱和槽；2. 反应器；3. 澄清槽；4. 过滤器；5. 树脂塔；6. 电解槽；7. 脱氯塔；8. 整流器

（三）离子交换膜法电解工艺条件分析

离子交换膜法是一种先进的电解法制烧碱工艺，对工艺条件提出了较严格的要求。

1. 盐水的质量

盐水中的 Ca^{2+}、Mg^{2+} 和其他重金属离子以及阴极室反渗透过来的 OH^- 结合成难溶的氢氧化物会沉积在膜内，使膜电阻增加，槽电压上升；还会使膜的性能发生不可逆恶化而缩短膜的使用寿命。用于离子膜法电解的盐水纯度远远高于隔膜法和水银法，须在原来一次精制的基础上，再进行第二次精制，保证膜的使用寿命和较高的电流效率。

2. 电解槽的操作温度

离子膜在一定的电流密度下，有一个取得最高电流效率的温度范围，见表 7.4。

表 7.4 一定电流密度下的最佳操作温度

电流密度/（A/dm³）	温度范围/℃	电流密度/（A/dm³）	温度范围/℃
30	85～90	10	65～70
20	75～80	—	—

可见，当电流密度下降时，电解槽的操作温度也相应降低，但操作温度不能低于 65℃。否则电解槽的电流效率将发生不可逆转的下降，因为温度过低，膜内的—COO^- 与 Na^+ 结合成—COONa 后，使离子交换难以进行；同时阴极侧的膜由于得不到水合钠离子而造成脱水，使膜的微观结构发生不可逆改变，电流效率急剧下降。

槽温也不能太高（92℃以上），否则产生大量水蒸气而使槽电压上升。电解槽温度通常控制在 70～90℃之间。

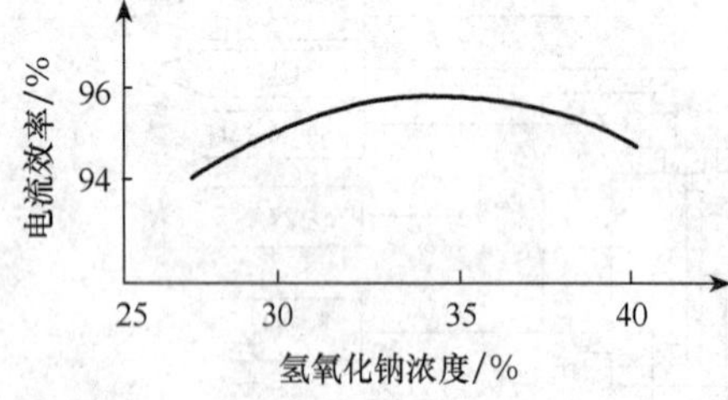

图 7.11 氢氧化钠浓度对电流效率的影响

3. 阴极液中 NaOH 的浓度

如图 7.11 所示，当阴极液中 NaOH 浓度上升时，膜的含水率就降低，膜内固定离子浓度上升，膜的交换能力增强，电流效率高。但是 NaOH 浓度过高，膜中 OH^- 反渗透到阳极机会增多，使电流效率下降。曲线有一最高点。

4. 阳极液中 NaCl 的浓度

如图 7.12 所示，当阳极液中 NaCl 浓度太低时，对提高电流效率、降低碱中含盐都不利。主要是阴极室的 OH^- 容易反渗透，阳极液中的氯离子易迁移到阴极室。另外，离子膜长期处于 NaOH 低浓度下运行，还会使膜膨胀、严重起泡、分离直至永久性破坏。阳极液中的 NaCl 浓度也不宜太高，否则槽电压上升。生产中一般控制阳极液中 NaCl 浓度约为 210g/L。

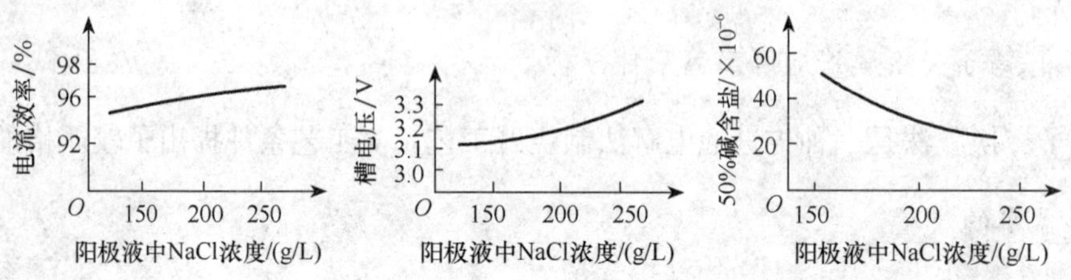

图 7.12 阳极液中 NaCl 的浓度

5. 阳极液的 pH

阳极液一般是处于酸性环境中，有时，在进槽的盐水中加入盐酸，中和从阴极室反迁移来的氢氧根离子，以降低氯中含氧量，阻止氢氧根离子与溶解于盐水中的氯发生副反应，提高阳极电流效率。但是，要严格控制阳极液的 pH 不低于 2，以防离子膜阴极侧的羰基层酸化，破坏其导电性，否侧使电压急剧上升造成膜的永久性破坏。

（四）主要设备的选用

1. 电解槽

电解槽由若干电解单元组成，每个电解单元是由阳极、离子交换膜与阴极组成。按供电方式不同，离子膜电解槽分为单极式和复极式。两者的电路接线方式如图 7.13 所示。

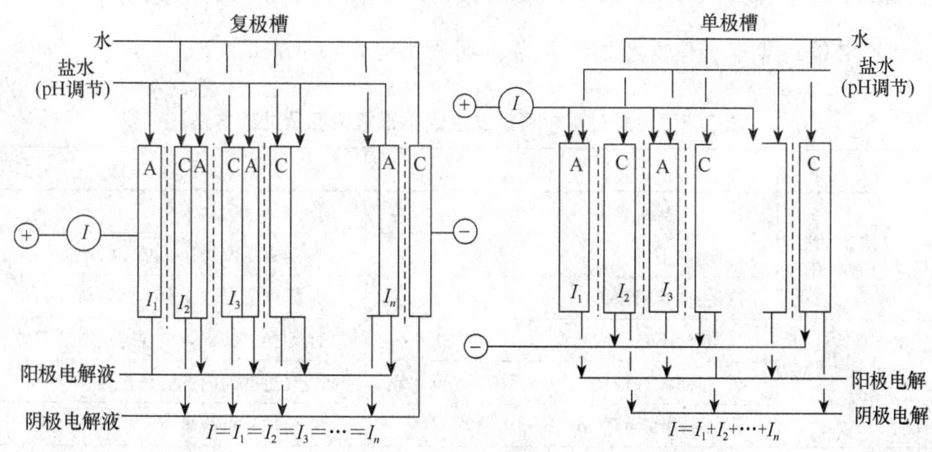

图 7.13　离子膜电解槽

单极式电解槽内部的直流电路是并联的，通过各个电解单元的电流之和是通过这台单极电解槽的总电流，各电解单元的电压是相等的。所以，单极式电解槽适合于低电压电流单元的直流运转。

复极式电解槽各电解单元的直流电路都是串联的，各个单元的电流相等，电解槽的总电压是各电解单元电压之和，所以复极式电解槽适合于低电流高电压运转。

电解槽主要部件是阳极、阴极、隔板和槽框。在槽框的当中，有一块隔板将阳极室与阴极室隔开。两室所用材料不同，阳极室一般为钛，阴极室一般为不锈钢或镍。隔板一般是不锈钢或镍和钛板的复合板。隔板的两边还有筋板，其材料分别与阳极室和阴极室的材料相同。筋板上开有圆孔以利于电解液流通，在筋板上焊有阳极和阴极，如图 7.14 所示。

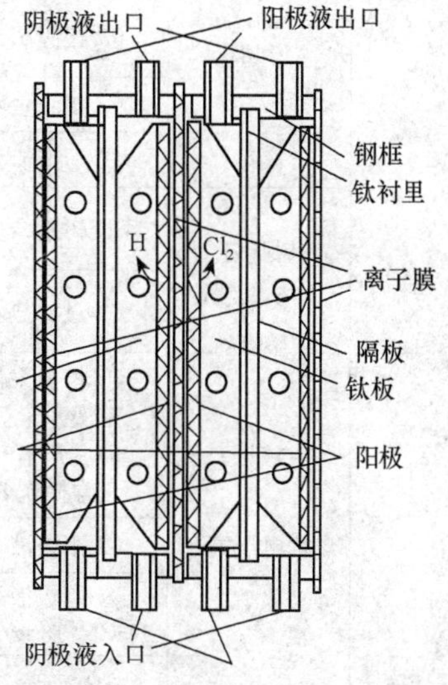

图 7.14　离子膜电解槽

2. 阳极材料

由于阳极直接、经常地与氯气、氧气及其他酸性物质接触，要求阳极具有较强的耐化学腐蚀、对氯的超电压低、导电性能良好、机械强度高易于加工及便宜等，此外还要考虑电极的寿命。

金属阳极具有耐腐蚀、过电位低、槽电压稳定、电流密度高、生产能力强、使用寿命长和无污染等优点，一般为网形结构。

3. 阴极材料

要求阴极材料耐 NaOH 和 NaCl 腐蚀，H_2 在电极上的超电压低，具有良好的导电性、机械强度和加工性能。阴极的材料主要有铁、不锈钢、镍等，铁阴极的电耗比带活性层阴极高，但镍材料带活性层阴极的投资比铁阴极高。阴极材料的选用，要考虑综合经济效益。

（五）电解过程中可能发生的不正常情况及处理方法（表 7.5）

表 7.5 电解过程中可能发生的不正常情况及处理方法

序号	异常现象	原　因	处理方法
1	过滤器压差急剧上升	① 一次盐水含 ss 高	① 降低一次盐水 ss
		② 返洗不好	② 加强返洗操作，必要时增加一、二次
		③ 主体给料量不足	③ 按规定要求供给本体给料
2	过滤盐水中 ss 高	① 预涂不良	① 切换过滤器，按规定重新预涂
		② 过滤元件损坏、垫圈损坏、螺丝松动	② 对过滤器内部进行检查
		③ α-纤维素不合格	③ 填加 α-纤维素
3	粗盐水 Ca、Mg 超标	① 再生不良	① 重新再生
		② 树脂结块	② 返洗、保证树脂充分展开
		③ 树脂凹凸不平	③ 增加 5～10 次返洗，保证树脂不平度小于 10cm
		④ 树脂量不足	④ 及补加树脂
		⑤ 盐酸泄漏	⑤ 检查修理盐酸再生管线
4	树脂塔压差大	① 树脂结块	① 增加返洗流量和返洗时间，保证树脂充分展开
		② 过滤盐水中 ss 高或漏入 α-纤维素	② 检查过滤器出口 ss 含量和过滤器的运行情况，必要时停上过滤器进行内部检
5	槽电压高	① 槽温太低 首次开车 70～75℃ 以后开车 65～75℃ 正常操作 80～87℃	① 加大碱液换热器蒸汽量，提高循环碱温度
		② 阳极液 pH＜2	② 减少盐酸加入量，必要时停车
		③ 阳极液浓度 NaCl＜180g/L	③ 增加精盐水流量，检查精盐水供应情况，管道是否堵塞，必要时停车
		(4) 进料盐水管故障或盐水供应不足	(4) 局部检查盐水溢流情况，立即停车，如必要，更换膜和进料盐水管

续表

序号	异常现象	原　因	处 理 方 法
5	槽电压高	（5）NaOH浓度高于规定值	（5）检查碱液循环量，增加稀释纯水流量
		（6）碱循环系统出故障	（6）停车，检修碱液循环系统
		（7）超出允许压差范围	（7）停车 a. 检修气体控制系统 b. 检查管道的导凝系统
		（8）盐水杂质超标	（8）停车，提高盐水质量
		（9）膜有针孔或开裂	（9）停车，破损严重则更换膜
		（10）电解槽装配或贮存不合理 A. 离子膜折皱 B. 膜正反面错 C. 铜排连接不牢 D. 离子膜干燥	（10）视情况而定： 如严重换膜 换膜 重新紧固 如严重换膜
		（11）电极过压高参见异常现象16和17	（11）活化或更新电极
		（12）用以检查槽电压的电缆线接触不良	（12）改善电缆连接，磨光接触面
		（13）电压监控系统指示误差	（13）检测电压监控系统
6	电流效率低	（1）碱液浓度超出规定范围	（2）调节纯水流量到合适的标准
		（2）电流密度超出规定范围	（2）调节电流负荷
		（3）盐水杂质超标	（3）停车，设法提高盐水质量
		（4）膜机械损伤，如针孔，开裂见异常现象10	（4）如果严重换膜
		（5）膜的使用寿命到	（5）更换膜
		（6）DCS指示误差	（6）检查DCS
7	氯中含氧高	（1）阴极液pH高	（1）增加盐酸加入量
		（2）阳极涂层性能退化	（2）重新涂阳极涂层
		（3）氯气水封中水位不够	（3）增加密封水
		（4）电流效率低	如严重换膜
		（5）空气从法兰等到连接处漏入氯气系统	（5）紧固法兰等连接处
		（6）膜的使用寿命到期	（6）更换膜
		（7）膜有针孔，单元槽取样 O_2/Cl_2： a. ＜3% b. 3%～5% c. ＞5%	（7）视情况而定 a. 正常 b. 异常保持分析并考虑换膜 c. 停车，换膜
8	碱液中NaCl含量高	（1）电流密度低	（1）如有必要增加电流密度
		（2）槽温高	（2）向碱液换热器通冷却水，降低循环碱温度
		（3）阳极液中NaCl浓度低	（3）增加精盐水的供应量，如果NaCl＜180g/L停车
		（4）阴极液中NaOH浓度低	（4）降低稀释纯水的流量
		（5）纯水氯化物含量高	（5）提高纯水质量
		（6）膜受损，有针孔	如果严重换膜

续表

序号	异常现象	原因	处理方法
9	碱液中氯酸盐含量高	阳极液中氯酸盐含量高	检查氯酸盐分析系统，控制盐水中$NaClO_3$在规定范围
10	膜机械损伤	(1) 电槽装配不好，拉杆拧得过紧，在垫片，周围有针孔或开裂	(1) 更换被损坏的膜
		(2) 在预处理和安装时使膜皱折	(2) 更换膜
		(3) 气体压力异常波动造成膜上有针孔或开裂	(3) 更换膜
11	电解液泄漏	(1) 拉杆紧固力矩不够	(1) 以适当力矩紧固拉杆
		(2) 垫片老化	(2) 停车，更换垫片
		(3) 垫片周围膜开裂	(3) 停车更换损坏的膜和垫片
12	氯中含氢高	(1) 膜有针孔或裂缝单元槽以样H_2/Cl_2 a＜0.1% b.0.1%～0.2% c.＞0.2% (2) H_2压力太高	(1) 视情况而定 a. 正常 b. 异常，经常分析，准备换膜 c. 立即停车换膜 (2) 停车检查压力控制系统和H_2水封罐密封深度
13	阳极液中NaCl含量低	(1) 进料盐水流量低 (2) 进料盐水泵出故障 (3) 流量控制器或流量显示器出故障 (4) 在阀门、流量计、进料管、过滤器处堵塞 (5) 碱液循环管与成品碱管短路	(1) 增加进料盐水流量 (2) 停车修理泵或换备用泵 (3) 停车排除故障 (4) 停车清理管线 (5) 关闭管道上切断阀
14	阴极液中NaOH含量高	(1) 纯水流量低 (2) 碱液循环泵出故障 (3) 流量控制器或流量显示器出故障 (4) 在阀门、流量计、进料管、过滤器处堵塞 (5) 碱液循环管与成品碱管短路	(1) 增加纯水流量 (2) 停车修理泵或换备用泵 (3) 停车排除故障 (4) 停车清理管线 (5) 关闭管道上切断阀
15	接地处杂散电流高	(1) 有导电材料如工具或金属材料与铜排接触产生接地错误 (2) 单元槽电压不平衡	(1) 停车检查原因并排除 (2) 省事意金属管道和设备的电化腐蚀，如果严重更换膜
16	阴极电势高	(1) 阴极涂层寿命到 (2) 在阳极表面有遮盖物 (3) 阳极液 pH 太高	(1) 如严重活化阴极涂层 (2) 检查 NaOH 和纯水中 Fe 含量，减少纯水中 Fe 含量，检查衬里管线是否完好 (3) 检查盐水 pH 控制系统更新损坏的膜
17	阳极电势高	(1) 阳极涂层使用寿命到 (2) 在阳极涂层表面有遮盖物 (3) 阳极液 pH 太高	(1) 如严重重涂阳极涂层 (2) 检查进料盐水中 Fe、Mn、Ba、TOC 提高盐水质量 检查盐水 pH 控制系统，更新损坏的膜
18	盐水管道堵塞	(1) 管道和设备材料腐蚀（如橡胶衬里，氯化塑料等） (2) 氯化材料如垫片，管道粘接剂等 (3) 盐水 pH＜5，使过的絮凝剂（聚丙烯酸钠）沉淀	(1) 停车清理杂物，在年度检修时清理盐水循环槽 (2) 停车清理杂物，在年度检修时清理盐水循环槽 (3) 停车检查 pH 控制系统，使 pH＞6，把过量絮凝剂控制在 1～3mg/L

续表

序号	异常现象	原　因	处理方法
19	极化电压低	（1）膜针孔比相邻单元电压低 30mV 以上 （2）阳极和阴极外部短路 （3）阳极和阴极内部短路 （4）极化电流不足	（1）开车前检查各单元溢流盐水 pH＜12，碱性＜3g/L 可接受。在 3KA 时检查溢流变黄绿，定期分析 Cl_2 中含 O_2 和 H_2 （2）清洗外部结晶，检查侧边挂耳螺栓是否在原位，检查是否有别的东西造成外部短路 （3）考虑换膜 （4）增加极化电流
20	电压偏差报警	盐水短缺或故障	现场检查溢流，立即停车，必要时换
21	单元槽底部排放孔泄漏	镍板或钛板上有裂缝或孔	立即停车，更换单元槽
22	电槽外有火花	盐水中断，绝缘破坏，垫片破裂	立即停车，必要时更换单元槽和膜
23	爆炸声	盐水中断	立即停车，必要时更换单元槽和膜
24	氧化还原电位高	（1）淡盐水 pH＞2.5 （2）淡盐水温度低于 80℃ （3）真空度低 （4）脱氯盐水 pH＜7 （5）Na_2SO_3 流量小 （6）AICA-1604 显示故障	（1）见 25 （2）见 26 （3）见 27 （4）见 28 （5）见 29 （6）人工分析检查 NaClO 含量，更新或清洗电极
25	淡盐水 pH	（1）V-1407 液位非常低 （2）盐酸流量减少 （3）AIA-2005 显示故障	（1）向 V-1407 进高纯盐酸 （2）增加盐酸流量 （3）人工分析，检查 pH，更新或清洗电极
26	淡盐水温度低	（1）电解温度低，从电槽出来的淡盐水温度低	（1）升电槽温度，从而提高淡盐水温度
27	真空度低	（1）E-1601 出口氯气温度高 （2）E-1601 管道破裂 （3）冷却水故障 （4）真空泵故障	（1）增加 E-1601 冷却水量 （2）停车检作 （3）停车检作 （4）切换真空泵，检修损坏的泵
28	脱氯盐水的 pH 低	（1）V-2009 中液位非常低 （2）P-2006 出口压力低 （3）进碱量减少 （4）AICA-1602 显示故障	（1）向 V2009 进碱 （2）提升泵出口压力 （3）增加碱液流量，并检测碱的浓度 （4）人工分析 pH，更新或清洗电极
29	Na_2SO_3 用量不足	（1）阀门开度小．流量偏低 （2）Na_2SO_3 浓度低 （3）P-1603 泵故障 （4）V-1602 液位非常低	（1）开大阀门，增加流量 （2）检测 Na_2SO_3 浓度 （3）切换备泵 （4）向 V-1602 加 Na_2SO_3

任务五　固体烧碱的制备

一、固碱的种类

1. 桶装固碱

桶装固碱指用 0.5mm 薄铁皮制成的容器装入离子膜固碱而得，一般每桶净重

200kg。其生产工艺大多由熬碱锅熬制而成。桶碱其外包装材料价格较高，使用时需要破碎桶，既麻烦又不安全。目前桶装固碱仍是国内一种主要的固碱生产包装方式。

离子膜桶状固碱质量指标目前尚未有国家标准，多以企业标准来进行控制。

2. 片状固体

锅式法和膜式法生产的熔融烧碱，通过片碱机均可生产片状固碱。片碱的厚度与温度随片碱机刮刀调节的距离及冷却水的冷却状况不同而改变。一般碱片的厚度维持在0.5～1.5mm，温度控制在60～90℃。而进口片碱机制的碱片厚度为0.8～1.2mm，块状大小为0.3～1.2cm^2。

片碱包装的材料因厂而异，有用小桶包装的，净重为50kg。有用一层牛皮纸内衬一层改性聚丙烯塑料袋的。对于使用引进的片碱机，由于碱片温度较低，有用一层聚烯塑料袋进行包装的，净重一般也是25kg或50kg，也有用聚烯塑料外衬聚丙烯塑料袋的等。

使用的包装材料简与繁，主要取决于贮运的方法及碱片出口的温度，而以前者为主。在贮运安全可靠的前提下，尽可能选择价廉、耐用的材质，以降低包装成本。

3. 粒状固碱

粒状固碱是将熔融碱通过造粒塔制成直径0.25～1.3mm的小粒，自由落体，与塔底进入的干燥空气逆向流动，冷却凝固而得。

造粒塔是制造粒状固碱的关键设备，其体积较大，一般直径都在3m以上，高度为20～25m。其喷嘴为多孔板结构，制作加工复杂，且使用贵金属铂合金，所以设备造价高，但作为一个固碱品种，本身具有小包装，方便使用的特点，仍有一定的市场需求。

4. 73％低质量分数固碱

73％的烧碱在常温下就能凝结为固体，故称为73％的固碱。因与其他种类固碱相比，其NaOH质量分数较低，故又称为低质量分数固碱，主要品种有73％桶装固碱和73％片碱。

二、制备固体烧碱的工艺流程组织

在烧碱蒸发中，应用广泛的有降膜和升膜蒸发技术，它们能够强化传热过程，提高设备热效率、减小换热面积、节省设备投资，具有很大的经济效益和社会效益。

膜式法生产片状固碱是使碱液与加热源的传热蒸发过程在薄膜传热状态下进行。这种过程可在升膜或降膜情况下进行，一般采用熔盐进行加热。

离子膜固碱生产一般分为两步，第一步是离子膜电解来的碱液从浓度32％左右浓缩至50％，这可在升膜蒸发器也可在降膜蒸发器中进行。加热源采用蒸汽，并在真空下进行蒸发；第二步是50％碱液再通过升膜或降膜浓缩器，以熔融盐为载热体，在常压下升膜或降膜将 50%的碱液加热浓缩成熔融碱，再经片碱机制成片状固碱。

根据薄膜蒸发的原理，采用升、降膜蒸发器，分别用蒸汽和熔盐加热，碱液与加热源的传热、蒸发过程在薄膜传热状态下进行，蒸汽最终以溶盐作为热载体，32%离子膜碱经过升膜蒸发器在真空下进行蒸发，浓度升至 50%，然后将 50%的碱液加热浓缩成熔融碱再经过片碱机冷却制成片状固碱。图 7.15 为三效四体升膜蒸发液碱流程图；图 7.16 为降膜蒸发制固碱流程图。

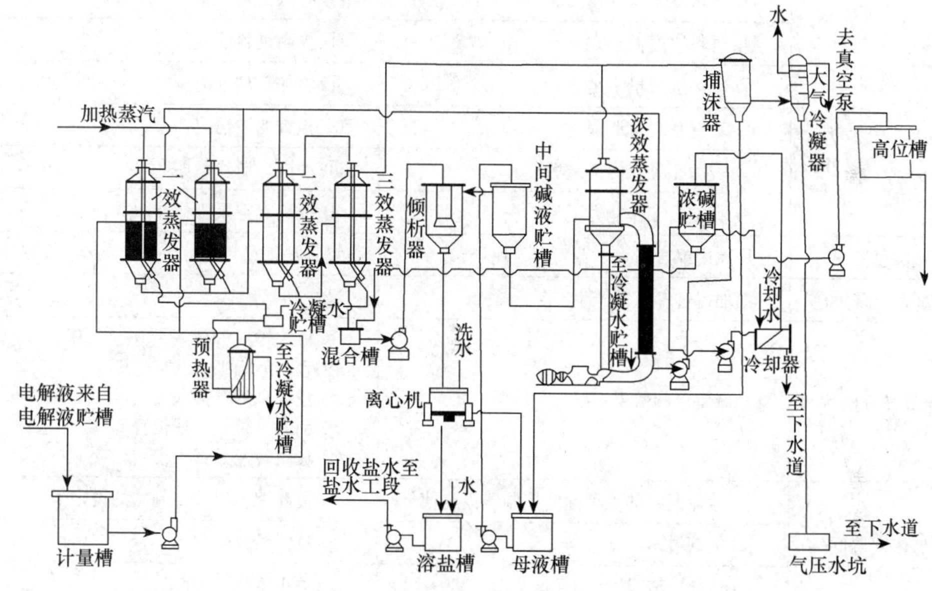

图 7.15　三效四体升膜蒸发工艺流程

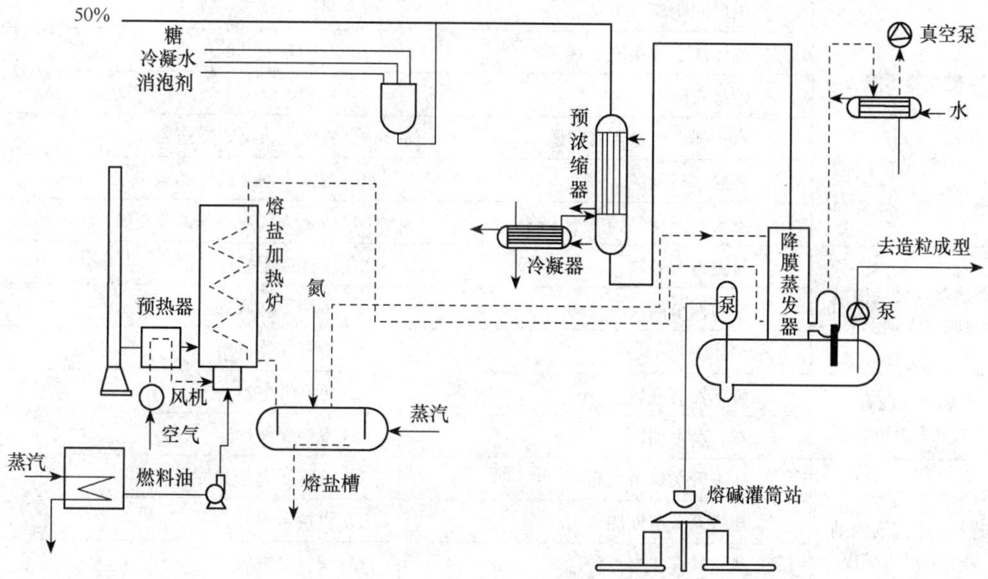

图 7.16　降膜蒸发制固碱流程

三、生产异常现象及处理方法（表 7.6）

表 7.6 生产异常现象及处理方法

异常现象	原因	处理方法
碱液最终浓度偏低	① 蒸汽压力与降膜蒸发器的工作压力不相当	① 提高蒸汽压力使其与降膜蒸发器的工作压力相当
	② 出口温度设定值偏低	② 对照沸腾曲线重新设定出口温度
	③ 产量高于装置设计能力	③ 降低出碱流量
	④ 进料浓度低于 32%	④ 提高进料浓度
表面冷凝器压力（PI-309）高于 10kPa	① 冷却水流量不足	① 增加冷却水流量
	② 真空系统有泄漏	② 检查泄漏情况，排除
	③ 表面冷凝器内部结垢	③ 冲洗、清除污垢
	④ 真空泵工作能力不足	④ 提高真空泵工作能力
片碱颜色发绿	片碱中镍含量大，蒸发器受腐严重	增加加糖量
片碱颜色出现黑色	糖加得过多有碳产生	减少加糖量
片碱发黏有糊状	片碱机冷却效果不好	① 检查转鼓的仪表气压、水压、水温是否在规定范围内 ② 浸槽是否升得太高 ③ 刮刀是否在合适位置 ④ 转鼓转速是否太慢
片碱浓度偏低	① 熔盐回路的编程温度控制器设定值低	① 提高编程温度控制器的设定值
	② 加糖过多	② 降低糖泵冲程
	③ 熔盐回流量大	③ 关小熔盐回流阀
燃烧器不能启动无火焰	① 控制系统有故障	① 检查控制系统中的故障并排除
	② 电极间距离不正确	② 将距离调节正确
	③ 电极或电线接地	③ 改动有问题的接线
	④ 绝缘有问题	④ 更换绝缘
	⑤ 点火器、变送器有问题	⑤ 更换点火器、变送器
	⑥ 螺旋阀有问题	⑥ 更换有问题的磁芯
	⑦ 点火气或空气调节不正确	⑦ 将点火气或空气调节正确
燃烧器点火后很短时间内火焰熄灭	① 过滤器有脏物	① 清洗或更换过滤器
	② 压力调节阀反应太慢	② 将调节阀调到正确位置
	③ 气体供给不足	③ 检查气体供给
助燃空气没有，燃烧器不运转	① 继电器有问题	① 更换继电器
	② 过负荷断路	② 更换保险丝
最大功率范围内助燃空气风机跳停	① 压力开关调节太高	① 检查压力开关的设定
	② 压力开关有问题	② 更换压力开关
	③ 风机转向不对	③ 调整电机极向
	④ 风机内有脏	④ 清洗风机内部

续表

异常现象	原　因	处理方法
运行过程中，火焰扫描装置出问题，燃烧器自动跳停	① 火焰传感器有问题	① 更换传感器并检查冷却空气
	② 火焰传感器调节不正确	② 调到正确位置
	③ 电气连接有问题	③ 检查电气连接，并修改
运行过程中，燃料空气比不正确，燃料缺	① 程序故障	① 检查燃料空气比并调节
	② 没有燃料	② 检查燃料供给
碱膜粘到转鼓上，形成双层碱	① 开车时碱进料量太小	① 运行一段时间后，双层碱消失
	② 刮刀与转鼓之间距离不当	② 调整刮刀与转鼓间的距离
	③ 冷却水温度太低	③ 减少冷却水流量
片碱温度过高	① 转鼓转速太快或太慢	① 调整转速至适当的位置
	② 冷却水量太小或压力太低	② 增大冷却水流量，提高压力
	③ 冷却水喷嘴堵塞	③ 检查清洗喷嘴
	④ 转鼓中仪表气压力不足	④ 检查仪表气压力是否适当
	⑤ 进料量超过了设计能力	⑤ 将进料量降至符合设计要求
包装秤不下料	① 物料潮解，在下料处结块	① 打开包装秤门清理
	② 包装称故障	② 排除故障

四、离子膜固碱生产安全技术

身体某个部位不慎接触了碱，首先必须用大量的清水清洗，眼部要用洗眼器清洗，为防止深度烧伤，每层楼上均安装了一个带洗眼设备的安全淋浴装置。

1. 烧碱

烧碱的腐蚀性极强，凡是操作与烧碱有关的装置时，均必须带防护眼睛，橡胶手套，穿胶靴，以防止碱液或固体烧碱碎片触及眼睛及皮肤。检修前放净物料，经水冲洗确认内部无物料后方可检修。当碱液溅到皮肤或眼睛时，应立即用大量清水或用硼酸水中和清洗，严重者在采取上述措施的同时，立即送医院治疗。

2. 氢气

氢气是一种易燃易爆气体，在空气中爆炸极限为 4.1%～74.1%。

因此要求：

(1) 氢气系统设备、管道密封性要好，严防泄漏。

(2) 氢气系统维修，必须用 N_2 置换合格后，才能进行修理。

(3) 氢气系统设备管道严禁敲打，生产界区严防使用明火。

3. 熔盐

熔盐是一种强氧化剂，使用中不得混入煤粉、焦炭、木屑、布条、纸张、有机物及铝屑等，否则会引起燃烧，甚至发生爆炸。

操作链接

离子膜电解的安全操作

（1）电解过程中使用的直流电，电流负荷大，电压高，因此，电解在操作过程中，应做到：

① 穿上绝缘靴。

② 保持地面干燥。

③ 严格执行单手操作规定。

（2）氯气是有毒、有害气体，对人体组织侵蚀性强，吸入氯气会刺激呼吸器官，引起肺水肿，严重者能导致死亡。生产车间最高允许浓度应小于 $1mg/m^3$。因此要求：

① 设备管道密封要好，减少跑冒。

② 操作人员必须有防毒面具并且会正确使用。

③ 厂房要有良好通风。

④ 如遇氯气大量外溢，未配戴防毒面具者或非必要留在现场人员，应用湿毛巾等捂住鼻子，迅速跑到上风处暂避。

（3）氢气是一种易燃易爆气体，在空气中爆炸极限为 4.1%～74.1%，另外，氯气中含氢量为 5.0%～87.5%就形成爆炸混合。因此要求：

① 氢气系统设备，管道密封性要好，严防泄漏。

② 氢气系统维修，必须用氮气置换合格后，才能进行修理。

③ 开停车时要及时给阴极系统充氮。

④ 氢气系统设备、管道严禁敲打，生产区域严防使用明火。

⑤ 严格控制氯气系统中的含氢量，以防爆炸。

⑥ 电气设备应采用防爆型，氢气系统设备、管道应防静电接地措施。

（4）产品烧碱具有强腐蚀性，碰到皮肤会引起灼伤，溅入眼睛会导致失明，所以要求：

① 穿戴好防护用品，特别在检修时必须戴好眼镜、胶皮手套。

② 检修前放净物料，经水冲洗确认内部无物后方可检修。

③ 当碱液溅到皮肤或眼睛，应立即用大量清水冲洗或用硼酸水中和冲洗，严重者在采取上述措施的同时，立即送医院治疗。

（5）生产使用的盐酸，具有很强的腐蚀性和强烈的刺激气味，溅到人体上会引起灼伤，所以要求：

① 穿戴好防护用品，特别在检修时必须戴好眼镜、胶皮手套。

② 检修前放净物料，经水冲洗确认内部无物后方可检修。

③ 如遇皮肤或眼睛溅上盐酸时，应立即用大量清水冲洗。

思考题

1. 什么是理论分解电压？什么是槽电压？槽电压由哪几部分构成？

2. 什么是电压效率？什么是电流效率？它们与电能效率的关系是什么？

3. 为什么离子膜法电解的阴极液中 NaCl 含量低，根据离子膜选择透过性示意图分析。

4. 离子膜电解槽的主要阴阳极材料有哪些？

5. 试论述电解工艺条件的选择。

6. 盐水一次精制和二次精制的目的是什么？

7. 电解过程主要副反应及对产品质量的影响如何？

8. 试述电解的工艺流程。

9. 电解液出口碱液浓度偏高，你认为由哪些原因造成？如何处理？

10. 碱液蒸发的目的是什么？对其操作有哪些基本要求？

11. 某电解槽通以 109KA 的电流时，氯的生产速率为 1.923×10^3mol/h，碱的生产速率为 3.094×10^3mol/h，求阴极电流效率和阳极电流效率。

项目八　硫酸的生产

知识目标

(1) 了解硫酸的性质和用途；制酸用原料。

(2) 掌握硫铁矿沸腾焙烧、炉气的净化及干燥原理。

(3) 掌握二氧化硫催化氧化的化学平衡及动力学规律。

(4) 理解二氧化硫转化工艺流程的“两转两吸”。

(5) 掌握三氧化硫吸收的基本原理和工艺流程。

(6) 掌握硫酸生产尾气的治理技术和综合利用。

能力目标

(1) 能分析主要工艺条件、化学平衡及动力学规律。

(2) 能进行硫铁矿焙烧过程的物料衡算及热量衡算。

(3) 能绘制工艺流程图、主要设备图、设备布置图。

(4) 能符合硫酸生产特点指出“三废”问题，提出合理化建议及解决方案。

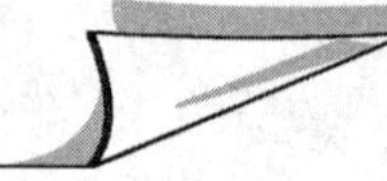

任务一　硫酸工业认识

硫酸是无机强酸，腐蚀性很强，化学性质很活泼。纯品硫酸为无色、无臭、透明的油状液体，呈强酸性，强吸水性，可以与水以任意比混合，并放出大量的热。硫酸的结晶温度、密度、沸点、蒸气压以及黏度随着硫酸浓度的不同而变化。

一、生产硫酸的原料

生产硫酸的原料主要有硫铁矿、硫磺、硫酸盐、冶炼烟气及含硫化氢的工业废气等。

1. 硫铁矿

硫铁矿是当前硫酸生产最主要的原料，我国50%以上的硫酸是以硫铁矿为原料生产的。硫铁矿主要成分是FeS_2，一般富矿含硫30%～48%，贫矿含硫在25%以下。

将硫铁矿原料处理后，加入沸腾焙烧炉，通入空气氧化焙烧，产生的二氧化硫气体经净化后进入转化器转化为三氧化硫，再经酸吸收，制得硫酸成品。

2. 硫磺

将硫磺经熔融、焚烧产生二氧化硫气体，经废热锅炉、过滤器，再经通入空气氧化为三氧化硫，再经冷却、酸吸收，制得酸成品。

硫磺原料纯度高、工艺过程简单，不需要复杂的净化工段及废水、废渣治理。炉气中 SO_2 与 O_2 的含量相应提高，从而提高生产能力。

3. 硫酸盐

硫酸盐还原消耗大量的燃料，硫酸厂与水泥厂联合生产，可以节省能源、降低成本，对发展我国硫酸和水泥工业具有重要意义。

4. 冶炼烟气

金属冶炼工业产生的大量尾气中都含有二氧化硫，将其中的二氧化硫通过转化器转化为三氧化硫，再经酸吸收，制得硫酸成品，不仅回收了资源，对保护生态环境也有着重大意义。

二、硫酸的生产方法

工业上生产硫酸的方法主要有两种，硝化法（塔式法）和接触法。接触法制得的硫酸纯度、浓度比硝化法制得的硫酸高，我国目前全部以接触法生产，其工艺流程因所采用的原料种类不同而有所不同。

接触法不仅可制得任意浓度的硫酸，而且可制得无水三氧化硫及不同浓度的发烟酸，操作简单、稳定，热能利用率高，因此，在硫酸工业中占有重要地位。

任务二　二氧化硫炉气的制备

一、硫铁矿的焙烧原理

（一）焙烧反应

焙烧硫铁矿的反应，主要是矿石中的 FeS_2 与空气中的氧反应，生成二氧化硫炉气。焙烧反应分两步进行：

1. 二硫化铁受热分解为 FeS 和硫磺

$$FeS_2 = 2FeS + S_2 \qquad \Delta_r H_m^\theta = 295.68\text{kJ} \tag{8.1}$$

由于反应是吸热反应，理论上温度越高，对反应越有利；另外，硫磺平衡蒸气压的变化也表明了这一点（表 8.1）。

表 8.1　硫磺平衡蒸气压与温度的关系

温度/℃	580	600	620	650	680	700
压力/Pa	166.67	733.33	2879.9	15133	66799	261331

硫铁矿释放出硫磺后，形成多孔形的一硫化铁。

2. 生成的 FeS 和硫磺与氧反应

$$S_2 + 2O_2 = 2SO_2 \qquad \Delta_r H_m^\theta = -724.07kJ \tag{8.2}$$

$$4FeS + 7O_2 = 2Fe_2O_3 + 4SO_2 \qquad \Delta_r H_m^\theta = -2453.3kJ \tag{8.3}$$

$$3FeS + 5O_2 = Fe_3O_4 + 3SO_2 \qquad \Delta_r H_m^\theta = -1723.79kJ \tag{8.4}$$

硫铁矿焙烧总反应式：

$$4FeS_2 + 11O_2 = 8SO_2 + 2Fe_2O_3 \qquad \Delta_r H_m^\theta = -3310.08kJ \tag{8.5}$$

$$3FeS_2 + 8O_2 = 6SO_2 + Fe_3O_4 \qquad \Delta_r H_m^\theta = -2366.28kJ \tag{8.6}$$

矿石的种类、粒度以及矿石中易燃物的含量等因素，都会影响硫铁矿焙烧时的着火点。通常为了保证硫铁矿焙烧完全，工业上控制焙烧温度在 600℃以上。

（二）焙烧反应动力学

硫铁矿的焙烧是非均相反应过程。反应在两相的接触表面上进行，反应过程可看成由以下步骤组成：FeS_2 分解；氧向硫铁矿表面扩散；氧与一硫化铁反应；生成的二氧化硫由表面向气流主体扩散；此外，在表面上还存在着硫磺蒸气向外扩散及氧和硫的反应等。

焙烧反应的过程速率与过程的扩散阻力及化学反应速率有关。

由前面的分析可知，硫铁矿的焙烧反应，可分为 FeS_2 分解和 FeS 及单质硫氧化两步。FeS 的氧化反应在矿料颗粒外表面及整个颗粒内部进行。矿粒外表面 FeS 与氧反应后，生成了氧化铁，当氧与颗粒内部的 FeS 继续反应时，必须要通过颗粒表面的氧化铁层。而内部生成的二氧化硫，也必须通过氧化铁层扩散出来。氧化铁层随着焙烧反应的进行逐渐变厚，氧和二氧化硫通过的扩散阻力也逐渐增大。

确定焙烧过程究竟是动力学控制，还是扩散控制，要通过实验完成，即考察操作温度、反应时间及颗粒大小等因素对过程的影响。

1. 反应速率

FeS_2 和 FeS 在空气中的氧化速率及 FeS_2 在氮气中的分解速率的变化情况可参考脱硫速度的舟皿试验结果，如图 8.1 所示。由图可知，FeS_2 的分解速度大于 FeS 的氧化速度，FeS 氧化反应慢，是整个反应过程的控制步骤。

2. 温度

二硫化铁的分解反应活化能约为 126kJ/mol，图 8.2 为硫铁矿的分解速度与温度的关系，显示了 FeS_2 的分解速度随温度的升高而加快，而且在较高温度下有较大提高，

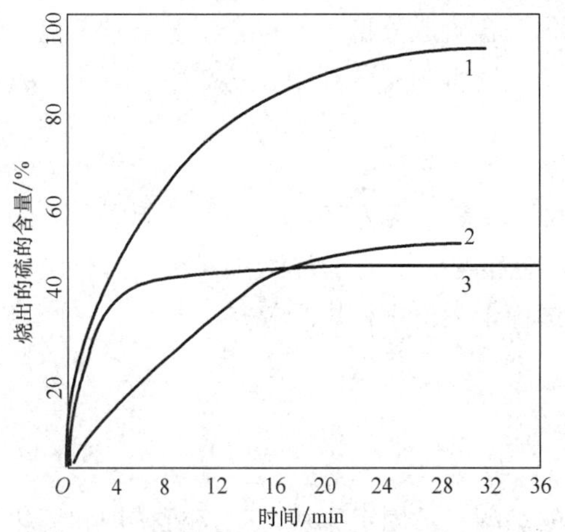

图 8.1　FeS_2和 FeS 在空气中的氧化速率及 FeS_2在氮气中的分解速率

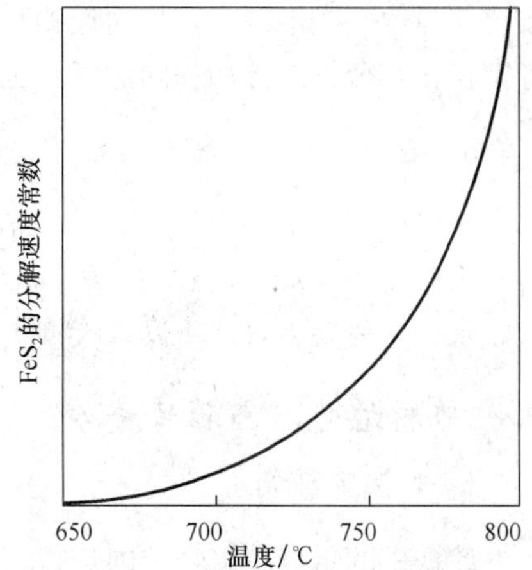

图 8.2　硫铁矿的分解速度与温度的关系

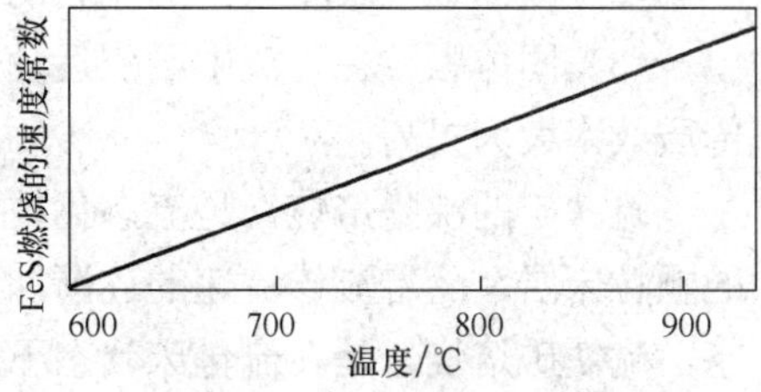

图 8.3　一硫化铁燃烧速度与温度的关系

属动力学控制。FeS 氧化反应活化能为 13kJ/mol，反应速度随温度的增加不显著，因此属扩散控制。图 8.3 为一硫化铁燃烧速度与温度的关系。要提高 FeS 的氧化速度，需要减小扩散阻力，增加气固相际接触面积，减小矿石粒度。

随着温度的升高，化学反应速度加快的程度远远超过扩散速率的增长，因此在高温时，硫铁矿焙烧会转为扩散控制。提高氧的浓度会加快焙烧过程的总速率，氧是影响扩散速率的主要因素，但由于用富氧空气焙烧硫铁矿不经济，所以通常只用空气焙烧。

综上所述，要提高硫铁矿焙烧速率，应从以下几方面考虑：提高反应温度；减小矿石粒度；提高入炉空气中的氧含量；增强气固两相间的相互运动等。

二、原料预处理

直接由矿山开采的硫铁矿一般呈大小不一的块状矿石，在焙烧之前，需要进行预处理，通常要经过粉碎、分级筛选和配矿等处理；尾砂虽然不需破碎，但其含水量高，冬季贮藏易结块，所以需要干燥脱水处理。

1. 硫铁矿的破碎

硫铁矿的破碎通常需要经过粗碎和细碎两道工序。粗碎使用颚式破碎机，细碎用辊式压碎机或反击式破碎机；对于因水分而结块的尾矿需用鼠笼式破碎机。送入沸腾炉焙烧的硫铁矿，一般粒度不得超过 4～5mm。

2. 配矿

硫铁矿往往因产地不同而成分相差较大。在生产中通常用铲车或行车将贫矿和富矿按比例抓取、翻堆混合，从而使物料混合均匀、含硫成分稳定，符合工艺要求，以保证稳定操作，获得成分均一的炉气，也使低品位矿料得到充分利用。

3. 脱水

块状矿石含水一般低于5%，而尾砂含水量较多，高达15%～18%。沸腾炉干法加料要求湿度（含水）在6%以内，水量过多，会影响炉子的正常操作，因此需将湿矿进行脱水。一般采用自然干燥，大型工厂采用滚筒干燥机进行烘干。

三、沸腾焙烧与沸腾焙烧炉

（一）沸腾焙烧

硫铁矿的焙烧在焙烧炉内进行。焙烧炉的炉型有：固定床块矿炉、机械炉和流化床沸腾炉。采用沸腾焙烧具有以下优点：

（1）操作连续，便于自动控制。

（2）固体颗粒较小，气固相间的传热和传质面积大。

（3）固体颗粒在气流中剧烈运动，固体表面更新快，从而使化学反应速度、传热和传质效率大为提高。

硫铁矿的沸腾焙烧，是流态化技术在硫酸制造工业的具体应用。流体通过一定粒度的颗粒床层，随着流体流速的逐渐加大，床层会呈现固定床、流化床及流体输送三种状态，硫铁矿焙烧，是在流化床状态下进行的。沸腾炉的正常操作，取决于矿料的物理性质、硫铁矿颗粒平均直径大小及气流速度。沸腾焙烧的气流速度要保持在临界速度与吹出速度之间，既使最大颗粒能够流化，又使最小颗粒不被气流带走，保证大颗粒流化，并使最小颗粒在炉内保持一定的停留时间，已达到规定的烧出率。对于不均匀粒径的硫铁矿，通常用床层内粒子的平均粒径来计算临界流态化速度和吹出速度。

（二）沸腾炉焙烧结构

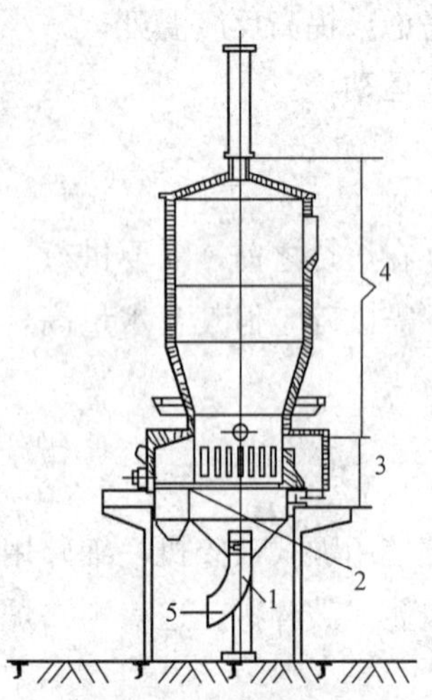

图 8.4 沸腾焙烧炉

1. 空气分布帽；2. 空气分布板；3. 空气室；4. 壳体；5. 出渣口

沸腾炉炉体为钢壳，内衬保温砖再衬耐火砖。

为防止冷凝酸腐蚀，钢壳外面有保温层。炉内空间分为空气室、沸腾层、上部燃烧空间。如图8.4所示，空气室也称风室，一般为圆锥形。内装空气分布板，分布板为钢制花板，上安装许多风帽，其作用是使空气均匀分布，并有足够的流体阻力，以利于稳定操作。风帽的作用是使空气均匀进入炉膛，保证截面上无死角，防止矿粒进入空气室。鼓风机将空气鼓入炉内，先经风室，再经空气分布板上的帽均匀分布向沸腾层。

沸腾层是焙烧的主要空间，下部有加料室，矿料由此进入炉膛空间。通常在炉膛或炉壁周围安装水箱或冷却器以带走热量，避免因温度过高导致炉料熔结。炉后设有废热锅炉，用于产生蒸汽。沸腾层高度一般以矿渣溢出口高度为准。

为降低气体流速，减少矿尘的吹出量和除尘的负荷，上部燃烧空间为扩大段。为确保一定的烧出率，在燃烧空间通入二次空气，以使吹起的矿料充分燃烧。

四、焙烧的工艺条件确定

硫铁矿焙烧是气固相不可逆反应，升高温度对反应有利，为提高硫的烧出率，一般控制操作炉温度850～950℃，炉底压力9～12kPa，炉气中SO_2含量为14%。这三项指标是相互联系的，其中炉温对稳定生产尤为重要。为了保持炉温稳定，必须要稳定空气加入量、矿石组成及投矿量，同时采用增减炉内冷却元件数量来控制炉床温度。

任务三　炉气的净化及干燥

一、炉气净化的目的和要求

硫铁矿的焙烧炉气除含有SO_2、N_2、O_2外，还含有SO_3、H_2O、As_2O_3、SeO_2、HF及矿尘等物质。矿尘不仅会堵塞设备与管道，而且会造成后工序催化剂失活；砷和硒则会使催化剂中毒；水分及三氧化硫极易形成酸雾，不仅对设备产生严重腐蚀，而且很难被吸收除去。在炉气送去转化之前，必须先对炉气进行净化，应达到的净化指标如表8.2。

表8.2　净化指标

砷	酸雾	氟	水分	尘
<0.001g/m^3	<0.03g/m^3	<0.001g/m^3	<0.1g/m^3	<0.005g/m^3

二、净化的原理及方法

（一）矿尘的清除

根据炉气中尘粒大小不同，工业上采取不同的净化方法。对于较大的尘粒（10μm以上）可采用自由沉降室或旋风分离器等机械除尘设备；对于较小的尘粒（0.1～10μm）可采用电除尘器；对于更小颗粒的矿尘（<0.05μm）可采用液相洗涤法除去。

（二）砷和硒的清除

砷和硒在焙烧过程中形成As_2O_3和SeO_2，它们在气体中的饱和含量随着温度降低而迅速下降，如表8.3所示。

由表8.3看出，当炉气温度降至50℃时，气体中的砷和硒的氧化物已降至净化所规定的指标以下。采用湿法净化工艺，用水或稀硫酸洗涤炉气，在50℃以下可达到较好的净化效果。凝固的砷、硒氧化物部分被洗涤液带走，部分呈固体微粒悬浮于气相中，形成酸雾冷凝中心。

表 8.3 不同温度下 As_2O_3 和 SeO_2 在气体中饱和时的含量

温度/℃	As_2O_3 含量/(g/m³)	SeO_2 含量/(g/m³)	温度/℃	As_2O_3 含量/(g/m³)	SeO_2 含量/(g/m³)
50	1.6×10^{-5}	4.4×10^{-5}	150	0.28	0.53
70	3.1×10^{-4}	8.8×10^{-4}	200	7.90	13
100	4.2×10^{-3}	1.0×10^{-3}	250	124	175
125	3.7×10^{-2}	8.2×10^{-2}	—	—	—

（三）酸雾的形成与清除

1. 酸雾的形成

采用硫酸溶液或水洗涤净化炉气，洗涤液中一定数量的水蒸气进入气相，使炉气中的水蒸气含量增加。水蒸气与炉气中的三氧化硫接触生成硫酸蒸气。如果将含有三氧化硫和水蒸气的气体混合物温度降低，就会生成硫酸蒸气，温度降低到一定程度，硫酸蒸气达到饱和，直至过饱和。

被洗涤的炉气中硫酸的蒸气分压，与同一温度下洗涤酸液面上硫酸的饱和蒸气压之比称为过饱和度，即

$$S=\frac{p_{H_2SO_4}}{p_{饱和}}$$

式中 $p_{饱和}$——同一温度下，洗涤酸液面上的饱和蒸气压；

$p_{H_2SO_4}$——同一温度下，炉气中硫酸蒸气分压；

S——过饱和度。

当过饱和度等于或大于过饱和度的临界值时，硫酸蒸气冷凝，形成微小液滴悬浮在气相中，称之为酸雾。硫酸蒸气的临界过饱和度，与蒸气本身的特性、温度以及气相中是否存在冷凝中心有关。温度越高，临界过饱和度的值越小；气相中存在悬浮粒子时，会形成酸雾的凝聚中心从而使过饱和度降低。

实践证明，气体的冷却速度越快，蒸气的过饱和度越高，越易达到临界值而形成酸雾。为防止酸雾形成，必须控制一定的冷却速度，使整个过程硫酸蒸气的过饱和度低于临界值。当采用水或稀硫酸洗涤炉气时，炉气温度迅速降低，不可避免的会形成酸雾。

2. 酸雾的清除

实际生产中，常用电除雾器清除酸雾。电除雾器的除雾效率与酸雾微粒直径成正比，为提高电除雾效率，一般采用逐级增大粒径、逐级分离的方法。一是逐级降低洗涤酸浓度，从而使气体中水蒸气含量增加，酸雾吸收水分而增大粒径。二是气体被逐级冷却，使酸雾也被冷却，同时气体中的水分在酸雾表面冷凝从而使粒径增大。此外，为提高除雾效率，还可增加电除雾器的段数，在两端中间增设增湿塔，降低气体在电除雾器中的流速等。

三、炉气净化的工艺流程组织

炉气净化是硫铁矿制硫酸的重要环节，主要分为酸洗流程和水洗流程。

1. 酸洗流程

酸洗流程是用稀硫酸洗涤炉气，除去其中的矿尘和有害杂质，降低炉气温度。酸洗流程通常设置两级洗净系统，每级自成循环。第一级是为原料气的净化和绝热增湿，常用设备有空塔、文丘里洗涤塔。第二级是用于除热、除湿及原料气的进一步净化，常用设备有空塔、填料塔和静电除雾器。典型的酸洗流程有标准酸洗流程、“两塔两电”酸洗流程、“两塔一器两电”酸洗流程及“文泡冷电”酸洗流程等。

“文泡冷电”酸洗净化流程是我国自行设计的，从环保考虑将水洗改为酸洗，流程如图 8.5 所示。自焙烧工序来的 SO_2 炉气，进入文丘里洗涤器 1（文氏管），用 15%～20%稀酸进行第一级洗涤，洗涤后的气体经复挡除沫器 3 除沫，再进入泡沫塔 4 用 1%～3%稀酸进行第二级洗涤。炉气经两级稀酸洗除去矿尘、杂质，其中的 $As2O_3$、SeO_2 部分凝固为颗粒而被除掉，部分成为酸雾的凝聚中心；炉气中的 SO_3 与水蒸气形成酸雾，在凝聚中心形成酸雾颗粒。炉气经两级稀酸洗，再经复挡除沫器 5 除沫，进入列管式冷凝器 6 冷却，水蒸气进一步冷凝，酸雾粒径进一步增大，而后进入管束式电除雾器，借助于直流电场除去酸雾，净化后的炉气去干燥塔。文丘里洗涤器 1 的洗涤酸经斜板沉降槽 9 沉降，沉降后清液循环使用；污泥自斜板底部放出，用石灰粉中和后与矿渣一起外运处理。

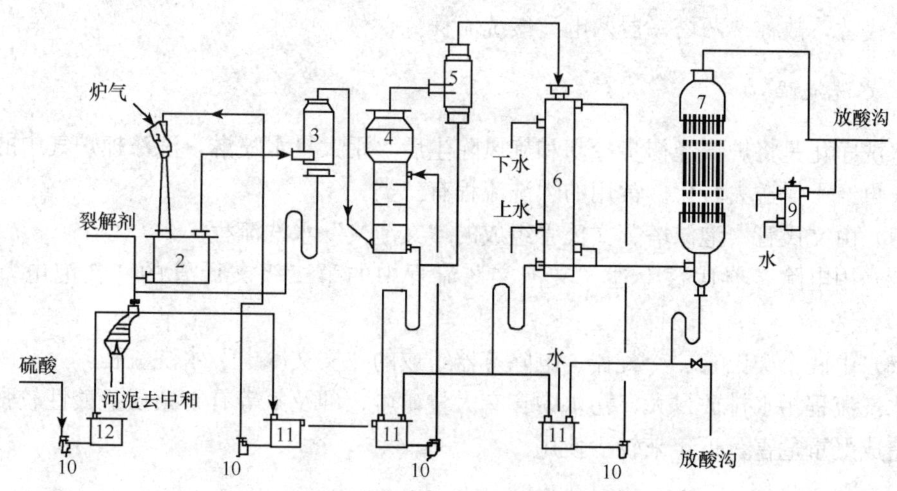

图 8.5　“文泡冷电”酸洗流程

1. 文氏管；2. 文氏管受槽；3，5. 复挡除沫器；4. 泡沫塔；6. 间接冷却塔；
7. 电除雾器；8. 安全水封；9. 斜板沉降槽；10. 泵；11. 循环槽；12. 稀酸槽

该流程用絮凝剂（聚丙烯酰胺）沉淀洗涤酸中的矿尘杂质，减少了排污量（每吨酸的排污量仅为 25L），达到封闭循环的要求，故此称为“封闭酸洗流程”。

标准酸洗流程，是以硫铁矿为原料的经典酸洗流程，由两个洗涤塔、一个增湿塔和两级电除雾器组成，故称为“三塔两电”酸洗流程。“三塔两电”酸洗流程通常设置两级洗净系统，每级自成循环。第一级的功能为原料气的净化和绝热增湿，常用设备有空塔、文丘里洗涤器。第二级的功能是除热、除湿及原料气的进一步净化，常用设备有空塔、填料塔、静电除雾器。采用稀酸直接洗涤、冷却原料气，再以稀酸冷却器间接换热，移去酸中热量。图 8.6 为典型酸洗净化流程示意图。

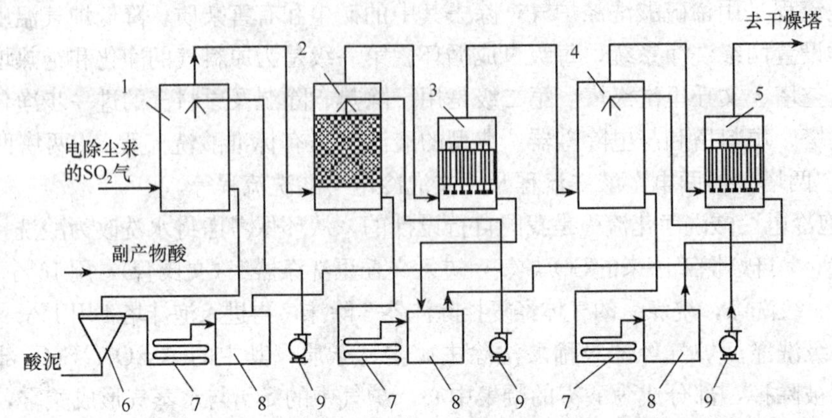

图 8.6　三塔两电酸溪流程

1. 第一洗涤器；2. 第二洗涤器；3. 第一段电除雾器；4. 增湿塔；5. 第二段电除雾器；6. 沉淀槽；7. 冷却器；8. 循环槽；9. 循环酸泵

“两塔两电”酸洗流程与标准酸洗流程相似，仅省去了增湿塔，所用洗涤酸浓度较低。

“两塔一器两电”酸洗流程也是在标准酸洗流程基础上发展的，其中增湿塔用间接冷凝器代替，故称“两塔一器两电”酸洗流程。

2. 水洗流程

水洗净化是将炉气经初步冷却和旋风除尘后，用大量水喷淋，洗涤掉炉气中的有害杂质，再经干燥送去转化。常用的水洗流程有三类。

(1) 由文氏管、泡沫塔、文氏管组成的“文泡文”水洗流程。

(2) 用电除雾器代替上述“文泡文”流程中的第二级文氏管的“文泡电”水洗流程。

(3) 由两个文氏管、冷凝器、电除雾器组成的“文文冷电”水洗流程。

水洗流程污水排放量大，污水中含有大量矿尘、砷及氟等有害杂质且酸性较强，对环境造成严重危害，近年来较少使用。

四、炉气的干燥

干燥是除去炉气中的水分，使每立方米炉气中水蒸气含量小于 0.1g。炉气中的水蒸气如果进入二氧化硫转化器，会与三氧化硫再次形成酸雾，酸雾难于吸收，同时对催化剂活性液也造成影响，因此，炉气必须进行严格的干燥。

1. 干燥原理

工业上常用浓硫酸作干燥剂，炉气从填料塔下部通入，与塔上部淋洒的浓硫酸逆流接触，硫酸吸收炉气中的水分，使炉气达到干燥指标。在同一温度下，炉气中的水蒸气分压大于硫酸液面上的水蒸气分压时，炉气中的水分被硫酸吸收从而得到干燥。

2. 工艺条件的选择

（1）喷淋酸浓度。喷淋酸浓度越大，硫酸液面上水蒸气分压越小，干燥效果亦越好。浓度为98.3%的硫酸液面上水蒸气分压最低。当浓度超过98.3%时，硫酸液面上有三氧化硫存在，可与炉气中水蒸气生成酸雾。在工业上既要考虑酸的吸水能力，又要考虑尽量避免酸雾的形成，通常采用浓度为93%～95%的硫酸作为干燥酸。

（2）喷淋酸的温度。喷淋酸温度高，可减少炉气中二氧化硫的溶解损失，但同时酸雾的生成量会随之增加，干燥效率降低，对设备管道的腐蚀加剧。综合考虑上述因素，实际生产中，进塔酸温度一般在20～40℃，夏季不超过45℃。

（3）气体温度。进入干燥塔的气体温度越低越好。温度越低，气体带入塔内的水分就越少，干燥效率就越高。一般气体温度控制在30℃，夏季不应超过37℃。

（4）喷淋密度。喷淋酸在吸收炉气中水分时会放出大量的热。若喷淋酸太少，会导致酸浓度显著降低，温度显著升高，从而使干燥效率下降，并且会加速酸雾形成。喷淋酸量若过大，会增加流体阻力及动力消耗。因此，喷淋密度一般采用10～15m³/(m・h)，这样可以保证塔内酸的温度和浓度的变化控制在0.2%～0.5%之间。

任务四　二氧化硫的催化氧化

一、二氧化硫催化氧化的基本原理

二氧化硫氧化为三氧化硫，必须在催化剂存在下才能有效地进行。需要从化学平衡、反应动力学等方面综合考虑，才能认识氧化反应的规律。

（一）二氧化硫氧化反应的化学平衡

二氧化硫氧化为三氧化硫的反应，是一个可逆、放热及体积缩小的反应。

$$SO_2+\frac{1}{2}O_2 \rightleftharpoons SO_3 \qquad \Delta_r H_m^{\theta}=-96.25\text{kJ/mol}$$

其平衡常数可表示为：$K_p=\dfrac{p_{SO_3}^*}{p_{SO_2}^* p_{O_2}^{*0.5}}$

式中　$p_{SO_3}^*$、$p_{SO_2}^*$、$p_{O_2}^*$——分别为SO_2、O_2及SO_3的平衡分压。

在400～700℃范围内，平衡常数与温度的关系可用下式表示：

$$\lg K_p=\frac{4905.5}{T}-4.6455$$

由平衡常数表达式可知，随着温度的降低，K_p增大。

平衡转化率（x_T）反映在某一温度下，反应可以进行的极限程度。

$$x_T=\frac{p_{SO_3}^*}{p_{SO_3}^*+p_{SO_2}^*}$$

式中　x_T——反应的平衡转化率。

由此可推出：

$$x_T = \frac{K_p}{K_p + \frac{1}{\sqrt{p^*_{O_2}}}}$$

据以上分析可知，二氧化硫的平衡转化率随原始气体组成、温度和压力而变化。降低反应温度、增加压力，会使平衡转化率升高；但常压下平衡转化率已经较高，通常达到95％～98％，所以工业生产中不需要采用高压。

（二）二氧化硫氧化反应动力学

二氧化硫催化氧化反应由以下几步组成：

（1）氧分子从气相中扩散到催化剂表面。

（2）氧分子被吸附到催化剂表面。

（3）氧分子键断裂，形成活化氧原子。

（4）二氧化硫吸附到催化剂表面。

（5）吸附在催化剂表面的二氧化硫与氧原子进行电子重排，形成三氧化硫。

（6）三氧化硫分子从催化剂表面脱附，扩散进入气相主体。

上述过程中，氧的吸附速度最慢，是整个催化氧化过程的控制步骤。

国际上众多学者对二氧化硫在钒催化剂作用下氧化反应动力学进行了系统研究，但由于所用钒催化剂的结构、特性及实验条件不同，所得的动力学方程也颇不相同。比较被认可的是Γ. K. 波列斯科夫方程：

$$v = \frac{\mathrm{d}y_{SO_3}}{\mathrm{d}\tau} = k \cdot y_{O_2} \cdot \left(\frac{y_{SO_2} - y^*_{SO_2}}{y_{SO_3}}\right)^{0.8}$$

式中 v——化学反应速度，kmol/[m^3（cat）· s]；

k——反应速度常数；

y_{SO_3}、y_{SO_2}、y_{O_2}——分别为气体混合物中SO_3、SO_2、O_2的浓度，kmol/m^3；

$y^*_{SO_2}$——在反应温度下，混合气中SO_2平衡浓度，kmol/m^3。

如果将SO_2、O_2的起始浓度以a、b及转化率x代入上式，整理并积分得

$$\tau_0 = \frac{a}{k'}\int_0^x \left[\left(\frac{x}{x_T - x}\right)^{0.8} \cdot \left(\frac{273+t}{273}\right)\left(\frac{1}{b - \frac{1}{2}ax}\right)\right]\mathrm{d}x$$

不难看出，随着k'的增加，τ_0相应减小，即反应速度常数的提高意味着反应时间的缩短；SO_2浓度增加，则混合气中O_2含量相应降低，τ_0值增大，也就是说需要更多的钒触媒；x越接近x_T时，就越接近平衡，氧化反应越难进行。

二、二氧化硫氧化用催化剂

二氧化硫氧化反应所用催化剂，主要有铂、氧化铁及钒三种。铂催化剂活性高，但价格昂贵，且易中毒。氧化铁催化剂价廉易得，在640℃以上高温时才具活性，转化率低。

钒催化剂的活性、热稳定性及机械强度都比较理想，而且价格适宜，在工业上普遍使用。

钒催化剂主要活性成分是五氧化二钒，以碱金属硫酸盐类作助催化剂，以硅胶、硅藻土、硅酸盐作载体。一般含有 V_2O_5 5%～9%，K_2O 9%～13%，Na_2O 1%～5%，SiO_2 50%～70%，SO_3 10%～20%，并含有少量的 Fe_2O_3、Al_2O_3、CaO、MgO 及水分等。产品一般为圆柱形，直径 4～10mm，长 6～15mm。

能引起钒催化剂中毒的主要毒物有砷、氟、酸雾及矿尘等。矿尘可以覆盖催化剂表面降低钒催化剂的活性，砷、氟、酸雾是化学中毒形式。例如，砷与 V_2O_5 能形成一种挥发性化合物，从而降低钒催化剂活性甚至是催化剂丧失活性。

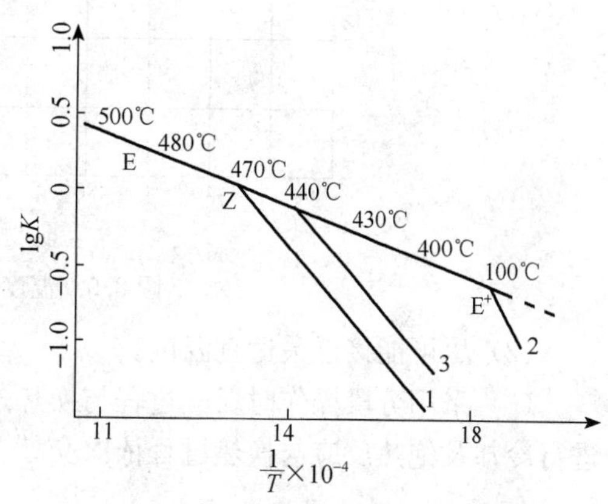

图 8.7　钒催化剂的活性与反应温度关系

1. $x=0.60$；2. $x=0.75$；3. $x=0.95$

钒催化剂的特点是，在一定温度范围内有两个反应速度常数和相应的活化能数值。在用阿累尼乌斯方程表示的反应速度常数与温度的关系曲线图中，出现一折点 Z（图 8.7）。折点 Z 的出现，是由于低温下，析出了无活性的四价钒，从而使催化剂的低温活性降低，并且折点 Z 根据气体组成及催化剂中 K_2O/V_2O_5 比值不同有所改变，K_2O/V_2O_5 的比值增大，转化率提高，折点 Z 向着低温方向移动。

三、二氧化硫催化氧化的工艺条件确定

（一）最佳温度的确定

从化学平衡的角度看，二氧化硫氧化是可逆的放热反应，降低温度对化学平衡有利；但从动力学角度看，提高反应温度对提高反应速度有利，因此，存在一个最佳反应温度，在该温度下，对于一定的反应条件和要求的转化率，反应速度达到最大。

如果炉气的组成、反应压力及催化剂等确定，则反应速度仅是温度和转化率的函数。图 8.8 表示在相应的转化率下，反应温度与反应速度的关系。图中 A—A 线为最佳温度连线，B—B 和 C—C 线则是反应速度相当于最大反应速度 0.9 倍的各点连线。图 8.9 表示了温度与转化率之间的关系，从图中可以看出，转化率越高，最佳温度越低；在相同温度下，转化率越高则反应速度越小。

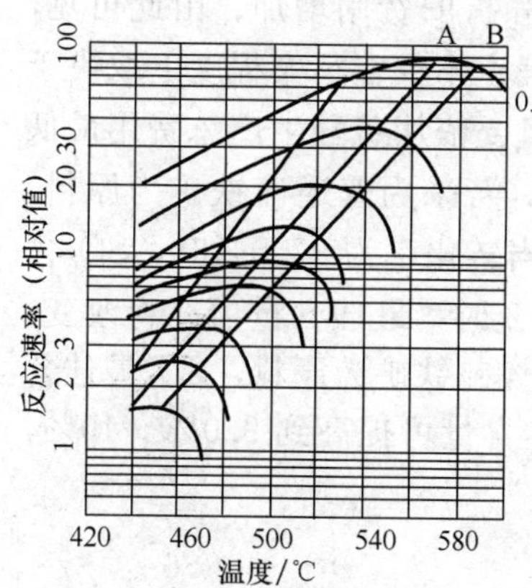

图 8.8　反应速率与温度的关系

此外，最佳温度的确定必须考虑催化剂的活性温度，如果计算值超出了催化剂的活性温度范围，应以催化剂的活性温度来确定操作温度。

工业转化器温度的要求及控制方法是：

（1）在催化剂的活性温度范围内操作。

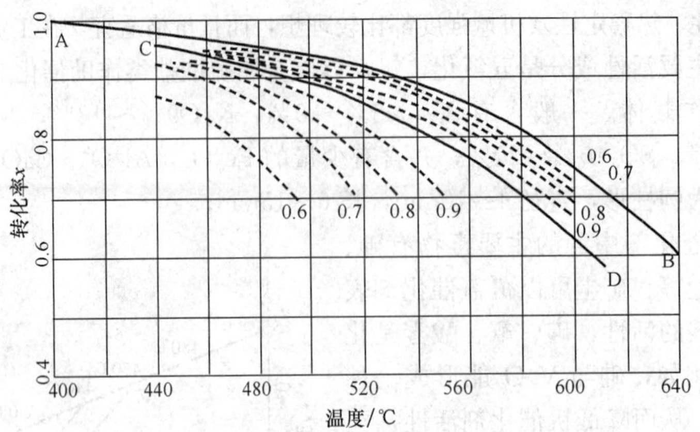

图 8.9 温度与转化率的关系

(2) 尽可能接近最适宜温度。

(3) 采用分段操作时反应过程与换热过程分开进行，各段在绝热情况下进行，段间进行冷却及绝热反应与换热过程依次交替进行，使反应在整体上接近最适宜温度。

(二) 二氧化硫的适宜浓度

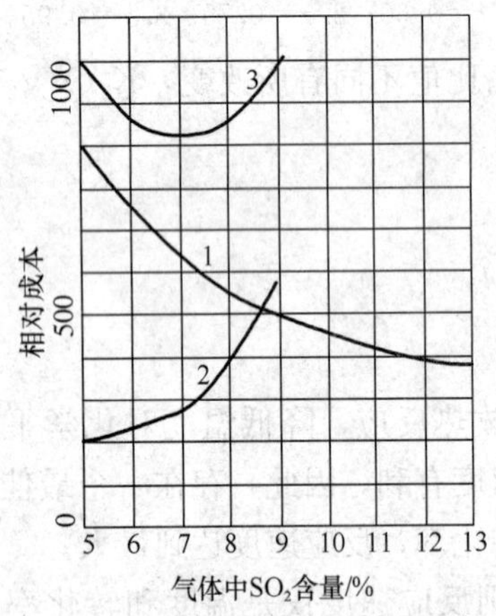

图 8.10 SO_2 浓度对生产成本的影响

1. 设备相对成本与 SO_2 原始浓度的关系；2. 最终转化率为 97.5%时，转化剂用量与 SO_2 原始浓度的关系；3. 系统生产总费用与 SO_2 原始浓度的关系

硫酸厂系统阻力的 70%是集中在转化器的触媒层，增加炉气中 SO_2 的浓度，炉气中氧的浓度就相应降低了，反应速率也相应降低，为达到一定的最终转化率所需要的催化剂量也随之增加，才能保证达到工艺规定的转化率，触媒层阻力也相应增大，因此，从减少催化剂用量的角度来看，采用低浓度 SO_2 时有利。但是，炉气中的 SO_2 浓度太低，会使生产每吨硫酸所需要处理的炉气量增大，如果其他条件一定，其他设备的尺寸必然要增大，或使系统中各个设备的生产能力降低，这样，设备的投资和折旧费用增加。由此可见，SO_2 最适宜浓度的确定不仅在很大程度上取决于触媒层的阻力，而且要依从硫酸生产总费用最低的原则。实践证明，若采用普通硫铁矿为原料，对一转一吸流程，当转化率为 97.5%时，SO_2 含量为 7%～7.5%最适宜。若原料改变或具体生产条件改变时，最佳含量值亦将改变。例如，以硫黄为原料，SO_2 最佳含量为 8.5%左右；以含煤硫铁矿为原料，SO_2 最佳含量小于 7%；以硫铁矿为原料的两转两吸流程，SO_2 最佳含量可提高到 9.0%～10%，最终转化率仍能达到 99.5%，参见图 8.10。

(三) 最终转化率

最终转化率是硫酸生产的主要指标之一。提高最终转化率，可降低尾气中 SO_2 的含量，减少环境污染，提高硫的利用率。但同时会增加催化剂用量和流体阻力。因此，最终转化率也存在最佳值。

最终转化率的最佳值与采用的工艺、设备及操作条件有关。对于“一转一吸”流程，在尾气不回收的情况下，最终转化率为97.5%～98%，见图8.11。如果有SO_2回收装置，最终转化率可以低些。如果采用“两转两吸”工艺流程，最终转化率可达到99.5%以上。

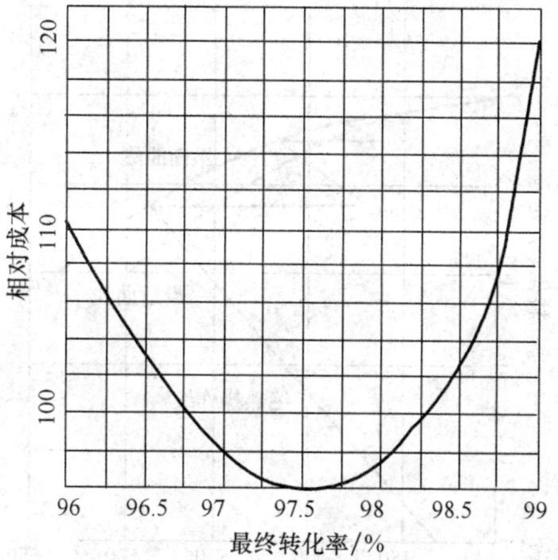

图8.11　最终转化率对成本影响

四、主要设备的选用

工业生产中，为了使反应尽可能遵循最佳温度曲线，必须及时地从反应系统中移走反应热。为此，二氧化硫的催化氧化是在多段绝热式转化器中进行的，在每段间采用不同的冷却形式，即绝热反应与换热过程交替进行。

按照中间冷却方式的不同，转化器分为间接换热式和冷激式两类，如图8.12所示。

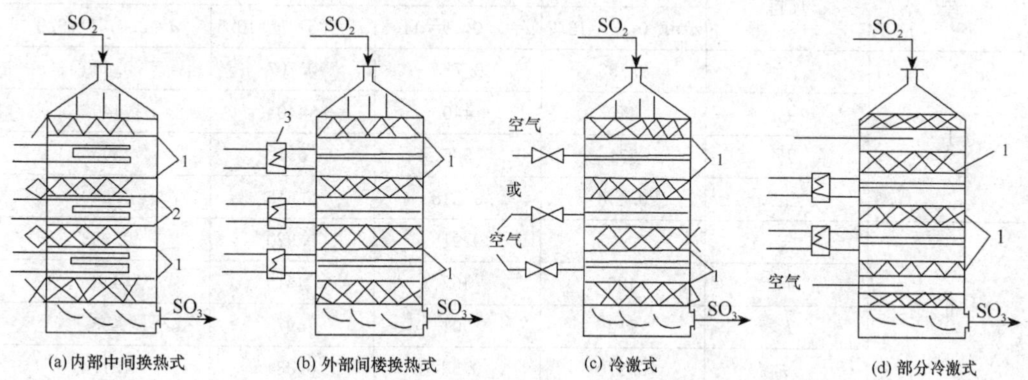

图8.12　多段中间换起式转化器

1. 催化剂床层；2. 内部换热器；3. 外部换热器

(一) 间接换热式

部分转化的热气体与未反应的冷气体在间壁换热器中进行换热，达到降温的目的。换热器设在转化器内的称为内部间接换热式，如图8.12 (a) 所示，换热器设在外部的称为外部间接换热式，如图8.12 (b) 所示。

内部间接换热式转化器，结构紧凑、系统阻力和热损失小，但体积庞大，结构复杂，检修不便。而且受管板机械强度的限制，难以制作大直径的转化器，只适用于生产能力较小的转化系统。

外部间接换热式转化器，换热器设在体外，结构简单，易于大型化，目前大中型硫酸厂广泛应用。缺点是转化器与换热器的连接管线长，系统阻力、热损失增加，占地面积增多。

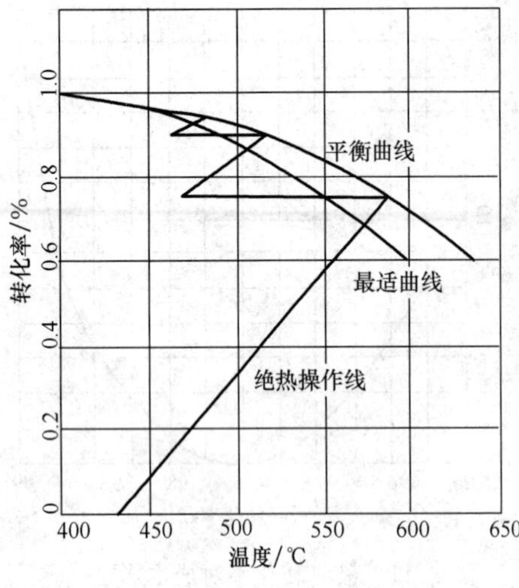

图 8.13 多次反应过程的曲线图

多段间接换热式转化器中 SO_2 氧化过程的温度 t 与转化率 x 的关系如图 8.13 所示。从图中可以看出，各段绝热操作线斜率 λ 相同，冷却线均为水平线。这是由于绝热操作线斜率 λ 的值仅受 SO_2 原始浓度的影响，而冷却过程中 SO_2 的转化率不会发生变化。

多段间接换热式转化器各段操作，要更接近最佳温度曲线，使催化剂用量最少，即各段始末温度与转化率存在最优化问题。

多段间接换热式转化器的段数越多，对反应越有利，但同时，设备及操作会更复杂，实际生产中通常采用 4～5 段。表 8.4 为四段中间换热转化器各段的最佳分配结果。

表 8.4 四段中间间接换热式转化器各段最佳条件

段	项目	气体组成（a=%SO_2，b=%O_2）			
		a=6.0，b=12.7	a=7.0，b=11.3	a=7.5，b=10.5	a=8.0，b=9.8
Ⅰ	x_e	0.755	0.725	0.707	0.689
	T_i	440	440	440	440
	T_e	571	585	591	596
	τ	0.448	0.548	0.613	0.680
Ⅱ	x_e	0.905	0.918	0.920	0.923
	T_i	486	463	451	440
	T_e	512	501	497	493
	τ	0.270	0.582	0.834	1.174
Ⅲ	x_e	0.961	0.970	0.971	0.971
	T_i	450	438	436	434
	T_e	460	448	446	444
	τ	0.458	0.953	1.271	1.712
Ⅳ	x_e	0.980	0.980	0.980	0.980
	T_i	437	430	429	425
	T_e	439	434	434	427
	τ	0.714	0.976	1.418	2.134
	$\sum\tau$	1.890	3.059	4.136	5.700

注：x_e—转化率，分率；T_i—起始温度，℃；T_e—末尾温度，℃；τ—接触时间，s。

（二）冷激式

冷激式是采用冷气体与反应后的热气体直接混合，从而降低反应物系的温度。冷激式转化器如图 8.12（c）所示，与间接换热式转化器相同，反应过程在绝热条件下进行。根据冷激所用气体不同，又分为炉气冷激和空气冷激。

1. 炉气冷激

在转化器的段间补充冷炉气，以降低上一段反应后的气体温度。图 8.14 为四段炉气冷激过程的 t-x 图。补充的冷炉气使反应后的 SO_2 含量增高，SO_2 的转化率降低，所以冷却线不是水平线而是斜线。要得到较高的最终转化率，则需要增加催化剂的用量，最终转化率越高，催化剂用量越多。因此，通常多段冷激式转化器只在一、二段间采用炉气冷激，如图 8.12（d）所示。对于部分冷激也存在着段间最佳分配问题。

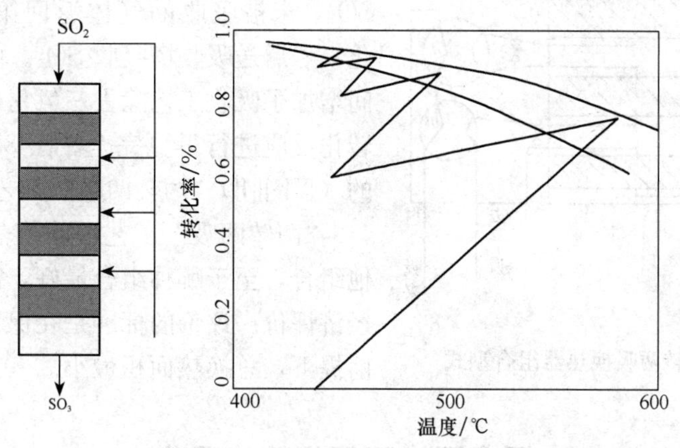

图 8.14　四段炉气冷激 t-x 图

炉气冷激式转化器节省换热面积，调节温度方便，催化剂用量比多段间接换热式略多。

2. 空气冷激

在各段间加入预先经硫酸干燥的冷空气，通过直接换热以降低反应后气体的温度。图 8.15 为四段空气冷激过程的 t-x 图。因为添加的冷空气不影响冷却过程中 SO_2 转化率 x，冷却线仍呈水平线。但加入空气后，使混合物中的 SO_2 浓度比上段原始 SO_2 浓度降低，O_2 含量有所增高，过程的平衡曲线、最佳温度曲线及绝热操作线都会相应改变。

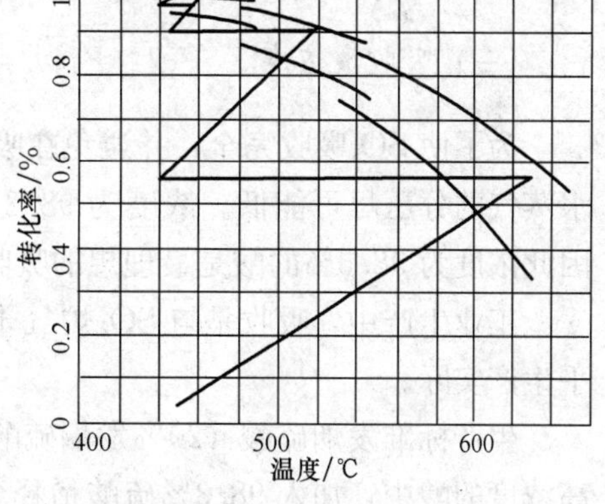

图 8.15　空气冷激 t-x 图

空气冷激式省略了中间换热器，流程简化。采用空气冷激必须满足两个条件：第一，送入转化器的新鲜混合气体不需预热，便能达到最佳进气温度的要求。第二，为避免转化后气体混合物的处理量过大，进入转化器的气体混合物中 SO_2 的原始含量应高些。

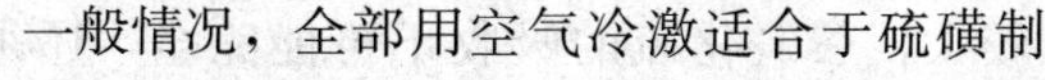

一般情况，全部用空气冷激适合于硫磺制酸的装置，硫磺焙烧的炉气无需净化，炉气温度较高而不必预热，炉气中 SO_2 起始含量

也较高，而焙烧硫铁矿制酸装置只能采用部分空气冷激式转化过程。

五、二氧化硫转化工艺流程的组织

二氧化硫转化的工艺流程种类很多，根据转化的次数不同分为“一转一吸”和“两转两吸”两类。工业上普遍采用的是“两转两吸”流程。20 世纪 70 年代后，硫酸生产中“两转两吸”工艺发展很快，该工艺最终 SO_2 转化率能达 99%以上。

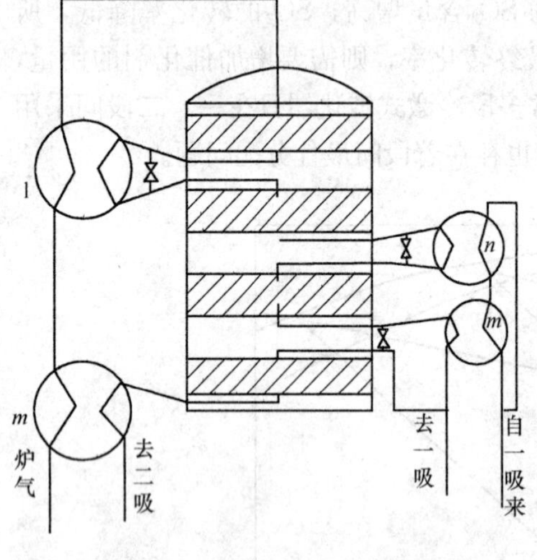

图 8.16　两转两吸换热器组合型式

“两转两吸”的基本特点是，二氧化硫炉气经过三段转化后，送入中间吸收塔吸收 SO_3，未被吸收的气体返回第四段转化器转化，然后送吸收塔吸收 SO_3。由于在两次转化间增加了吸收工艺除去三氧化硫，有利于后续转化反应进行得更完全。图 8.16 为我国典型的（ⅣⅠ-ⅢⅡ）“两转两吸”工艺换热器组合。

“两转两吸”工艺段间换热器还可以有其他组合，至于哪种组合最好，需要多方案技术经济评价。评价的标准是在保证最佳工艺条件前提下，总换热面积最小。

任务五　三氧化硫的吸收

SO_2 经催化氧化后，转化气中约含 7%的 SO_3 及 0.2%的 SO_2，其余为 O_2 和 N_2。用硫酸水溶液吸收转化气中的 SO_3，可制得硫酸或发烟硫酸。在实际生产中，为将硫酸生成热引出系统，一般采用大量的循环酸来吸收三氧化硫。酸的浓度在吸收循环中不断增大，需要用稀酸或水稀释，同时不断取出成品硫酸。

一、三氧化硫吸收的工艺条件确定

（一）吸收酸浓度

为了使 SO_3 吸收完全，并避免在吸收过程中形成酸雾，要求吸收酸液面上的 SO_3 与水蒸气的分压尽可能低。浓度为 98.3%的硫酸在任何温度下液面上总蒸气压为最小，因此浓度为 98.3%的酸是最理想的吸收剂。

工业生产中，吸收是与 SO_2 炉气干燥结合起来考虑的。一般吸收酸浓度取 98%合乎生产实际。

生产标准发烟硫酸（20%发烟硫酸）时，可采用标准发烟硫酸作为吸收酸。吸收后高浓度的酸中，加入 98.3%硫酸稀释到标准发烟硫酸的浓度，即可输出作为成品。由于发烟硫酸表面的三氧化硫蒸气压力较大，三氧化硫的吸收不可能完全，还须用 98.3%硫酸吸收才能接近吸收完全。

（二）吸收酸温度

硫酸表面的的水蒸气和三氧化硫分压随温度变化，温度升高，液面上水蒸气和三氧化硫蒸气增多，影响吸收效果，导致吸收率下降，易造成 SO_3 损失；酸温升高对管道腐蚀性加剧；即从吸收角度看，温度高不利于吸收操作；而温度过低，则易产生酸雾。因此，综合考虑以上因素，工业生产中控制吸收酸温度一般不高于 50℃，出塔酸温度不高于 70℃，进入吸收塔的气体温度一般不低于 120℃。如果炉气干燥程度较差，气体的温度还可适当提高。

二、三氧化硫吸收的工艺流程组织

图 8.17 为同时生产标准发烟硫酸和浓度为 98.3%硫酸的典型工艺流程。

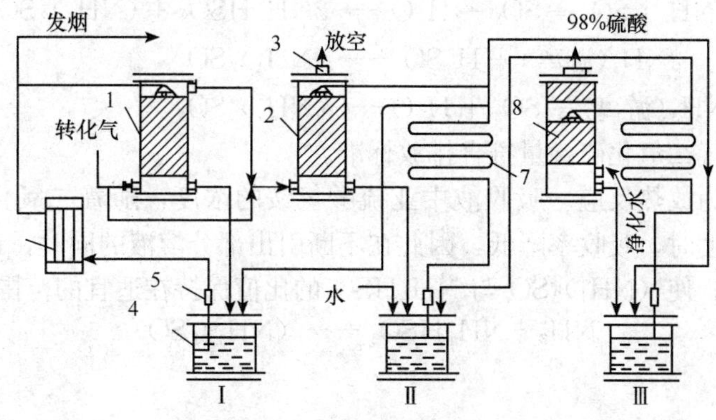

图 8.17　生产发烟硫酸时的干燥——吸收流程

1. 发烟硫酸吸收塔；2. 浓硫酸吸收塔；3. 喷淋器；4. 循环槽；5. 泵；6，7. 酸冷却器；8. 干燥塔

转化气经三氧化硫冷却器冷却到 120℃左右，先经发烟硫酸吸收塔 1，后经浓硫酸吸收塔 2，再经尾气回收后放空。吸收塔 l 用 18.5%的发烟酸喷淋，吸收三氧化硫后，浓度和温度均升高。吸收塔 1 流出的发烟酸在贮槽 I 中与来自贮槽Ⅱ的 98%硫酸混合，以保持发烟硫酸的浓度。经冷却器 7 冷却后，取出部分标准发烟酸产品，其余部分送入吸收塔 1 循环使用。吸收塔 2 用 98%硫酸喷淋，塔底排出酸浓度上升，酸温由 45℃上升为 60℃，在贮槽Ⅱ中与来自干燥塔的 93%硫酸混合，以保持 98%浓度。经冷却后，一部分 98.3%的酸送入发烟硫酸贮槽 4-I，另一部分送往干燥塔贮槽Ⅲ，以保持干燥酸浓度。同时取出部分酸作为成品酸．大部分送入吸收塔 2 循环使用。

任务六　“三废”处理

硫铁矿焙烧生产硫酸过程中，废气有吸收尾气，其中含有 0.3%～0.8%的 SO_2 及少量 SO_3 和酸雾，废液一般有有毒酸性废液、废水等；废渣则有固体烧渣和酸泥。这些废物在排放之前，必须经过处理，避免对环境的污染。这里重点介绍尾气的吸收处理。

一、氨-酸法吸收尾气的原理

氨-酸法是利用氨水吸收尾气中的 SO_2 及 SO_3 和酸雾，最终得到硫酸铵溶液，其过程分为吸收、分解、中和三部分。

1. 吸收

氨水吸收二氧化硫，生成亚硫酸铵和亚硫酸氢铵溶液。

$$2NH_3 \cdot H_2O + SO_2 \longrightarrow (NH_4)_2SO_3 + H_2O$$

$$(NH_4)_2SO_3 + SO_2 + H_2O \longrightarrow 2NH_4HSO_3$$

亚硫酸铵和亚硫酸氢铵溶液不稳定，易与尾气中微量氧、三氧化硫及酸雾发生下列反应。

$$(NH_4)_2SO_3 + O_2 \longrightarrow 2(NH_4)_2SO_4$$

$$2NH_4HSO_3 + O_2 \longrightarrow 2NH_4HSO_4$$

$$2(NH_4)_2SO_3 + SO_3 + H_2O \longrightarrow 2NH_4HSO_3 + (NH_4)_2SO_4$$

$$2NH_3(\text{游离}) + H_2SO_4 \longrightarrow (NH_4)_2SO_4$$

$$2NH_3(\text{游离}) + SO_3 + H_2O \longrightarrow (NH_4)_2SO_4$$

吸收后的尾气二氧化硫含量符合排放标准。

上述反应均为放热反应。吸收液中亚硫酸氢铵的浓度，随着二氧化硫的吸收而增加，达到一定浓度时，吸收率降低，因此在不断引出部分溶液的同时，还应向循环塔内补充氨气或氨水，使 $(NH_4)_2SO_3$与 NH_4HSO_3的比值保持在适宜的范围。

$$NH_3 + NH_4HSO_3 \longrightarrow (NH_4)_2SO_3$$

2. 分解

将吸收液送至分解塔，用 93%的硫酸分解，可得到含有一定量水蒸气的纯二氧化硫和硫酸铵溶液。

$$2NH_4HSO_3 + H_2SO_4 \longrightarrow (NH_4)_2SO_4 + 2SO_2 + 2H_2O$$

$$(NH_4)_2SO_3 + H_2SO_4 \longrightarrow (NH_4)_2SO_4 + SO_2 + H_2O$$

为提高分解率，一般加入过量 30%～50%的硫酸，分解的 SO_2气体用硫酸干燥后得纯 SO_2气体，工业上可单独加工成液体 SO_2产品。

3. 中和

过量的硫酸再在中和塔内用氨中和。中和后的溶液呈微碱性母液。

$$H_2SO_4 + 2NH_3 \longrightarrow (NH_4)_2SO_4$$

此外，尾气的处理还有碱法、金属氧化物法和活性炭法。

二、氨—酸法吸收尾气的工艺条件确定

影响尾气中 SO_2吸收的主要因素是循环母液的碱度。增加碱度可提高 SO_2的吸收率。但碱度过高，母液中氨分压过大，二氧化硫吸收率反而下降，因而影响吸收率。

一般工业生产中控制的工艺条件为：

1. 循环母液碱度

下塔：生产液体 SO_2时，12～18 滴度；生产亚铵时，25～40 滴度。

上塔：生产液体 SO_2 时，6～12 滴度；生产亚铵时，15～30 滴度。

2. 循环母液密度

下塔：生产液体 SO_2 时，1.18～1.21g/mL；生产亚铵时，1.32～1.34g/mL。
上塔：生产液体 SO_2 时，1.10～1.15g/mL；生产亚铵时，1.16～1.25g/mL。

3. 尾气回收率

工业上要求尾气回收率不低于 90%。

4. 尾气排放 SO_2 浓度

经尾气处理后，SO_2 浓度不高于 3×10^{-4}（质量分数）。

三、氨-酸法吸收尾气的工艺流程组织

从吸收塔来的硫酸尾气，送入回收塔下部，经两段吸收后由塔顶引出，再经复喷复挡装置进一步吸收后经烟囱排空。

循环母液由母液循环泵分别送入上、下塔内，吸收尾气后的母液再分别由塔底回流入上、下塔循环槽。为保持循环槽内母液的密度和碱度，需不断地向循环槽内补充水和氨水，并向外输送母液，经中和、冷却、结晶后制得亚铵产品。工艺流程见图 8.18。

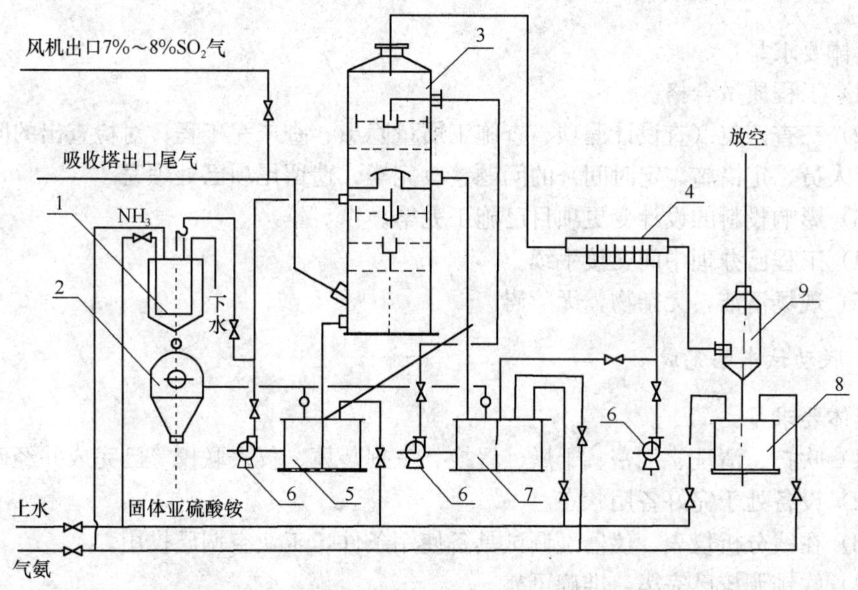

图 8.18　尾气吸收及里炼工艺流程示意图

1. 冷却结晶器；2. 分离机；3. 尾吸塔；4. 复喷；5. 一段母液循环槽；6. 母液循环泵；7. 二段母液循环槽；8. 三段母液循环泵；9. 复挡

操作链接

化工装置的投料试车

化工装置投料（简称化工投料）是指一套化工装置经过土建安装、单体试运、中间交接和联动试运之后，对装置投入主要原料进行试生产的过程。为进行装置单机试运、联动试运、“逆式开车”等而投入的部分物料不能称为化工投料。习惯上将第一次投入原料的日期称为化工投料日，而将第一次生产出合格产品的日期称为投产日，自投料日至投产日的过程称为化工投料过程。

化工投料是一个化工装置从设计、安装到投入生产漫长过程中最关键的步骤，同时也是风险最大的一步。化工投料是对一个化工装置的工艺技术、设计艺术、设备制造、安装质量、公用工程条件、“三废”治理、物资供应和销售水平、人员培训质量、生产管理制度、安全、消防、救护、生活后勤以及外事、财务工作等方面的综合检验，也是资金的一次集中使用和增值的过程。投产顺利，项目的筹划得到生产实践的初步肯定，工厂将为社会发展做出贡献，企业也将获得预期的经济效益；投产不顺利，甚至发生重大事故，企业将承受巨大的损失。因此，为了确保化工装置投料的顺利进行，必须努力做好各方面的工作。

一、化工装置投料的必备条件

按照投料试车制度的要求，进行化工投料必须具备以下条件。

1. 完成工程中间交接

具体要求是：

(1) 工程质量合格。

(2) 三查四定（查设计漏项、查施工质量隐患、查未完工程；对检查出的问题定任务、定人员、定措施、定时间）的问题整改完毕，遗留尾项已处理完。

(3) 影响投料的设计变更项目已施工完毕。

(4) 工程已办理中间交接手续。

(5) 现场清洁，无杂物，无障碍。

2. 联动试车已完成

具体要求是：

(1) 吹扫、清洗、气密、干燥、置换、三剂装填、仪表联校等已完成并经确认。

(2) 设备处于完好备用状态。

(3) 在线分析仪表、仪器经调试具备使用条件，工业空调已投用。

(4) 联锁调校已完毕，准确可靠。

(5) 各岗位工、器具已配齐。

3. 人员培训已完成

具体要求是：

(1) 国内、外同类装置培训、实习已结束。

(2) 已进行岗位练兵、模拟练兵、反事故练兵，达到“三懂六会”(懂原理、懂结构、懂方案规程；会识图、会操作、会维护、会计算、会联系、会排除故障)，提高六种能力(思维能力、操作与作业能力、协调组织能力、反事故能力、自我保护与救护能力、自我约束能力)。

(3) 各工种人员经考试合格，已取得上岗资格证。

(4) 已汇编国内、外同类装置事故案例，并组织学习，对本装置试车以来的事故和事故苗头本着“三不放过”(事故原因分析不放过、事故责任人和群众没有受到教育不放过、没有防范措施不放过)的原则已进行分析总结，吸取教训。

4. 各项生产管理制度已落实

具体要求是：

(1) 岗位分工明确，班组生产作业制度已建立。

(2) 公司(总厂)、分厂、车间三级试车(或厂、车间一装置二级试车)指挥系统已落实，干部已值班上岗，并建立例会制度。

(3) 公司(总厂)、分厂两级(或工厂一级)生产调度制度已建立。

(4) 岗位责任、巡回检查、交接班等制度已建立。

(5) 已做到各种指令、信息传递文字化，原始记录数据表格化。

5. 经上级批准的资料、试车方案已向生产人员交底

具体要求是：

(1) 工艺技术规程、安全技术规程、操作法等已人手1册，投料试车方案要求主操作以上人员已人手1册。

(2) 每一试车步骤都有书面方案，并要求从现场指挥到各岗位操作人员均已掌握。

(3) 已实行“看板”或“上墙”管理。

(4) 已进行试车方案交底、学习、讨论。

(5) 事故处理预想方案已经制定并落实。

6. 保运工作已落实

具体要求是：

(1) 保运的范围、责任已划分。

(2) 保运队伍已组成。

(3) 保运人员已经上岗并配戴标志。

(4) 保运设施、工器具已落实。

(5) 保运值班地点已落实并挂牌，实行24h值班。

(6) 保运后备人员已落实。

(7) 物资供应服务到现场，实行24h值班。

(8) 机、电、仪的维修人员已上岗。

7. 供排水系统已正常运行

具体要求是：
(1) 水网压力、流量、水质均符合工艺要求，而且供水稳定。
(2) 循环水预膜已合格，并运行稳定。
(3) 工艺水、消防水、冷凝水、排水系统均已投用，并运行可靠。

8. 供电系统已平稳运行

具体要求是：
(1) 已实现双电源、双回路供电。
(2) 仪表电源稳定运行。
(3) 保安电源已落实，事故发电机处于良好备用状态。
(4) 电力调度人员已上岗值班。
(5) 供电线路维护已经落实，人员开始倒班巡线。

9. 蒸汽系统已平稳供给

具体要求是：
(1) 蒸汽系统已按压力等级并网、运行参数稳定。
(2) 无明显跑、冒、滴、漏现象，保温良好。

10. 供氮、供风系统已运行正常

具体要求是：
(1) 工业风、仪表风、氮气等系统运行正常。
(2) 压力、流量、露点等参数合格。

11. 化工原材料、润滑油（脂）均准备齐全

具体要求是：
(1) 化工原材料、润滑油（脂）已全部到货并检验合格。
(2) “三剂”装填完毕。
(3) 润滑油三级过滤制度已落实，设备润滑点已明确。

12. 各种备品、备件准备齐全

具体要求是：
(1) 备品、备件可满足试车需要并已上架，账物相符。
(2) 库房已建立昼夜值班制度，保管人员熟悉库内物资规格、数量及存放地点，确保出库及时准确。

13. 通讯系统运行可靠

具体要求是：

(1) 指挥系统电话畅通。

(2) 岗位电话已开通好用。

(3) 直通、调度、火警电话可靠好用。

(4) 无线电话、报话机呼叫清晰。

14. 物料贮存系统已处于良好待用状态

具体要求是：

(1) 原料、燃料、中间产品及产品等的贮罐均已吹扫、试压、气密、干燥、氮封完毕。

(2) 机泵、管线联动试车完，并处于良好待用状态。

(3) 贮罐防静电、防雷击设施完好。

(4) 贮罐的呼吸阀已调试合格。

(5) 贮罐位号、管线介质名称与流向、罐区防火等都有明显标志。

15. 运销系统已处于良好待用状态

具体要求是：

(1) 铁路、公路、码头及管道输送系统已建成投用。

(2) 原料、燃料、中间产品、产品交接的质量、数量和方式等制度已经落实。

(3) 不合格品处理手段已落实。

(4) 产品包装设施已用实物料试车，包装材料齐全。

(5) 产品销售和运输手段已落实。

(6) 产品出厂检验、装车、运输已演习。

16. 安全、消防、急救系统已完善

具体要求是：

(1) 安全生产管理制度、规程、台账等齐全，安全管理体系建立，有关人员经安全教育后取证上岗。

(2) 动火制度、禁烟制度、车辆管理制度已建立并公布。

(3) 消防巡检制度、消防车现场管理制度已制定，消防作战方案已落实，消防道路已畅通，并进行过消防演习。

(4) 岗位消防器材、护具已备齐，人人会用。

(5) 气体防护、救护措施已落实。

(6) 现场人员劳保用品穿戴符合要求，职工急救常识已经普及。

(7) 生产装置、罐区的消防泡沫站、汽幕、水幕、喷淋以及烟火报警器、可燃气体和有毒气体监测器已投用，完好率达100％。

(8) 安全阀试压、调校、定压、铅封完，盲板已有专人管理，设有台账，现场挂牌。

(9) 锅炉等压力容器已经劳动部门确认发证。

(10) 现场急救站已建立，并备有救护车等，实行24h值班。

17. 生产调度系统已正常运行

具体要求是：

（1）公司（总厂）、分厂两级（或工厂一级）调度体系已建立，各专业调度人员已配齐并考核上岗。

（2）试车调度工作的正常秩序已形成，调度例会制度已建立。

（3）调度人员已熟悉各种物料输送方案，厂际、装置间互供物料关系明确且管线已开通。

（4）试车期间的原料、燃料、产品、副产品及动力平衡等均已纳入调度系统的正常管理之中。

18. 环保工作达到要求。

具体要求是：

（1）生产装置“三废”预处理设施已建成投用。

（2）“三废”处理装置已建成投用。

（3）环境检测所需的仪器、化学药品已备齐，分析规程及报表已准备完。

（4）环保管理制度、各装置环保控制指标、采样点及分析频率等经批准公布执行。

19. 分析化验准备工作已就绪

具体要求是：

（1）中心化验室、分析室已建立正常分析检验制度。

（2）化验分析项目、频率、方法已确定，仪器调试完，试剂已备齐，分析人员已上岗。

（3）采样点已确定，采样器具、采样责任已落实。

（4）模拟采样、模拟分析已进行。

20. 现场保卫工作已落实

具体要求是：

（1）现场保卫的组织、人员、交通工具等已落实。

（2）人厂制度、控制室等要害部门保卫制度已制定。

（3）与地方联防的措施已落实并发布公告。

21. 生活后勤服务已落实

具体要求是：

（1）职工通勤措施满足试车倒班和节假日加班需要，安全正点。

（2）食堂实行24h值班，并做到送饭到现场。

（3）倒班宿舍管理已正常化。

（4）清洁卫生责任制已落实。

22. 试车指导人员和有关专家已到现场

具体要求是：

(1) 国内试车指导队和国外专家已按计划到齐。

(2) 国内试车指导人员和国外专家的办公地点、交通、食宿等已安排就绪。

(3) 投料试车方案已得到专家的确认，试车指导人员的建议已充分发表。

二、化工装置投料试车方案

1. 化工装置投料试车方案的基本内容

一般的化工投料试车方案内容应包括：装置概况及试车目标；试车组织与指挥系统；试车应具备的条件；试车程序与试车进度；试车负荷与原燃料平衡；试车的水、电、汽、氮气平衡；工艺技术指标、联锁值、报警值；开停车与正常操作要点及事故处理措施；环保措施；安全、防火、防爆注意事项；试车保运体系；试车难点及对策；试车存在的问题及解决办法等。一个完整的化工装置除了主要生产装置（一般指从生产原料投入到产品产出的主要工艺流程部分）外，还包括公用工程系统。以上仅是主要生产装置的化工投料试车方案的内容。

2. 化工装置投料试车方案的编制

化工装置投料试车方案不同于化工投料操作法，它是为全面组织化工投料试车工作，统领试车全面工作的一份综合性、纲领性文件，其目的是为化工投料服务。因此，在编制试车方案之前（或交叉同时），必须要把化工投料操作法编好。只有操作法的编制，才能准确地对各有关方面提出协同、配合的要求。在操作法编制的过程中，各种实际问题也将逐个显现，这样才能使化工投料试车方案有的放矢地去研究和解决问题，为化工投料铺平道路。

化工投料操作法的编制主要来源于：

①该装置工艺技术的卖方或提供方（如国外工程公司、国内设计院、研究院等）提供的操作手册和有关技术资料。

②参加国内、外同类型装置培训人员搜集的有关技术资料，特别注意有关最新的操作改进和各类事故经验教训。

3. 有关专家提出的指导性意见或技术建议

在掌握了以上素材之后，就可以组织技术人员结合自己装置的特点开始编写操作法。但应特别注意本装置与其他装置所处的不同环境条件，如各种公用工程条件的差异，原料、燃料、各种催化剂性质和成分的差异，气候条件（如气温、气压）的差异等。如果本装置在某个局部环节上采用了新技术、新设备，还应充分考虑到其第一次工业化可能出现的风险及其对策等。编写完成之后的操作法要经过一定范围的讨论、修改，并按管理规定上报有关部门获得批准。在此基础上着手编制化工投料试车方案，可以收到事半功倍的效果。

试车方案的编制需要领导人员和更广泛范围的人员参加。诸如试车目标的确定，指挥系统的框架及组成，试车保运体系的组织，试车难点及所采取的必要措施，都要首先听取领导层的意见；有关公用工程、原燃料及产品贮运、环保、安全、消防、事故处理等各方面的措施要广泛征求有关主管人员的意见。为了搞好工作的衔接，设计、施工单位也应有合适的人员参加方案的编写或讨论。对于试车难点及其对策要组织专题小组，通过切实的调查研究后提出初步意见，以便领导决策后列入试车方案。

化工投料试车方案编制完成后，一般均由建设单位试车主管部门审查批准。对重要化工装置的方案，有时还要由上一级试车主管部门组织有关专家和有关部门讨论修订后批复执行。如果对引进装置的原操作手册有修订的内容，还要征求国外开车专家的意见并取得确认。

4. 化工装置投料试车的要求

化工投料试车关系到工程的评价、生产的安全、企业的效益和社会的环境，因此要尽最大努力为化工投料制造良好的条件，并保证化工投料试车达到要求：

(1) 生产装置一次投料后可以连续运行生产出合格产品，主要控制点整点到达，即通常称之为一次投料试车成功。

(2) 不发生重大的设备、操作、人身、火灾、爆炸事故，环保设施做到“三同时”，不污染环境。

(3) 投料试车期不亏损或少亏损，经济效益好。

思考题

1. 硫酸的结晶温度、密度、沸点、蒸气压以及黏度等物理性质随着硫酸浓度有何变化规律？硫酸能够发生哪些化学反应？

2. 硫铁矿焙烧及影响焙烧速度的因素有哪些？

3. 炉气中的有害杂质有哪些？如何除去这些杂质？

4. 酸洗流程中设置的两极洗净系统作用有何不同？常用哪些设备？

5. 炉气干燥的原理是什么？如何选择干燥工艺条件？

6. 二氧化硫氧化的催化剂主要有哪几种，各有哪些特点？

7. 钒催化剂与常规催化剂相比，最大的不同表现在哪里？

8. SO_2氧化成SO_3时，为什么会存在最佳温度？

9. 请绘出前两段采取炉气冷激，后两段采用间接冷却的四段转化过程 t-x 示意图。

10. 简述三氧化硫吸收工艺流程。

11. 简述尾气处理氨-酸法的基本原理。

12. 某硫酸厂年产100%H_2SO_4 4万吨，有效开工日为310天，硫铁矿含硫为30%（湿基），含水量3%，硫的总利用率94%；矿渣中含硫量为0.5%，烧出的炉气中SO_2浓度为9%，空气相对湿度60%，空气及矿石温度均为25℃，矿渣出炉温度为500℃，炉子散热量为总收入的4%，矿尘从炉子里带出量占总矿渣量的60%。

(1) 根据上述条件，做出该沸腾炉焙烧硫铁矿的物料衡算和热量衡算，并列出收支平衡表。

(2) 计算炉气的出口温度。

提示：按该厂每小时投矿量为基准。

矿石比热 $\overline{C}_p$=0.543kJ/kg·℃。

矿渣比热 $\overline{C}_p$=0.96kJ/kg·℃。

项目九　合成氨的生产

☞ **知识目标**

(1) 了解氨的性质、用途、贮存和合成氨技术的发展，原料气制备的主要设备。

(2) 理解造气、净化和氨合成的基本原理及工艺条件分析方法，各种催化剂的组成和使用条件。

(3) 掌握原料气净化方法、特点和要求，氨合成工艺条件及工艺流程图的阅读分析以及合成塔的结构特点。

☞ **能力目标**

(1) 能分析、判断和选择合成氨造气、净化、合成的工艺条件。

(2) 能阅读和绘制合成氨生产工艺流程图以及设备简图。

(3) 能分析合成氨生产过程中有关热量的综合利用方法和途径。

任务一　合成氨工业认识

一、合成氨概况

氨（NH_3）是无机化学工业中产量最大的产品之一，是化肥工业和其他化工产品的主要原料。现约有80%的氨用于制造化学肥料，除了氨本身可用作化肥外，还可以加工成各种氮肥和含氮复合肥料，如尿素、硫酸铵、氯化铵、硝酸铵、磷酸铵等，可以生产硝酸、纯碱、含氮无机盐等，氨还被广泛用于有机化工、制药工业、化纤和塑料工业以及国防工业中，因此，氨在国民经济中占有重要地位。目前氨是由氮气和氢气在高温、高压和催化剂作用下直接合成而得。

我国合成氨工业经过几十年的发展，产量已跃居世界第一位，现已掌握了以焦炭、无烟煤、褐煤、焦炉气、天然气及油田伴生气和液态烃等气固液多种原料生产合成氨的技术，形成我国特有的煤、石油、天然气原料并存和大、中、小生产规模并存的合成氨生产格局。

二、合成氨的生产方法

合成氨的生产方法，一般包括三个过程：原料气的制取、原料气的净化、氨的合成与分离。

1. 原料气的制取

制备含有 H_2、N_2、CO、CO_2等成分的粗原料气，依据制原料气采用的主要原料不同，合成氨工艺分为煤制合成氨、油制合成氨和天然气制合成氨，至于实际生产采用哪种原料制备合成氨，既需要考虑各种工艺投资大小、能耗高低及成本效益，还要考虑各地资源和能源供应情况来进行综合权衡。

2. 原料气的净化

原料气的净化是指除去原料中 H_2、N_2以外的杂质，一般包括脱硫、CO 的变换、CO_2的脱除和原料气的精制等步骤，其中每一步骤均有多种选择，如原料气的精制就有铜洗、液氮洗涤、甲烷化、甲醇洗涤和双甲工艺等。原料气净化方法的多样性使合成氨生产工艺显得纷繁复杂和多姿多彩。原料气净化方法的选用要依据合成氨生产采用各种工艺投资大小、能耗高低及成本效益以及原料供应、生产规模及工艺成熟情况等。

3. 氨的合成与分离

精制后的 H_2、N_2混合气经压缩到需要的压力和预热至需要的温度后，在合成塔内经催化剂的作用合成氨，离开合成塔的含氨的混合气（NH_3约占 10%～18%）经水冷、氨冷、氨分离得到产品液氨，而未参与反应的 H_2、N_2循环使用。

三、合成氨生产的典型流程

1. 以煤为原料的合成氨流程

我国几乎所有的小型合成氨和部分中型合成氨氮肥企业都采用以煤为原料，其典型的工艺如图 9.1 所示。该工艺小型合成氨厂采用氨水吸收 CO_2制备碳铵肥料；中型合成氨厂则采用铜洗、甲烷化或双甲工艺精制原料气，合成氨作为合成尿素的原料。

图 9.1 以煤为原料制合成氨的原则流程。

2. 以油为原料的合成氨流程

重油、渣油及各种石油深加工所得残渣习惯上统称“重油”。以重油为原料合成氨时，采用部分氧化法制取原料气，从气化炉出来的原料气先清除炭黑，然后依次经硫化物的脱除、CO 的变换、CO_2的脱除、液氮洗，再经压缩后合成氨。

图 9.2 为以油为原料制合成氨的原则流程。

3. 以天然气为原料的合成氨流程

天然气、焦炉气、乙炔尾气、炼厂气、高炉气等气体燃料为原料的制氨的原则流程

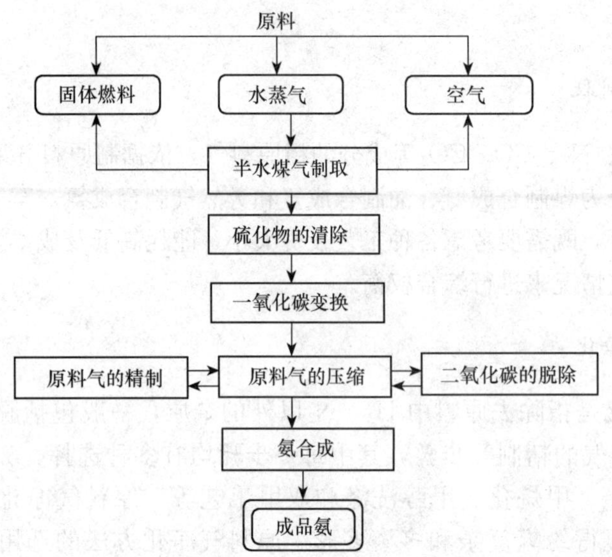

图 9.1　以煤为原料制合成氨的原则流程

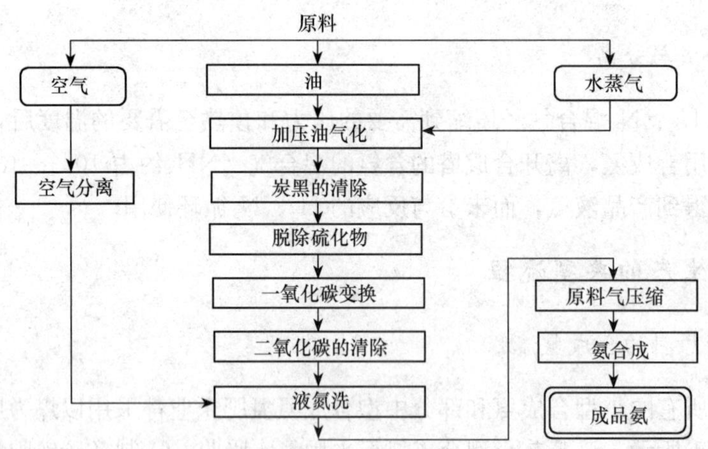

图 9.2　以煤为原料制合成氨的原则流程

如图 9.3 所示。该流程中天然气经脱硫后，其硫化物的含量低于 0.1×10^6，有效的保护了转化、变换、甲烷化、合成催化剂的使用。其精制工艺采用甲烷化，则工艺简单，投资较少，吨氨能耗低，在副产天然气的地区得到广泛应用。

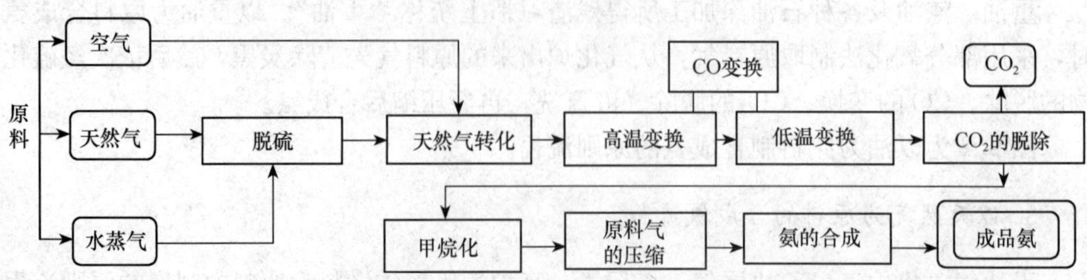

图 9.3　以天然气为原料制合成氨的原则流程

我国合成氨生产原料比较复杂，目前是以煤为主，油、气并存的局面。目前我国合成氨原料中煤占64%，处于合成氨工业的主导地位，天然气占22%，重油占14%。从成本上看，以天然气为原料的合成氨，普遍生产成本较低，短时间内仍有一定优势，因油、天然气是重要的能源和战略物资，随着开采量的日益减少而引发的价格上涨，所以以油、天然气为原料制合成氨会慢慢转变成以煤为原料，因此煤炭为原料的优势逐渐凸现出来。中国煤炭资源具有储量丰富、分布范围广、价格低廉、供应稳定等优势，虽然煤炭的价格也会随油气价格联动上涨的可能，但涨价幅度小，不会影响到煤炭作为合成氨原料的局面。故本项目重点介绍以煤炭为原料制合成氨的生产工艺。

任务二　原料气的制备

重点介绍以煤为原料制取半水煤气的生产工艺。

煤气化过程是以焦炭或煤为原料，在一定高温条件下通入空气、水蒸气或富氧空气-水蒸气混合气，经过一系列的化学反应生成含有CO、CO_2、H_2、N_2及CH_4等混合气体的过程。气化过程中所使用的空气、水蒸气或富氧空气-水蒸气混合气等称为气化剂。气化所得的混合气称为煤气。用于实现煤气化过程的主要设备称为气化炉。煤气的成分取决于燃料和气化剂的种类及气化工艺条件。依据制造煤气所用气化剂的不同，得到的煤气种类如表9.1所示。

表9.1　各类煤气的基本情况

煤气名称	气化剂	煤气组分及特点	主要用途
空气煤气	空气	N_2+CO（和少量CO_2），热值较低	与其他气体混合使用
水煤气	水蒸气	H_2+CO，且含量高于85%	合成甲醇、工业制氨
混合煤气	空气-水蒸气	N_2+CO+H_2（和少量CO_2、CH_4），燃烧气	气体燃料
半水煤气	空气-水蒸气	（CO+H_2）/N_2=3.1～3.2（摩尔比）	用于制合成氨
低氮半水煤气	富氧空气-水蒸气	（CO+H_2）/N_2=3.5～4.5（摩尔比）	连醇工艺
中热值煤气	富氧空气-水蒸气	CO+H_2（少量N_2）发热值高	城市煤气

用于造气的固体煤，为了降低原料成本，提高原料的适用范围，在我国现用粉煤或煤末制成气化要求的煤球或煤棒（即型煤）。合成氨原料气制造对固体燃料的性能要求，包括固定炭、硫分、水分、挥发分、灰分、机械强度、热稳定性、化学活性、黏结性和粒度等方面的要求。

一、煤气化过程的基本原理

煤气化过程依据气化炉内固体燃料气化技术不同分为固定床气化、流化床气化和气流床气化几种。目前在国内较为成熟的仍然只是常压固定床气化技术，下面主要介绍固定床气化工艺。

1. 间歇式固定床气化反应原理

①以空气为气化剂。空气通过高温燃料层，主要发生下列反应：

$$C + O_2 = CO_2 \quad \Delta H^0 = -393.8kJ/mol \tag{9.1}$$

$$2C + O_2 = 2CO \quad \Delta H^0 = -221.2kJ/mol \tag{9.2}$$

$$2CO + O_2 = 2CO_2 \quad \Delta H^0 = -565.55kJ/mol \tag{9.3}$$

$$C + CO_2 = 2CO \quad \Delta H^0 = 172.3kJ/mol \tag{9.4}$$

若忽略惰性气体氮，则上述反应体系共有C、CO、CO_2、O_2四种物质，由C、O两种元素构成，反应体系独立的反应数为4－2＝2，即可由式（9.1）和式（9.4）计算平衡组成。其反应平衡常数如表9.2所示。

表9.2　反应式（9.1）和式（9.4）的平衡常数

温度/K	$C+O_2=CO_2$	$C+CO_2=2CO$	温度/K	$C+O_2=CO_2$	$C+CO_2=2CO$
	$K_{p_1}=p_{CO_2}/p_{O_2}$	$K_{p_4}=p_{CO_2}/p_{O_2}$		$K_{p_1}=p_{CO_2}/p_{O_2}$	$K_{p_4}=p_{CO_2}/p_{O_2}$
600	2.516×10^{34}	1.867×10^{-6}	1100	6.345×10^{18}	1.220×10
700	3.182×10^{29}	2.673×10^{-4}	1200	1.737×10^{17}	5.696×10
800	6.708×10^{25}	1.489×10^{-2}	1300	8.251×10^{15}	2.083×10^{2}
900	9.257×10^{22}	1.925×10^{-1}	1400	6.048×10^{14}	6.285×10^{2}
1000	4.751×10^{20}	1.898	1500	6.290×10^{13}	1.622×10^{3}

由式（9.4）及表9.2中的平衡常数可计算出总压0.1MPa时，空气煤气的组成如表9.3所示。假设O_2全部与C反应生成CO，空气中$N_2/O_2=79/21=3.76$（摩尔比），总压为p。

表9.3　总压0.1MPa时，空气煤气的组成

温度/℃	CO_2	CO	N_2	CO_2转化成CO的转化率
650	10.8	16.9	72.3	61.0
800	1.6	31.9	66.5	95.2
900	0.4	34.1	65.5	98.8
1000	0.2	34.4	65.4	99.4

由表9.3可知，碳和氧的反应在制气时均为不可逆反应，而平衡时氧含量几乎为零。实际生产时只需考虑式（9.4）即可，由表9.3中数据显示，CO平衡含量随温度升高而增加，CO_2的平衡含量随之下降。当温度高于900℃，碳与氧的主产物是CO，CO_2的含量很少。

② 以水蒸气为气化剂。此时主要是炽热的碳将氢从气化剂（水蒸气）中还原出来，进行的主要是还原反应：

$$C + H_2O = CO + H_2 \quad \Delta H^0 = +131.39kJ/mol \tag{9.5}$$

$$C + H_2O = CO_2 + 2H_2 \quad \Delta H^0 = +90.20kJ/mol \tag{9.6}$$

$$CO + H_2O = CO_2 + 2H_2 \quad \Delta H^0 = -41.19kJ/mol \tag{9.7}$$

另外还会发生生成的CO_2与炽热的碳发生反应：

$$CO_2 + C = 2CO \quad \Delta H^0 = +172.28kJ/mol \tag{9.8}$$

其次燃料在气化时，随着反应条件的改变，还有可能发生如下副反应：

$$H_2 + O_2 \Longrightarrow 2H_2O \qquad \Delta H^0 = -483.67\text{kJ/mol} \tag{9.9}$$

$$C + 2H_2 \Longrightarrow CH_4 \qquad \Delta H^0 = -74.90\text{kJ/mol} \tag{9.10}$$

$$CO_2 + 4H_2 \Longrightarrow CH_4 + 2H_2O \qquad \Delta H^0 = -247.27\text{kJ/mol} \tag{9.11}$$

$$CO + 3H_2 \Longrightarrow CH_4 + 2H_2O \qquad \Delta H^0 = -206.27\text{kJ/mol} \tag{9.12}$$

注意：因为煤中含有少量的硫化物，在煤气化时可生成硫化氢和微量的有机硫。

当生成的少量硫化物可忽略时，此反应体系有六个组分 C、H_2O、H_2、CO、CO_2和 CH_4，均有三个元素 C、H、O 构成，故独立反应数为 3，一般选用式（9.5）、式（9.7）、式（9.10），其有关平衡常数见表 9.4 所示。

体系中存在 $p_{H_2} + 2p_{CH_4} = p_{CO} + 2p_{CO_2}$（氢氧比关系）　(9.13)

总压关系：$p = p_{H_2} + p_{CH_4} + p_{H_2O} + p_{CO} + p_{CO_2}$　(9.14)

当温度和压力已知时，则由式（9.5）、式（9.7）、式（9.10）的平衡关系式和式（9.13）、式（9.14）即可计算平衡组成。在总压 0.1013MPa 和 2.026MPa 时不同温度下的平衡组成分别如图 9.4、图 9.5 所示。

表 9.4　反应式（9.5）及式（9.10）的平衡常数

温度/K	$C+H_2O \Longrightarrow CO+H_2$	$C+2H_2 \Longrightarrow CH_4$	温度/K	$C+H_2O \Longrightarrow CO+H_2$	$C+2H_2 \Longrightarrow CH_4$
	$K_{p_5} = (p_{CO} \cdot p_{H_2})/p_{H_2O}$	$K_{p_{10}} = p_{CH_4}/p_{H_2}^2$		$K_{p_5} = (p_{CO} \cdot p_{H_2})/p_{H_2O}$	$K_{p_{10}} = p_{CH_4}/p_{H_2}^2$
600	5.050×10^{-5}	1.000×10^{2}	1100	1.157	3.677×10^{-2}
700	2.407×10^{-3}	8.972	1200	3.994	1.608×10^{-2}
800	4.398×10^{-2}	1.413	1300	1.140×10^{2}	7.932×10^{-3}
900	4.248×10^{-1}	3.250×10^{-1}	1400	2.795×10^{2}	4.327×10^{-3}
1000	2.619	9.829×10^{-2}	1500	6.480×10^{2}	2.557×10^{-3}

由图 9.4 可知，在总压 1.013MPa 下，温度高于 900℃时，水蒸气与碳反应达到平衡时，含有等量的 CO 和 H_2，其他组分接近于零，而 H_2O、CO_2和 CH_4的平衡组成随着温度的提高而降低，这意味着在高温下进行此反应，水蒸气分解率高，水煤气中 CO 和 H_2含量高。

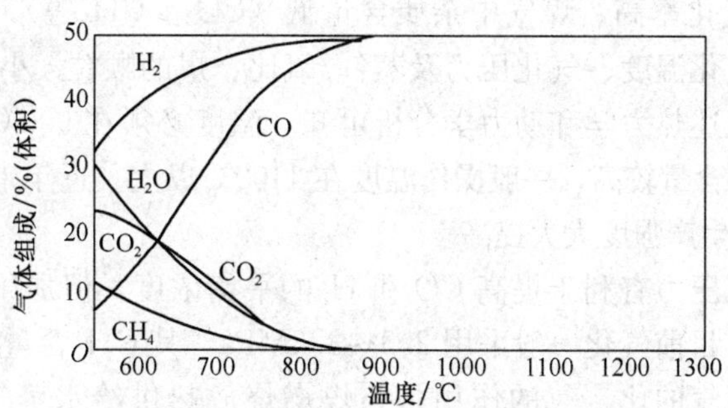

图 9.4　0.1013MPa 时不同温度下的平衡组分

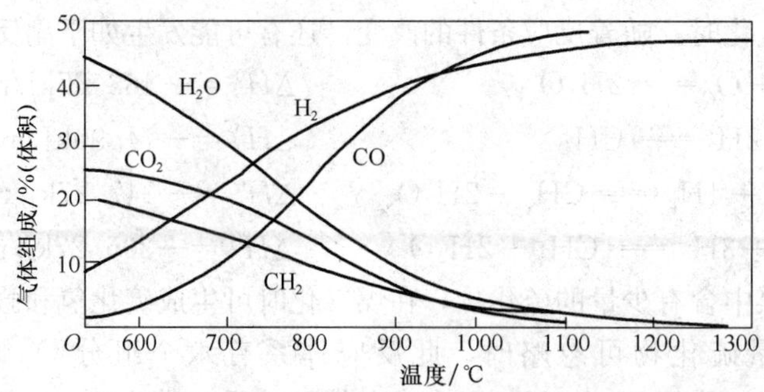

图 9.5　2.026MPa 是不同温度下的平衡组成分

对比图 9.4 和图 9.5 可知，在温度相同时，随着压力增加时，气相中 H_2O、CO_2 和 CH_4增加，而 CO 和 H_2的含量减少。故从平衡看，欲制得 CO 和 H_2含量高的水煤气，反应应在低压高温下进行；欲生产 CH_4含量高的高热值煤气，反应应在低温高压下进行。

2. 固体煤气化速率

固体燃料中的碳和气化剂在煤气发生炉中所进行的反应属于气固相系统的多相反应。其反应速度的大小不仅与碳和气化剂的化学反应速度有关，同时还受气化剂向碳表面扩散速度的影响。

(1) 碳和氧的反应。此属于气固相非催化反应，反应过程包括：氧气由气流主体向煤表面扩散、氧气在煤表面的吸附、氧气和煤发生化学反应、生成的气体在煤表面脱附、生成的气体由煤表面向气流主体扩散共五个过程。若反应速率低于扩散速率，则过程属于动力学控制；反之属于扩散控制。研究证明：在温度高于 1000℃时，燃烧产物主要是 CO，在 500℃以下时主要是 CO_2；温度低于 775℃，属动力学控制；温度高于 900℃，扩散控制加剧。

(2) 碳和水蒸气的反应。该反应机理与碳和氧的反应相似。研究证明：在温度为 400～1100℃时，反应速度很慢，过程属动力学控制；当温度超过 1100℃时，反应速度很快，过程属扩散控制。

3. 固体燃料气化的反应条件

为了保证煤的气化率高、煤气中杂质含量低（CO_2、CH_4等），且能量消耗低，气化条件主要考虑：气化温度、气化压力及蒸气/氧比、煤的颗粒大小。

(1) 温度。由上述热力学和动力学分析可知，温度必须在 900℃以上才有满意的气化速度，且 H_2、CO 含量较高，一般操作温度在 1100℃以上。近年来新工艺采用 1500～1600℃进行气化，使生产强度大大提高。

(2) 压力。降低压力有利于提高 CO 和 H_2的平衡浓度，但加压有利于提高反应速率并减小反应体积，目前气化一般采用 2.5～3.2MPa，其 CH_4含量较常压高些。

(3) 水蒸气和氧气的比。氧的作用是与煤燃烧放热供给水蒸气与煤的气化反应，H_2O/O_2比值对温度和煤气组成有影响，其比值要依据采用煤气化方法而定。

煤的颗粒取决于煤的种类、气化方法、气化温度和气化压力。

二、间歇式制取半水煤气的工艺过程与设备

工业上在间歇气化过程中，将自上一次开始送入空气至下一次再送入空气时为止，称为一个工作循环，间歇式制半水煤气的工作循环如图 9.6 所示。每个工作循环包括下列五个阶段。

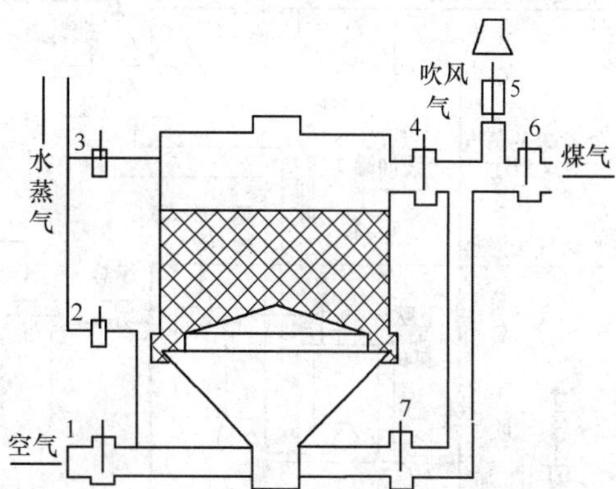

图 9.6　间歇式制半水煤气各阶段气体流向示意

(1) 吹风阶段。空气从炉底吹入，自下而上以提高煤层温度，然后将吹风气经回收热量后放空。

(2) 蒸气一次上吹。水蒸气自下而上送入煤层进行气化反应，此时煤层下部温度下降，而上部温度升高，被煤气带走的显热增加。

(3) 蒸气下吹。水蒸气自上而下吹入煤层继续进行气化反应。使煤层温度趋于均匀。制得煤气从炉底引出系统。

(4) 蒸气二次上吹。蒸气下吹制气后煤层温度已显著下降，且炉内尚有煤气，如立即吹入空气势必引起爆炸。为此，先以蒸气进行二次上吹，将炉子底部煤气排净，为下一步吹风创造条件。

(5) 空气吹净。目的是回收存在炉子上部及管道中残余的煤气，此部分吹风气应加以回收，作为半水煤气中 N_2 的来源。

以常压固定床间歇式气化煤气制取工艺对煤种要求苛刻，仅适用优质无烟煤和冶金焦，而且产气量低、总能耗高。

表 9.5 为煤气发生炉各阶段阀门开闭情况，结合图 9.6 可清楚理解间歇式制半水煤气的工作循环。每一个吹风和制气工作循环所需时间称为循环时间，循环时间长短由气化温度、煤气质量和阀门开启等综合考虑的结果，一般须依据自控水平、维持炉内工况稳定和燃料性能的优劣来确定。其循环时间的分配则主要取决于燃料的性质，不同燃料气化的循环时间分配百分比大致范围见表 9.5 所示。

表 9.5　不同燃料气化的循环时间分配

燃料品种	工作循环中各阶段时间分配/%				
	吹风	一次上吹制气	下吹制气	二次上吹制气	空气吹净
无烟煤 粒度 25～75mm	24.5～25.5	25～26	36.5～37.5	7～9	3～4
无烟煤 粒度 15～50mm	22.5～23.5	24～26	40.5～42.5	7～9	3～4
无烟煤 粒度 15～25mm	25.5～26.5	26～27	35.5～36.5	7～9	3～4
石灰碳化型煤	7.5～29.5	25～26	36.5～37.5	7～9	3～4

间歇操作是通过控制阀门的开启顺序和开启时间达到控制气体组成及热量综合利用的目的。其间歇式固定床 UGI 型气化炉制半水煤气流程图如图 9.7 所示。

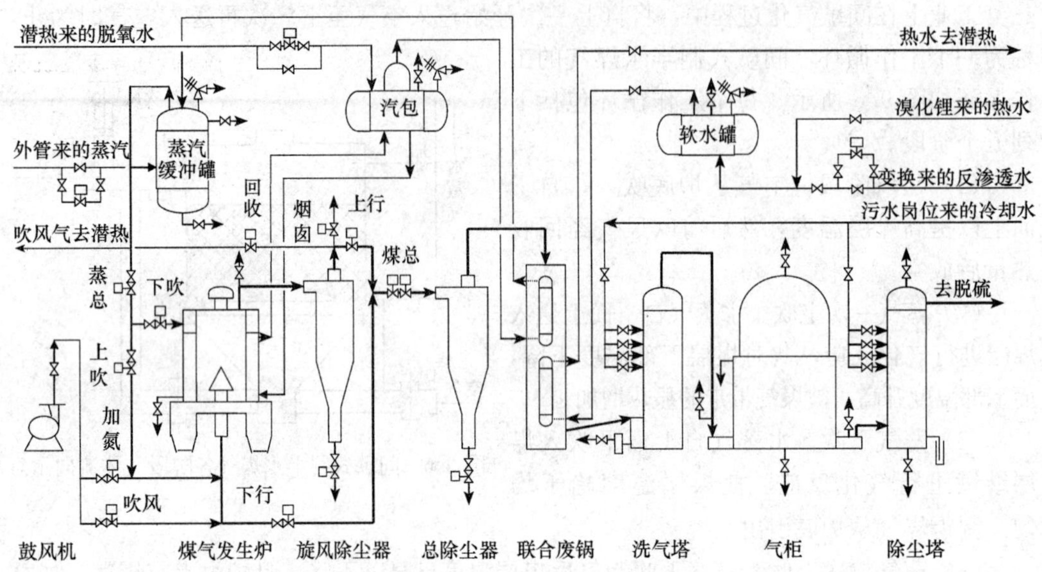

图 9.7　固定床煤气发生炉制半水煤气工艺流程图

任务三　原料气的净化

原料气的净化包括原料气的脱硫、CO 的变换、CO_2 的脱除及少量 CO、CO_2 的脱除（精制）4 个部分。

一、原料气的脱硫

1. 原料气中硫化物的形态及其危害

煤、重油、天然气中的硫化物在制气过程中，亦发生相应反应而进入粗原料气中。按其化合态可分为两类：一类是硫的无机化合物，主要是硫化氢（H_2S）；另一类是硫的有机化合物（即有机硫）如二硫化碳（CS_2）、硫氧化碳（COS）、硫醇（RSH）、硫醚（RSR）、噻吩（C_4H_4S）等，其中 H_2S 含量最高，约占原料气中硫总量的 90%以上。

原料气中的 H_2S 对合成氨生产极其有害，主要表现在以下几点：

（1）湿的 H_2S 气体严重腐蚀煤气管道、阀门及设备。

（2）使后续工序采用的催化剂中毒而失活。

（3）若原料气精制采用铜洗，H_2S 会使铜液产生 Cu_2S 沉淀而堵塞管道和设备，且增加铜耗。

因 H_2S 的对合成氨生产的危害，故必须在使用催化剂之前将其清除干净，一般要求脱硫后的气体中 H_2S 的含量为 20～30g/m^3。中温变换、低温变换串甲烷化的三催化流程，对硫化物的要求更高，一般控制 H_2S 含量<10g/m^3。

2. 脱硫方法及特点

工业上脱硫的方法很多，按照脱硫剂的形态可分为干法脱硫和湿法脱硫两大类。干法脱硫即是以固体物质作脱硫剂，而湿法脱硫是以溶液为脱硫剂。当含硫气体通过脱硫剂时，硫化物即与脱硫剂发生物理或化学作用，分别被固体物质吸附（也有被吸收的）或被溶液吸收。

干法脱硫的特点是脱硫效率高，但设备庞大，检修时劳动条件差，此法仅限于脱除有机硫或与湿法脱硫并用，对少量硫化物进行精脱。湿法脱硫的特点是吸收速率快，生产能力大，同时脱硫剂可以再生循环使用，操作连续方便，故多用于原料气中 H_2S 含量较高的气体脱硫，其脱硫方法见表 9.6。

表 9.6　工业上常用的脱硫方法

脱硫方法	硫化物	
	无机硫	有机硫
干法	氧化铁、活性炭、氧化锌、氧化锰法	钴、钼加氢法、铁钼催化法
湿法	化学吸收法：氨水催化、ADA、乙醇胺法、栲胶法、EDTA 络合铁法等	冷氢氧化钠吸收法（脱除硫醇）
	物理吸收法：低温甲醇法、聚乙二醇二甲醚法、碳酸丙烯酯法等	热氢氧化钠吸收法（脱除硫氧化碳）
	物理化学吸收法：环丁砜法、常温甲醇法等	

3. 干法脱硫

干法脱硫按脱硫作用原理不同可分为三类，即加氢催化转化类（如钴钼催化法、镍钼催化法和铁钼催化法等）、吸收或转化吸收类（如氧化铁法、氧化锌法和氧化锰法等）、吸附类（如活性炭法、分子筛法等）。各干法脱硫的性能如表 9.7 所示。

表 9.7　几种常见干法脱硫方法比较

种类	活性炭	氧化铁	氧化锌	氧化锰	钴钼加氢
能脱除的有机硫	RSH、CS_2、COS	RSH、RSH	RSH、CS_2、COS	RSH、CS_2、COS	RSH、CS_2、COS、C_4H_4S
出口总硫 1×10^{-6}（体积）	<1	<1	<1	<3	
温度/℃	常温	340～400	350～400	400	350～430
压力/MPa	0～3.0	0～3.0	0～5.0	0～2.0	0.7～7.0
空速/h^{-4}	400	—	400	1000	500～1500
硫容（质量）/%	—	2	15～25	10～14	转化为 H_2S
再生情况	用过热蒸汽	用过热蒸汽	不再生	不再生	析碳后可再生
杂质影响	C_3 以上烃类影响脱硫效率	水蒸气对平衡影响大	水蒸气对平衡及硫容都不影响	CO 甲烷化影响大	CO、CO_2 能隆低活性，NH_3 是毒物

（1）钴钼加氢转化法。钴钼加氢转化法将含氢原料中的有机硫化物绝大部分转化成无机硫化物 H_2S（后用 ZnO 法脱除），以便易于清除，它是一种有机硫的预脱硫的有效方法。

钴钼催化剂是以氧化铝为载体，由氧化钴、氧化钼组成。钴钼催化剂须经硫化后才具有相当的活性。硫化后的活性组分是 MoS_2（主）Co_9S_8（次）其操作条件：T 为 350～430K，p 为 0.7～7MPa 气态烃空速 500～1500h^{-1}，液态烃空速 0.5～6h^{-1}。

在上述条件下，有机硫加氢转化率都很高，其转化速率因硫化物的种类不同有较大区别，其中噻吩加氢反应速率最慢，所以加氢催化反应速率取决于噻吩加氢反应速率。另在有机硫加氢转化时会发生碳氧化物的甲烷化反应，这两类反应均为放热反应，故要控制好催化剂床层升温速度。

（2）氧化锌法。氧化锌是一种内表面积很大，硫容量较高的接触反应型脱硫剂，能直接吸收硫化氢和硫醇。而硫氧化碳、二硫化碳则先要转化成硫化氢才能被吸收。氧化锌对噻吩的吸收能力非常低。单靠氧化锌无法将有机硫化物清除干净。必须和钴钼加氢转化法联用。该法属于精细脱硫，脱硫后的气体中总硫含量一般在 3×10^{-6}（质量分数）以下，最低可达 10^{-7}（质量分数）以下。硫化锌脱硫床层硫容分布如图 9.8 所示。

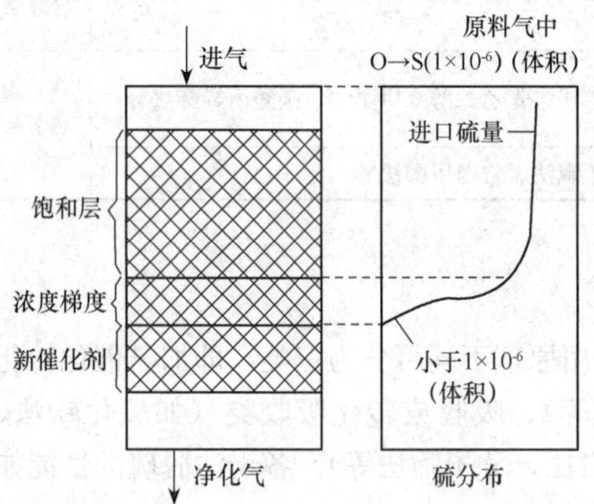

图 9.8　氧化锌脱硫床层硫容分布

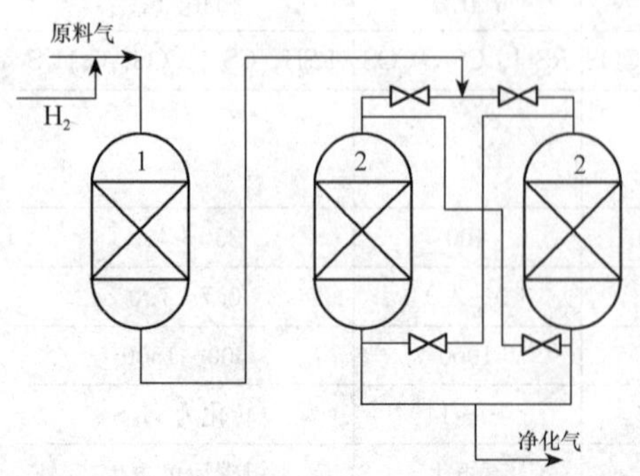

图 9.9　加氢转化串联氧化锌脱硫流程

1. 加氢反应器；2. 氧化锌脱硫槽

实际操作中常采用两套吸收设备，一台操作，另一台备用。当操作中的一台吸硫能力下降时，更换到备用设备；为减少吸硫剂的使用量，通常将设备出口的氧化锌重新装入吸硫设备的入口处，即从设备套数和流程设置解决问题，如图 9.9 所示。

4. 湿法脱硫

虽然干法脱硫净化度高，并能脱除各种有机硫化物，但脱硫剂难于或不能再生，且系间歇操作，设备庞大，故不能用于对大量硫化物的脱除。脱硫剂不能再生，则易于产生废弃物，不符合清洁生产的目的；另间歇操作不利于生产规模的扩大及脱硫量的增大。生产中为解决此问题，常使用可以循环的脱硫方法和脱硫剂，即湿法脱硫。

采用溶液吸收硫化物的脱硫方法统称为湿法脱硫。其优点是脱硫剂是液体，便于输送；脱硫剂较易再生并能回收富有价值的硫磺，从而构成一个脱硫循环系统实现连续操作，故湿法脱硫广泛适用于以煤为原料及含硫较高的重油、天然气为原料的制氨流程中，当气体净化度要求很高时，可在湿法脱硫之后串联干法脱硫，使脱硫效果更好更经济。

湿法脱硫依据作用原理分为：化学法、物理法及物理-化学法三种。依吸收剂再生方式可分为循环法、氧化法。

(1) 物理法。在吸收过程中无化学反应，纯属扩散、气体溶解（吸收）的物理过程，其气液平衡一般遵循亨利定律，如低温甲醇法、聚乙二醇二甲醚法。

(2) 化学法。依作用原理还可分为中和法和氧化还原法脱硫两种。中和法是利用酸碱中和原理将呈现弱酸性的 H_2S 吸收，大部分属于快速化学吸收反应。如碳酸钠法、氨水中和法和乙醇胺法等；氧化还原法的特点是借助反应过程中伴有电子得失的化学反应进行脱硫的。例如，对苯二酚、ADA 法，还有金属络合物法（最具代表的是 EDTA 络合铁法）。

(3) 物理-化学法。兼具物理法和化学法两种脱硫优点，使脱硫效果更高，如环丁砜-MEA 法。

循环法是将吸收 H_2S 后的富液在加热降压或气提条件下解吸 H_2S；而氧化法是将吸收 H_2S 后的富液用空气进行氧化，同时将液相中的 HS^- 氧化成单质硫。

湿法脱硫对脱硫剂的要求是：必须满足特定工艺对脱硫要求的净化度；硫容量大；脱硫剂活性好，易再生且消耗低；不易发生硫堵；脱硫剂价廉易得，无毒性、无污染或污染小。

1) 湿式氧化法脱硫基本原理

湿式氧化法脱硫一般包括两个过程：脱硫剂中的吸收剂将原料气中的 H_2S 吸收；被吸收到溶液中的 H_2S 发生氧化反应及吸收剂的再生。

(1) 吸收原理因 H_2S 是酸性气体，水溶液呈酸性，其吸收过程可表示为

$$H_2S(g) \rightleftharpoons H^+ + HS^- \tag{9.15}$$

$$H^+ + OH^-\text{（碱性吸收剂）} \rightleftharpoons H_2O \tag{9.16}$$

只要吸收剂采用碱性物质，即可使吸收平衡向生成物的方向进行，降低气体中 H_2S 的浓度，达到吸收目的。工业上一般采用 Na_2CO_3 水溶液、氨水作吸收剂。

(2) 再生原理吸收剂只能将 H_2S 吸收到溶液中，并不能将 H_2S 氧化为单质硫，故需借助其他物质来实现。通常在溶液中添加催化剂作载氧体，氧化态的催化剂将 H_2S 氧化为单质硫，其自身呈还原态。还原态催化剂在再生时被空气中的氧氧化后恢复氧化能力，如此循环使用，实现脱硫。其再生过程可表示为

$$\text{载氧体(氧化态)} + H_2S = S + \text{载氧体(还原态)} \tag{9.17}$$

$$2\,\text{载氧体(还原态)} + O_2 = 2H_2O + 2\,\text{载氧体(氧化态)} \tag{9.18}$$

总反应式：H_2S 在载氧体和空气的作用下发生如下反应：

$$2H_2S + O_2(\text{空气}) \longrightarrow 2S\downarrow + 2H_2O \qquad (9.19)$$

由此可见，选择合适的载氧催化剂是湿式氧化脱硫法的关键，此载氧催化剂必须既能氧化 H_2S 又能被空气中的氧所氧化。由氧化还原反应的必要条件可知：此载氧催化剂的标准电极电位的数值范围必须是大于 H_2S 的电极电位小于 O_2 的电极电位，即 $0.141V < E^0 < 1.23V$。实际选用时，一方面要考虑催化剂氧化 H_2S 应将其充分氧化为单质硫，以提高脱硫液的再生效果；另一方面又不能将其过度氧化为硫酸盐或硫代硫酸盐，影响脱硫液的再生效果。同时，若载氧催化剂的电极电位太高，氧化能力太强，再生时被空气氧化就越困难。因此常采用有机醌类做催化剂，其 $0.2V < E^0 < 0.75V$，其他类型的催化剂 $0.141V < E^0 < 0.75V$。

2）栲胶法脱硫基本原理

栲胶法始于1960年日本的研究，1977年在中国第一次工业化应用成功。现在，中国大部分中型氮肥厂已采用该法代替改良ADA法。

（1）栲胶的组成及性质栲胶主要成分是单宁，如五倍子、橡椀、橡树皮、冬青叶等均可作来提取栲胶，它们分别含单宁量为26%～62%、26%～62%、30%～40%、18.63%、11.4%，其水萃液经熬制即成栲胶。

（2）脱硫基本原理

$$Na_2CO_3(\text{吸收}) + H_2S \longrightarrow NaHCO_3 + NaHS \qquad (9.20)$$

此反应是酸碱中和快反应，属化学吸收，其反应过程在填料吸收塔中进行。

$$2NaHS + 4NaVO_3(\text{氧化催化}) + H_2O \longrightarrow Na_2V_4O_9 + 4NaOH + 2S\downarrow \qquad (9.21)$$

此反应是单质硫的析出，该反应过程在吸收塔内反应有少量进行，主要在富液槽内进行。

$$Na_2V_4O_9 + 2\,\text{栲胶(氧化)} + 2NaOH + H_2O \longrightarrow 4NaVO_3 + 2\,\text{栲胶(还原)} \qquad (9.22)$$

此反应为氧化剂的再生，该过程在富液槽和再生槽中进行。

$$2\,\text{栲胶(还原)} + O_2(\text{空气}) \longrightarrow 2\,\text{栲胶(氧化)} + 2H_2O \qquad (9.23)$$

此反应为载氧体（栲胶）的再生，该过程在再生槽中进行。以上四个反应的总反应为：

$$2H_2S + O_2(\text{空气}) \longrightarrow 2S\downarrow + 2H_2O \qquad (9.24)$$

栲胶脱硫液的用量和浓度取决于脱硫负荷，溶液组成一般为：总碱度0.4mol/L，Na_2CO_3 4～10g/L，2～5g/L，脱硫液的pH控制在8.1～8.7，助剂 $NaVO_3$ 1～2g/L，现有很多厂采用酞菁钴代替偏钒酸钠，其脱硫效果更好。其栲胶法脱硫工艺流程见图9.10所示。

（3）典型的湿法脱硫设备和再生设备。

①脱硫设备。为适应高硫煤造气，中国先后开发了喷射塔、湍球塔、空塔喷淋塔等多种脱硫塔，这类脱硫塔现因合成氨生产规模的扩大而逐渐被取代。目前因不易发生硫堵的脱硫剂的使用及新型填料的的开发，现脱硫塔以填料塔为主，应用于合成氨的脱硫工序。

A. 旋流板塔。该塔外形如同纸风车。本身固定在塔壁四周的塔圈上，并不旋转。气流沿塔向上呈螺旋型流动而称旋流。旋流板是由中心盲板、旋流叶片、罩筒、降液管

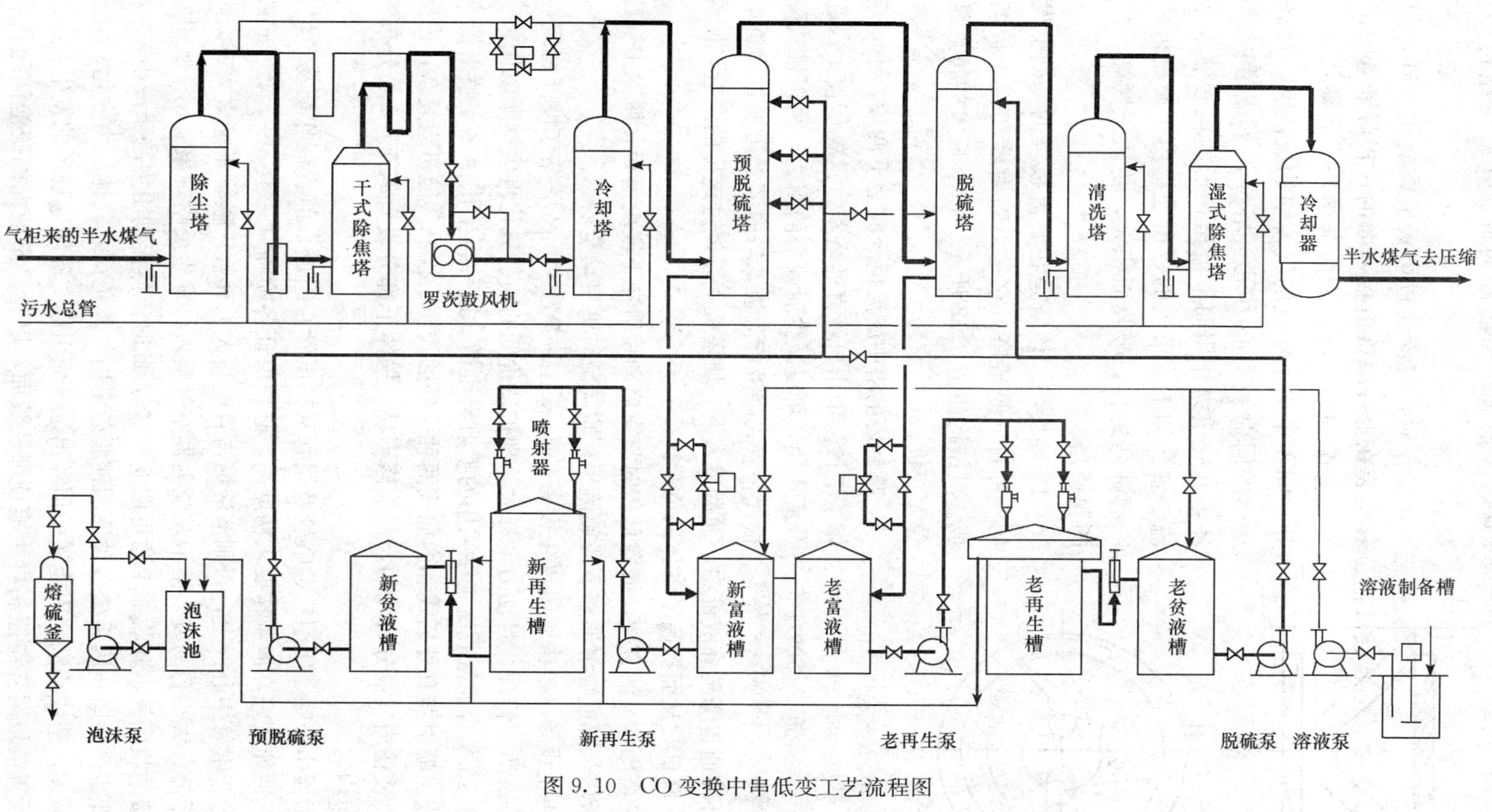

图 9.10　CO 变换中串低变工艺流程图

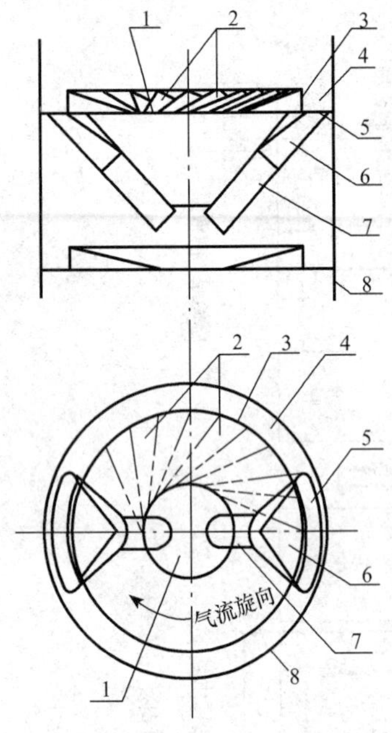

图 9.11　旋流板塔结构

1. 盲板；2. 旋流叶片（共 24 片）；3. 罩筒；4. 集液槽；5. 溢流口；6. 异形接管；7. 圆形溢流管；8. 塔壁

（或降液锥篮）等部件构成，其塔板结构如图 9.11 所示。

操作时，气流通过塔板呈螺旋状上升，脱硫液沿着安装在上一块旋流板下面的三根降液管喷至盲板中心，分配到各个叶片形成薄液层，并被从下一块板各叶片间隙中向上穿过的气流喷洒成液滴。液滴随气流运动的同时被离心力甩至塔壁，形成沿壁旋转的液环，并受重力作用而下流至环形的集液槽，再通过溢流装置流到下一塔板的盲板上。由于旋流板片上气液一起强烈旋转，吸收面积大，传质强度高，故是高效的脱硫塔。

B. 喷旋塔。该塔是在旋流板塔的基础上发展起来的一种新型脱硫塔。它是由喷射器和旋流板塔组合而成。其结构如图 9.12 所示。该塔最大的特点是能够承受大液量。

喷旋塔的塔中旋流板分成上下两段，中间连接升气帽，上段溶液出口管直通塔釜。这样能使上段起到溶液分流作用，可以减少脱硫塔的阻力，另以锥式降液旋流板代替管式降液旋流板，塔内溶液可通过靠近塔壁特设的四周环隙通道降至降液锥内，而后流入下一块塔板上。经过这样的改造，使旋流板的阻力大大降低，从而提高了气体的负荷。

喷旋塔操作灵活方便，脱除低硫时只需启动喷射器下段旋流板；脱除中等硫时可启动旋流板塔全部或喷射器和下段旋流板；脱高硫时则启动全塔。

② 再生设备。过去脱硫再生设备一直采用高塔为主，高塔操作性能稳定可靠，但是造价高、难于修理，且动力消耗大，现被造价低的喷射氧化再生槽所取代。

图 9.13 是合成氨脱硫工序采用的喷射再生槽。这种再生槽由多支喷射器钢制筒体组合而成。喷射器有外插式和内插式两种。外插式便于检修，但机组复杂；内插式固定方便，能使槽内气液分布均匀，但检修不易，槽体下部分设置有 1～2 块分布板，以便气液分布均匀。

喷射器由喷嘴、吸引室、喉管及尾管（扩压管）组成。前者制作简易，但易堵塞。后者抽气性能较好，但制作要求精度高，必须保证各喷嘴（一般 3～5 个）的液体流线聚焦点位于喉管中心线上，否则溶液撞击管壁将大失其效。喉管不能太大或太小，太大抽气效率低；太小容易发生溶液从喷射器空气吸入口发生反喷现象。用于吸引室与喉管之间连接的收缩管，其收缩半角可取 6°～10°，此时流体流动阻力趋于最小。

工业生产为防止因系统各种原因使脱硫塔内气体负荷及气体压力变化，引起再生槽内液位波动，造成硫泡沫不能从槽顶溢出，进而引起“硫堵”现象的发生，在再生槽贫液出口设置液位调节器控制再生槽顶部的液面，以免浮于液面的硫泡沫随贫液进入脱硫塔。

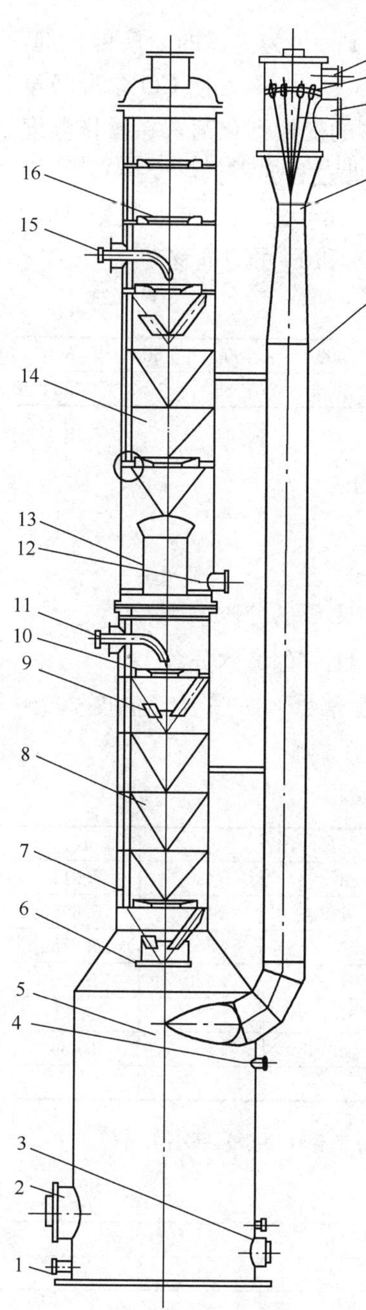

图 9.12　喷旋塔

1. 排污孔；2. 人孔；3. 出液管；4. 液位计；5. 分离段；6. 花板；7. 拉杆；8. 吸收段；9. 导液管；10. 旋流板；11. 进液管；12. 出液管；13. 升气帽；14. 清洗段；15. 进液管；16. 除雾板；17. 进液管；18. 喷嘴；19. 进气管 20. 喉管；21. 喷射器

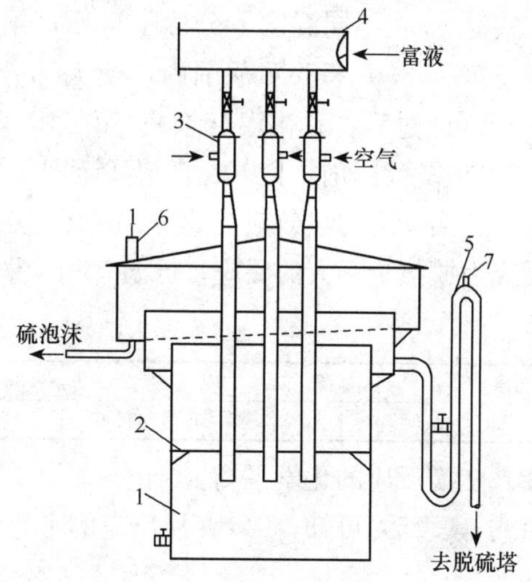

图 9.13　喷射氧化再生槽

1. 槽体；2. 分布板；3. 喷射器（8 支）；4. 环形溶液总管；5. 液位调节器；6. 排气孔；7. 防虹吸管

二、原料气的变换

由各种原料制取的原料气均含有大量的 CO，且 CO 不是生产合成氨的原料，还对氨合成催化剂有毒，故在原料气送入氨合成塔之前必须彻底清除掉。生产中一般分两步清除 CO：第一步是 CO 与 H_2O（g）作用生成 CO_2 和 H_2 的反应（即 CO 的变换反应），清除大部分的 CO；第二步是采用铜洗、甲烷化、甲醇化等方法清除变换气中少量的 CO（即原料气的精制）。

1. CO 变换原理

CO 变换反应方程式如下：

$$CO + H_2O \rightleftharpoons CO_2 + H_2 \quad \Delta H = -41.19\text{kJ/mol} \tag{9.25}$$

该反应的特点是放热、等体积的可逆反应，无催化剂时反应很慢，必须在催化剂的作用下反应速率才能加快。

从变换反应式可知：在反应过程中消耗的只是水蒸气，得到的是 H_2。因此，CO 变换既是原料气的净化过程，又是原料气制备的继续。残余的少量的 CO 再通过其他净化方法加以脱除。

在实际生产中 CO 变换反应均在催化剂的作用下

进行，式 9.25 在不同温度下分两步进行，第一步使用以 Fe_2O_3 为主体的变换催化剂，在操作温度为 350～550℃范围内，使大部分 CO 转化为 CO_2 和 H_2，使 CO 含量降至 3％～4％（此过程亦称高温变换）；第二步以 CuO 为主体的变换催化剂，在操作温度为 180～260℃范围内，使 CO 含量降至 0.3％～0.4％（此过程亦称低温变换）。

（1）变换反应的热效应。CO 变换反应热效应如表 9.8 所示。由表 9.8 数据可知：变换反应为放热量不大的反应，低温有利于平衡向生成 CO_2 和 H_2 的方向移动。

表 9.8　变换反应的热效应

温度/℃	25	200	250	300	350	400	450	500	500
△H/（kJ/mol）	41.2	40.07	39.7	39.25	38.78	38.3	37.86	37.3	36.8

（2）变换反应的化学平衡。

由式（9.25）可知，CO 变换反应的平衡常数可表示为

$$K_p = \frac{p_{CO_2} \cdot p_{H_2}}{p_{CO} \cdot p_{H_2O}} = \frac{y_{CO_2} \cdot y_{H_2}}{y_{CO} \cdot y_{H_2O}} \tag{9.26}$$

式中　p_{CO}、p_{CO_2}、p_{H2}、p_{H_2O}——分别是 CO、CO_2、H_2、H_2O 的分压；

y_{CO}、y_{CO_2}、y_{H_2}、y_{H_2O}—— 分别是 CO、CO_2、H_2、H_2O 的摩尔分数。

由计算表明：压力低于 5MPa 时，可不考虑压力对平衡常数 K_p 的影响，温度 200～550℃变换反应的平衡常数如表 9.9 所示。

表 9.9　CO 变换反应平衡常数

温度/℃	K_p	温度/℃	K_p	温度/℃	K_p	温度/℃	K_p
200	227.9	270	61.89	340	22.98	450	7.311
210	184.6	280	52.85	360	18.07	480	5.695
220	150.9	290	45.40	380	14.44	500	4.878
230	124.4	300	39.22	400	11.70	520	4.215
250	86.51	320	29.73	410	10.59	540	3.67
260	72.93	330	26.08	430	8.748	550	3.434
——	——	——	——	——	——	——	——

表 9.10 不同温度和水蒸气比例下，干变换气中 CO 的平衡含量（摩尔分数）。

表 9.10　不同温度和水蒸气比例

温度/℃	H_2O/CO（摩尔比）			
	1	3	5	7
150	0.009538	0.001757	0.000065	0.000035
200	0.016999	0.002137	0.000216	0.000120
250	0.027318	0.003017	0.000576	0.000316
300	0.059030	0.008375	0.004314	0.002900
350	0.078495	0.015234	0.008030	0.005436
400	0.099126	0.024781	0.013469	0.009210
450	0.120184	0.036818	0.020748	0.014310
500	0.0141059	0.050849	0.029791	0.020951
550	0.161286	0.066249	0.040362	0.028866
600	0.180547	0.082407	0.052123	0.037937

从表 9.9 变换反应的平衡常数及表 9.10 变换反应的热效应分析，可得出结论：在压力一定时，平衡常数 K_p 随反应温度的升高，其 K_p 逐渐减小；而放热量也减少。故从热力学分析，温度较低有利于 CO 的变换反应。

从 CO 变换反应可知，H_2O（g）是反应物，提高其用量可使 CO 平衡转化率提高，表 9.10 是压力一定、不同温度下随 H_2O/CO（摩尔比）增加，其干变换气中 CO 平衡含量的变化情况。

从表 9.10 不同温度及水蒸气比例下，干变换气中 CO 的平衡含量分析，可得出结论：

①同一 H_2O/CO 比下，随温度的降低，其 CO 平衡含量也降低。

②同一温度下，增大 H_2O/CO 比，其 CO 平衡含量降低。故低温，高 H_2O/CO 比，可降低 CO 残余含量，但水蒸气属于物料消耗，须考虑经济因素。

(3) CO 变换反应动力学。

① 动力学方程。变换反应的动力学方程，因催化剂性能的差异及各研究者采用的实验条件的不同，其中温变换动力学方程有很多，在工艺计算中，较常用的有如下两种类型。

一级反应方程式：$r_{CO}=k_0\ (y_a-y_a^*)$　　(9.27)

式中　r_{CO}——反应速率，(Nm^3CO/m^3 催化剂 · h)；

y_a、y_a^*——分别为 CO 的瞬时含量及平衡含量，摩尔分数；

k_0——反应速率常数，h^{-1}。

$$k_0=1.81\times10^5p^{0.45}\exp\left(-\frac{1877}{T}\right)\tag{9.28}$$

式中　p——压力，MPa；

T——温度，K。

式 (9.28) 是以 CuO-ZnO 系低变催化剂在温度 180～270℃、压力 0.1～1.2MPa 下做出的整理，如以此方程式计算催化剂用量则需乘以一个安全系数。

二级反应方程式：$r_{CO}=k\ (y_ay_b-\frac{y_cy_d}{k_p})$　　(9.29)

式中　k——反应速率常数，h^{-1}；

y_a、y_b、y_c、y_d——分别为 CO、H_2O、CO_2、H_2 的瞬时含量，摩尔分数。

② 扩散过程的影响。

CO 变换反应受内扩散影响较为显著，有时表现为强内扩散控制。催化剂的内表面利用率与反应温度、压力和组成以及催化剂的规格、结构、反应活性有关。图 9.14 表示中变催化剂内表面利用率与其影响因素的关系。

由图 9.14 分析可知：对同一规格的催化剂，同一压力下，随温度升高，CO 的扩散速度有所增加，而催化剂表面反应的速度常数增加更迅速，总的表现出内表面利用率降低；在相同温度和压力下，小颗粒的催化剂内表面利用率较高。这是由于外表面大，内表面扩散易于进行，但其阻力相应增大，对同一规格的中变催化剂，在相同温度下，随着压力的提高，反应速度增大，而 CO 的有效扩散系数显著变小，因此内表面利用率

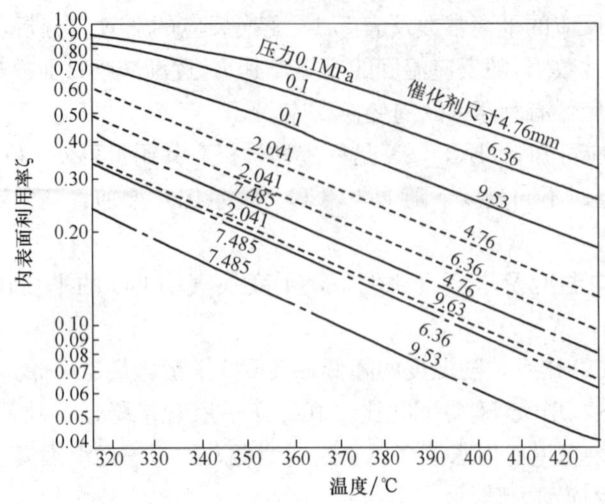

图 9.14 中(高)变催化剂在不同温度及压力下的内表面利用率

迅速减小。故为了提高催化剂内表面的利用率，采用小颗粒的催化剂、较高的反应温度和较低的操作压力。

2. 变换的催化剂

CO 变换反应采用何种催化剂，要根据生产工艺要求和具体情况而定。变换催化剂依据变换温度可分中温变换和低温变换催化剂。

1）中温变换催化剂

按组成可分为铁铬系和钴钼系两大类。前者活性高、机械强度高、耐热性能好、能耐少量硫化物、使用寿命长、成本低，在工业生产中得到广泛应用；后者突出的优点是具有良好的抗硫性能，适应于含硫化物较高的原料气，但价格较高。

①铁铬系催化剂。以 Fe_2O_3、Cr_2O_3 为主，同时还含有少量 MgO、K_2O、CaO 等，其操作温度为 315～485℃。其 Cr_2O_3 的加入对变换催化剂起一个结构稳定剂的作用，加入 Cr_2O_3 后，与 Fe_3O_4 形成固溶体，可有效防止或延缓高温烧结而使晶粒再结晶长大和表面积减小，提高催化剂的耐热能力和机械强度，延长催化剂的使用寿命；K_2O 和 CaO 能提高该催化剂的活性和热稳定性作用，是良好的助催化剂；MgO 能增强催化剂的耐热和抗硫性能，使用时必须将 Fe_2O_3 还原成 Fe_3O_4 才具有活性。国产中温变换催化剂如表 9.11 所示。

表 9.11 中温变换催化剂的主要特性和操作条件

型号		B104	B106	B109	B110-2	B112-2	B113	B117
催化剂组成/%	Fe_2O_3	50～60	65～75	约 80	79～85	≥75	79～80	65～75
	Cr_2O_3	7～9	12～14		8～11	≥6	10～11	3～6
	MgO	17～20	3.5～4.5					
	K_2O	0.5～0.7	0.2～0.9		0.3～0.4		0.15	
	CaO					1～2.2		
	SO_3	<1.0	<0.7		<0.6		<0.002	<1.0

续表

	型号	B104	B106	B109	B110-2	B112-2	B113	B117
催化剂的特性与操作条件	形状	圆柱	片状	片状	圆柱	圆柱	片状	片状
	堆粒度/mm	ϕ7×9/5～15	ϕ9/7～9	ϕ12/6～8	ϕ5/6.5	ϕ9×5～7	ϕ9×5	ϕ9×7～9
	堆密度/（t/m^3）	0.9～1.2	1.3～1.5	1.45～1.55	1.4～1.6	1.4～1.6	1.3～1.4	1.5～1.6
	孔隙率/%	40～50	50	40				
	耐压强度/MPa	≥2.45	14.7	≥14.7	12	≥21		10
	比表面/（m^2/g）	40	40～50	70		60～80		
	活性温度/℃	375～550	360～520	325～475				
	操作温度/℃	440～520	360～520	350～425		290～500	320～470	
	水碳比	3～5	3～4	3～4				
	空速（常压）/h^{-1}	300～400	300～500	300～500				
	空速（加压）/h^{-1}			800～1500	2000～3000			
	H_2S 含量/（g/m^3）	1～1.5	<0.5	<0.002				

②钴钼系催化剂（耐硫催化剂）。

钴钼系催化剂是基于铁铬系催化剂耐硫性能差、活性温度范围窄的缺点而研发成功的。其主要成分为CoO、MoO、K_2O和Al_2O_3，且以球形Al_2O_3为载体，采用浸渍法工艺制备而成。国内外耐硫变换催化剂的化学组成及性能如表9.12所示。耐硫催化剂的优点是：有很好的低温活性，一般为180～500℃；有突出的耐硫和抗毒性能；强度高，使用寿命可达5～10年；可再硫化。该催化剂的CoO、MoO_3必须经硫化为CoS、MoS_2才具有活性。

表9.12　国内外耐硫变换催化剂的化学组成及性能

	国别	德国	丹麦	美国	中国	
	型号	K_{8-11}	SSK	$C_{25-2-02}$	B301	B302Q
化学组成	CoO	约3.0	约1.5	约3.0	2～5	>1
	MoO_3	约8.0	约10.0	约12.0	6～11	>7
	K_2O	-	适量	适量	适量	适量
	Al_2O_3	专用载体	余量	余量	余量	余量
	其他			加有稀土元素		
性能	尺寸/mm	ϕ4×10条形	ϕ3×5球形	ϕ3×10条形	ϕ5×5条形	ϕ3×5球形
	颜色	绿	墨绿	黑	蓝灰	墨绿
	堆密度/（t/m^3）	0.75	1.0	0.70	1.2～1.3	1.0
	比表面/（m^2/g）	150	79	122	148	173
	比空容/（mL/g）	0.5	0.27	0.5	0.18	0.21
	使用温度/℃	280～500	200～475	270～500	210～500	180～500

2）低温变换催化剂

目前工业上采用的低温变换催化剂均以 CuO 为主体的催化剂，经还原后具有活性组分的细小的铜结晶。CuO 催化剂耐热性能差、易烧结、寿命短。加入 ZnO、Cr_2O_3、Al_2O_3，将铜微晶有效地分隔开来，防止铜微晶长大，提高了催化剂的活性和热稳定性。按组成不同，低变催化剂分为铜锌系、铜锌铝系和铜锌铬系。国产低变催化剂的性能如表 9.13 所示。

表 9.13　国产低变催化剂的性能

型号		B201	B202	B204	EB-1、SB-1
旧型号		701	702	704	—
主要成分		CuO ZnO Cr_2O_3	CuO ZnO Al_2O_3	CuO ZnO Al_2O_3	CoS MoS_2 Al_2O_3
规格/mm		片剂，ϕ5×5	片剂，ϕ5×5	片剂，ϕ5×4～4.5	球形，ϕ4、ϕ5、ϕ6 片剂，ϕ5×4
堆积密度/（kg/L）		1.5～1.7	1.3～1.4	1.4～1.7	1.05，1.25
比表面/（m^2/g）		63	61	69	—
操作条件	使用温度/℃	180～260	180～260	210～250	160～400 185～260
	蒸气比（摩尔比）	H_2O/CO6～10	H_2O/CO6～10	蒸气/干气 0.5～1.0	蒸气/干气 1.0～1.2 入口 H_2S>0.05g/m^3
	干气空速/（L/h）	1000～2000 （2.0MPa）	1000～2000 （2.0MPa）	2000～3000 （3.0MPa）	625～2000 （0.71～0.86MPa）

3. CO 变换工艺条件的确定

依据变换反应的热力学、动力学及催化剂的分析，变换过程的条件主要有：温度、压力、H_2O（g）/CO（汽/气比）。在分析确定工艺生产条件时，还应考虑安全生产，科学合理、经济，可操作性强。

（1）压力。从变换反应原理可知，压力对变换反应的平衡没有影响，而反应速率与总压约成 0.45 次方呈正比关系，故变换过程的空速随总压的提高而增大；另加压操作有利于降低能耗（因干原料气的体积小于干变换气的体积，故加压原料气变换比加压变换气时能量消耗要低）；同时加压变换也提高了过量蒸汽的回收价值，但加压变换需要较高的蒸汽，对设备材质的要求相对较高。变换压力的大小具体地由压缩机各段压力分配来确定。

（2）温度。从动力学分析知：温度升高，反应速率常数增大；而变换反应是放热反应，其平衡常数随温度升高而减小。所以温度升高对反应速率有利，但对化学平衡的影响是不利的。对一定的催化剂和气相组成及对应每一个转化率时，必定对应有一个最大的反应速度，此最大反应速率对应的温度即为最适宜温度，用 T_m 表示。

$$T_m = \frac{T_e}{1 + \frac{RT_e}{E_2 - E_1}\ln\frac{E_2}{E_1}} \tag{9.30}$$

式中　T_m、T_e——分别为最佳温度及平衡温度，K；

R——气体常数，kJ/（kmol·K）；

E_1、E_2——分别为正、逆反应活化能，kJ/（kmol·K）。

由于平衡温度随系统组成而改变，不同催化剂活化能也不相同，图 9.15 表明了对一定初始组成的反应系统，随着 CO 的变换率 x 的增加，平衡温度 T_e及最佳温度 T_m均降低；对同一变换率，最佳温度一般比相应的平衡温度低几十度。若工业反应器中按最佳温度进行反应，则反应速率最大，即在相同生产能力下所需催化剂用量最少。

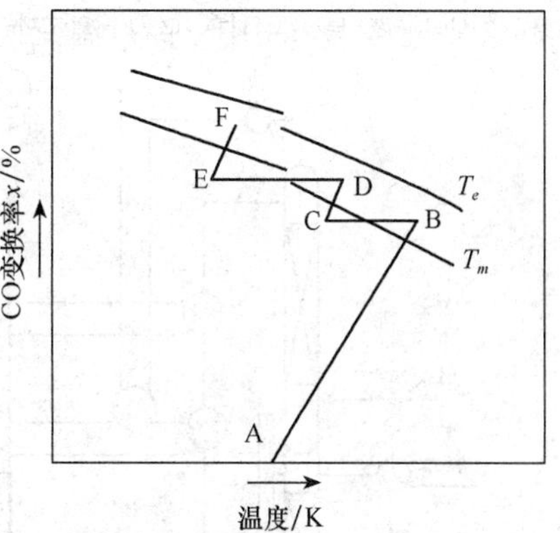

图 9.15　CO 变换过程的 T-x 图

但是在实际生产过程中完全按最佳温度线操作几乎不可能。在反应初期，因据平衡很远，即使离开最佳温度线，仍有较高的反应速率。如反应开始（$x=0\%$）T_m很高，一般都超过了中（高）变催化剂允许使用的温度范围，而且随着反应的进行，温度应逐渐降低，所以需要不断从反应床层移出反应热，故变换过程的温度是综合各方面因素而确定的。随着 CO 变换过程的进行，最佳温度不断降低，这和绝热催化反应的温度升高互为矛盾。为解决这一矛盾，使变换反应尽可能控制在 T_m附近进行，工业上对中（高）温变换，通常采用多段变换的方法，即是多段反应、多段冷却的方法进行变换反应。多段冷却的方式可分为：中间换热式、喷水冷激式、蒸汽过热式三种。

变换过程的温度应在催化剂活性温度范围内进行操作。反应开始温度一般应高于催化剂起活温度约 20℃，对中变催化剂，反应开始温度一般为 320～380℃，热点温度在 450～550℃范围。低变操作温度下限应高于该条件下气体露点温度 20～30℃，防止出现液滴。

（3）汽/气比（H_2O/CO 摩尔比）。改变蒸汽比例是工业变换反应中最重要的调节手段。由表 9.10 可知，增加蒸汽用量，可提高 CO 的平衡转化率，从而有利于降低 CO 残余含量，加速变换反应的进行。因过量蒸汽的存在，还保证了催化剂活性组分 Fe_3O_4 的稳定而不被还原。另外，过量的蒸汽也起到了热载体的作用，提高蒸汽比例，含湿原料气中 CO 含量降低，催化剂床层温升减少，如图 9.15 所示 CD 线比 AB 线斜率大，故改变蒸汽用量对调节催化剂床层温度非常有利。

反应初期远离平衡，正反应速率起主导作用，增加蒸汽起到了稀释 CO 的作用，故反应速率随蒸汽比例增大而减小；反应后期接近平衡时，提高蒸汽比例可使平衡反应向正反应方向移动，有利于提高最终转化率。

但是因水蒸气用量是变换过程中的重要消耗指标，工业上应在满足生产要求的前提下尽可能降低蒸汽比例，以降低蒸汽的消耗。因蒸汽比例过高，则催化剂床层阻力增加，CO 停留时间减少，余热回收设备负荷增加。一般中（高）变操作适宜的 H_2O/CO=3～5，经反应后仍能满足低温变换对蒸汽的需要。

蒸汽最低用量的确定还应充分考虑 CO 最终变换率或残余 CO 含量（一般中变气含 CO 为 3%～4%，低变气含 CO 为 0.3%～0.4%）、余热回收、原料气中氧含量。

4. 变换的工艺流程

CO变换流程的设置一般要考虑三方面的问题。一是原料气中CO含量，CO含量高，则应考虑采用中（高）温变换，因中（高）温变换催化剂操作温度范围较宽，且价廉易得，寿命长，大多数合成氨原料气中CO含量均高于10%，故都选用中（高）温变换以除去大部分的CO。依据系统反应温升，为使催化剂在允许活性温度范围内操作，对CO含量高于15%的一般应考虑将反应器分段；二是根据进入系统原料气温度、湿含量，考虑是否对气体进行几级预热和增湿，合理利用余热；三是将CO变换与脱除残余CO的方法应结合考虑。若脱除方法允许残余CO含量较高，则仅采用中（高）变即可，否则，可将中变与低变串联使用，以降低CO的含量。图9.16为中小型合成氨厂多段变换工艺流程；图9.17为CO变换中（高）串低变流程示意图。图9.18为全低变流程，此变换工艺采用的是宽温区的钴钼系耐硫催化剂，不需要采用中（高）变催化剂，流程也就不需用中（高）变串低变。

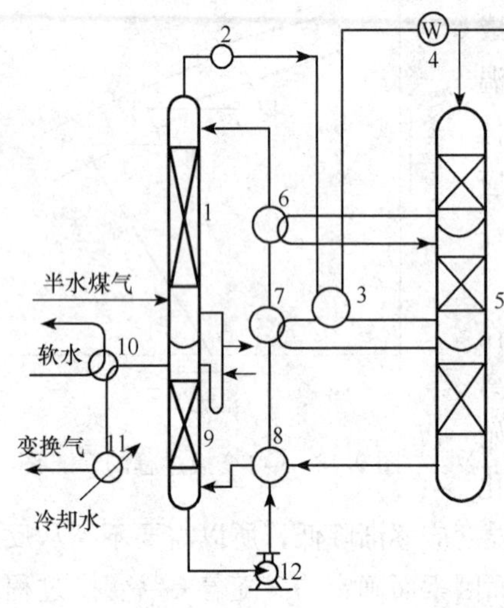

图9.16　中小型合成氨厂多段变换流程

1. 饱和热水塔；2. 分离器；3. 主热交换器；4. 电加热器；5. 变换炉；6. 段间换热器；7. 第二水加热器；8. 第一水加热器；9. 热水塔；10. 软水加热器；11. 冷凝器；12. 热水器

5. 变换过程的主要设备

变换过程的主要设备是饱和热水塔（即是饱和塔和热水塔的组合）、变换炉。

(1) 饱和塔、热水塔。饱和塔的作用是增热、增湿；热水塔的作用是减热、减湿。两设备联合一起称饱和热水塔，该设备是为了维持系统热平衡和水平衡。饱和热水塔，饱和塔在上，热水塔在下，中间由弓形隔板分开。塔体为16mm不锈钢板制成，内装填料，填料装在工字钢和箅子板上，填料上有一圆形不锈钢喷管。为防止出饱和热水塔气体带水，在塔顶上有一层小瓷环分离段，并设有不锈钢丝网除沫器，饱和热水塔上还设置有人孔和卸料口，以便检修和装卸瓷环时使用，设置的液位计用于监视液位高度。在热水塔为防止破碎瓷环被气流带走，在气体出口管出设有不锈钢制得挡板。

(2) 变换炉。变换炉的结构随工艺流程不同而完全不同，但均应满足如下基本要求：变换炉处理气量要尽可能大；气流阻力要小，气体在炉内分布均匀；热损失要小；结构简单，便于制造、安装和维修。图9.19为加压三段变换炉。变换炉为圆柱形，外壳由钢板制成，内砌耐热混凝土衬里或内衬石棉板，再砌一层硅藻土砖一层轻质黏土砖，在每层催化剂下面均有支架支撑，支架上铺箅子板、钢丝网和耐火球，炉壁上多处装有热电偶，炉体上还配置有人孔和装卸催化剂口。

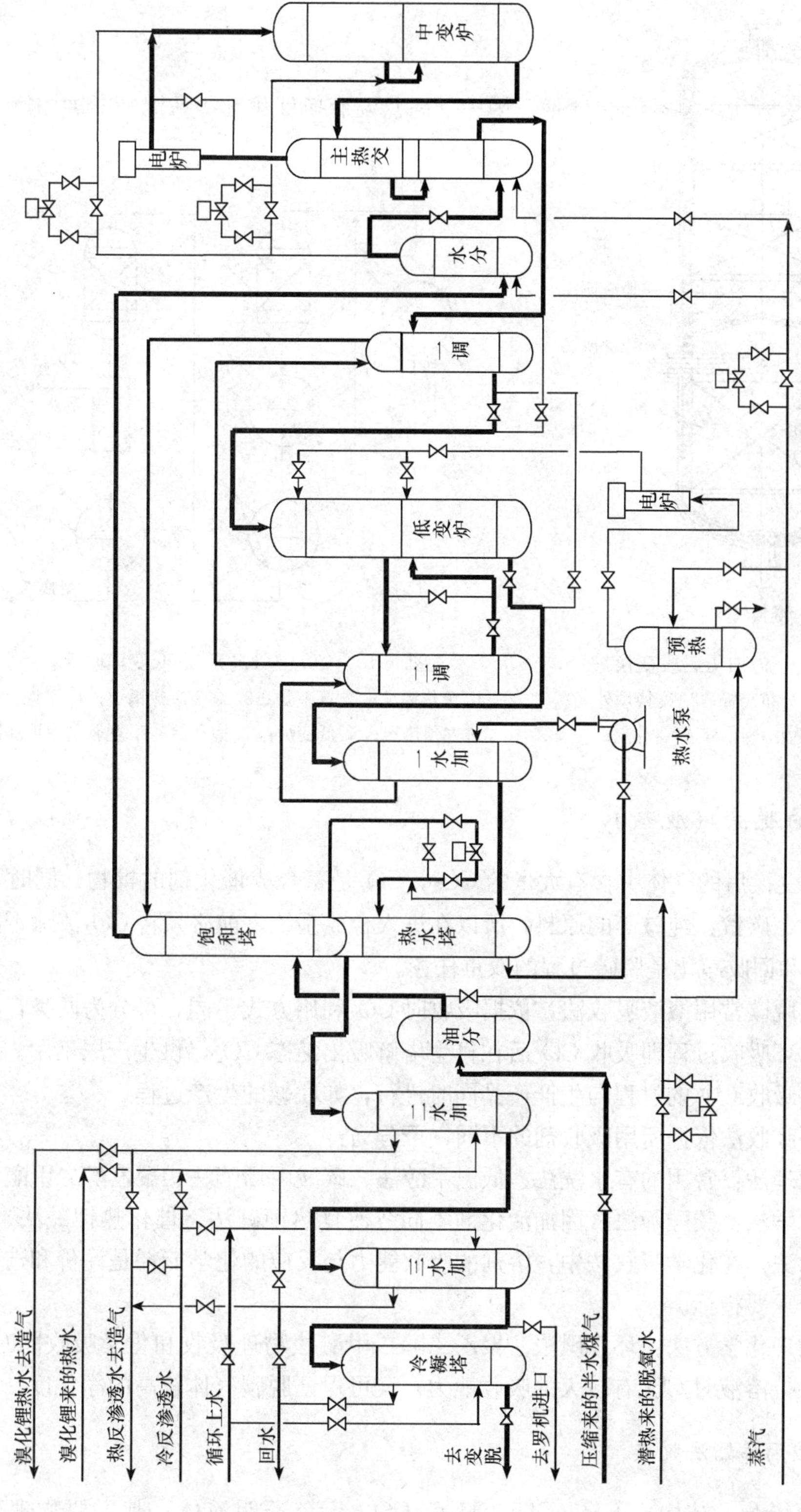

图 9.17　CO 变换中(高)串低变工艺流程图

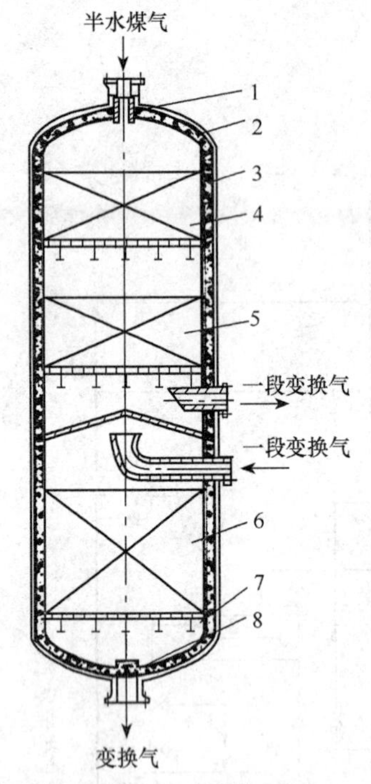

图 9.19 为加压三段变换炉

1，8. 气体分布装置；2. 变换炉外壳；3. 耐热混凝土衬里；4，5，6. 催化剂；7. 支架

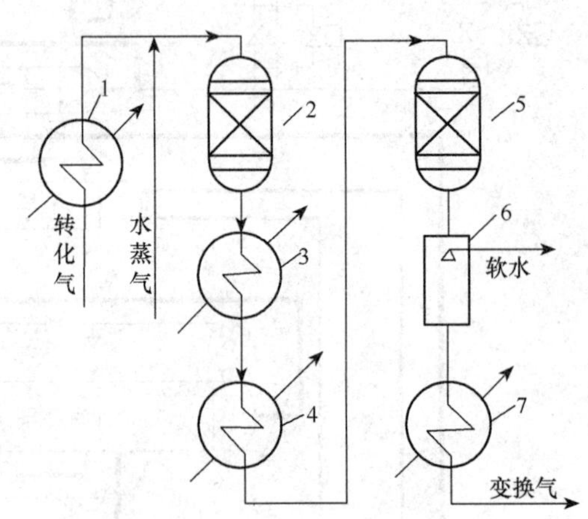

图 9.18 CO 中（高）变-低变串联流程

1. 废热锅炉；2. 高变炉；3. 高变废热锅炉；4. 甲烷化炉进气预热器；5. 低变炉；6. 饱和器；7. 脱碳贫液再沸器

三、CO_2的脱除（脱碳）

经 CO 变换后的气体中含有大量的 CO_2，CO_2是氨合成催化剂的毒物，同时 CO_2又是制造尿素、碳铵、纯碱等的原料，所以在进入合成系统之前必须将 CO_2清除干净，故 CO_2的脱除和回收净化是脱碳过程的双重任务。

工业上脱碳常用溶液吸收法，依据吸收时 CO_2利用方式不同，可分为两类：

（1）循环吸收过程即吸收 CO_2后在再生塔解吸出纯态 CO_2，供生产尿素用。

（2）将吸收 CO_2的过程与生产产品同时进行，如联碱的生产过程。

而循环吸收法依据所用吸收剂的不同，可分为：

（1）物理法：常用的有水洗法、低温甲醇法、碳酸丙烯酯法、聚乙醇二甲醚法。

（2）化学法：碳酸钾法（因加活化剂不同分改良热钾碱法、催化热钾碱法）、有机胺法、氨水法。在化学吸收法中，溶剂的吸收能力与反应的化学能耗是评价和选择脱碳方法的一个重要指标。

（3）物理化学方法：环丁砜法、聚乙二醇二甲醚法物理吸收和化学吸收同时进行，这样既可保持溶液对 CO_2有较大的吸收能力，又可保证脱碳气体较高的净化度。

1. 碳酸丙烯酯法脱碳

碳酸丙烯酯，结构式 $CH_3(CHOCH_2O)CO$，无色透明液体，其主要物理性质见

表 9.14 所示。

表 9.14　碳酸丙烯酯的主要物理性质

熔点/℃	沸点/℃	相对密度(15.5℃)	黏度（25℃）/[Pa·s]	比热容（15.5℃）/[kJ/（kg·℃)]	饱和蒸气压(15.5℃）/Pa	溶解热/（kJ/mol)	闪点/℃	着火点/℃
-55	240	1.21	2.09×10^{-3}	1.40	6.67	CO_2：14.65 H_2S：15.49	128	133

碳酸丙烯酯对 CO_2 吸收能力大，具有净化度高、能耗低、回收 CO_2 纯度高等特点。纯净的碳酸丙烯酯略带芳香味，无色，溶于水和四氯化碳，能与乙醚、丙酮、苯等混溶。性质稳定、无毒，对碳钢设备无腐蚀，但降解后对碳钢有腐蚀；能选择性脱除合成氨原料气中的 CO_2、H_2S 和有机硫，而对 H_2、N_2、CO 等气体的溶解甚微。当使用一定时间后，由于溶解 CO_2、H_2S、有机硫、烯烃、水及碳酸丙烯酯降解，使溶液变成棕黄色。各种气体在碳酸丙烯酯中的溶解度如表 9.15 所示。

表 9.15　0.1MPa、25℃时各种气体在碳酸丙烯酯中的溶解度/(m^3气体/m^3)

气体	CO_2	H_2S	H_2	CO	CH_4	COS	C_2H_2
溶解度	3.47	12.0	0.03	0.5	0.3	5.0	8.6

碳酸丙烯酯法脱 CO_2 属典型的物理吸收过程，在压力较低时，其溶解过程遵循亨利定律。研究表明，该吸收过程还包括 CO_2 分子由气相向液相扩散、溶解等过程，且液相扩散为控制步骤。故在脱碳塔的选择和设计上，应充分考虑提高液相湍动，气液逆流接触，减薄液膜厚度以及增加相际接触面等措施，以提高 CO_2 的传递速率。在生产运行时，可通过加大溶剂喷淋密度或降低温度来提高 CO_2 的吸收速率。

吸收条件：采用循环水作冷却剂，控制吸收温度夏季 40℃左右，冬季 25℃左右；吸收压力一般为 1.2～2.8MPa；溶剂贫度依后续原料气的精制方法有所不同，若后续为铜洗流程，则净化气中 CO_2 含量控制在 1%左右，溶剂贫度控制在 0.1～0.2m^3 CO_2/m^3 溶剂；若后续为联醇工艺，则净化气中 CO_2 含量控制在 3%～5%左右，溶剂贫度控制在 0.3～0.5m^3 CO_2/m^3 溶剂。液气比一般控制在 6～12，溶剂中水分控制在 1%～3%。

碳酸丙烯酯法脱除 CO_2 的典型工艺流程如图 9.20 所示。变换气在吸收塔内与碳酸丙烯酯逆流接触，净化后的气体经分离和洗涤后再进压缩机。吸收 CO_2 后的碳酸丙烯酯溶液经过透平回收能量后进入闪蒸槽，闪蒸气经洗涤后回收。出闪蒸槽的溶液进入常压解吸段，在此放出的 CO_2 经回收作合成尿素的原料气或其他用途。为了回收更多的 CO_2，溶剂继续送至下节真空解吸段解吸回收 CO_2，最后进入气提塔，在气提塔下部用鼓风机送入空气进行气提，气提气经洗涤后放空。由于碳酸丙烯酯溶剂价格较高，净化气中饱和的溶剂蒸气压较高和夹带的溶剂雾沫的回收在经济上十分重要，各段气流均需经洗涤回收。因此流程设置上吸收过程简单，而溶剂再生过程较为复杂，其再生多采用分级再生洗涤的方法进行回收。

2. 聚乙二醇二甲醚法脱碳

聚乙醇二甲醚是一种物理吸收溶剂，淡黄色液体，pH 为 6～8，显中性，其分子式为 $CH_3-O\ (C_2H_4O)_n-CH_3$，式中 n=2～9，平均分子质量为 250～280。NHD（1990 年获中

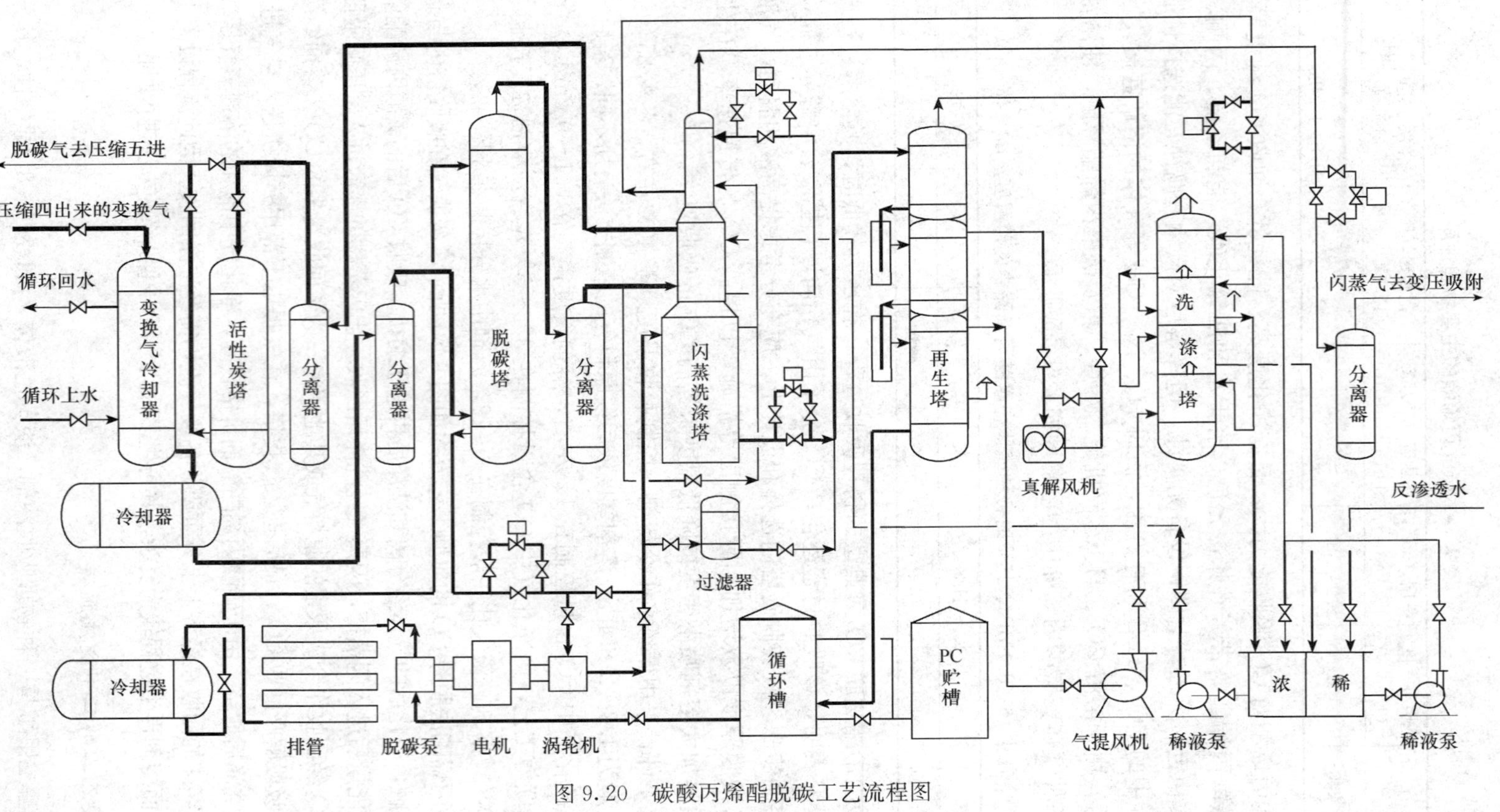

图 9.20　碳酸丙烯酯脱碳工艺流程图

国发明专利的类似聚乙醇二甲醚的方法）溶剂的主要物理性质如表 9.16 所示。

表 9.16　NHD 溶剂的主要物理性质

凝固点/℃	闪点/℃	蒸气压(25℃)/mmHg	比热容(25℃)/[kJ/(kg·K)]	密度(25℃)/g/L	黏度(25℃)/(Pa·s)	表面张力(25℃)/(N/cm)
-29～-22	151	<0.01	2.05	1.031	0.0058	3.43×10^{-6}

NHD 法的主要特点是：吸收 H_2S 和 CO_2 的选择性好，净化度可高达 10^{-6} 级；能耗低；无腐蚀性，设备基本上可用碳钢；溶剂不起泡、不降解，化学稳定性和热稳定性好；蒸气压低，溶剂损失少；溶剂无毒，对人、畜无害，不污染环境。

在一定条件下，以 H_2 为基准，各气体在 NHD 溶剂中的相对溶解度见表 9.17。在 20℃，1.013×10^5 Pa 下，H_2S 和 CO_2 在 NHD 中的溶解度（cm^3/cm^3）分别是 30.5 和 3.4。由此可知，H_2S 在 NHD 中的溶解度比 CO_2 的大约 9 倍，说明当二者同时存在时，可先脱硫后脱碳溶剂选择性吸收的性能较好，避免了 CO_2 进入 CO_2 洗涤塔之前就大量被吸收。另外 H_2S 和 CO_2 在 NHD 中的溶解度远大于 H_2、CO 等有用气体，故生产上可将 H_2S、CO_2 等酸性气体脱除干净，而有用气体损失很少。

表 9.17　各气体在 NHD 溶剂中的相对溶解度

气体	H_2	N_2	CO	CH_4	CO_2	COS	H_2S	CS_2	H_2O
相对溶解度	1.0	—	2.2	5	77	179	687	1846	73300

NHD 法脱碳工艺流程如图 9.21 所示。从脱硫来的原料气，经冷却降温后进入脱碳塔，在塔中 CO_2 被溶剂吸收，从塔顶引出的净化气送至后续工段。从塔底出来的富液，经水力透平回收能量后送至循环气闪蒸罐。闪蒸出来的 CO_2 气体含有较多的 H_2、N_2，经分离、压缩返回脱碳塔或原料气管线。从循环气闪蒸罐出来的溶液进一步在中间闪蒸罐、低压闪蒸罐中继续闪蒸，将大部分 CO_2 解吸出来。注意循环气闪蒸罐的操作压力与要求的 CO_2 产品的纯度有关；而低压闪蒸罐的操作压力与要求的 CO_2 回收率有关。由低压闪蒸罐出来的溶液被送至气提塔被空气气提，气提气送至二段转化炉或放

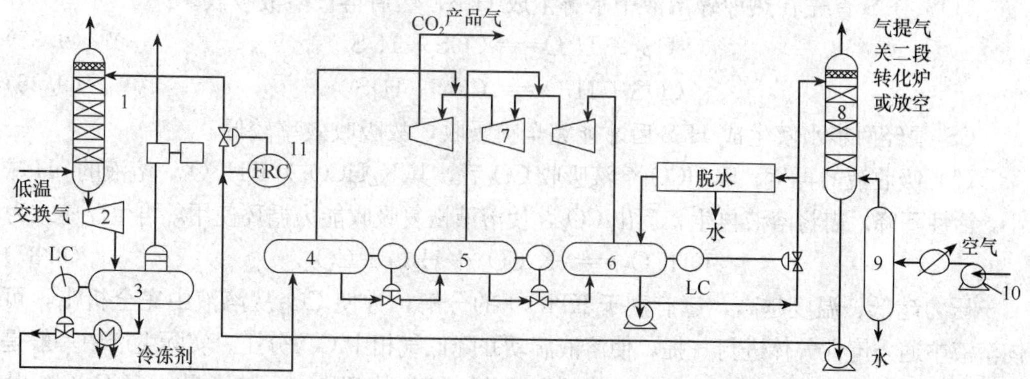

图 9.21　Selexol 脱碳（100%CO_2 回收）流程（NHD 法脱碳工艺流程）

1. CO_2 吸收塔；2. 水力透平；3. 循环气闪蒸罐；4. 中间闪蒸罐；5，6. 低压闪；7. CO_2 压缩机；8. 汽提塔；9. 分离罐；10. 鼓风机；11. FRC 流量控制器蒸罐

空，溶液循环至脱碳塔。

3. 热钾碱法脱碳

(1) 吸收基本原理。

$$\begin{array}{c} CO_2(g) \\ \Updownarrow \\ K_2HCO_3 + CO_2(l) \rightleftharpoons 2KHCO_3 \end{array} \tag{9.31}$$

K_2CO_3吸收CO_2过程中存在两个平衡：气相中CO_2与液相中CO_2的溶解平衡和化学反应平衡，且吸收是放热反应过程。加压、降温有利于气体在液相中的溶解，也有利于反应平衡向放热方向移动。实际生产中，为降低再生能耗，通常采用吸收和再生温度相近的方法，但单纯的K_2HCO_3溶液吸收CO_2的速度很慢，达不到气体净化度的要求，而且溶液的腐蚀性很大，尤其是吸收了CO_2后的富液对碳钢的腐蚀性更大，为提高CO_2吸收和再生速度，一般在K_2HCO_3溶液添加活化剂以加快吸收反应，加缓蚀剂以降低溶液对设备的腐蚀。以K_2HCO_3溶液为吸收剂的主要脱碳方法见表 9.18 所示。

表 9.18　以碳酸钾为吸收剂的主要脱碳方法

方法名称	活化剂	缓蚀剂	方法名称	活化剂	缓蚀剂
改良砷钾碱法	三氧化二砷	三氧化二砷	改良热碱法	二乙醇胺	五氧化二钒
氨基乙酸法	氨基乙酸	五氧化二钒	催化热碱法	二乙醇胺-硼酸	五氧化二钒

活化剂对整个吸收过程的影响很复杂，但由于活化剂参与化学反应，改变了K_2HCO_3与CO_2的反应机理，从而提高了反应速率。

含有有机胺的K_2HCO_3溶液在吸收CO_2时，也可除去原料气中的H_2S、HCN、RSH 等酸性组分，其吸收反应如下：

$$K_2CO_3 + H_2S \rightleftharpoons KHCO_3 + KHS \tag{9.32}$$

$$K_2CO_2 + HCN \rightleftharpoons KHCO_3 + KCN \tag{9.33}$$

$$K_2CO_3 + RSH \rightleftharpoons KHCO_3 + RSK \tag{9.34}$$

COS、CS_2首先在热钾碱溶液中水解生成H_2S，然后再被溶液吸收。

$$CS_2 + H_2O \rightleftharpoons COS + H_2S \tag{9.35}$$

$$COS + H_2O \rightleftharpoons CO_2 + H_2S \tag{9.36}$$

CS_2须经两步水解生成H_2S后才能完全被吸收，故吸收效率较低。

(2) 吸收液的再生。K_2HCO_3溶液吸收CO_2后，其K_2HCO_3为$KHCO_3$，溶液的 pH 减小，活性下降，需将溶液再生，逐出CO_2，使溶液恢复吸收能力循环使用，再生反应式为

$$2KHCO_3 \rightleftharpoons K_2CO_2 + H_2O + CO_2 \tag{9.37}$$

压力越低、温度越高，越有利于$KHCO_3$的分解，为使CO_2从溶液中完全析出，可向溶液中通入惰性气体进行气提，使溶液湍动并降低气相中CO_2分压。实际生产中一般是在再生塔下设置再沸器，采用间接加热的方法将溶液加热到沸点，使大量的H_2O (g) 从溶液中蒸发出来。H_2O (g) 再沿塔向上流动，与溶液逆流接触，这样不仅降低了气相中的CO_2分压，增加了解吸的推动力，同时也增加了液相中湍流程度和解析面积，从而

使溶液得到更好的再生。

降低压力虽然有利于再生，但是为了简化流程及操作方便，常采用比常压稍高的微正压下闪蒸，再生温度为该压力下的沸点，为节省能量，简化流程，吸收也在此温度下进行。

(3) 脱碳工艺流程与主要设备。典型的热钾碱法脱碳流程如图 9.22 所示的两段吸收、两段再生流程。该流程的特点是从再生塔中部抽出大量的再生度较低的半贫液送入吸收塔中部，以吸收气相中 CO_2 分压高的气体；而从再生塔底抽出贫液送至吸收塔顶部，因贫液再生度高，溶液中残余 CO_2 很低，与吸收塔上部气体接触，可使被处理的气体得到很高的净化度。同时由于两段吸收、两段再生充分利用了吸收气体与吸收液之间的浓度差，使再生时无需将全部溶液的再生度都提到很高，从而明显降低了再生过程的能耗。

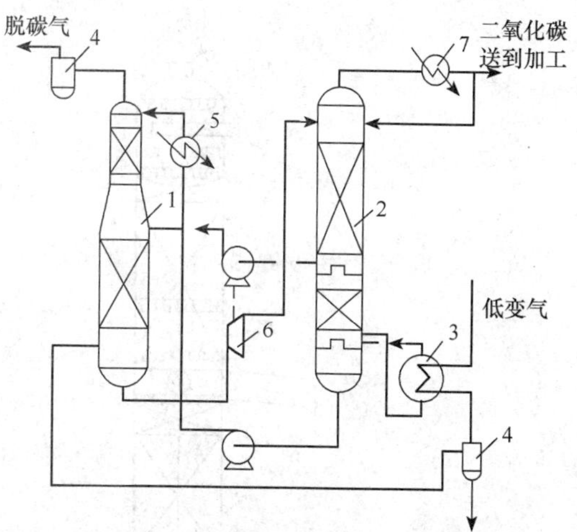

图 9.22　两段吸收两段再生脱碳工艺流程图

1. 吸收塔；2. 再生塔；3，7. 冷却器；4. 分离器；5. 换热器；6. 水力透平

主要设备是吸收塔和再生塔，其塔型主要为填料塔和筛板塔。填料塔生产强度大，填料体积大，但操作稳定可靠，故大多数生产厂家采用填料塔，两段吸收两段再生流程中采用的吸收塔和再生塔如图 9.23 所示。

吸收塔是加压设备，进入上塔的溶液量仅为全部溶液量的 1/4～1/5，气体中大部分 CO_2 是在塔下部被吸收，因此塔分上下两段，上部塔径较小而下部塔径较大。整个塔内装有填料，为使溶液能均匀润湿填料表面，除在填料层上部装有液体分布器外，上下塔的填料又都分为两层，两段中间设有液体再分布器。每层填料都置于支撑板上，支撑板为气体喷射式，呈波纹状，上面有圆形开孔，其自由截面积可与塔的截面积相当。气体由波纹板上面和侧面的小孔进入填料，而液体由波纹板下面的小孔流出。这样气液分布均匀，不易液泛，而且刚性较大，承重量大。在塔的底部存有液段中设有消泡剂，可消除液体流出时形成的泡沫。为防止溶液产生漩涡而将气体带到再生塔中，在吸收塔下部富液出口管上装有破旋涡装置。

再生塔也分上下两段，上下塔直径可以不相同。因其为常压设备，为制作和安装方便，上下塔直径也可制成相同的。上下塔都装有填料，上塔填料装有两层，中间设有液体分布器，下塔装有一层填料。溶液经上塔填料层再生后，大部分由上塔底部作为半贫液引出，下部分在下塔继续再生，故在上塔底部装有导液盘，下塔来的水蒸气和 CO_2 经盘上的气囱进入上塔，而上塔溶液大部分则由导液盘下部的引出管送至半贫液泵，小部分经降液管流入下塔。导液盘上应保持一定的液面，防止半贫液泵抽空，而降液管的高度和开孔又应保持下流的液体量均匀稳定。在填料层上部设有不锈钢丝网除沫器，以分离气体所夹带的液滴，除沫器上设有洗涤段，用分离器分离下来的水洗涤再生气，进一步洗涤所夹带的液滴并部分回收其热量，洗水作为再生塔的补充水加到塔下部。

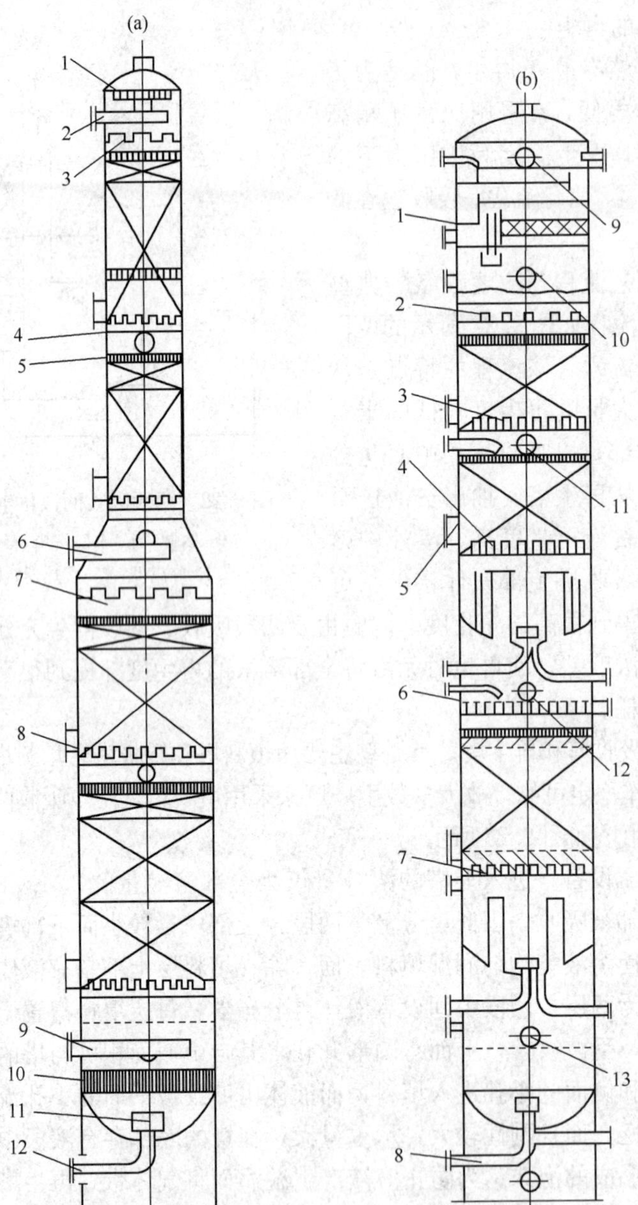

图 9.23 脱碳采用的吸收塔（a）、再生塔（b）

（a）1. 除沫器；2，6. 液体分配管；3，7. 液体分布器；4. 填料支承板；5. 压繁箅子板；8. 填料卸出口（4个）；9. 气体分配管；10. 消泡器；11. 防倒流挡板；12. 富液出口

（b）1. 除沫器；2. 液体分配管；3，4，7. 液体再分布器；5. 填料卸出口（3个）；6. 液体分配器；8. 贫液出口；9.13. 人孔

四、原料气的精制

原料气经脱硫、变换、脱碳等工艺后，需进一步脱除少量的 CO、CO_2，使得到的精炼气中 CO+CO_2 总含量控制在＜（10～30）$\times 10^{-6}$（体积分数）。若含量超高，将导致氨合成催化剂使用寿命缩短，甚至因中毒不具备催化作用。常用精制方法有：

（1）铜氨液吸收法。在高压、低温的条件下，用铜氨液吸收少量的 CO、CO_2、H_2S、O_2，吸收后的气体叫精炼气，送至氨合成工段，铜氨液经再生循环使用。

（2）甲烷化法。将脱碳后原料气中少量的 CO、CO_2 在催化剂的作用下，与 H_2 作用转化成 CH_4，即将对合成催化剂有毒气体转化成无毒气体。但此法需消耗一定量有用的 H_2。

（3）甲醇串甲烷化法（双甲工艺法）。该法是以精制原料气为目的同时还联产一定产量的甲醇，同时省去了铜氨液洗涤再生工艺。

（4）醇烃化与醇醚化法。该法是在“双甲工艺”的基础上发展而来的，即是将甲烷化镍基催化剂改为铁基催化剂，此时 $CO+CO_2$ 与 H_2 反应的生产物不是 CH_4，而是甲醇等多元醇和烷烃化合物，醇烃物质经冷却降温变为液相，易于与气体分离，入合成系统的新鲜气中 CH_4 不会因为经醇烃化而增加。与双甲工艺比较，合成氨放空气减少，吨氨原料气耗量降低。

（5）深冷液氮洗涤法。液氮洗涤能脱除 CO、CH_4 和 Ar，该法需要液氮，必须具有空气分离装置的重油制气等流程结合才经济合理。

这里重点介绍铜氨液吸收法。

1. 铜氨液吸收法

1）铜液的组成

醋酸铜氨液由金属铜溶于醋酸，氨和水而制成。所用的水不含有氯化物和硫酸盐，以避免对设备的腐蚀。由于金属铜不能直接溶于醋酸和氨中，在制备新鲜铜液时必须加入空气，这样金属铜就容易被氧化为高价铜，而形成络合物。

铜液制备反应：

$$Cu + 4HAc + 8NH_3 + O_2 \Longrightarrow 2Cu(NH_3)_4Ac_2 + 2H_2O \tag{9.38}$$

生成的高价铜再把金属铜氧化成低价铜，从而使铜逐渐溶解。

$$Cu(NH_3)_4Ac_2 + Cu \Longrightarrow 2Cu(NH_3)_2Ac \tag{9.39}$$

铜液中的各组分的作用如下：

（1）铜离子铜氨液中有高价铜与低价铜两种。低价铜以 $[Cu(NH_3)_2]^+$ 形式存在，是吸收 CO 的活性组分；高价铜以 $[Cu(NH_3)_4]^{2+}$ 形式存在，无吸收 CO 能力，但溶液中必须有高价铜存在，否则就会析出金属铜而影响铜液的吸收能力。

$$2Cu(NH_3)_4Ac_2 \Longrightarrow Cu(NH_3)_2Ac + Cu \tag{9.40}$$

低价铜与高价铜离子浓度的总和称为“总铜”，用 T_{Cu} 表示，二者之比称为铜比，用 R 表示。从吸收角度看，低价铜的浓度高对吸收有利，若以 A_{Cu} 表示低价铜浓度，则：

$$\frac{A_{Cu}}{T_{Cu}} = \frac{c_{Cu^+}}{c_{Cu^+} + c_{Cu^{2+}}} = \frac{R}{R+1} \tag{9.41}$$

或

$$A_{Cu} = \frac{R}{R+1} T_{Cu} \tag{9.42}$$

极限铜比与总铜的关系如表 9.19 所示。

表 9.19 极限铜比与总铜浓度的关系

总铜/(mol/L)	0.5	1	1.5	2	2.5	3	3.5
极限铜比	37.5	18.5	12.6	9.69	8.06	6.17	5.88

总铜一般维持在2.2～2.5mol/L，即极限铜比为8～10之间。实际生产中，为了使铜液有较高的吸收能力，同时又要防止金属铜的析出，铜比一般控制在5～8之间。因低价铜离子无色、高价铜呈深蓝色，生产用铜氨液有两种铜离子，故铜液呈蓝色，颜色越深表明高价铜离子越多。操作时可从铜氨液颜色来判断同比的高低。

(2) 氨。氨是铜氨液中的主要组分，它是配合氨、固定氨和游离氨三种形式存在。配合氨即是与低价铜、高价铜配合在一起的氨；固定氨就是与酸结合在一起的氨，如NH_4Ac、$(NH_4)_2CO_3$中的铵离子；游离氨就是溶解在铜氨液中的氨。这三种氨的总和称为“总氨”。因配合氨和固定氨的值随铜离子和酸根而变化，所以当总氨增加时，游离氨也增加。因原料气中有CO_2，在溶液中CO_2会与NH_3作用而以HCO_3^-、NH_2COO^-、CO_3^{2-}三种形式存在于溶液中，实际生产中，铜氨液的操作温度一般低于20℃，游离氨保持2mol/L。实际操作时因注意铜氨液中游离氨的伤害。

(3) 乙酸。醋酸铜氨液中，低价铜、高价铜配离子均要与醋酸根结合，为确保总铜含量，其铜氨液中需要足够的乙酸，操作中乙酸含量以超过总铜含量10%～15%较为适宜，一般控制在2.2～3.0mol/L。

(4) 残余的CO和CO_2。铜液再生后，总还有少量的CO和CO_2存在，为保证铜液吸收CO的效果，要求再生后的铜液中CO含量$<0.05m^3/m^3$铜液，$CO_2<1.5mol/L$。

2) 铜液吸收反应原理

$$Cu(NH_3)_2^+ + CO + NH_3 \rightleftharpoons Cu[(NH_3)_3CO]^+ \quad \Delta H = -52754kJ/mol \tag{9.43}$$

这是一个包括气液相平衡和液相中的化学平衡的吸收反应，提高压力、降低温度，可以提高CO在铜氨液中的溶解度，有利于CO的吸收；同时化学反应为可逆的、体积缩小的放热反应，提高压力、降低温度、增加铜氨液中低价铜及游离氨的浓度，均有利于吸收反应的进行，故实际生产中，采用在高压低温下用铜氨液吸收CO，后经减压升温解吸出CO，使铜氨液得以再生。

在吸收CO的同时，铜氨液还发生如下吸收反应：

$$2NH_3 \cdot H_2O + CO_2 \rightleftharpoons (NH_4)_2CO_2 + H_2O \quad \Delta H = -41346kJ/mol \tag{9.44}$$

$$(NH_4)_2CO_3 + CO_2 + H_2O \rightleftharpoons 2NH_4HCO_3 \quad \Delta H = -70128kJ/mol \tag{9.45}$$

$$4Cu(NH_3)_2Ac + 4NH_4Ac + 4NH_3 \cdot H_2O + O_2 = 4Cu(NH_3)_4AC + 6H_2O \quad \Delta H = -113729kJ/mol \tag{9.46}$$

$$NH_3 \cdot H_2O + H_2S \rightleftharpoons NH_4HS + H_2S \tag{9.47}$$

$$2Cu(NH_3)_2Ac + 2H_2S \rightleftharpoons Cu_2S\downarrow + 2NH_4Ac + (NH_4)_2S \tag{9.48}$$

由式(9.44)和式(9.45)可知：反应放出大量热量，会使铜氨液温度升高而影响吸收能力，并消耗游离氨；其次在温度较低时，生成的碳酸铵和碳酸氢铵会结晶析出，当乙酸和氨不足时，甚至会生成碳酸铜沉淀。故为了保证铜氨液能正常操作，需保证足够的乙酸和游离氨的含量。由式(9.46)可知，系统氧的存在会使低价铜浓度急剧下降，也即是铜比下降，同时消耗游离氨，故一定要控制原料气中的氧含量。而式(9.47)

和式（9.48）表明铜氨液也具有吸收一定量的 H_2S 的能力，但是若 H_2S 含量过高会生成 Cu_2S 沉淀而影响铜洗正常操作，所以尽管铜氨液吸收 CO_2、O_2、H_2S 是次要的，但是若原料气中，这些杂质出现异常，仍会影响整个铜洗操作的。

（3）铜氨液吸收 CO 的工艺条件。在吸收操作中，需要考虑选择合适的吸收温度、压力及铜液组成，必须满足吸收 CO_2、O_2、H_2S 的同时不能影响对 CO 的吸收，并要防止铜洗系统产生沉淀，即控制铜氨液组成稳定的同时，增加压力、降低温度，对铜液吸收有利。

① 压力。铜洗的压力是根据铜氨液的吸收能力，精炼工艺对净化度的要求和技术经济方面的比较确定的。

在 CO 含量一定时，提高系统的压力，CO 分压也随之增大，吸收能力也增大。但当超过 0.5MPa 后，分压的升高对增大吸收能力已不再明显。一般控制为 12MPa 左右为宜，如图 9.24 所示。

② 温度。从图 9.25 可知，随吸收温度的降低，铜液的吸收能力提高，精炼气中 CO 的含量降低。但温度过低会导致铜液的黏度变大，系统阻力提高，一般以 8～12℃为宜。

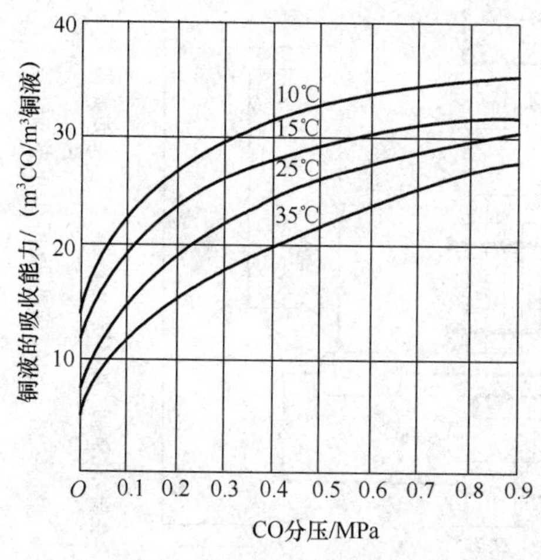

图 9.24　压力和温度对铜液吸收能力的影响

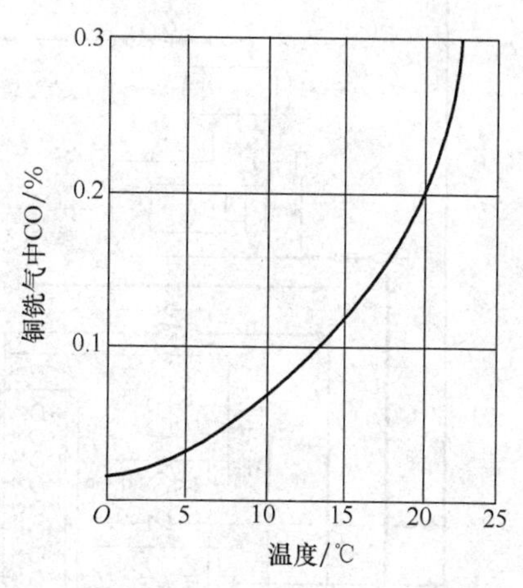

图 9.25　温度与铜洗气中 CO 含量的关系

（4）铜液的再生。

① 再生的意义。为了循环使用铜液，必须考虑铜液的再生。铜液的再生包括三个方面的内容：一是把吸收的 CO，CO_2 完全解吸出来；二是将被氧化的高价铜进行还原为低价铜以恢复铜比，同时调整总铜为适宜的值，满足铜洗对铜液的要求；三是将氨的损失控制到最低的限度。

② 再生原理。

$$Cu[(NH_3)_3CO]^+ + 2Cu(NH_3)_4^{2+} + H_2O =\!=\!=$$
$$3Cu(NH_3)_2^+ + 2NH_4^+ + CO_2\uparrow + 3NH_3\uparrow \tag{9.49}$$
$$NH_4HCO_3 =\!=\!= NH_3\uparrow + CO_2\uparrow + H_2O \tag{9.50}$$

由式（9.49）可知，铜液再生不是一个简单的分解过程，而是一个先进行减压加热分解释放出 CO 的物理过程，然后进行高价铜被溶解态的 CO 还原为低价铜，提高铜比，CO 本身被氧化为 CO_2 的化学反应过程，其中 CO 被氧化的过程好比 CO 的燃烧过

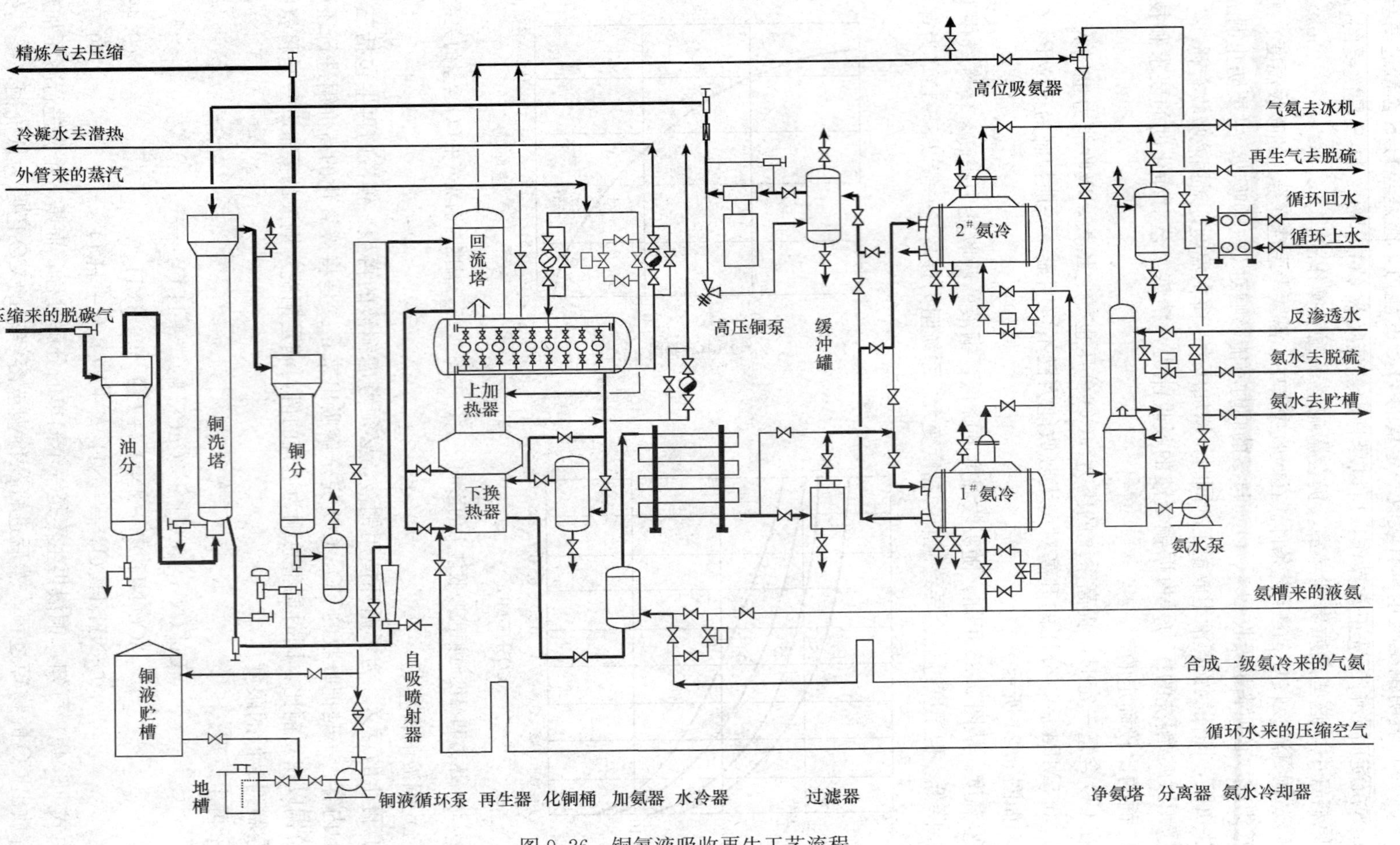

图 9.26　铜氨液吸收再生工艺流程

程，故此过程也称为“湿式燃烧反应”。

③ 再生的工艺条件。再生的工艺条件主要包括：再生温度和再生压力。

铜液中CO残余含量是再生操作的主要指标之一，含量的高低与压力、温度和铜液在再生器中的停留时间等因素有关。

降低再生压力有利于CO、CO_2从铜氨液中解吸出来。通常保持再生塔出口略有压力，保证再生气能克服管路和设备阻力达到回收系统。

提高再生温度有两方面的影响：一是可增大还原反应速率；二是加快了CO、CO_2的解吸。但回收氨的能力会下降。综合再生和氨回收的要求，常压再生温度为76～80℃，离开回流塔的温度不宜超过60℃，而还原温度以65℃为宜。

(5) 铜液吸收-再生流程。图9.26为铜氨液吸收-再生工艺流程图。由压缩工段的脱碳气，经油气分离器除油后送至铜洗塔底进入铜洗塔，气体在塔内与从塔顶喷淋的铜氨液逆流接触，其中的CO、CO_2、O_2、H_2S被铜液吸收，被精制后的从塔顶出来经铜液分离器除去夹带的铜液被送往压缩工段。

吸收气体后的铜氨液由铜洗塔底部流出，经减压后送至回流塔顶部，在塔内与再生器解吸出来的气体逆流接触，回收大部分游离氨和热量，再生气经回流塔顶排出；回流塔内液体经溢流至还原器，在还原器内继续加热、调整铜比；铜液在还原器内继续上升进入再生器，在此完成气体解吸后，离开再生塔，再生后的铜液经过滤、两级冷却降温、加压至铜洗要求返回铜洗塔。再生后的铜液适当时需要补充一定量的游离氨、新铜液，以满足铜洗要求。

任务四　氨的合成

经压缩后送来的精炼气（主要是H_2+N_2），在合成塔内合成氨，由合成化学平衡的限制，合成气中还有大量的H_2、N_2未转化为NH_3，所以必须将合成的NH_3与未参与反应的H_2、N_2进行分离，得到液氨产品的同时，将未反应的H_2、N_2循环使用。

一、氨合成的工艺原理认识

1. 氨的合成原理

$$N_2+3H_2 \xrightleftharpoons[\text{催化剂}]{\text{高温、高压}} 2NH_3 \qquad \Delta H_{298}^{\theta}=-46.22\text{kJ/mol} \tag{9.51}$$

氨合成是体积减小、可逆的放热反应，反应必须在高温高压并有催化剂存在的条件下才有较快的反应速率，且氨合成反应的热效应不仅与温度有关，还与压力、组成有关。

(1) 化学平衡。由式(9.51)可得氨合成反应的平衡常数K_p表示为

$$K_p=\frac{(p_{NH_3}^{*})^2}{p_{N_2}^{*}(p_{H_2}^{*})^3}=\frac{1}{p}\frac{(y_{NH_3}^{*})^2}{y_{N_2}^{*}(y_{H_2}^{*})^3} \tag{9.52}$$

式中　p、p_i^*——分别为总压和各组分平衡分压，MPa；

y_i^*——各组分平衡组分的摩尔分数。

加压时，平衡常数不仅与温度有关，而且与压力、气体组成也有关系。当压力在1.013～101.33MPa之间，化学平衡常数由下式进行计算：

$$\lg K_p = \frac{2074.8}{T} - 2.4943\lg T - \beta T + 1.8564 \times 10^{-7} T^2 + I \tag{9.53}$$

式中 T——温度，K。

不同压力下 β、I 的值见表 9.20 所示。

表 9.20 不同压力下 β、I 的值

压力/MPa	1.01	3.04	5.07	10.13	30.40	60.80
$\beta\times10^{-5}$	0.00	3.4	12.56	12.56	12.56	108.56
I	2.9783	3.0153	3.0843	3.1073	3.2003	4.0553

不同温度、压力下，$H_2/N_2=3$（摩尔比）时氢氮混合气反应的 K_p 值见表 9.21。

表 9.21 不同温度、压力下氨合成反应的 K_p 值快

温度/℃	压力/MPa					
	0.1013	10.13	15.20	20.27	30.39	40.53
350	2.5961×10^{-1}	2.9796×10^{-1}	3.2933×10^{-1}	3.5270×10^{-1}	4.2346×10^{-1}	5.1357×10^{-1}
400	1.2540×10^{-1}	1.3842×10^{-1}	1.4742×10^{-1}	1.5759×10^{-1}	1.8175×10^{-1}	2.1146×10^{-1}
450	6.4086×10^{-2}	7.1310×10^{-2}	7.4939×10^{-2}	7.8990×10^{-2}	8.8350×10^{-2}	9.9615×10^{-2}
500	3.6555×10^{-2}	3.9882×10^{-2}	4.1570×10^{-2}	4.3359×10^{-2}	4.7461×10^{-2}	5.2259×10^{-2}
550	2.1302×10^{-2}	2.3870×10^{-2}	2.4707×10^{-2}	2.5630×10^{-2}	2.7618×10^{-2}	2.9883×10^{-2}

由此可见，温度一定时，平衡常数随压力的升高而增大；压力一定时，平衡常数随温度的升高而减小，故升高温度、降低压力有利于提高平衡氨含量。

另对加压时氨合成反应的影响因素还有气体的组成。通过计算，低的惰性气体含量和合适的氢氮比，有利于提高平衡氨含量。

(2) 热效应。不同压力、温度下，纯氢氮混合气完全转化为氨的反应热效应为

$$-\Delta H_F = -38338.9 + \left[0.23131 + \frac{356.61}{T} + \frac{159.03\times10^6}{T^2}\right]p + 22.3864T + 10.572\times10^{-4}T^2 - 7.0828\times10^{-6}T^3 \tag{9.54}$$

式中 ΔH_F——纯氢氮气完全转化为氨的反应热，kJ/kmol；

p——压力，MPa；

T——温度，K。

工业生产中，反应物为 H_2、N_2、NH_3 和惰性气体的混合物，由于高压下的气体为非理想气体，气体混合时吸热，故总反应热（ΔH_R）为反应热（ΔH_F）和混合热（ΔH_M）之和，即

$$\Delta H_R = \Delta H_F + \Delta H_M \tag{9.55}$$

表 9.22 给出了氨浓度为 17.6%时系统 ΔH_F、ΔH_M 和 ΔH_R 的值。当氨含量为 y_{NH_3} 时混合热可用内插法近似求解。即

$$\Delta H_M = \Delta H_M^\theta \cdot y_{NH_3}/17.6\% \tag{9.56}$$

式中 ΔH_M^θ——氨浓度为 17.6%时的混合热，kJ/kmol。

表 9.22　由纯氢氮合成含氨 17.6%系统 ΔH_F、ΔH_M 和 ΔH_R 的值

温度/℃		压力/MPa				
		0.1013	10.13	20.27	30.40	40.53
300	ΔH_F	−51129	−53026	−55337	−57518	−59511
	ΔH_M	0	419	2470	5091	7398
	ΔH_R	−51129	−52607	−52867	−52427	−52113
400	ΔH_F	−52670	−53800	−55316	−56773	−58238
	ΔH_M	0	251	1193	2742	4647
	ΔH_R	−52670	−53549	−54123	−54031	−53591
500	ΔH_F	−53989	−54722	−55546	−56497	−57560
	ΔH_M	0	126	356	1193	3098
	ΔH_R	−53989	−54596	−55150	−55304	−54462

由表可见，氨合成反应的热效应随着反应压力和温度的升高而增大，实际生产中要注意热效应，防止催化剂烧结现象的发生。

(3) 氨合成的催化剂。

① 化学组成。能做氨合成催化剂的物质有很多，如铁、铂、钨、锰和钠等，但以铁为主体并添加促进剂的催化剂，因其具有价廉易得、在低温下活性良好、抗毒性能强，使用寿命长等特点而得到广泛推广。

未还原的铁系催化剂，活性组分为 Fe_3O_4（符合 $FeO : Fe_2O_3=1$）。其中 Al_2O_3、MgO 是通过改善还原态铁的结构而呈现促进作用的（属结构型促进剂）；K_2O 和 CaO 可使金属电子的逸出功降低，有利于氮的活性吸附，从而提高催化剂的活性（属电子型促进剂）；CaO 可以降低固体的熔点和黏度，有利于 Al_2O_3 和 Fe_3O_4 固熔体的形成；CaO 的加入可使催化剂晶粒减小，比表面增大，以提高催化剂的低温活性；SiO_2 除具有“中和”等碱性组分的作用外，还可提高催化剂的抗水毒害和耐烧结性能。

② 结构。通常制得的催化剂为黑色不规则颗粒，有金属光泽。堆密度随粒度增大而增大。催化剂还原后 Fe_3O_4 晶体被还原成细小的 α-Fe 晶体，疏松地处于 Al_2O_3 骨架上，其结构变成多孔海绵状，这些孔呈不规则树状，内表面积约为 4～16m^2/g。各国主要型号的氨合成催化剂的组成及性能见表 9.23。

表 9.23　各国主要型号的氨合成催化剂的组成及性能

国家	型号	组成	外形	堆密度/（kg/L）	使用温度/℃	主要性能
中国	A110-1	Fe_3O_4、Al_2O_3、K_2O、CaO、Si_2O	不规则颗粒	2.7～2.8	380～500	还原温度 360℃
	A110-2	同上，但不加 CaO	同上	2.7～2.8	380～490	
	A201	Fe_3O_4、Al_2O_3、Co_3O_4、K_2O、CaO	同上	2.6～2.9	360～490	易还原，低温活性高
	A301	$Fe_{1-x}O$、Al_2O_3、K_2O、CaO	同上	3.0～3.25	320～500	低温低压高活性，还原温度 280～300℃，极易还原
丹麦	KMⅠ	Fe_3O_4、Al_2O_3、K_2O、CaO、MgO、Si_2O	同上	2.5～2.85	380～550	390℃还原明显，耐热及抗毒性能好
	KMⅡ	同上	同上	2.5～2.85	360～480	370℃还原明显，耐毒及抗毒性比 KMⅠ好
	KMR	KM 还原型	同上	1.95～2.20	—	全部性能与相应的 KM 型催化剂相同

续表

国家	型号	组成	外形	堆密度/（kg/L）	使用温度/℃	主要性能
英国	IC135-4	Fe_3O_4、Al_2O_3、K_2O、CaO、MgO、Si_2O	同上	2.65～2.85	350～530	530℃以下活性稳定
	IC173-1	Fe_3O_4、Al_2O_3、K_2O、CaO、CoO	同上	—	350～460	
美国	C73-1	Fe_3O_4、Al_2O_3、K_2O、CaO、Si_2O	同上	2.88	370～540	570℃以下活性稳定
	C73-2-03	Fe_3O_4、Al_2O_3、Co_3O_4、K_2O、CaO	同上	2.88	360～500	500℃以下活性稳定

（4）氨合成的动力学。

氨合成反应过程由气固相催化反应过程的外扩散、内扩散和化学反应动力学等一系列连续步骤组成。氨合成的的历程较为复杂，目前较为正确的解释是：N_2、H_2气相向催化剂表面靠近，其绝大部分自外表面向催化剂的毛细孔的内表面扩散，并在表面上进行活性吸附。吸附氮与吸附氢与气相氢进行化学反应依次生成 NH、NH_2、NH_3，后者自表面脱附后进入气相空间，整个过程如下：

$$N_2\text{（气相）}\longrightarrow N_2\text{（吸附）}\xrightarrow{\text{气相中的氢气}}2NH\text{（吸附）}\xrightarrow{\text{气相中的氢气}}2NH_2\text{（吸附）}$$

$$\xrightarrow{\text{气相中的氢气}}2NH_3\text{（吸附）}\xrightarrow{\text{脱吸}}2NH_3\text{（气相）}$$

在上述反应过程中，当气流速度相当大及催化剂粒度足够小时，内、外扩散的影响均不明显，而在铁催化剂上吸附氮的速率在数值上又接近氨合成速率，即氮的活性吸附步骤进行得最慢，是决定反应速率的关键。这就说明整个催化反应的速率就可认为是化学反应动力学速率。

① 影响化学反应速率因素。由化学反应速率的影响因素可知：温度和组成一定时，增加压力使总反应速度加快；压力一定时，温度升高，其反应速率增大。

② 扩散对反应速度的影响。

图 9.27 为催化剂颗粒度在一定温度下对氨合成反应的影响。由图可知：通常情况下，温度越高，内表面积利用率越小；氨含量越大，内表面利用率越大；随催化剂粒度的增加，内表面利用率大幅度下降。采用小颗粒催化剂可提高内表面利用率。但颗粒过小，单位容积填充质量降低，且易发生催化剂中毒失活。

由上述氨合成动力学分析可知，要使氨合成反应速率高，必须控制较高反应温度、高的反应压力和颗粒小的催化剂。

二、氨合成的工艺条件确定

1. 压力

提高压力对氨合成反应化学平衡和反应速率均有利，在一定空间速度下。合成压力越高，出口氨浓度越高，氨净值越高，合成塔的生产能力越大，氨产率是随着压力的升高而增大的。

氨合成压力的高低，是影响氨合成生产中能量消耗的主要因素。氨合成系统的能量消耗主要包括原料气压缩功、循环气压缩功和氨分离的冷冻功。提高操作压力，原料气压缩功增加；但合成压力提高时由于氨净值增加，单位氨产品所需的循环气量减少，因而循环气压缩功减少；同时压力高也有利于氨的分离，在较高温度下气氨就可冷凝为液氨，冷冻功减少。具体的可见图 9.28。从图可知总功耗在 15～30MPa 间较小。

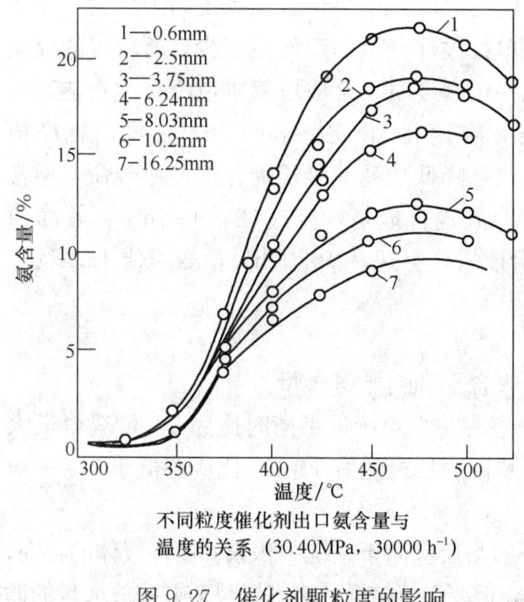

图 9.27　催化剂颗粒度的影响

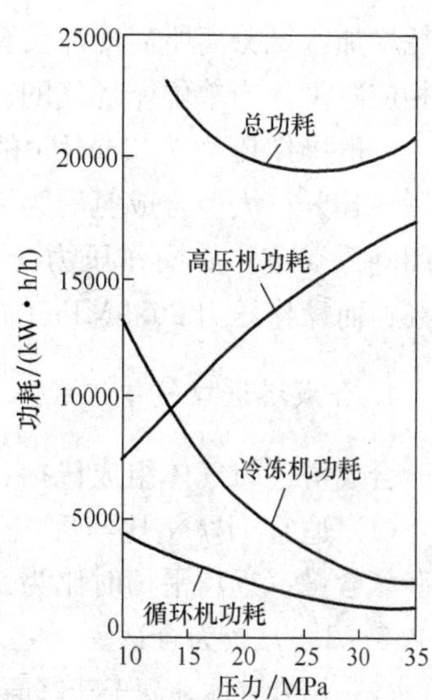

图 9.28　氨合成压力与功耗的关系

最终氨合成压力高低还直接影响到设备的投资、制造等。

2. 温度

氨合成反应必须在催化剂的存在下才能进行，而催化剂必须在一定的温度范围内才具有催化活性，所以氨合成反应温度必须维持在所使用的催化剂的活性温度范围内。

通常称某种催化剂在一定条件下，氨合成反应速率最高时的温度为最适宜温度，不同催化剂具有不同的最适宜温度，而同一催化剂在不同使用时期，其最适宜温度也会发生改变。如果催化剂在使用初期活性较强，其反应温度可以低些；在使用中期因活性减弱，操作温度要升高；在使用后期因活性衰退，操作温度更应提高。另外，最适宜温度还与气体组成、压力等有关。

3. 空间速度

空间速度（也称空速）的大小，不仅与氨净值（合成塔进出口氨含量之差）、循环气量、系统阻力降和催化剂生产强度有关，还直接影响到反应热的合理利用。

当操作压力及进塔气体组成一定时，对于既定结构的氨合成塔，提高空速，出口气体中氨含量下降也即是氨净值降低。但增加空速，氨合成塔的生产强度有所增加，具体的见表 9.24。

表 9.24 空间速度对氨净值和生产强度的影响

空间速度/h^{-1}	1×10^4	2×10^4	3×10^4	4×10^4	5×10^4
出塔氨含量/%	21.7	19.02	17.33	16.07	15.0
生产强度/[kg NH_3/(m^3·h)]	1350	2417	3370	4160	4920

另外，提高空速能增加合成塔的生产强度的同时，也会使合成系统阻力增大、循环功耗增加，氨分离所需冷冻负荷增加。同时单位循环气量的产氨量减少，所获得的反应热相应减少，当单位循环气的反应热降低到一定程度时，合成塔就难以维持“自热”。

一般操作压力为 30MPa 的中压合成氨，空速在 20000～30000h^{-1}之间，氨净值 10%～15%；大型合成氨厂为充分利用反应热，降低功耗并延长催化剂使用寿命，通常采用降低空速。如操作压力 15MPa 的轴向冷激式合成塔，空速在 10000h^{-1}，氨净值 10%；而操作压力 26.9MPa 的径向冷激式合成塔，空速在 16200h^{-1}，氨净值 12.4%

4. 合成塔进口气体组成

合成塔进口气体组成包括：氢氮比、惰气含量和初始氨含量。

（1）适宜 H_2/N_2 比与反应偏离平衡的状态有关。当接近平衡时比为 3，可获得最大平衡氨含量；远离平衡时比为 1 最适宜。实践证明：最适宜 H_2/N_2 比应略低于 3（一般为 2.5～2.9）较为合适。

（2）惰性气体来源于新鲜原料气，它们不参与反应而于系统中积累。惰性气体的存在，对化学反应平衡、反应速率及动力消耗都不利，但要保持较低的惰气含量需要排放大量的循环气，导致原料气单耗增高。如果循环气中惰性气体含量一定，新鲜气中惰性气体含量增加，依据物料平衡关系，新鲜气消耗随之增加。因此，循环气中惰性气体含量应根据新鲜气中惰性气体含量、操作压力、催化剂活性等条件进行综合考虑。由于原料气制备与净化方法不同，新鲜气中惰性气体含量也不相同，循环气中所控制的惰性气体含量也有所差别。

（3）进塔气氨含量。当其他条件一定时，进塔气中氨含量越高，氨净值越小，塔生产能力也越小。初始氨含量的高低取决于氨冷凝的冷负荷和循环机的功耗。为过分降低冷凝温度而过多增加氨冷负荷在经济上不合理。一般操作压力 30MPa 时，初始氨含量控制在 3.2%～3.8%；15MPa 时，初始氨含量控制在 2.0%～3.2%。

三、氨合成与分离的工艺流程组织

根据氨合成的工艺特点，工艺过程采用循环流程，其中包括氨的合成、分离、原料气的压缩、升温、未参与反应的气体补压后循环使用、反应热量的回收利用及循环气的部分排放以控制循环气中惰性气体的平衡。

在流程设计中，要合理配置上述各环节。重点是合理的确定循环压缩机、新鲜原料气的补入及惰气放空的位置、氨分离的冷凝方式、冷热交换器的安排和热量回收的方式。

采用有油的往复压缩机的氨合成系统，由于压缩后气体中夹带油雾，新鲜气补入与循环压缩机的位置均不宜安排在合成塔之前。同时循环压缩机还应尽可能设置在流程中气量较少、温度较低的部位，以降低功耗。

采用离心式压缩机的氨合成系统，由于气体中无油雾，上述限制没有，而且新鲜气与循环气的压缩往往在同一压缩机的不同段里进行，有的甚至新鲜气与循环气直接在压缩机缸内混合。因此，新鲜气的补入与循环压缩机的位置在流程上可以是同一部位。

对于驰放气的排放，应设在惰性气体含量高、氨含量低的部位。氨分离冷凝方法以及冷热交换器的安排都以节省能量为原则，同时也应尽量回收合成反应热以降低系统的能量消耗。

因采用压缩机的型式、氨分离冷凝方法、热回收利用形式以及各部分相对位置的差异，形成不同的氨合成流程。

1. 中小型氨合成流程

在这类流程中，新鲜气与循环气均由往复式压缩机加压，设置水冷器与氨冷器两级冷却分离，氨合成反应热仅用于预热进塔气体。其典型流程见图 9.29。此类流程的特点是：放空气位置设在惰性气体含量最高、氨含量最低的部位，减少了氨损失和原料气的消耗；循环机安排在两次氨分离中间，循环气温度较低有利于压缩操作；新鲜气在油分离器中补入，在第二次氨分离时可进一步达到净化目的，即可除去油雾以及带入微量的 CO_2 和 H_2O。

对于 15MPa 下操作的小型合成氨厂，因操作压力低，水冷后很少有氨冷凝下来，为保证合成塔入口氨含量的要求，必须设置两个串联的氨冷器和氨分离器。

2. 大型氨合成流程

此类流程中，通常采用蒸汽透平驱动的带循环段的离心式压缩机，气体中不含油雾，新鲜气与循环气的压缩可直接配置在氨合成塔之前。氨合成反应热除预热进塔气体外，还用于加热锅炉给水或副产高压蒸汽，热量回收效果好。现在也有很多中型合成氨厂采用热量回收副产蒸汽的流程，如图 9.30 所示。

3. 驰放气的回收

在原料气最终净化过程中，除深冷分离外，采用其他方法，随新鲜氢氮气进入循环系统的 CH_4 和 Ar，因不参与反应在循环中不断积累，为保证这些惰性气体不影响氨合成，需要控制合理的惰性气体的浓度，这就要求排放部分循环气，还有从液氨贮槽中排放的一部分溶解在液氨中的氢氮气（贮槽气），这些从合成系统排放出来的气体，统称驰放气。

驰放气一般含 H_2 60%～70%、N_2 20%～25%、CH_4 7%～12%、Ar3%～8%。驰放气带出的 H_2 损失，一般为合成氨厂 H_2 的 10%。为回收这部分气体，工业上常用的分离方法是变压吸附法、中空纤维膜分离法和深度冷冻法。

中空纤维膜分离法是利用中空纤维膜是以多孔不对称聚合物为基质，涂以高渗透性聚合物，此种材质具有选择渗透性，即氢渗透较快，而氮和甲烷渗透较慢，从而使 H_2 与 N_2、CH_4 分离。未获得尽可能大地分离表面，将膜制成中空纤维并组装在高压金属容器中，膜分离器直径为 10～20cm，长度为 3～6m。经分离 NH_3 后的驰放气进入分离器的壳程，因中空纤维管内外存在压力差，使 H_2 通过膜壁渗入管内，管内 H_2 不断增加，并沿管内从下部排出，其他气体在壳程内自下而上从顶部排出。分离出来的高浓度 H_2 返回高压机，分离出来的其他气体则作为气体燃料使用，其中空纤维膜分离器见图 9.31。

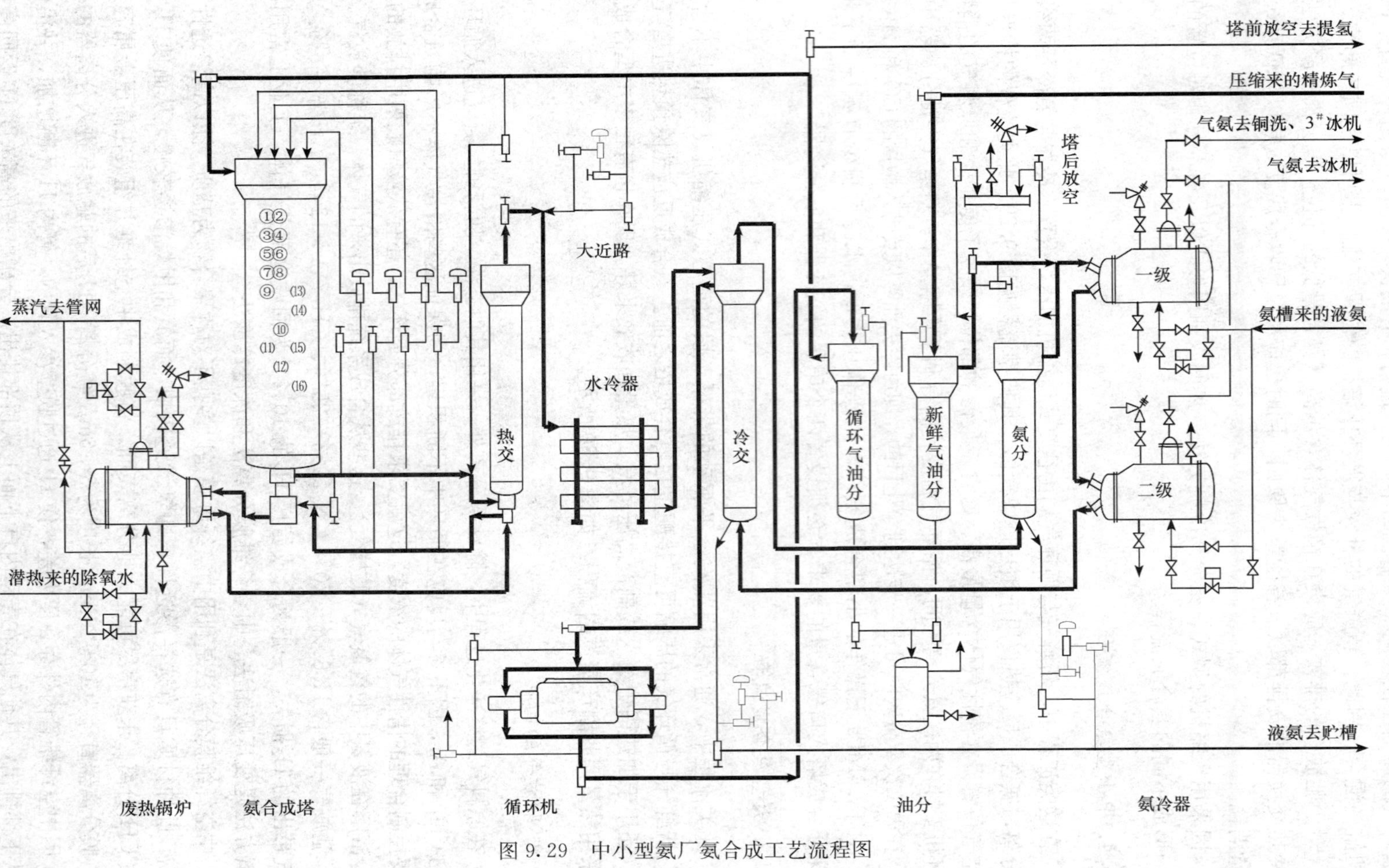

图 9.29　中小型氨厂氨合成工艺流程图

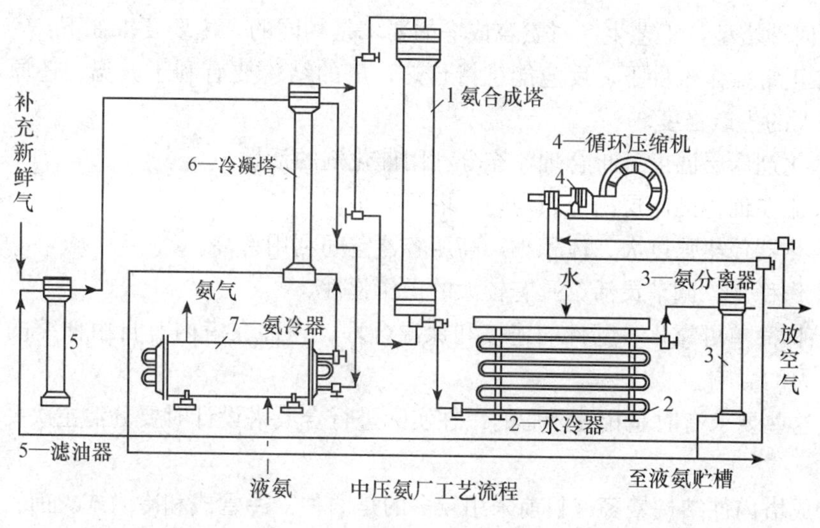

图 9.30　大型氨合成工艺流程

四、氨合成塔的选用

1. 氨合成塔的结构特点及基本要求

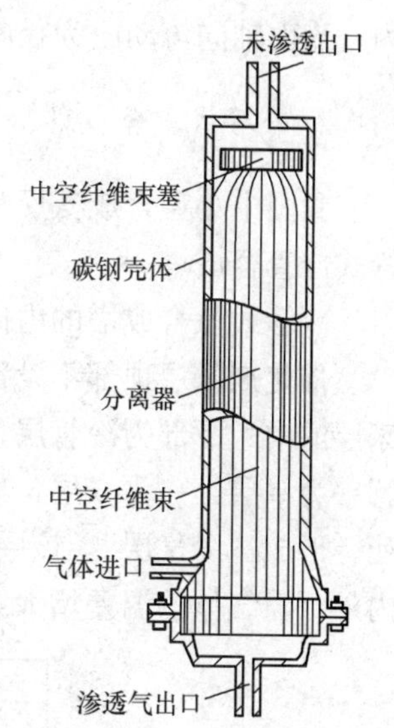

图 9.31　中空纤维膜分离器

氨合成的条件是高温高压有催化剂，且氨合成塔是合成氨生产的主要设备之一，而合成氨的原料氢、氮在高温高压下均对碳钢均有一定的腐蚀作用。造成腐蚀的原因是：

(1) 氢脆，即氢溶解于金属晶格之中，使钢材在缓慢变形中发生脆性破坏。

(2) 氢腐蚀，氢气渗入钢材内部，与碳化物作用生成 CH_4，CH_4 聚集于晶界微观孔隙中形成高压，导致应力集中，沿晶界出现破坏裂纹。在高温高压下，氮能与钢中铁元素及其他合金元素缓慢生成硬而脆的金属氮化物，导致金属力学性能降低。

为适应氨合成反应的条件，并解决上述问题，氨合成塔通常都由内件与外筒两部分组成，内件置于外筒之内。进入合成塔的气体先经过内件与外筒之间的环隙，内件外面设有保温层，以减少向外筒的散热。故外筒主要承受高压，但不承受高温，可用普通低合金钢或优质低碳钢制成。在正常情况下寿命可达四五十年以上。内件虽然在 500 左右的高温下操作，但只承受环隙与内件气流的压差，一般仅 1～2MPa，从而降低了对内件材料的要求。内件一般可用合金钢制作，其使用寿命一般比外筒短多了。内件由催化剂筐（触媒筐）、热交换器、电加热器三个主要部分构成，大型合成氨厂的内件电加热器，开工时由外加热炉供热还原催化剂。

合成塔内件的催化剂床层因换热形式的不同，可分为：连续换热式、多段间接换热式和多段冷激式三种塔。此外也有绝热式合成塔内件，在催化剂床层不进行热量的交换。不论何种塔型，工艺生产对氨合成塔的要求是相同的。主要要求如下：

① 在正常操作条件下，反应能维持自热；塔的结构要有利于升温、还原，保证催化剂有较大的生产强度。

② 催化剂床层温度分布合理，充分利用催化剂的活性。

③ 气流在催化剂床层内分布均匀，塔压降小。

④ 换热器传热强度大、体积小，高压容器空间利用率高。

⑤ 操作稳定、调节灵活，具有较大的操作弹性。

⑥ 结构简单可靠，各部件的连接和保温合理，内件在塔内有自由伸缩的空间，以减少热应力的影响。

以上这些要求有时是相互矛盾的，在实际进行合成塔设计时要分清主次妥善解决这些矛盾。

氨合成塔内件结构繁多，目前采用较多的是两种：冷管式和冷激式。前者属于连续换热式，后者属于多段冷激式。近年来为减小床层压力降、降低循环功耗，将传统的塔内气流由轴向流动改为径向流动，取得了很好的效果。

2. 冷管式氨合成塔

我国中小型合成氨厂常用的冷管式合成塔有：并流双套式冷管、并流三套管式和单管式冷管合成塔。

冷管式氨合成塔的内件由催化剂筐（触媒筐）、分气盒、热交换器、电加热器组成。

催化剂床层顶部不设置绝热层，反应热在此完全用来加热气体，温度上升很快；在床层的中、下部为冷管层，并流三套管由并流双套管演变而来，二者的差别仅在于内冷管一为单层，一为双层，如图 9.32（a）、（b）所示。双层内冷管一端的层间间隙被焊死，形成“滞气层”，该层增大了内外管间的热阻，因而气体在内管温升小，使床层与内外环隙气体的温差增大，改善了上部床层的冷却效果。

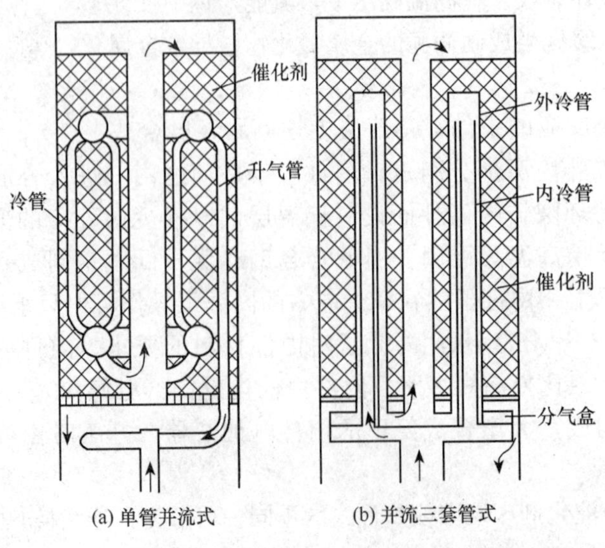

图 9.32　冷管式氨合成塔内件示意图

并流三套管的主要优点是床层温度分布较合理，催化剂生产强度高，结构可靠、操作稳定、适应性强；其缺点是结构较复杂，冷管与分气盒占据较多空间，催化剂还原时床层下部受冷管传热的影响升温较困难，还原不易彻底。此类内件在中国广泛用于ϕ800～1000 的合成塔。

3. 冷激式氨合成塔

冷激式氨合成塔有轴向冷激和径向冷激两种。

图 9.33 为大型氨厂立式轴向四段冷激式氨合成塔（凯洛格型），其图 9.34 为该合成塔内温度分布情况。其状为上小下大的瓶式，在缩口部位密封，以便解决大塔径造成的密封困难。内件包括四层催化剂、层间气体混合装置（冷激管和挡板）以及列管式换热器。气体由塔底封头接管进入塔内，向上流经内件与外筒之环隙以冷却外筒。气体穿过催化剂筐缩口部分向上流过换热器与上筒体的环形空间，折流向上穿过换热器的管间，被加热到 400℃左右入第一层催化剂。经反应后温度升至 500℃左右，在第一、二层间反应气与来自冷激

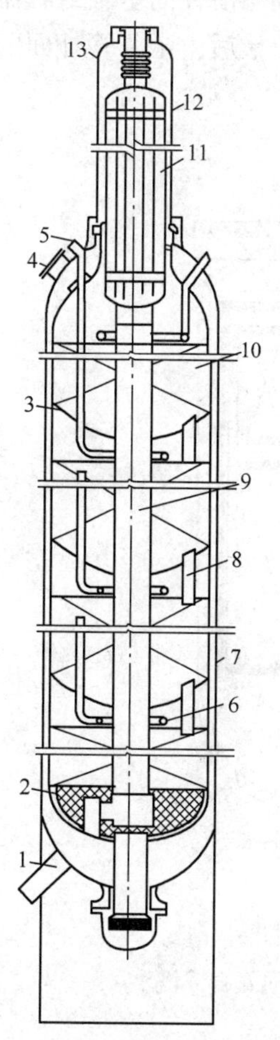

图 9.33　立式轴向四段冷激式氨合成塔

1. 塔底封头接管；2. 氧化铝球；3. 筛板；4. 人孔；5. 冷激气接管；6. 冷激管；7. 下筒体；8. 卸料管；9. 中民管；10. 催化剂筐；11. 换热器

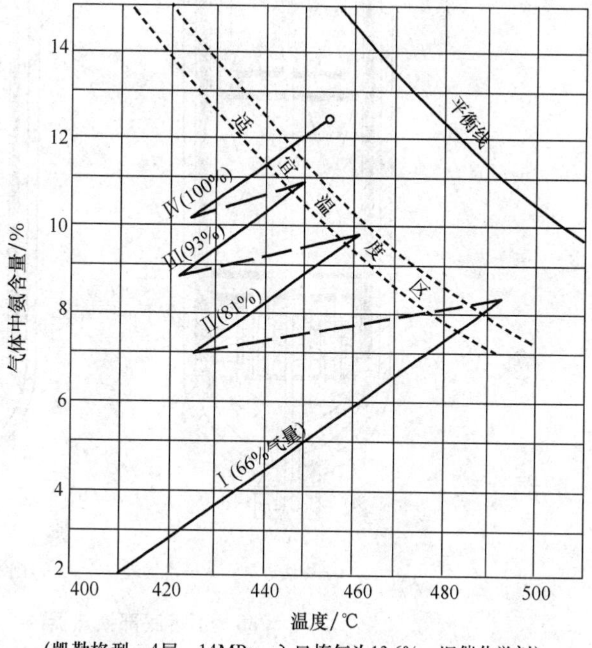

(凯勒格型，4层，14MPa，入口惰气为13.6%，旧催化学剂)

图 9.34　凯勒格型合成塔内温度分布情况

气接管的冷激气混合降温，而后进入第二层催化剂，依此类推，最后气体由第四层催化剂层底部流出，而后折流向上穿过中心管与换热器的管内，换热后经波纹连接管流出塔外。

该塔的优点是：用冷激气调节反应温度，操作方便，而且省去许多冷管，结构简单，内件可靠性好，合成塔筒体与内件上开设人孔，装卸催化剂时，不必将内件吊出，外筒密封在缩口处。

该塔的缺点是瓶式结构虽然便于密封，但在焊接合成塔封头前，必须将内件装妥。日产 1000tNH_3的合成塔重达 300t，运输和安装均较困难，而且内件无法吊出，故设计时只考虑使用一周期，因为维修极为困难，特别是催化剂筐外的保温层损坏后更难检查修理。

图 9.35 为适用于大型合成氨厂的不带底部换热器的 S-200 型径向氨合成塔。进塔反应气从塔底接口 a 进入，向上流经内外筒之间的环隙，再与床层换热器冷却旁路（冷副线）气体由塔底 b 进入，二者混合后进入第一催化剂底层沿径向呈辐射状流经催化剂层，再进入第二层催化剂底层，从外部沿径向向内流动，最后由中心管外面的环形通道下流，经塔底接口 c 流出塔外。

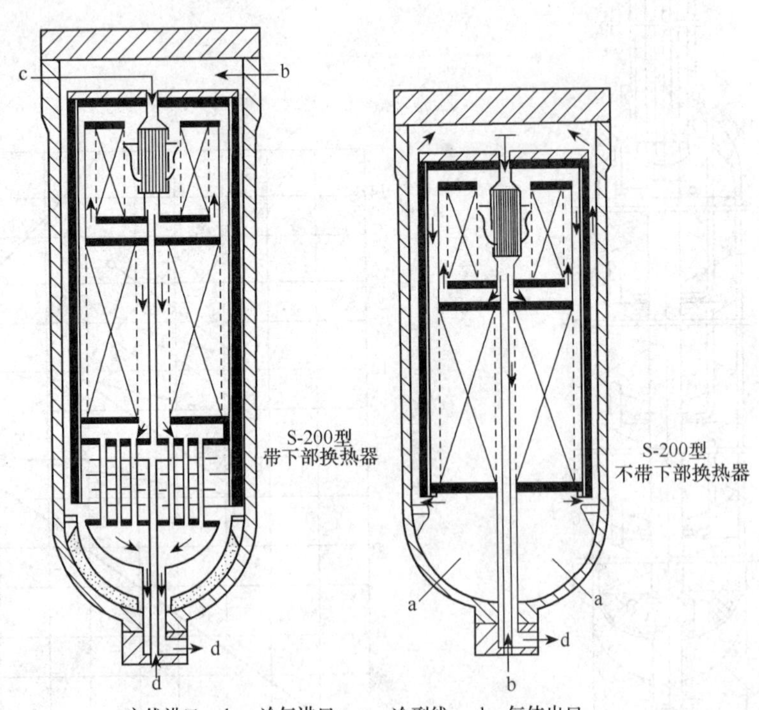

图 9.35　不带底部换热器的 S-200 型径向氨合成塔

与轴向冷激式合成塔比较，径向合成塔具有如下优点：

① 气体呈径向流动，流速远较轴向流动低，使用小颗粒催化剂时，其压力降仍然很小，因而合成塔的空速较高，催化剂的生产强度较大。

② 对于一定的生产能力，催化剂装填量较少，故塔径较小，采用大盖密封便于运

输、安装与检修。该塔存在的问题是如何有效地保证气体均匀流经催化剂床层而不发生偏流。现常采用的措施是在催化剂筐外设双层圆筒，与催化剂接触的一层均匀开孔、且开孔率高，另一层圆筒开孔率很低，当气流以高速穿过此层圆筒时，受到一定的阻力，以此使气体均匀分布。另外在上下两段催化剂床层中，仅在一定高度上装设多孔圆筒，催化剂装填高度高出多孔圆筒部分，以防催化剂床层下沉时气体走短路。

虽然径向流动合成塔在结构上比轴向流动合成塔稍微复杂，但气体通过催化剂床层的压力降要小得多，因此允许采用小颗粒的催化剂。为避免径向合成塔未反应的气体走短路，采取催化剂床层顶部留有一段死气层。现在此基础上开发了轴-径向混流型合成塔（或称混合流动型合成塔）如图 9.36 所示。

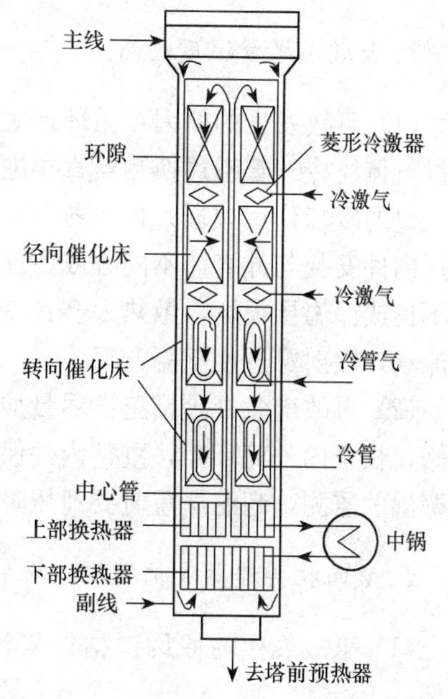

图 9.36　混合流动型氨合成塔

任务五　氨合成车间生产异常现象及故障排除

1. 合成塔塔顶着火或者爆炸

（1）事故发生的原因：当塔顶出现泄漏现象时，高压气体从小缝隙漏出，在漏的过程中产生摩擦，造成该处局部高温，加上摩擦产生静电作用，使漏出的可燃气体在空气中着火；气体外漏时又使用电炉，外漏气体遇高温电极杆受热起火，或遇电极杆因绝缘不良产生火花引起着火；当电极杆与小盖绝缘不良并送电时，易发生电极杆与小盖间密封部分被击穿，同时发生着火；塔顶大盖螺丝未紧固牢固。

（2）事故应急处理措施：当发生塔顶着火时应先停用电炉后，合成现场人员再用二氧化碳灭火器灭火；若不能熄灭，工长通知调度减量停车，合成现场关闭导入阀，打开塔后放空阀，放空卸压，降低塔内压力（放空降压时，泄压点要避开着火点，以免火势扩大），同时用二氧化碳灭火器灭火。

2. 催化剂床层温度突然升高

（1）事故发生的原因：补充气量突然增加；循环气量突然减少；操作不当或调节不及时。

（2）事故应急处理措施：当电炉送电操作时，应减少电炉接点或切电；适当关小循环机回路阀或系统近路阀，加大循环量；当循环机出现故障时，倒用备用循环机；开大合成塔冷副阀，但应注意调节幅度不要过大，以免产生过冷和骤热的温度急剧变化而损坏内件；必要时适当关小合成塔主阀，但注意开度不能过小，以保证有足够流量，避免塔壁和出塔温度超温。

3. 合成塔塔壁温度过高

(1) 事故发生的原因：循环量太小，合成塔副线阀开度过大或塔主阀开度过小，使大量气体经冷气管越过换热器直接进入中心管，而通过内件与外筒的环隙间气量减少，对外壁的冷却作用减弱；内件损坏，气体走近路，使流经内件与外筒的环隙间气量减少；内件安装与外筒体不同心或内件弯曲变形，使外筒与内件之间环隙不均匀；内件保温不良或保温层损坏，散热太多；突然停电停车时塔内反应热带不出去，环隙间冷气层不流动，辐射穿透使壁温升温。

(2) 事故应急处理措施：尽量加大循环气量，关小塔冷副线阀或开大塔主阀；停车检修，校正内外筒环隙，重整内件保温，必要时更换内件；减少停电次数，停电时加强对壁温的监测，超温严重时要泄压降温。

4. 氨回收再沸器液位剧烈下降，温度升高

(1) 事故发生的原因：精馏塔液位控制不稳，受热后急剧降温或连接阀兰垫片损坏。

(2) 事故应急处理措施：事故发生后，应迅速辩明事故发生地点，并迅速通知中控、工长及调度；合成中控联系锅炉，关闭蒸汽阀；紧停液氨泵，关闭回流阀及中间槽至液氨泵根部阀；关闭吸收塔向精馏塔送氨水阀门，开启近路阀，吸收塔打循环；根据泄漏的情况，关冷凝器的进口阀（或出口阀），并做好个人防护；将氨水回收到污水池，防止外流；打开精馏塔放空阀，缓慢降压；废水泵及外送氨水不能停，把精馏塔氨水送完后停泵。

5. 液氨放氨总管爆喷

现象：大量液氨从放氨阀后顺管道喷出；大量液氨从贮槽顺放氨管道喷出；现场笼在大量氨气中，视线模糊。

(1) 事故发生的原因：贮槽根部阀损坏；放氨阀损坏；操作失误，管道未连通，造成管道憋压，法兰垫片冲；气量减小，放氨液位下降，放氨大量带气，形成高压串低压。

(2) 事故应急处理措施：事故发生后，合成、氨回收岗位人员辩明事故发生的原因和地点；氨回收现场立即通知工长和车间到场，并通知调度、中控人员；合成现场根据现场实际情况，迅速关闭放氨阀贮槽根部阀；合成中控迅速关闭放氨自调阀，要求调度全厂紧急停车；工长赶往现场协助处理，紧停循环机；车间到现场协助处理指挥；现场接消防水大量稀释。

6. 充氨管泄漏，致使大量液氨喷出气化成白雾

(1) 事故发生的原因：法兰垫片冲；充氨管使用时间过长，没及时更换，管道爆裂；充氨管因质量问题、材质不符合要求。

(2) 事故应急处理措施：迅速关闭充氨管线切断阀及根部截止阀，并通知当班

生产工长及调度；充氨人员迅速穿好防化服，佩戴好氧气呼吸器，关闭槽车切断阀，防止继续泄漏；组织人员用消防水稀释，并做好个人防护；堵住外流沟道，防止发生环保事故，并回收到污水池；若事态严重，通知下风人员撤离，再做进一步处理。

7. 冰机活门压盖破裂气氨大量泄漏

现象：氨冷器出口气氨压力迅速下降，大量气氨或复合肥来气氨从破裂处喷出，冰机进口有挂霜现象。

(1) 事故发生的原因：液氨带入冰机内易将阀门的阀片、活塞、汽缸盖击坏；连杆突然断裂或活塞破，撞击活门打破；设备使用时间长或质量原因，冷却水渗漏，液体不易压缩，打破活门。

(2) 事故应急处理措施：迅速辩明事故发生地点及程度并迅速通知中控、工长及调度；通知车间赶往现场协助处理；合成、铜洗中控降低氨冷器液位，防止继续带液，铜洗中控监视氨冷温度及微量，联系调度减机生产；处理人员迅速穿防化服，佩戴氧气呼吸器，停主机，关进出口阀门，待氨雾消除，及时开用备机；处理好现场，及时堵漏，防止液氨外流，引起二次环境污染及水污染。

8. 循环机发生设备故障或跳闸

现象：循环量突然减小，触媒层温度剧烈上升，系统压力上升；由于循环量减小，冷交、氨分离器液位下降。

(1) 事故发生的原因：循环机活塞杆断裂；循环机活门坏；循环机超负荷运转；电器部分故障。

(2) 事故应急处理措施：关小放氨阀，防止高压窜低压：迅速打开系统近路阀；合成现场人员根据导入压力开启导入放空阀控制压力不超压；开用备机，保证压缩机不减完；中控调节好温度，做到能及时加机。

9. 合成贮槽池放气管道爆炸

现象：合成池放气大量顺着爆炸管道泄露，压力猛降；吸收塔压力猛降，大量氨水从压力口喷出。

(1) 事故发生的原因：进吸收塔阀门损坏；吸收塔出口阀门损坏；提氢近路阀开启过大或阀门损坏；操作失误；管道长时间使用腐蚀；管道堵塞或材质差；安全附件有质量问题。

(2) 事故应急处理措施：迅速辩明事故发生地点及程度，并及时通知中控、工长及调度；工长迅速通知车间并赶往现场协助处理；关闭池放气根部阀，打开池放气放空阀，控制压力，现场监控。进行时注意穿戴防护服及正压式空气呼吸器；立即关闭进吸收塔池放气阀和提氢近路阀；合成中控严密监控放氨总管压力，适当关小放氨阀；做好放氨压力的监控；联系调度停车，关闭放氨阀；用喷淋水或消防水喷淋、稀释，并回收到污水池。

10. 液氨带入冰机事故

现象：冰机入口管线、阀门和汽缸外表结一层白霜；少量以雾状带液氨时，冰机阀门阀片发出滴滴答答响声；严重带液氨时，冰机机身震动，电流波动。

（1）事故发生的原因：合成岗位或铜洗岗位氨冷器加氨过快或过多，液位过高。

（2）事故应急处理措施：合成、铜洗中控降低氨冷器液位；冰机工减冰机负荷，提高进口氨的温度；打开缓冲罐底部排污阀排至地槽。

11. 合成塔进口气体氨含量高

（1）事故发生的原因：冷交换器的热交换部分内漏，含氨高的管内气体漏入分离液氨后去合成塔的气体中；冷交换器的氨分离器部分损坏，或油污堵塞造成氨分离效率低，或液位控制过高气体排液氨，使合成塔进口气体氨含量上升；氨冷凝温度高，影响气氨冷凝为液氨，使合成塔进口气体氨含量上升。

（2）事故应急处理措施：检修冷交换器；加强冷交换器排油，必要时停车热洗；降低氨冷凝温度。

12. 合成塔进口气体带液氨

（1）事故发生的现象：液氨带入合成塔会使催化剂床层入口气体温度下降，进口氨含量猛增，催化剂上层温度急降，系统压力迅速升高；冷交换器液位过高。

（2）事故应急处理措施：迅速调低冷交换器的液位，如果液位计有故障应及时疏通；关闭合成塔冷副线阀，减小循环气量，以抑制温度下降，若温度降至反应点以下，可停止补气降压送电升温；温度回升正常时，应逐步加大循环量，防止温度猛升。

13. 氨合成系统压差过大

（1）事故发生的原因。

①合成塔阻力大：合成催化剂因高温或高压结块引起阻力逐渐增大；卸装催化剂时底部不锈钢丝网损坏，催化剂颗粒掉入换热器，引起堵塞；装填的催化剂颗粒过小或装填量过多，引起阻力大；内件安装同心度不符合要求，使内件套筒间隙不均匀；内件保温损坏，保温材料堵塞气道，造成阻力增大；内件设计、制作缺陷，造成阻力大。

②循环气预热器阻力大。

③油分离器填料被油污堵塞，阻力增大。

④氨冷凝器阻力大。

⑤冷交换器及部分管线阻力大。

⑥铜液带入合成系统，使系统阻力增大。

（2）事故应急处理措施：迅速查明引起合成塔压差大得原因，更换催化剂或内件，或重新调整内外筒间隙，或修复内件保温；对循环器预热器引起的阻力，停车检修清理内件异物；对于冷交换器、油水分离器、氨冷凝器及管道堵塞等原因造成的阻力大，停车用蒸汽热洗或热煮，以清除系统结晶、油污及铜液等。

操作链接

化工装置的开停车

在化工生产中，开、停车的生产操作是衡量操作工人水平高低的一个重要标准。随着化工先进生产技术的迅速发展，机械化、自动化水平的不断提高，对开、停车的技术要求也越来越高。开、停车进行的好坏，准备工作和处理情况如何，对生产的进行都有直接影响。开、停车是生产中最重要的环节。

化工生产中的开、停车包括基建完工后的第一次开车，正常生产中开、停车，特殊情况（事故）下突然停车，大、中修之后的开车等。

一、基建完工后的第一次开车

基建完工后的第一次开车，一般按四个阶段进行：开车前的准备工作；单机试车；联动试车；化工试车。下面分别予以简单介绍。

1. 开车前的准备工作

开车前的准备工作大致如下：

(1) 施工工程安装完毕后的验收工作。

(2) 开车所需原料、辅助原料、公用工程（水、电、汽等），以及生产所需物资的准备工作。

(3) 技术文件、设备图纸及使用说明书和各专业的施工图，岗位操作法和试车文件的准备。

(4) 车间组织的健全，人员配备及考核工作。

(5) 核对配管、机械设备、仪表电气、安全设施及盲板和过滤网的最终检查工作。

2. 单机试车

此项目的是为了确认转动和待动设备是否合格好用，是否符合有关技术规范，如空气压缩机、制冷用氨压缩机、离心式水泵和带搅拌设备等。

单机试车是在不带物料和无载荷情况下进行的。首先要断开联轴器，单独开动电动机，运转48h，观察电动机是否发热、振动，有无杂音，转动方向是否正确等。当电动机试验合格后，再和设备连接在一起进行试验，一般也运转48h（此项试验应以设备使用说明书或设计要求为依据）。在运转过程中，经过细心观察和仪表检测，均达到设计要求时（如温度、压力、转速等）即为合格。如在试车中发现问题，应会同施工单位有关人员及时检修，修好后重新试车，直到合格为止，试车时间不准累计。

3. 联动试车

联动试车是用水、空气或和生产物料相类似的其他介质，代替生产物料所进行的一种模拟生产状态的试车。目的是为了检验生产装置连续通过物料的性能（当不能用水试车时，可改用介质，如煤油等代替）。联动试车时也可以给水进行加热或降温，观察仪表是否能准确地指示出通过的流量、温度和压力等数据，以及设备的运转是否正常等情况。

联动试车能暴露出设计和安装中的一些问题，在这些问题解决以后，再进行联动试车，直至认为流程畅通为止。

联动试车后要把水或煤油放空，并清洗干净。

4. 化工试车

当以上各项工作都完成后，则进入化工试车阶段。化工试车是按照已制定的试车方案，在统一指挥下，按化工生产工序的前后顺序进行，化工试车因生产类型的不同而各异。

综上所述，一个化工生产装置的开车是一个非常复杂也很重要的生产环节。开车的步骤并非一样，要根据具体地区、部门的技术力量和经验，制定切实可行的开车方案。正常生产检修后的开车和化工试车相似。

二、停车及停车后的处理

在化工生产中停车的方法与停车前的状态有关，不同的状态，停车的方法及停车后处理方法也就不同。一般有以下三种方式：

1. 正常停车

生产进行到一段时间后，设备需要检查或检修进行的有计划的停车，称为正常停车。这种停车，是逐步减少物料的加入，直至完全停止加入，待所有物料反应完毕后，开始处理设备内剩余的物料，处理完毕后，停止供汽、供水，降温降压，最后停止转动设备的运转，使生产完全停止。

停车后，对某些需要进行检修的设备，要用盲板切断该设备上物料管线，以免可燃气体、液体物料漏过而造成事故。检修设备动火或进入设备内检查，要把其中的物料彻底清洗干净，并经过安全分析合格后方可进行。

2. 局部紧急停车

生产过程中，在一些想象不到的特殊情况下的停车，称为局部紧急停车。如果某设备损坏、某部分电气设备的电源发生故障、在某一个或多个仪表失灵等，都会造成生产装置的局部紧急停车。

当这种情况发生时，应立即通知前步工序采取紧急处理措施。把物料暂时储存或向事故排放部分（如火炬、放空等）排放，并停止入料，转入停车待生产的状态（绝对不允许再向局部停车部分输送物料，以免造成重大事故）。同时，立即通知下步工序，停止生产或处于待开车状态。此时，应积极抢修，排除故障。待停车原因消除后，应按化工开车的程序恢复生产。

3. 全面紧急停车

当生产过程中突然发生停电、停水、停汽或发生重大事故时，则要全面紧急停车。这种停车事前是不知道的，操作人员要尽力保护好设备，防止事故的发生和扩大。对有危险的设备，如高压设备应进行手动操作，以排出物料；对有凝固危险的物料要进行人工搅拌（如聚合釜的搅拌器可以人工推动，并使本岗位的阀门处于正常停车状态）。

对于自动化程度较高的生产装置，在车间内备有紧急停车按钮，并和关键阀门锁在一起。当发生紧急停车时，操作人员一定要以最快的速度去按这个按钮。为了防止全面紧急停车的发生，一般的化工厂均有备用电源。当第一电源断电时，第二电源应立即供电。

从上述可知，化工生产中的开、停车是一个很复杂的操作过程，且随生产的品种不同而有所差异，这部分内容必须载入生产车间的岗位操作规程中。

思考题

1. 合成氨主要生产原料有哪几种？对应的典型方法是什么？

2. 为什么以煤为原料采用空气与水蒸气同为气化剂不能实现连续制取半水煤气？怎样实现连续制气？

3. 间歇法制气一个工作循环有哪几个阶段组成？各阶段的作用与时间分配？

4. 间歇法制气过程中如何调节半水煤气中（$CO+H_2$）/N_2的比例？

5. 叙述间歇式固定床UGI型气化炉制半水煤气工艺过程。

6. 为什么要脱硫？脱硫方法通常可分为哪几类？每一类中的典型方法有哪几种？其主要特点是什么？

7. 变换催化剂主要可分为哪几类？各自的主要组分还原前后的形式是什么？为什么要分中变和低变？

8. 何谓脱碳？其方法可分为哪几类？指出各类典型方法适合于怎样的工艺流程中。

9. 醋酸铜氨液能清除原料气中哪几种杂质气体？写出化学反应式和主要设备。

10. 影响平衡氨浓度的因素有哪些？如何提高和计算平衡氨浓度？

11. 为使氨合成反应尽可能在最适宜反应温度下进行，实际生产中采取了哪些措施？

项目十　化学肥料的生产

☞ 知识目标

（1）了解化学肥料的品种和发展历史。

（2）掌握湿法磷酸的生产原理，化学反应特点；磷酸浓缩的基本原理，设备结构。

（3）理解湿法磷酸生产中的结晶、杂质、腐蚀等因素对反应设备、反应条件的影响。

（4）掌握S-NPK的生产原理、主要设备和基本操作要求。

☞ 能力目标

（1）能结合湿法磷酸生产中的腐蚀、晶核生长、颗粒大小、水合物种类等多种因素分析磷酸生产中工艺流程组织要求和设备设计上的要求。

（2）能结合S-NPK复合肥形成的物理化学特点分析管道反应器、喷浆造粒干燥机的结构要求。

（3）能依据S-NPK复合肥的组成和颗粒包覆要求设计复合肥生产的基本工艺过程。

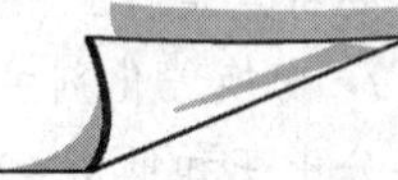

任务一　化肥工业认识

一、化肥工业的发展

化肥是重要的农业生产资料之一，在我国国民经济发展中占有重要的地位，它对农业生产持续稳定增产和提高国民生产总值起着重要作用。

早在1840年，德国科学家Justus Freiherr von Liebig用稀硫酸处理骨粉，得到浆状物，其肥效比骨粉好。1842年，Murray和Lawes提出了生产过磷酸钙的专利。1854年，世界上第一个过磷酸钙厂在英国Ipswich建立，不久即推广到许多国家，但是在丰富的磷矿资源被发现之前，生产的主要原料是兽骨。大约在1867～1868年，美国Baltimore厂才开始改用磷矿。1861年，德国在Stassfurtga开始利用光卤石生产氯化钾。1913年9月，第一个合成氨工厂在德国Ludwigshafcn建成投产，从而分别揭开了植物营养三要素——氮磷钾工业发展的序幕。为此，人们将Liebig誉为现代农业化学和化肥工业的奠基人。

最初的化肥工业，在相当长的时期内，是以生产单元肥料为主。到了20世纪50年代，由于农业生产出现新的需求和化肥工业本身的需要，复合肥料开始发展起来。从60年代开始，复合肥料发展速度极快，现在美国、西欧和日本，化肥消费结构中有35%～45%的氮、80%～85%的磷和85%～95%的钾是由复合肥料提供的。与此同时，各种新型肥料也开始研制并发展起来，如缓释肥料（包括控制释放肥料）、液体肥料、包膜肥料、微量元素肥料、稀土复合肥料、磁化肥料、生物活性肥料及有机复合肥料，含有农药、除草剂的复混肥料等。为适应绿色化学发展的需要，用微生物细菌分解磷矿和钾矿制磷肥和钾肥的研究已取得进展，这将对消除环境污染、生产清洁化肥具有重要作用。

我国的化肥工业起步较晚，新中国成立初只有硫酸铵和硝酸铵两个品种。现在，已发展成为具有多种类型、比较完整的工业体系。大中小型化肥装置都能自行设计、制造和安装。全国化肥产量2010年产量已达到6619.8万t（$N+P_2O_5+K_2O$），居世界第一位。

今后，我国化肥工业的发展方向主要围绕以下几方面：

（1）调整产品结构，由于氮肥基本能满足农业的需求，重点发展钾肥、磷肥、复合肥料及其他特殊肥料。

（2）对于氮肥及磷铵等装置，采用先进技术，向大型化方向发展，同时加快国产化进程。

（3）开发可控缓释化肥，提高化肥利用率。

二、磷肥工业发展概况

湿法磷酸1850～1852年开始投入生产，原料也是兽骨，1870～1872年，德国首先生产肥料用酸。1890年，西欧已有12家公司生产磷酸用于制重钙，原料也改用磷矿。由于湿法磷酸采用间歇生产，故发展比较缓慢。热法磷酸的生产则主要依赖于电炉制元素磷工业的发展。

1915年美国Dorr公司在一组预分解槽中分解磷矿，在一组稠厚器中逆流洗涤石膏，实现了湿法磷酸的连续操作。次年即有Rumford化学公司建厂投产，到1929年大约有31家公司建造了这种磷肥厂。1932年，Dorr在美国Trail厂进一步采用返浆技术，并用Oliver过滤机连续分离、洗涤石膏。20世纪初，过磷酸钙也实现了连续生产，主要采用回转式或者带式装置，得到的混合物一边固化，一边移入仓库熟化，此类流程至今仍是过磷酸钙厂采用的传统工艺。

1917～1918，Ross和Cottrell电除雾器回收磷酸酸雾成功，实现了热法磷酸的生产，不久，美国TVT、Monsanto和Victor化学公司陆续建厂。以TVT为中心，先后研究并投产的还有脱氟磷肥、钙镁磷肥、偏磷酸钙和偏磷酸钾等。这些肥料均采用热法加工，使磷矿在电炉或高炉中加热脱氟或和其他添加剂反应而转化为有效磷。

中国磷肥工业经过20多年来的阶段性扩张升级，已经实现了由磷肥进口大国向磷肥制造大国的变革。云、贵、川、鄂、豫、鲁等地磷肥产业发达，是中国磷肥的主要产区，截至“十一五”末期，中国磷肥产量和消费量已位居世界第一，磷肥消费基本摆脱依赖进口的局面，产品结构有了较大改善，磷肥产业集中度不断提高，以磷铵为代表的高浓度磷复合肥的新工艺、新品种、新技术不断涌现。

任务二　湿法磷酸生产的基本原理

工业上制取磷酸的方法有两种。一种是用强无机酸分解磷矿制得磷酸，称湿法磷酸，又称萃取磷酸，主要用于制造高效肥料。另一种是在高温下将天然磷矿中的磷升华，而后氧化、水合制成磷酸，称为热法磷酸，主要用于生产工业磷酸盐、牲畜和家禽的辅助饲料。本节主要讨论湿法磷酸。

一、湿法磷酸生产方法

湿法生产是用无机酸分解磷矿粉，分离出粗磷酸，再经净化后制得磷酸产品。湿法磷酸比热法磷酸成本低20%～30%，经适当方法净化后，产品纯度可与热法磷酸相媲美。目前，湿法磷酸工艺处于磷酸生产的主导地位。

湿法磷酸工艺按其所用无机酸的不同可分为硫酸法、硝酸法、盐酸法等。矿石分解反应式表示如下：

$$Ca_5F(PO_4)_3 + 10HNO_3 = 3H_3PO_4 + 5Ca(NO_3)_2 + HF\uparrow \tag{10.1}$$

$$Ca_5F(PO_4)_3 + 10HCl = 3H_3PO_4 + 5CaCl_2 + HF\uparrow \tag{10.2}$$

$$Ca_5F(PO_4)_3 + 5H_2SO_4 + nH_2O = 3H_3PO_4 + 5CaSO_4 \cdot nH_2O + HF\uparrow \tag{10.3}$$

这些反应的共同特点是都能够制得磷酸。但是，磷矿中的钙生成什么形式的钙盐不尽相同，各有其特点。反应终止后，如何将钙盐分离出去，并能经济地生产出磷酸则是问题的关键。

1. 硝酸法

硝酸法最早由奥达公司开发，称为奥达法。它是用硝酸分解磷矿生成磷酸和水溶性硝酸钙，然后采用冷冻、溶剂萃取、离子交换等方法分离出硝酸钙。受硝酸价格、能耗高、流程长等条件的影响，目前工业应用极少。

2. 盐酸法

20世纪60年代初，以色列矿业工程公司（I. M. I）开发了著名的IMI法，首次实现了盐酸法生产磷酸的工业化。它是将磷矿与盐酸反应，生成磷酸和氯化钙水溶液，然后用有机溶剂（如脂肪醇、丙酮、三烷基磷酸酯、胺或酰胺等）萃取分离出磷酸。但该法存在工艺复杂、副产物氯化钙难以经济回收等问题。

3. 硫酸法

通常所称的“湿法磷酸”实际上是指硫酸法湿法磷酸，即用硫酸分解磷矿生产得到的磷酸。硫酸法的特点是矿石分解后的产物磷酸为液相，副产物硫酸钙是溶解度很小的固相。两者的分离是简单的液固分离，具有其他工艺方法无可比拟的优越性，因此，硫酸法生产磷酸工艺在湿法磷酸生产中处于主导地位。

二、湿法磷酸生产的基本原理

1. 化学反应

湿法磷酸的生产是用硫酸处理天然磷矿［主要成分为 $Ca_5F(PO_4)_3$］，使其中的磷酸盐全部分解，生成磷酸溶液及难溶性的硫酸钙沉淀。

$$Ca_5F(PO_4)_3 + 5H_2SO_4 + 5nH_2O \xlongequal{} 5CaSO_4 \cdot nH_2O + 3H_3PO_4 + HF\uparrow \quad (10.4)$$

因反应条件不同，反应生成的硫酸钙可能是无水硫酸钙（$CaSO_4$）、半水硫酸钙（$CaSO_4 \cdot 1/2H_2O$）或二水硫酸钙（$CaSO_4 \cdot 2H_2O$）。在实际生产中，上述分解过程多数要分两个阶段进行。

第一个阶段是磷矿粉与循环的料浆反应。循环的料浆中含有磷酸且循环量很大，磷矿粉被过量的磷酸分解：

$$Ca_5F(PO_4)_3 + 7H_3PO_4 \xlongequal{} 5Ca(H_2PO_4)_2 + HF\uparrow \quad (10.5)$$

这一阶段称为预分解。预分解是防止磷矿粉直接与浓硫酸反应，避免反应过于猛烈而使形成的硫酸钙覆盖于矿粉表面，阻碍磷矿进一步分解，同时也防止生成难于过滤的细小硫酸钙结晶。

第二个阶段是是磷酸二氢钙与稍过量的硫酸反应。磷酸二氢钙全部转化成磷酸和硫酸钙：

$$Ca(H_2PO_4)_2 + H_2SO_4 + nH_2O \xlongequal{} CaSO_4 \cdot nH_2O + 2H_3PO_4 \quad (10.6)$$

磷矿中所含的杂质能与酸作用，发生各种副反应。碳酸盐被酸分解发生如下反应：

$$2CaMg(CO_3)_2 + 3H_2SO_4 + 2H_3PO_4 + 2nH_2O \xlongequal{} 2CaSO_4 \cdot nH_2O$$
$$+ MgSO_4 + Mg(H_2PO_4)_2 + 4H_2O + 4CO_2\uparrow$$

磷矿中的霞石［组成近似为（$Na \cdot K)_2Al_2Si_2O_8 \cdot RH_2O$］、海绿石（组成不定）和黏土等杂质易被酸分解，反应式为

$$Fe_2O_3 + 2H_3PO_4 \xlongequal{} 2FePO_4 \cdot 2H_2O + H_2O$$
$$Al_2O_3 + 2H_3PO_4 \xlongequal{} 2AlPO_4 \cdot 2H_2O + H_2O$$
$$SiO_2 + 6HF \xlongequal{} H_2SiF_6 + 2H_2O$$
$$K_2O + H_2SiF_6 \xlongequal{} K_2SiF_6 + H_2O$$
$$Na_2O + H_2SiF_6 \xlongequal{} Na_2SiF_6 + H_2O$$
$$SiO_2 + H_2SiF_6 \xlongequal{} 3SiF_4\uparrow + 2H_2O$$
$$H_2SiF_6 \xlongequal{} SiF_4\uparrow + 2HF\uparrow$$

气相中的氟，主要以 SiF_4 形式存在，在吸收设备中用水吸收时生成氟硅酸水溶液和胶状的硅酸沉淀：

$$3SiF_4 + (n+2)H_2O \xlongequal{} SiO_2 \cdot nH_2O + 2H_2SiF_6$$

湿法磷酸生产中氟磷灰石和硫酸、磷酸反应以及过量硫酸的稀释都有热量放出，应设法移去。

上述反应之后得到的料浆主要是磷酸和硫酸钙结晶的混合物，固相中还有少量未分解的磷矿和不溶性残渣。磷石膏的量取决于磷矿的组成和生产条件，反应生成的磷酸，

须用过滤的方法与以硫酸钙为主的固相分离才能得到，因此，硫酸钙晶体的形成和晶粒的大小便成为萃取磷酸生产中过滤、洗涤的关键。所以，湿法磷酸的生产方法也常以硫酸钙的形态来命名。

2. 硫酸钙结晶和生产方法分类

前已述及，因反应条件不同，在磷酸水溶液中硫酸钙晶体可以有三种不同的形式存在。二水物硫酸钙（$CaSO_4 \cdot 2H_2O$）只有一种晶型；半水物硫酸钙（$CaSO_4 \cdot 1/2H_2O$）有 α-型和 β-型两种晶型；无水物硫酸钙（$CaSO_4$）有三种晶型（无水物Ⅰ、无水物Ⅱ和无水物Ⅲ）。但是，与湿法磷酸生产过程有关的晶型只有二水物、α-半水物和无水物Ⅱ三种。它们的一些物理常数及理论化学组成列于表 10.1。

表 10.1　硫酸钙结晶的某些物理常数及理论化学组成

结晶形态	俗名	密度/(g/cm³)	理论化学组成/%		
			SO_3	CaO	H_2O
$CaSO_4 \cdot 2H_2O$	生石膏	2.32	46.6	32.5	20.9
α-$CaSO_4 \cdot 1/2H_2O$	熟石膏	2.73	55.2	38.6	6.2
$CaSO_4$ Ⅱ	硬石膏	2.99	58.8	41.2	0

根据上述硫酸钙的结晶形态，工业上有下述几种湿法磷酸生产方法。

（1）二水法制湿法磷酸。这是目前世界上应用最广泛的一种方法，有多槽流程和单槽流程，其中又分为无回浆流程和有回浆流程以及真空冷却和空气冷却流程。

二水法所得磷酸一般含 P_2O_5 28%～32%，磷的总收率为 93%～97%。造成磷的总收率不高的原因在于：

① 洗涤不完全。

② 磷矿的萃取不完全（通常与磷矿颗粒表面形成硫酸钙膜有关）。

③ 磷酸溶液陷入硫酸钙晶体的空穴中。

④ 磷酸钙［$Ca(H_2PO_4)_2 \cdot H_2O$］结晶层与硫酸钙结晶层交替生长。

⑤ HPO_4^{2-} 取代了硫酸钙晶格中的 SO_4^{2-}（有人解释为形成了 $CaSO_4 \cdot 2H_2O$ 与 $CaHPO_4)_2 \cdot 2H_2O$ 的固溶体）。

⑥ 溢出、泄漏、清洗、蒸汽雾沫夹带等机械损失。

为了减少除洗涤不完全和机械损失以外的其他导致磷损失的因素，采用了将硫酸钙溶解再结晶的方法，如半水-二水法，二水-半水法等。

（2）半水-二水法制湿法磷酸。此法的特点是先使硫酸钙形成半水物结晶析出，再水化重结晶为二水物。这样，可使硫酸钙晶格中所含的 P_2O_5 释放出来，P_2O_5 的总收率可达 98%～98.5%，同时，也提高了磷石膏的纯度，扩大了它的应用范围。半水-二水法流程分为两种：一种称为稀酸流程，即半水结晶不过滤而直接水化为二水物再过滤分离，产品酸质量分数（P_2O_5）为 30%～32%；另一种称为浓酸流程，即过滤半水物料浆分出成品酸后，再将滤饼送入水化槽重结晶为二水物，产品酸含 P_2O_5 45%左右。

（3）二水-半水法制湿法磷酸。在生产过程中控制硫酸钙生成二水结晶，再使二水物转化为半水物，回收二水物中夹带的 P_2O_5，最终结晶以半水物形式析出。此法特点

是 P_2O_5 的总收率高（99%左右），磷石膏结晶水少，产品磷酸含 P_2O_5 35%左右。

（4）半水法制湿法磷酸。在生产过程中控制硫酸钙结晶以半水物形式析出，可得含 P_2O_5 40%～50%的磷酸。该法关键是半水物结晶的钝化，即半水物在洗涤过程中不水化，滤饼短期内不硬结。近年来，在掌握钝化半水物生成机理后，工业上已建成日产600吨（P_2O_5）的大厂。

3. $CaSO_4$-H_3PO_4-H_2O 体系的相平衡

$CaSO_4$-H_3PO_4-H_2O 体系平衡相图如图10.1所示。图中实线ab是二水物与无水物的热力学平衡曲线，虚线cd代表二水物与半水物的介稳平衡曲线。在曲线ab及cd所划分的三个区域中，Oab区域内二水物为稳定形式，半水物经过无水物转化为二水物。abcd区域中，无水物是稳定形式，而二水物相对比半水物稳定，因此半水物转化为无水物必先经过二水物。半水物到二水物的转化过程是随磷酸溶液含 P_2O_5%及温度的增高而减慢的，但一般进行较快。cd线以上呈稳定形式的仍是无水物，半水物转化为无水物是直接进行的，不经过中间的二水物。从半水物直接到无水物的转化过程随磷酸溶液中 P_2O_5 含量及温度的增加而加速。由此可见，在Oab区域虽然以二水物为稳定，但需要维持磷酸温度很低。要把磷矿粉和硫酸反应放出的大量热移走以维持低反应温度在工业上很难办到。因此，以生成二水硫酸钙为目的的“二水法萃取磷酸”的反应条件，必须严格控制在abcd区域。

在含有硫酸的磷酸溶液中，二水物与α-半水物的介稳平衡曲线随硫酸含量变化，如图10.2所示。由图可见，磷酸溶液中当游离硫酸含量增加时，二半水物与α-半水物介稳平衡曲线向温度和 P_2O_5 含量减低的方向移动。此图可以帮助确定α-半水物水化成为二水物的工艺条件。

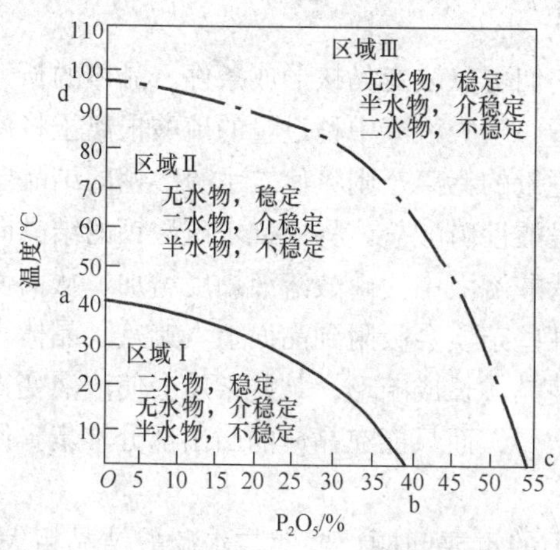

图10.1 $CaSO_4$-H_3PO_4-H_2O 体系平衡

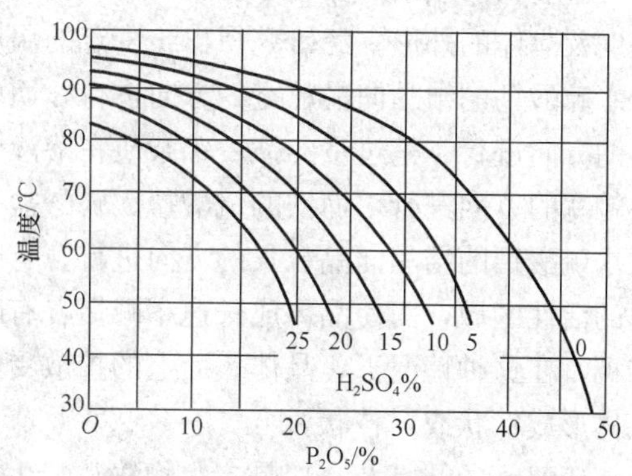

图10.2 磷酸与硫酸的混合溶液中二水物-半水物的介稳平衡

“二水法”萃取磷酸生产过程中，首先析出半水硫酸钙，因为它所需的能量最小。析出的半水物在“二水法”萃取磷酸控制的磷酸浓度、温度和游离硫酸浓度的范围内，很快转化为稳定的二水物结晶；但生产上需要此稳定的二水物结晶是粗大均匀的，因为细小的结晶有较大的表面能，粘带较多的磷酸溶液，难于洗涤，也易造成过滤困难。因此，很有必要了解一下结晶过程。

4. 硫酸钙的结晶

结晶过程都包括晶核的生成和晶粒成长两个阶段。如晶核的生成速率超过成长速率，便得到为数很多的细粒结晶；若晶体的成长速率大于晶核的生成速率，便可得到为数较少的粗粒结晶。因此改变影响晶核生成速率和晶粒成长速率的因素，就能控制晶粒的大小。

晶核是在溶液过饱和状态下形成的。一般说，晶核形成的多少是随过饱和度的升高而增加的。当过饱和度不大时，晶核只能在已有的表面上生成，如反应物料颗粒表面、结晶器器壁以及溶液中其他固体表面。加入晶种可以人为地控制溶液的过饱和度以减少晶核的生成量。

在等温结晶过程中，随着溶液的过饱和度逐渐减小，结晶过程逐渐减慢，但由于晶体的成长，晶体的总表面扩大了，又可使结晶加快。因此，在整个结晶过程中，结晶速率起初急剧加快，当达到极大值后才迅速下降。当升高温度时，溶液过饱和度减小，此时结晶的稳定性降低，会导致结晶的晶粒部分溶解。温度急剧降低，会使溶液中过饱和度急剧增加，产生细小结晶。

晶体的成长是一种扩散过程。此过程不仅在垂直于晶体表面的方向上成长，而且还决定于物质结晶面的运动。如晶体在各个方向的成长速率相同，晶体的形状就会是圆的。圆球形晶体的表面能最小，极易过滤洗涤。实际上晶体是多面体，这是由于晶体结构各个部分的成长速率不同。晶体各个部分的成长速率所以不同，是因为对于不同的晶面，溶液的饱和浓度不同，因而溶液的过饱和浓度与晶体表面的饱和浓度差也不相等造成的。

有些物质或杂质能够干扰硫酸钙的结晶。它们可以改变晶核形成条件、晶体的长大速度及晶体的外形。经研究得出：一定的温度下，磷酸溶液中稍过量的硫酸根离子将使二水硫酸钙的结晶向晶粒宽的方向进行，而稍过量的钙离子则将使二水硫酸钙的结晶向长的方向进行。稍过量的铁、铝杂质在溶液中呈酸性磷酸盐，将使二水硫酸钙的结晶向晶粒宽的方向进行，而铁的硫酸盐、磷酸盐在磷酸溶液中使磷酸溶液黏度增加，从而使二水硫酸钙的结晶向晶粒长的方向进行。有时某些杂质会吸附到晶面上，遮盖了晶体表面的活性区域，而使晶体成长速率减慢，有时使晶体长成畸形。某些杂质会使溶液变得黏稠，在这种情况下，晶体表面上的扩散受到妨碍，而只能在晶体的凸出部分堆集，使晶体形成针状或树枝状。

硫酸钙的结晶及分离是二水物法磷酸生产中的重要问题，要使二水硫酸结晶粗大、均匀而又较稳定，必须控制生产过程中磷酸浓度、温度、过量硫酸、磷矿杂质及保证溶液的过饱和度有足够的维持时间，在有回浆的二水物法萃取磷酸生产中，还必须注意有晶种的回浆量，控制二水物结晶速度，这些都是制定工艺流程、工艺条件及确定相应设备的依据。

任务三　“二水物法”生产湿法磷酸

一、“二水物法”湿法磷酸工艺条件的确定

制造湿法磷酸是由硫酸分解磷矿制成硫酸钙和磷酸，以及将硫酸钙晶体分离和洗净两个主要部分组成。湿法磷酸的生产工艺指标主要是达到最大的P_2O_5回收率和最低的硫酸消耗量。这就要求在分解磷矿时硫酸耗量要低，磷矿分解率要高，并应尽量减少由于磷矿颗粒被包裹和HPO_4^{2-}取代了SO_4^{2-}所造成的P_2O_5损失。在分离部分则要求硫酸钙晶体粗大、均匀、稳定，过滤强度高和洗涤效率高，尽量减少水溶性P_2O_5损失。根据生产经验，湿法磷酸制造过程中应选择和控制好下述生产操作条件，以满足工艺指标的要求。

1. 反应料浆中SO_3含量

反应料浆中SO_3含量对萃取过程的影响十分显著，它是湿法磷酸生产中最重要的指标。适量的SO_3含量，会使硫酸钙生成双晶或多到四个斜方六面体的针状结晶，易于过滤和洗涤。SO_3含量提高后还能减少硫酸钙结晶中HPO_4^{2-}对SO_4^{2-}的取代作用，从而减少P_2O_5的损失。同时还会增加磷酸铁在磷混酸中的溶解度，减少磷酸铁沉淀析出而造成的P_2O_5损失。

但要注意过高的SO_3浓度也是不行的。SO_3含量过高，不但增加了硫酸的消耗，降低了产品磷酸的纯度，而且还会使晶型变坏或导致磷矿产生“包裹”，从而降低磷矿的分解率，使磷的得率相应降低。

在生产中，由于所用磷矿的品位与杂质含量不同，故需要控制的SO_3含量范围也有差异，有时差异还很大。因此，最佳的SO_3含量范围应通过试验确定。但一般规律是磷矿中杂质（主要指铁、铝、镁）含量愈高，相应的SO_3含量范围也愈大。以国产中品位磷矿为原料时，按二水法制湿法磷酸时，SO_3含量的控制范围大致为0.03～0.05g/mL。

2. 反应温度

反应温度的选择和控制十分重要。提高反应温度能加快反应速率，提高分解率，降低液相黏度，减小离子扩散阻力。同时又由于溶液中硫酸钙溶解度随温度的升高而增加并相应地降低过饱和度，这些都有利于生成粗大晶体和提高过滤强度。因此，温度过低是不适宜的。

但温度过高也不行。因为过高的反应温度，不但对材料要求提高，而且会导致生成不稳定的半水物甚至生成一些无水物，使过滤困难；同时多数杂质的溶解度随温度升高而加大，势必影响产品的质量。但杂质铁的行为相反，温度升高磷酸铁的溶解度反而降低，可以减少P_2O_5的损失。另外，高温条件将增大硫酸钙及氟盐的溶解度，这些钙盐及氟盐在磷酸温度降低的情况下会从溶液中析出，严重时甚至会堵塞过滤系统的磷酸通道。目前，二水物法流程的温度一般为70～80℃，多趋向于控制其上限温度，温度波动不应超过1℃。

3. 反应时间

反应时间是指物料在反应槽内的停留时间，主要决定于磷矿的分解速率和石膏结晶的成长时间。石膏结晶长大的时间较磷矿分解需要的时间长，从分解速率看，磷块岩较磷灰石快，但在温度较高和液相中 P_2O_5 含量不断提高的情况下，即使是磷灰石，分解率要达到95%以上，也只需 2～3h。但为了石膏结晶的长大还需延长反应时间，一般总的萃取时间为 4～6h。

4. 料浆的液固比

料浆的液固比（指料浆中液相和固相的质量比）减小，即料浆里固相含量过高，会使料浆黏度增大，对磷矿分解和晶体长大都不利。同时，过高的固相含量，会增大晶体与搅拌叶的碰撞几率，从而增大二次成核量并导致结晶细小。提高液相含量会改善操作条件，但液固比过大会降低设备生产能力。一般二水物流程液固比控制在（2.5～3）∶1，如果所用矿石中镁、铁、铝等杂质含量高时，液固比适当提高一些。

5. 回浆

返回大量料浆可以提供大量晶种，并可以防止局部游离硫酸浓度过高，可以降低过饱和度和减少新生晶核量。这样，有可能获得粗大、均匀的硫酸钙晶体。在实际生产操作中，回浆量一般很大，二水物法流程，回浆倍数可达 100～150。

6. 反应料浆中 P_2O_5 含量

反应料浆中 P_2O_5 含量稳定，保证了硫酸钙溶解度变化不大和过饱和度稳定，从而保证了硫酸钙结晶的生成和成长情况良好。控制反应料浆中磷酸含量的方法在于控制进入系统中的水量，即控制洗涤滤饼而进入系统的水量。一般在二水物法流程中，当操作温度控制在 70～80℃范围内，料浆中 P_2O_5 含量为 25%～30%。

7. 料浆的搅拌

搅拌可以改善反应条件和结晶成长条件，有利于颗粒表面更新和消除局部游离硫酸含量过高，对防止包裹现象和消除泡沫起一定作用。但搅拌强度也不宜过高，以免碰碎大量晶体导致二次成核过多。

二、“二水物法”湿法磷酸生产的工艺流程组织

“二水物法”湿法磷酸生产流程如图 10.3 所示。从原料工序送来的矿浆经计量后进入酸解槽 5（即萃取槽），硫酸经计量槽 1 用泵送入酸解槽 5，通过自控调节确保矿浆和硫酸按比例加入，酸解得到的磷酸和磷石膏的混合料浆用泵送至盘式过滤机 6 进行过滤分离。

为了控制酸解反应槽中料浆的温度，用鼓风机 3 鼓入空气进行冷却。酸解槽 5 排出的含氟气体通过文丘里吸收塔 8 用水循环吸收，净化尾气经排风机 9 和排气筒 10 排空。

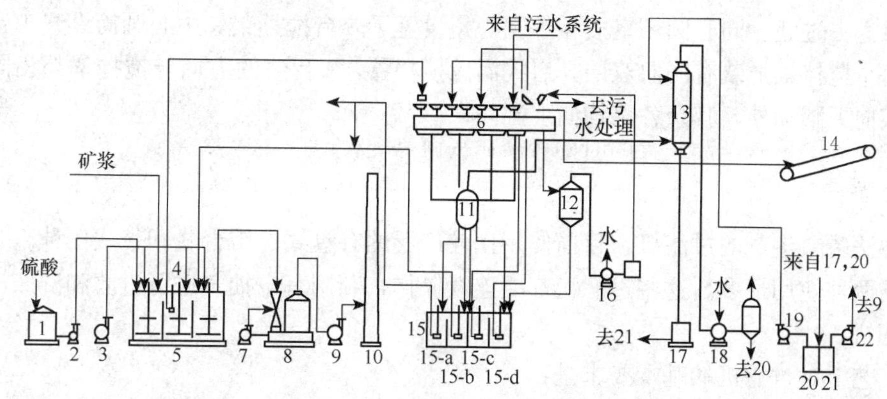

图 10.3　“二水物法”湿法磷酸生产流程图

1. 硫酸计量槽；2. 硫酸泵；3. 鼓风机；4. 料浆泵；5. 酸解；6. 盘式过滤机；7. 氟吸收液循环泵；8. 文丘里吸收塔；9. 排风机；10 排气筒；11，12. 气液分离器；13. 冷凝器；14. 皮带运输机；15（15. a，15. b，15. c，15. d）. 滤洗液中间槽；16，18. 水环式真空泵；17. 液封槽；19. 冷却水泵；20. 冷却水池；21. 冷凝水池；22. 冷凝水泵

过滤所得的石膏滤饼经洗涤后卸入螺旋输送机并经皮带运输机 14 送至石膏厂内堆放。滤饼采用三次逆流洗涤，冲洗过滤机滤盘及地坪的污水送至污水封闭循环系统。各次滤液集于气液分离器 11 的相应格内，经气液分离后，滤液相应进入滤洗液中间槽 15 的滤液格内。滤液磷酸经滤液泵 15-a，一部分送到磷酸中间槽贮存，另一部分和一洗液汇合，送至酸解槽 5。二洗液和三洗液分别经泵打回过滤机逆流洗涤滤饼。吸干液经气液分离器 12 进滤液中间槽三洗液格内。真空泵 16 的压出气则送至过滤机 6 作反吹石膏渣卸料用。

过滤工序所需真空由真空泵 18 产生，抽出的气体经冷凝器 13 用水冷却。从冷凝器 13 排出的废水经液封槽 17 排入冷凝水池 21 后，由冷凝水泵 22 送至文丘里吸收塔 8。

三、湿法磷酸生产的主要设备选用

湿法磷酸生产的主要设备是酸解反应槽与过滤机。

1. 酸解反应槽

常用的反应槽有多桨同心圆单槽、方格多桨单槽、单桨单槽及等温反应器等。尽管酸解槽的形式很多，但它们的基本工艺要求都是一致的，总结起来大致有四点：

（1）能有效地控制料浆中 SO_4^{2-} 和 Ca^{2+} 浓度以及硫酸钙的成核速率，以利于结晶的长大并在生产过程中不会发生晶形的改变。

（2）有良好的搅拌和回浆，避免出现局部过饱和度增高。

（3）酸解槽有足够大的容积，可以保证足够的停留时间。

（4）具有冷却料浆的有效手段，并能控制好料浆温度与消除泡沫。

30kt/a 料浆法磷铵采用的酸解反应槽为 ϕ8600mm×4200mm 的同心圆多桨单槽，其结构示意图见图 10.4。槽体为两个用钢筋混凝土捣制的同心圆筒组成。内筒与外筒直径的比例一般按 1∶3 分配，即外筒的容积为内筒的 8 倍。外筒的料浆溢流到内筒后再经泵送去过滤。同心圆环室按相等圆心角设置了 8 台搅拌桨，中心圆筒设置 1 台搅拌桨。每个搅拌轴上装有同向双层开启式涡轮搅拌器，9 台桨的方向与搅拌率都相同。除第 1 桨向下翻动外，其余各桨均向上翻动。

2. 过滤机

湿法磷酸生产的过滤机，目前使用比较广泛的有盘式、转台式和带式三种。

前两种使用最多。这些过滤机都能连续操作，利用真空抽气进行过滤和洗涤，自动排除滤饼。

工艺上对过滤机的基本要求是：

① 生产强度高，滤洗液中机械杂质含量少。

② 洗涤效果好。

③ 产品磷酸被稀释，浓度高。

④ 结构简单、造价低廉、利用效率高。

30kt/a 料浆法磷铵采用的盘式过滤机的结构示意图见图 10.5。总过滤面积为 $42m^2$（有效过滤面积为 $35m^2$）。滤机转速为 0.2～0.5r/min，滤机每旋转一周连续完成加料、初滤、过滤、一洗、二洗、三洗、翻盘、反吹、卸渣、洗清滤布、吸干、复位等操作过程。

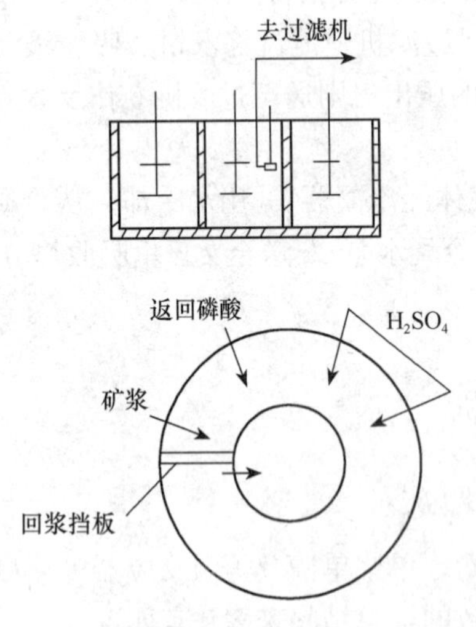

图 10.4　同心圆多浆单槽结构示意图

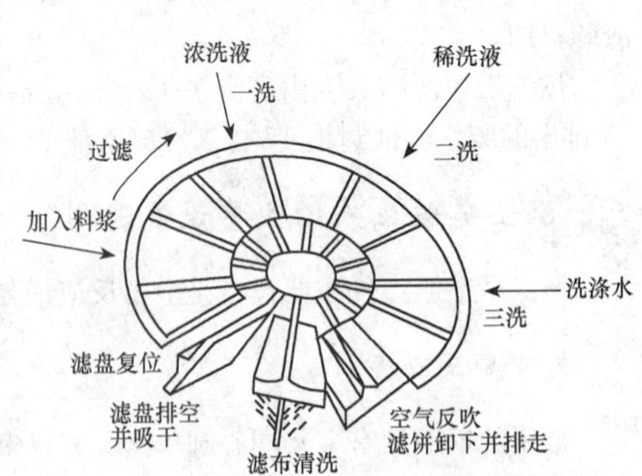

图 10.5　盘式过滤机示意图

任务四　湿法磷酸的浓缩

目前，世界上所采用的“二水物法”流程生产的湿法磷酸一般含 P_2O_5 28%～32%。在磷肥生产中常需用浓度较高的磷酸，如制磷酸铵需要含 P_2O_5 40%～42%的磷酸，而制造重过磷酸钙的一些流程则要求含 P_2O_5 52%～54%的磷酸，因此“二水法”制得的磷酸不适于直接用来生产高浓度磷肥产品，必须加以浓缩。

湿法磷酸一般含有2%～4%的游离硫酸和2%左右的氟，这种酸具有极大的腐蚀性，特别是在蒸发浓缩的高温条件下腐蚀更为强烈。在浓缩过程中，逸入气相的四氟化硅和氢氟酸亦具有极大的腐蚀性，会腐蚀管道和附属设备。另外，磷酸中含有硫酸钙、磷酸铁、磷酸含量铝和氟硅酸盐等杂质，会因磷酸中 P_2O_5 含量的提高而析出，黏结在浓缩设备的内壁上，降低设备的导热性能，并引起受热不均，从而产生严重的起泡现象并形成酸雾。因此，在磷酸浓缩装置中，那些与酸接触的部位通常采用非金属材料，如用树脂浸渍的石墨制热交换器，强制循环真空蒸发浓缩磷酸的管道采用橡胶衬里，也可采用特种耐腐蚀的合金钢制作。

图10.6所示为强制循环真空蒸发浓缩磷酸的流程。稀酸进入混合器3中，与来自分配槽2的浓磷酸混合，这时由于磷酸浓度迅速增高，使原来稀磷酸溶液中的杂质大部分析出。然后用泵4输送至沉降槽5，让其中的杂质沉降下来并从底部放出。去掉杂质的磷酸清液用循环泵9快速送入真空蒸发器1中，用蒸汽加热蒸发。蒸发器出来的浓磷酸导入分配槽器2中，一小部分作为成品浓酸放出，大部分则仍送入混合器中，与稀酸混合循环使用。如此循环，经浓缩、析出杂质取得成品磷酸，构成了连续生产。

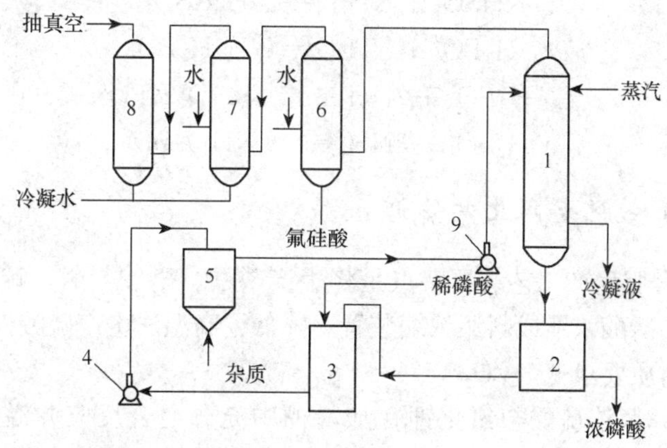

图10.6 强制循环真空蒸发浓缩磷酸的流程

1. 真空蒸发器；2. 分配槽；3. 混合器；4. 酸泵；5. 沉降槽；6，7. 第一、二冷凝器；8. 水沫捕捉器；9. 循环泵

任务五 S-NPK复合肥的生产

S-NPK复合肥称为硫基三元复合肥，是一种新型、多元素、低氯、高效复合肥，它所含的磷、钾元素是目前各类农作物所必需的，特别在由土壤结构发生变化而引起的多氮、缺磷、少钾地区，施用此肥不仅能够改善土壤条件，而且能够满足农作物对养分的需求，提高产量和质量。

由山东红日集团开发的低温转化氯化钾制取硫酸氮钾溶液，与料浆法磷铵厂相结合生产硫基三元复肥技术，是将硫酸钾生产、磷胺生产和三元复肥生产结合一体，简化流程，降低投资和成本，也是目前国内推广的一项成功技术。

一、S-NPK 复合肥生产原理

S-NPK 复合肥生产工艺采用硫酸分解氯化钾和管道反应器技术，其中管道反应器技术是“九五”国家级科技成果重点推广计划的内容之一。该技术的核心是用一根体积很小，结构简单的反应管进行氨和酸的化学反应，反应产生的大量热量有效地雾化料浆及蒸发水分，从而使到达转鼓造粒机内物料床上的料浆含有适宜的水分，降低了造粒工序的返料比和干燥所需的能耗。造粒后物料经过干燥、筛分、冷却得到合格的产品，粗料经过破碎与细粉混合返回造粒机。当过量硫酸与氯化钾反应时就可以在较低的温度下制得硫酸氢钾，再与稀磷酸（含 P_2O_5 量 22%～23%）按一定比例混合即可直接进入管道反应器进行氨化反应制取高浓度硫基三元复合肥（15-15-15），反应出的 HCl 以水吸收成≥30%浓度的盐酸回收，平衡养分所需的少量尿素计量后加入返料系统中。

上述反应的化学方程式为：

$$KCl + H_2SO_4 = KHSO_4 + HCl$$

$$KHSO_4 + NH_3 = NH_4KSO_4$$

$$H_3PO_4 + NH_3 = NH_4H_2PO_4$$

$$H_3PO_4 + 2NH_3 = (NH_4)_2HPO_4$$

$$H_2SO_4 + 2NH_3 = (NH_4)_2SO_4$$

二、S-NPK 复合肥生产工艺流程组织

S-NPK 复合肥生产工艺装置特点是将生产磷酸、磷铵与生产硫酸钾技术有机地结合起来，取消了磷酸浓缩或料浆浓缩装置，降低了高温法生产硫酸钾过程的难度，具有流程短，防腐材质要求低。

加热后的 98%浓硫酸与氯化钾在加料槽中充分混合反应并溢至反应槽，继续反应制成硫酸氢钾溶液，硫酸氢钾溶液溢流至混酸槽与复肥工段尾气吸收系统返回的 20%～22%稀磷酸混合，并用搅拌桨搅拌，制得的混酸与气氨在管式反应器内进行氨化反应。料浆进入闪蒸槽，料浆溢流入地下槽，经料浆泵打入喷浆造粒干燥机的喷头，采用 0.2～0.3MP 的压缩空气使料浆混合后从喷头喷出。

料浆被喷在喷浆造粒干燥机的料幕上进行造粒，热空气通过料幕对物料进行并流干燥，物料在造粒干燥机内进行内分级和内返料。外返料与内返料在喷浆造粒干燥机内重新成粒。合格的粒子送入冷却机内，经空气冷却至 40℃以下，经包裹筒用包裹粉和油进行包裹，产品由皮带送至成品库经计量、包装后堆放。

干燥系统的尾气先用 20%～22% P_2O_5 稀磷酸洗涤，再用水洗涤达标后排空，洗涤液送至硫酸氢钾溶液制备工段使用。

反应生成的氯化氢气体进入尾气吸收塔，用工艺水选流循环资源放空，吸收氯化氢后稀酸供盐度吸收塔与降膜塔吸收成 31%成品。生产硫基氮磷钾复混肥料的工艺流程框图见图 10.7。

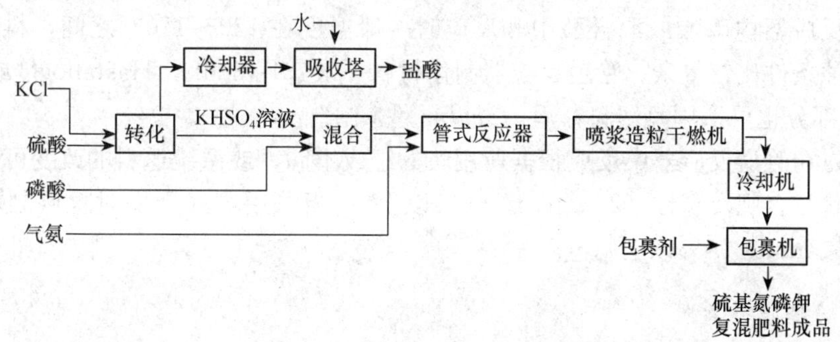

图 10.7　低温转化氯化钾制硫基氮磷钾复混肥工艺流程框图

三、工艺操作条件确定

氯化钾：≥60%K_2O，≤1%H_2O，粒度≤2mm。

硫酸：98%（或 93%）H_2SO_4，温度 90～100℃。

反应温度：120～130℃。

反应时间：90～100min。

磷酸：20%±1/%（P_2O_5）。

中和度：$n_{NH_3}/n_{H_2SO_4}=1.1\sim1.2$。

中和料浆含水量：28%～32%。

喷浆造粒干燥机进口炉气温度：450～550℃。

出口尾气温度：65～75℃。

产品硫基氮磷钾复混肥料的（$N+P_2O_5+K_2O$）≥45%，S≥12%，Cl≤2%，副产品盐酸浓度≥30%HCl。

四、主要设备选用

1. 管道反应器

酸与氨的反应是一个简单的中和反应，属于快速反应，因此化学动力学问题无需讨论，而需要研究的是有关传递过程。因为反应伴随强烈放热，反应物料处于剧烈沸腾状态。工艺要求反应中氨损失最小，因此氨的扩散速率成为反应器操作的控制因素。管道反应器由长度为 400～1200mm 长度不等的数段管子组成，每段反应管由活套法兰连接，管道反应器起始端为十字头，分别为酸、洗涤液的进口，另一个接口为管道反应器压力出口。原料气氨在管道反应器轴线方向通过通氨管引入反应器内，其中还可以导入蒸汽，各接口均装有单向止回阀，以防料浆倒流。管道反应器外壁保温。

管道反应器的截面热通量是决定其直径的重要参数。国外文献报道，管道反应器主截面热通量在 $4.89\times10^8\sim9.78\times10^8$ kJ/(h·m^2）之间。酸和气氨在管道反应器内反应后，料浆通过安装在管道反应器末端的喷头喷洒于造粒机内的物料床上，因此喷头的形式决定着料浆的喷洒情况，而料浆喷洒情况的良好又直接影响物料的造粒过程。同时喷头的截面积还将受到其喷口热通量的制约。一般要求喷口热通量在 $4.89\times10^8\sim32.6\times10^8$ kJ/(h·m^2）之间。

管道反应器内磷酸或混合酸中和反应时一般温度在 120～170℃之间，料浆 pH 变化大，腐蚀条件比较复杂。管道反应器制作材料一般选用 316L，HastallogC 或 HaltallogG 等，部分也可采用氟塑料衬里，或以石墨来制造。

酸与氨在管道反应器中反应根据所用酸的组成不同，或系统返料的改变可制成各种规格的粒状复合肥及磷铵（2～4mm，90%以上）。当采用塔式干燥时也可制取粉状磷酸一铵（<1mm，90%以上）。

2. 盐酸降膜吸收器

盐酸降膜吸收器选用石墨列管式降膜吸收，采用石墨件上封头，耐温可达 170℃，因此反应尾气不需冷却就可以直接进降膜吸收器吸收。

主要参数如下：

吸收管数量：199 根，外形尺寸：ϕ1000mm×5100mm。

公称换热面积：$50m^2$ 材质：列管-石墨；壳体-碳钢。

3. 喷浆造粒干燥机

喷浆造粒干燥机是回转圆筒型。将成粒、干燥及返料合并在一个设备内进行，筒体两端为径向迷宫密封，造粒干燥区设置了多段升举式抄板，使抄起的物料分洒均匀，形成密集料幕。料浆喷射管从进料箱中央伸入筒体内，利用气液两相的速度差，将料浆雾化。加热炉气从头部均匀导入，与物料并流操作，为防止结料，筒体头部装有锤击装置，在干燥机尾部设有筛分装置，1mm 以下的粒子经干燥机内部的内螺旋引向进料端作为返料，大于 1mm 的料子从尾部排出。

主要参数如下：

直径：$D_{内}$＝4250mm，长度＝16000mm；

材质：碳钢；

电机：N＝185kW。

操作链接

化工装置的酸洗与钝化操作技能

一、酸洗与钝化的目的及其应用

酸洗与钝化是采用以酸（包括无机酸或有机酸）为主剂组成的酸洗剂，对覆盖在金属设备、管道等表面的氧化皮（也称扎制鳞皮）、铁锈、焊渣、表面防护涂层等通过化学和电化学反应，使其溶解、剥离，并随即进行表面钝化，从而使金属基体表面形成一层良好的防腐保护膜的一种表面处理技术。

酸洗与钝化技术具有清洗速度快、清洗效果好、操作易于控制等优点，因而不仅被应用于化工装置开工前清除设备、管道中有碍试车和运行的锈垢附着物等，而且也是定期清除蒸汽发生系统、化工生产中致冷系统等设备中形成的积垢，保证化工装置安全生产和节能降耗等的最常用、最有效的技术。另外，酸洗与钝化技术还被广泛应用与冶金、机械、热工动力、建材、军工等工业领域。

二、酸洗与钝化的工艺过程

因清洗对象的性质（如设备与管道的材质、锈垢等附着物性质等）不同，清洗要求不同，而有不同的清洗配方和工艺条件，其工艺过程基本包括 7 个部分：

（1）水冲洗除去泥砂、灰尘。

（2）碱洗除去油脂和碱溶物。

（3）水冲洗置换。

（4）酸洗除去氧化鳞皮和锈垢。

（5）水冲洗置换和漂洗。

（6）钝化保护。

（7）过程的残液处理。

其中，碱洗、酸洗和钝化是三个主要环节，而酸洗是整个清洗作业的核心。水冲洗等作为主要环节的过渡措施和残液处理也是十分重要和必不可少的组成部分。

三、酸洗与钝化的操作技能

化工装置的酸洗、钝化操作，一般在装置的设计文件或操作手册中均应给出详细说明，操作者应按其规定严格执行。整个酸洗、钝化通常包括酸洗前的准备、酸洗除锈垢操作与过程监测、废液处理、工程验收 4 个部分。

1. 酸洗前的准备

一般在进行酸洗之前，需要根据被清洗设备、管道和阀门等的材质、结构和锈垢的类型、被清洗空间容量等制定正确的清洗方案。

方案包括几方面内容：

（1）规定清洗程序，通常均为水冲洗→碱洗→水冲洗→酸洗→水冲洗→漂洗与钝化。

（2）选择或试验确定碱洗、酸洗、漂洗与钝化的药剂与配方、清洗工艺条件（温度、时间等），其中酸洗药剂与配方、工艺条件的选择和确定是酸洗成败的关键。

（3）选择合适的清洗方式，化工装置由于系统包容设备多、设备结构复杂，通常选用循环清洗法。

（4）划分清洗回路，绘制清洗流程示意图，为保证清洗的效果，清洗通常分成若干回路进行，并使流程中设备、管道等采取串联清洗方式。

（5）清洗用化学药品和公用工程（水、电、汽、风等）的需用数量和质量要求，水、电、汽、风等的供应方式，酸洗、钝化全过程通常需要耗用被清洗空间的 15～22 倍去离子水，这是在方案中要特别注意的，因此一般酸洗、钝化都是在去离子水系统正常生产后进行的，其他水、电、汽、风的连续供应对保证清洗也十分重要。

（6）过程工艺条件的控制，如各阶段清洗液的升、降温，药剂的加入量及浓度、

pH 的控制等。

(7) 循环清洗用临时泵站、临时配管及各清洗回路加插盲板的说明。

(8) 过程的残液处理和临时设施。

(9) 人员组织和通讯联络等后勤保证。

(10) 现场安全保护措施和安全用品的配备等。

2. 酸洗与钝化的操作过程

(1) 水冲洗。水冲洗包括直流水冲洗和热水循环冲洗。

直流水冲洗的操作过程是打开系统各正常排放阀和入废水池排放总阀，由系统顶端送入去离子水冲洗设备和管道，直至出水清澈或浓度小于 1×10^{-5} 为止。

热水循环冲洗的操作过程是使系统回路充满去离子水，通过在循环槽直接或间接蒸汽加热，使全系统在 348～358K 下循环冲洗 2～4h，然后排放。

(2) 碱洗。碱洗操作过程是向回路加入去离子水，加热至 353K 左右，恒定，注入化学药品，各循环回路碱洗时所需要化学药品数量、投药次序、加入回路后溶液各组分浓度、清洗温度及循环时间等控制应严格执行方案规定。

加药时需缓慢进行，以免造成回路中溶液浓度不均匀。分析测定回路进、出口溶液 pH 为 10.5～10.9，浑浊度、电导率相等为合格。碱洗结束，排尽碱液，以去离子水直流冲洗，排入废水池，直到进、出口 pH 相等，冲洗水变清。再回路循环 0.5h，当循环水 pH 不超过新鲜去离子水 0.2 为合格。

(3) 酸洗。碱洗后的热水循环冲洗合格后，水不需排除。继续维持或降至酸洗要求的温度，按方案规定进行投药。其投药次序、加入回路后溶液浓度、循环温度及酸洗时间等应严格控制。

酸洗阶段要进行化学分析控制，其分析控制项目主要有阻蚀剂试验、铁的浓度、pH、氟化物试验和酸分析等，分析周期为 1h。由于酸洗溶液具有强的腐蚀性，故酸洗温度应控制在指标的下限操作。酸洗后溶液中的铁离子浓度一般为 8g/L 左右，当分析测定溶液中的酸含量在至少 3h 内基本稳定，且酸溶液尚有溶解更多铁的能力时，酸洗可告结束。酸洗结束，排尽酸液，用去离子水冲洗。

(4) 漂洗与钝化（以 $NaNO_2$ 为钝化剂）。酸洗后的热水循环冲洗结束后，冲洗水部分排放，并同时补充冷却离子水，使回路温度降至 308～313K。按方案规定进行投药。其投药次序、加入回路后溶液浓度、循环温度及酸洗时间等应严格控制。钝化阶段要进行化学分析控制，其分析控制项目为 pH（9.0～9.5）、Fe 含量、氢氧化铁沉淀试验（在为提高 pH 而在回路注入氨之前，取溶液样品慢慢注入氨，使 pH 上升到 9.5，加入 3g/L 亚硝酸钠，经过反应，样品颜色变为绿色或褐色，但清澈度不应改变，即无絮状的 $Fe(OH)_2$ 或 $Fe(OH)_3$ 沉淀等），分析周期为半小时。排出钝化液、系统干燥后充氮保护。

3. 酸洗与钝化的安全防护和废液处理

酸洗与钝化作业现场必须遵循化工装置的通用安全规定，同时还须做到以下几点。

(1) 清洗回路（包括临时泵站和管道）。安装结束后，应进行约 1.0MPa 的水压试验（清洗用循环槽只做注水试验），以防清洗时具有强烈腐蚀性和有毒的清洗液可能造成的外漏而发生烧伤和烫伤等人身安全事故。

(2) 清洗回路的最高点应装有排气口，使酸洗过程中产生的二氧化碳，或因缓蚀效果不好产生的氢气，能够畅通地排出系统。

(3) 钝化阶段不能在清洗液 pH＜5.5 的情况下向回路中注入 $NaNO_2$，以防 $NaNO_2$ 分解为有毒的氧化氮气体。注入柠檬酸的质量必须 4 倍于可溶解 Fe 的质量，以防 $Fe(OH)_2$ 或 $Fe(OH)_3$ 沉淀。

(4) 清洗液从回路排放时注意打开顶部放空阀，以免形成负压而损坏设备。

(5) 整个清洗操作要注意循环槽内液位，防止清洗液循环泵抽空损坏。

(6) 在酸洗期间严禁在现场动火、焊接，以防空气中的氢气达到危险浓度而遇火发生爆炸。

(7) 从事化学清洗的操作人员必须佩戴必要的安全保护用品，如防护眼镜、防酸服、胶鞋及胶制手套等。

4. 酸洗与钝化的废液处理

酸洗与钝化过程中排出的废液含有大量的剩余清洗药剂和反应产物。该废液对环境危害极大，必须严格执行排放标准。未经处理的废液不得随意采用渗坑、渗井和漫流等方式排出。一般情况下，酸洗与钝化作业应在工厂污水处理装置投产之后进行，废水经初步处理后排放。如不具备此条件时，必须设置临时处理设施，以解决污染问题。废液的常用处理方法如下。

(1) 稀释法。当从系统中排放的清洗液含有少量低浓度的碳酸钠、氢氧化钠或磷酸钠等时，应采用较多的水进行冲稀排放，使混合后进入污水管道的废液 pH 在 6.0～9.0，悬浮物＜500mg/L，符合国家排放标准。

(2) 中和法。对于浓度较高的酸、碱废液，不宜采用稀释法处理，而应采用中和法处理。

① 碱洗废液的处理。碱洗废液的处理方法有两种：一是将碱洗液与后面的酸洗废液（但不包括柠檬酸洗废液）中和，使 pH 达到 7～9 排放；二是采用投药中和法，即以工业用硫酸、盐酸为中和剂，使废碱液与酸中和反应后排放。

② 酸洗废液的处理。酸洗废液中除柠檬酸废液采用焚烧法处理外，其他大都采用中和法处理。即将酸洗废液与碱洗废液中和，使 pH 达到 6～9 排放，或者采用投药中和法，常用中和剂有纯碱、烧碱、氨水和石灰乳等。

③ 钝化废液的处理。亚硝酸钠废液不能与废酸液排入同一池中，否则会生成大量氮氧化物气体，形成有毒黄烟，严重污染环境。比较好的处理方法如下。

a. 尿素分解法。尿素经盐酸酸化后投入废液中，与亚硝酸钠反应，生成氮气。

b. 次氯酸钙法。次氯酸钙的投入量为亚硝酸钠的 2.6 倍，反应在常温下进行，通入压缩空气搅拌效果更好。

(3) 焚烧法。柠檬酸酸洗废液由于化学需氧量高（在 20000～50000mg/L 之间），通常采用焚烧法处理，即把柠檬酸废液排至煤场或灰场，使其与煤混合后送入炉膛内焚烧。

思考题

1. 硫酸分解磷矿制磷酸对磷矿有哪些要求？实际生产是如何达到酸解磷矿的要求？

2. 酸解磷矿放出的热量，在实际生产过程中是如何得到利用的？

3. 为使反应顺利进行，并达到高的磷的萃取率，实际生产过程是通过哪些手段达到的？

4. 为使磷酸与磷石膏分离效果好，磷的损失少，在酸解和过滤时做了哪些有效的操作？

5. 酸解磷矿过程的含氟废气是如何处理的？废渣磷石膏和生产过程中产生的废液又是如何利用的？

6. 磷酸萃取槽、翻盘过滤机的操作原理是什么？它们如何操作？

7. 工业磷酸的生产方法有哪些？二水物法磷酸的生产条件要求有哪些？其确定依据是什么？

8. 为提高磷的萃取率，实际生产过程中从哪些方面着手的？

9. 实际生产过程中，氨化反应热是如何进行有效利用的？

10. 氨化过程在保证氨化料浆流动性好的前提下，如何减少氨损失的？

11. 氨化料浆浓缩过程应注意哪些问题？氨化料浆的浓度取决于哪些因素？

12. 磷铵作为高效肥料对造粒过程有哪些要求？

13. 磷铵料浆采用喷浆造粒的理由有哪些？造粒干燥热量如何提供？

14. 造粒干燥条件由哪些因素决定？

15. 造粒干燥和粉碎筛分过程中的物料是如何处理的？

16. 氨化反应器和喷浆造粒机应具备哪些结构特点完成相应的操作？

17. 磷酸氨化制磷铵的反应原理所揭示出来的氨化反应的特点有哪些？

18. 磷铵生产过程中物料综合利用的情况如何？

19. 硫酸与氯化钾反应特点如何？反应生成的 HCl 如何处理？Cl^- 对后续生产有何影响？

20. KCl 转化岗位的设备及管道的防腐问题在实际生产中是如何解决的？

21. 混酸氨化与磷酸氨化条件有何不同？氨化反应热如何利用？

22. 生产过程中，如何控制 S-NPK 复合肥中 N-P-K 的含量的？

23. 造粒干燥与磷铵生产有不同吗？

24. S-NPK 复合肥生产会产生哪些" 三废"？实际生产中如何处理的？

主要参考文献

陈五平．2005．无机化工工艺学．北京：化学工业出版社．

冯元琦．2008．甲醇操作问答（第二版）．北京：化学工业出版社．

侯文顺．2005．化工设计概论（第二版）．北京：化学工业出版社．

劳动部，化学工业部联合颁发．1992．中华人民共和国工人技术等级标准（化学工业）．北京：化学工业出版社．

李相彪．2011．氯碱生产技术．北京：化学工业出版社．

梁凤凯，厉明蓉．2008．化工生产技术．天津：天津大学出版社．

梁凤凯，舒均杰．2003．有机化工生产技术．北京：化学工业出版社．

刘振河．2007．化工生产技术．北京：化学工业出版社．

田铁牛．2002．化学工艺．北京：中国石化出版社．

吴指南．2010．基本有机化工工艺学（修订版）．北京：化学工业出版社．

杨百梅．2004．化工仿真．北京：化学工业出版社．

曾之平，王扶明．2001．化工工艺学．北京：中国石化出版社．